Katharina Al-Shamery
Moleküle aus dem All?

Beachten Sie bitte auch weitere interessante Titel zu diesem Thema

Bergmann, H.
Wasser, das Wunderelement?
Wahrheit oder Hokuspokus
2011
ISBN: 978-3-527-32959-5

Schwedt, G.
Die Chemie des Lebens
2011
ISBN: 978-3-527-32973-1

Schwedt, G.
Lava, Magma, Sternenstaub
Chemie im Inneren von Erde, Mond und
Sonne
2011
ISBN: 978-3-527-32853-6

Groß, M.
**9 Millionen Fahrräder am Rande des
Universums**
Obskures aus Forschung und Wissenschaft
2011
ISBN: 978-3-527-32917-5

Gross, M.
Der Kuss des Schnabeltiers
und 60 weitere irrwitzige Geschichten aus
Natur und Wissenschaft
2011
ISBN: 978-3-527-32738-6

Köhler, M.
Vom Urknall zum Cyberspace
Fast alles über Mensch, Natur und
Universum
2011
ISBN: 978-3-527-32739-3

Synwoldt, C.
Alles über Strom
So funktioniert Alltagselektronik
2011
ISBN: 978-3-527-32741-6

Roloff, E.
Göttliche Geistesblitze
Pfarrer und Priester als Erfinder und
Entdecker
2010
ISBN: 978-3-527-32578-8

Zankl, H.
Kampfhähne der Wissenschaft
Kontroversen und Feindschaften
2010
ISBN: 978-3-527-32579-5

Ganteför, G.
**Klima – Der Weltuntergang findet
nicht statt**
2010
ISBN: 978-3-527-32671-6

Hüfner, J., Löhken, R.
Physik ohne Ende
Eine geführte Tour von Kopernikus
bis Hawking
2010
ISBN: 978-3-527-40890-0

Katharina Al-Shamery

Moleküle aus dem All?

WILEY-
VCH

WILEY-VCH Verlag GmbH & Co. KGaA

Herausgeber

Katharina Al-Shamery
Universität Oldenburg
Fakultät V, IRAC
Ammerländer Heerstraße 114-118
26129 Oldenburg

Satz Mitterweger & Partner, Plankstadt

Druck und Bindung CPI – Ebner & Spiegel, Ulm

Umschlaggestaltung Bluesea Design,
McLeese Lake, Canada

Print ISBN: 978-3-527-32877-2
ePDF ISBN: 978-3-527-63708-9
ePub ISBN: 978-3-527-63707-2
Mobi ISBN: 978-3-527-63709-6

1. Auflage 2011

Alle Bücher von Wiley-VCH werden sorgfältig erarbeitet. Dennoch übernehmen Autoren, Herausgeber und Verlag in keinem Fall, einschließlich des vorliegenden Werkes, für die Richtigkeit von Angaben, Hinweisen und Ratschlägen sowie für eventuelle Druckfehler irgendeine Haftung

**Bibliografische Information
der Deutschen Nationalbibliothek**
Die Deutsche Nationalbibliothek verzeichnet diese Publikation in der Deutschen Nationalbibliografie; detaillierte bibliografische Daten sind im Internet über http://dnb.d-nb.de abrufbar.

© 2011 Wiley-VCH Verlag & Co. KGaA, Boschstr. 12, 69469 Weinheim, Germany

Printed in the Federal Republic of Germany

Gedruckt auf säurefreiem Papier

Für Nora, Noah und Zaem

Inhalt

Vorwort   *IX*

Autorenliste   *XIII*

Danksagung der Herausgeberin   *XV*

I   Der Urknall   *1*
  1   Kosmischer Staub und die Geschichte der Welt mit ihren
      Bausteinen   *3*
      Elmar K. Jessberger

II   Moleküle aus dem All   *15*
  2   Der urzeitliche Molekülbaukasten   *17*
      Wolfram H. P. Thiemann

  3   Im Weltall: RNA-Vorläufer in Kometen   *53*
      Uwe Meierhenrich

  4   Von wegen Science Fiction: Leben im All   *65*
      Jesco Frhr. v. Puttkamer

III   Kochtopf Vulkan   *87*
  5   Auf Vulkaninseln: Von anorganischen Gasen zum
      Ur-Stoffwechsel   *89*
      Henry Strasdeit

  6   Spuren im Meer   *117*
      Thorsten Dittmar

IV   Evolution und Selektion   *135*
  7   LUCA – letzter gemeinsamer Vorfahre allen Lebens   *137*
      Armen Mulkidjanian, Dirk-Henner Lankenau

8 Mutationen haben ihren Wert und ihren Preis:
Metastabile DNA Strukturen und die Konsequenzen *189*
Horst H. Klump

9 »Survival of the Fittest«: Das wichtigste Wort *217*
Erich Runge

10 Natürliche Auslese – eine physikalische Gesetzmäßigkeit
in der Evolution des Lebens *225*
Manfred Eigen

11 Die Evolutionsmaschine als Quelle für selektive
Biokatalysatoren *241*
Manfred T. Reetz

V   Bild und Spiegelbild *273*
12 Die Asymmetrie des Lebens und die Symmetrieverletzungen der Physik: Molekulare Paritätsverletzung
und Chiralität *275*
Martin Quack

Index *311*

Vorwort

Katharina Al-Shamery

Wir schreiben 4,5 Mrd. Jahre vor unserer Zeit in einem Sonnensystem am Rande der Galaxie, eines Spiralnebels namens Milchstraße. Ein schnell rotierender Planet namens Erde hat sich mit seinem Mond aus der Kollision der Protoerde mit dem marsgroßen Protoplaneten Theia gebildet. Die Erdoberfläche ist ein kochender, langsam erstarrender Lavasee, in dem sich die leichteren Elemente anreichern, die während des Urknalls, wie von *Jessberger* beschrieben, gebildet wurden ...

Die Atmosphäre dieser jungen Erde war dramatisch anders als heute und bestand aus Wasserdampf, Methan, Kohlendioxid, Stickstoff und anderen Gasen. Weitere 300 Mio. Jahre vergingen, bis die Erde kalt genug war, dass Wasser in den großen Basaltpfannen kondensieren und den Urozean bilden konnte. Damals kochte der Ozean bei wesentlich höheren Temperaturen als heute, da der Atmosphärendruck viel größer war. Gewaltige Tiden überrollten die Uferzonen, denn der Mond war der Erde noch sehr nahe. Ungehindert, da es noch keine Ozonschicht gab, bestrahlte kurzwelliges UV- und Röntgenlicht der jungen, schnell rotierenden Sonne Meere und Land. Sonnenwinde mit ihren ionisierten, energiereichen Teilchen konnten auf die schutzlose Erdoberfläche gelangen, da sich das ableitende Erdmagnetfeld noch nicht ausgebildet hatte. Meteoriten prasselten unablässig herab, denn die Einschläge ließen erst 500 Mio. Jahre später nach, als Jupiter entstand und die Asteroiden in seinem Gravitationsfeld an sich band. Unter diesen Hexenküchenbedingungen traten die ersten organischen Moleküle auf, die die Grundbausteine der Biomoleküle bildeten. Ist es der erbarmungslosen Umwelt zu verdanken, dass unser Leben auf nur 20 aus der Vielzahl der unterschiedlichen Aminosäuren basiert, nämlich den unter diesen Bedingungen stabilsten? Der wichtigste Schritt auf dem Weg zum Leben war die Ausbildung von längeren Ketten aus Aminosäuren, die sich selber replizieren konnten. Dazu musste Energie aufgewendet werden, vermutlich photochemischer Natur. Leider sind die geologischen Bedingungen zu harsch, als dass diese ersten Zeugen der Entstehung des Lebens hätten konserviert werden können. Wo und wie traten sie in die Welt? *Thiemann* mutmaßt, es habe möglicherweise eine siliciumbasierte Vorläuferform gegeben, die als eine Art Geburtshelfer den kohlenstoffbasierten Biosystemen den Weg ebnete. Neuesten Entdeckungen der Astrobiologin Felisa Wolfe-Simon (nicht in diesem Buch vertreten) und ihrer Kollegen im Jahr 2010 – während der Entstehung dieses Buches – zufolge können Lebensformen auch auf der Erde durchaus das toxische Arsen anstelle von Phosphor verwenden. Dies zeigt, dass wir ganz anders denken müssen, um andersartige Lebensformen im All identifizieren zu können. Wurden die Urformen der Biomoleküle unter kosmischen Bedingungen gebildet und von Meteoriten auf die Erde gebracht? Um diese These zu prüfen, wird 2014 eine Sonde auf dem Kometen Tschurjumow-Gerasimenko landen, da Kometen die Bedingungen des frühen Erdzeitalters quasi »eingefroren« haben. *Meierhenrich* berichtet über seinen Beitrag zu dieser Mission. Da Mars anfänglich sehr ähnliche Bedingungen aufwies und ein Austausch zwischen den Planeten stattgefunden haben kann, sucht man auf dem Mars nach Spuren des Lebens. Dieses und mehr über Marsmissionen diskutiert NASA-Direktor *v. Puttkamer*.

Strasdeit dagegen verfolgt die Idee, in wassergefüllten Vulkanspalten am Rande von Ozeanen nach primitiven Vorformen von Zellen zu suchen. Man muss sich diese Vorformen wie Seifenblasen vorstellen, in denen die miteinander reagierenden Moleküle angesammelt waren und die sich bei Überschreiten einer kritischen Größe aufteilten. Vielleicht findet die Evolution noch immer vor unserer Nase statt. *Dittmar* weist darauf hin, dass unsere Erde geschätzte 15 Trilliarden Tonnen organischen Kohlenstoff enthält, wovon nur 0,005 % lebender Biomasse zuzuschreiben sind. 700 Mrd. Tonnen organischer Kohlenstoff sind allein im Meerwasser gelöst.

Unser erster Vorfahr wird in der Wissenschaft LUCA (*last universal cellular ancestor*, letzter universeller Zellvorfahre) genannt, so Mulkidjanian und Lankenau. Immerhin wies er bereits 60 Gene auf, davon sieben für die Replikation, die alle Lebewesen (auch der Mensch) gemeinsam haben. Wir tragen also immer wieder replizierte Erbinformationen in uns, die vor 3,8 bis 4 Mrd. Jahren entstanden sind!

Die Erde hat sich seit dieser Zeit dramatisch verändert. Damit das Leben diesem Wandel folgen konnte, musste Evolution möglich sein. Dies ist aber nur durch ganz bestimmte Sequenzen von Aminosäuren gewährleistet, die einerseits stabil sein mussten, andererseits aber nicht zu stabil sein durften, wie *Klump* ausführt. Die Anpassung eines einzelnen Lebewesens reichte dabei nicht. Es musste sich auch schnell genug vermehren können, so *Runge*, damit eine Spezies in geänderten Lebensumständen überleben konnte. Nobelpreisträger *Eigen* geht noch weiter und beschreibt die Evolution anhand komplexer nichtlinear-dynamischer Prozesse. Eine Veränderung der Randbedingungen bewirkte dabei eine fast gleichzeitige Anpassung vieler Individuen. Man kann sich dies wie beim plötzlichen Phasenübergang von Eis zu flüssigem Wasser vorstellen, wozu sich die Umgebungstemperatur nur um ein Grad ändern muss.

Was nutzen uns die Erkenntnisse über die chemische Evolution? *Eigen* entwickelte daraus die Evolutionsmaschine, die von Forschern wie *Reetz* umgesetzt wurde, um neue, effizientere Biokatalysatoren zu finden, mit deren Hilfe z. B. Medikamente hergestellt werden. Am Ende des Buches wird von *Quack* eines der großen Rätsel der Forschung diskutiert: Warum gibt es fast nur Materie, aber keine Antimaterie, und warum wird in biologischen Organismen eine Aminosäurensorte bevorzugt, obwohl dies mit einem großen Energieaufwand über einen aktiven Stoffwechsel verbunden ist? Aminosäuren können in zwei molekularen Formen auftreten, die sich zueinander verhalten wie Bild und Spiegelbild (oder rechte und linke Hand). Eine bevorzugte Geometrie ist aber die Grundlage der Replikation. Erst im Tod entwickelt sich das System hin zur thermodynamisch günstigeren Gleichverteilung beider Molekülsorten. Chemische Evolution, ein faszinierendes Thema, das noch lange nicht umfassend erforscht ist …

Autorenliste

Katharina Al-Shamery
Universität Oldenburg
Fakultät V, IRAC
Ammerländer Heerstraße 114-118
26129 Oldenburg
Deutschland

Thorsten Dittmar
Max-Planck-Institut für Marine
Mikrobiologie
Celsiusstrasse 1
28359 Bremen
Deutschland

Manfred Eigen
Max-Planck-Institut für
biophysikalische Chemie
Am Faßberg 11
37077 Göttingen
Deutschland

Elmar K. Jessberger
Westfälische Wilhelms-Universität
Münster
Institut für Planetologie
Wilhelm-Klemm-Str. 10
48149 Münster
Deutschland

Horst H. Klump
University of Cape Town
Department of Molecular and
Cell Biology
Private Bag
Rondebosch, 7701
Südafrika

Dirk-Henner Lankenau
Hinterer Rindweg 21
68526 Ladenburg
Deutschland

Uwe Meierhenrich
Université Nice Sophia Antipolis
Laboratoire de Chimie des Molé-
cules Bioactives et des Arômes
Faculté des Sciences
Parc Valrose
06108 NICE Cedex 02
Frankreich

Armen Y. Mulkidjanian
Universität Osnabrück
Fachbereich Physik
Barbarastr. 7
49076 Osnabrück
Deutschland

Jesco Frhr. v. Puttkamer
1108 Westmoreland Road
Alexandria, Virginia 22308
USA

Martin Quack
ETH Zürich
Laboratorium für Physikalische
Chemie
Wolfgang-Pauli-Str. 10
8093 Zürich
Schweiz

Moleküle aus dem All? Katharina Al-Shamery
Copyright © 2011 WILEY-VCH Verlag GmbH & Co. KGaA, Weinheim

Manfred T. Reetz
Max-Planck-Institut für Kohlen-
forschung
Kaiser-Wilhelm-Platz 1
45470 Mülheim an der Ruhr
Deutschland

Erich Runge
Technische Universität Ilmenau
FG Theoretische Physik I
Weimarer Str. 25 (Curie-Bau)
98693 Ilmenau
Deutschland

Henry Strasdeit
Universität Hohenheim
Institut für Chemie (130)
Garbenstr. 30
70599 Stuttgart
Deutschland

Wolfram H. P. Thiemann
Universität Bremen
FB 02 – Fachbereich 02:
Physikalische und Umweltchemie
Leobener Str., NW2
28359 Bremen
Deutschland

Danksagung der Herausgeberin

Die Idee zu diesem Buch entstand im Rahmen der Tagung »Manfred Eigen Nachwuchswissenschaftlergespräche der Deutschen Bunsen-Gesellschaft« vom 4. bis 6. Februar 2009 am Hanse Wissenschaftskolleg in Delmenhorst, die als interdisziplinärer Dialog zwischen berühmten Forschern und jungen Nachwuchswissenschaftlern vom Center of Interface Science der Universitäten Oldenburg, Osnabrück und Bremen gemeinsam mit der Deutschen Bunsen-Gesellschaft durchgeführt wurde. Finanziell wurde die Tagung freundlicherweise unterstützt vom Hanse Wissenschaftskolleg und dem Fonds der Chemischen Industrie. Danken möchte ich nicht nur den Teilnehmern Dittmar, Jessberger, Meierhenrich, Mulkidjanian, v. Puttkamer, Quack, Reetz und Strasdeit, sondern insbesondere auch Nobelpreisträger Eigen, der nicht nur an der Tagung aktiv mitgewirkt, sondern auch trotz einer selbst heute noch enormen Arbeitsbelastung zu diesem Buch beigetragen hat. Ergänzend konnten später die Autoren Klump, Lankenau, Runge und Thiemann gewonnen werden. Ihnen allen danke ich für die spannenden und bereichernden Beiträge. In der Entstehungsphase wirkte Wissenschaftsjournalistin Uta Neubauer an der Idee und an den ersten Vorbereitungen maßgeblich mit. Ich habe es sehr bedauert, dass sie sich später aus Zeitgründen am Werden des Buches nicht weiter beteiligen konnte. Ihr gilt sehr großer Dank. Mein besonderer Dank gilt Frau Susanne Bartel, die in der Endphase das Manuskript bearbeitet und meine holprigen Formulierungen erheblich verbessert hat. Zum Schluss danke ich Herrn Dr. Martin Preuss und Frau Dr. Waltraud Wüst vom Verlag Wiley-VCH, die mich während der ganzen Zeit mental sehr unterstützt und das Werden des Buches begleitet haben.

Die Herausgeberin

Frau Professor Dr. Katharina Al-Shamery; Jahrgang 1958, studierte Chemie in Göttingen und Paris. Nach der Promotion an der ETH Zürich bei Professor Dr. Martin Quack 1989 arbeitete sie zwei Jahre an der Universität Oxford, UK. Anschließend habilitierte sie sich 1996 an der Ruhr-Universität Bochum und wechselte danach an das Fritz-Haber-Institut der Max-Planck-Gesellschaft in Berlin. Sie folgte 1998 einem Ruf auf eine Professur an die Universität Ulm und 1999 auf einen Lehrstuhl an der Carl-v.-Ossietzky-Universität Oldenburg. Derzeitig ist sie Gründungsdirektorin des Center of Interface Science der Universitäten Oldenburg, Osnabrück und Bremen. Ausgezeichnet wurde sie 1997 mit dem Nernst-Haber-Bodenstein-Preis der Deutschen Bunsen-Gesellschaft für Physikalische Chemie. 2009 erhielt sie ein Radcliff Fellowship der Universität Harvard, Cambridge, USA. Al-Shamery arbeitet im Bereich nanostrukturierter Oberflächen, zeitaufgelöster Nanophotonik, Oberflächen(photo)chemie und Modellkatalyse.

I

Der Urknall

1
Kosmischer Staub und die Geschichte der Welt mit ihren Bausteinen

Elmar K. Jessberger

Die Geschichte der materiellen Welt ist einfach zu erzählen: Sie begann vor 13,7 Mrd. Jahren mit dem Big Bang, der gemeinsamen Entstehung von Materie, Raum und Zeit aus einer »Singularität« – einem Prozess, der hier als gegeben angesehen wird. Das in nur 10^{-43} Sekunden – also wahrlich instantan – entstandene System expandierte, kühlte dabei ab und bildete unsere Materie: Innerhalb der ersten 100 Sekunden entstanden alle Kernbausteine, die Protonen und Neutronen; nach der ersten Million Jahre bestand die Welt bereits aus Wasserstoff – der *gesamte* Wasserstoff unserer Welt entstand im Big Bang! – mit Deuterium und Helium und ein wenig Lithium und Beryllium, hatte aber noch die unvorstellbare Temperatur von einer Milliarde Grad. Nach der ersten Milliarde Jahren – das System war bereits »kalt« – begann die Bildung der Galaxien und Sterne. Die Expansion der Welt dauert bis heute an und es ist fraglich, ob sie je enden wird. Sie ist verbunden mit der ständigen »Geburt« und dem ständigen »Tod« von Galaxien und Sternen.

Eine Galaxie ist eine astronomische Struktur, die aus vielen Milliarden Sternen und Gas sowie aus bis zu 30 % Staub besteht (Abbildung 1). All dies bewegt sich gravitativ gebunden um ein Zentrum, in dem sich ein *Schwarzes Loch* befindet. Es gibt sehr unterschiedliche Galaxienformen; am bekanntesten sind Spiralgalaxien wie unsere Milchstraße, wobei sich unser Stern, die Sonne, relativ weit außen in einem Spiralarm befindet. Fast alle Galaxien sind wiederum in großräumigen Strukturen (fraktalen Clustern) gebunden, die möglicherweise Strukturen der Materieverteilung während des Big Bang reflektieren.

Ein Stern ist ein Masseball, eine riesige Kugel ionisierter Materie, deren Gravitation, welche nach innen wirkt (*attraktiv*), für lange Zeit im Gleichgewicht steht mit der Wärmeentwicklung durch Kernverschmelzungen, welche nach außen wirkt (*expansiv*). In einer Kernverschmelzung (Fusion) vereinigen sich leichtere Atomkerne zu schwereren Atomkernen. Da die Summe der Massen der leichten Kerne geringer ist als die Masse des gebildeten schweren Kerns (sog. *Massendefekt* Δm), wird dabei nach der Einstein'schen Formel die Energie $\Delta E = \Delta m\, c^2$ frei, also Wärme erzeugt. (Auf der Erde will man diesen Effekt in Fusionsreaktoren zur Energiegewinnung nutzen.) Allerdings liefert die Kernverschmelzung aufgrund des Massendefekts nur Energie bis zum Element Nickel; von da an ist der Massendefekt negativ, und es wird Energie nur durch die Kernspaltung geliefert. Die Elemente von Nickel bis Uran müssen also in anderen Prozessen entstehen; weiter unter mehr dazu.

Abb. 1 Die Spiralgalaxie Messier 101 im Großen Bären in einer Entfernung von 22 Mio. Lichtjahren. Das Bild wurde aus Daten von drei Weltraumteleskopen zusammengesetzt (links). Blau erscheint im Röntgenlicht heißes Gas, welches von den Resten explodierter Sterne und von Material stammt, das sich um Schwarze Löcher oder Neutronensterne bewegt. Gelb eingefärbt ist das sichtbare Licht der Sterne der Galaxie. Rot zeigt die Infrarotstrahlung des warmen Staubs, also die Bereiche der Galaxie, in der neue Sterne entstehen. (Siehe auch Farbtafel F1.)

Im Inneren unserer Sonne verschmelzen vier Wasserstoffkerne zu einem Heliumkern bei einer Temperatur von 60 Mio. Grad und einer Dichte von 100 g/cm³ (typisches irdisches Gestein hat eine Dichte von 5 g/cm³). Bei der Kernverschmelzung wird, wie bereits gesagt, Energie frei. Wenn das Brennmaterial, der Wasserstoff, in einigen Milliarden Jahren aufgebraucht ist, wird die Gravitation zunehmen. Dann wird die Temperatur im Inneren der Sonne auf 200 Mio. Grad und die Dichte auf 10 kg/cm³ ansteigen, sodass drei Heliumkerne zu Kohlenstoff oder vier Heliumkerne zu Sauerstoff verschmelzen können. Wegen der relativ geringen Masse der Sonne von »nur« 10³³ g reicht die Gravitation nicht aus, um die Temperatur im Inneren noch weiter zu erhöhen. In »Sonnen«, die zehn oder mehr Mal massereicher als unsere Sonne sind, verschmelzen bei knapp einer Milliarde Grad und einer Dichte von 100 kg/cm³ z. B. zwei Kohlenstoffkerne zu Neon, Natrium und Magnesium (*Kohlenstoffbrennen*), ein Kohlenstoff und ein Sauerstoffkern zu Silicium (*Sauerstoffbrennen*) oder auch mit einem Neonkern zu Schwefel (*Neonbrennen*). Wenn auch diese Brennstoffe im Inneren des Sterns verbraucht sind, können Silicium-kerne durch schrittweise Reaktion mit Heliumkernen die Elemente Calcium, Eisen und Nickel aufbauen. Die Temperatur beträgt dann etwa 4 Mrd. Grad und die Dichte unvorstellbare 10 t/cm³. Diese Dichte hätte die Erde, wenn sie in einem Würfel mit nur 85 km Kanten-länge komprimiert wäre.

Wegen des Massendefekts lassen sich in der Kernverschmelzung 27 Elemente (von Helium bis Nickel) aus dem Ausgangsbrennmate-rial Wasserstoff bilden. Die restlichen 65 der 92 natürlichen Elemen-te werden nun in massereichen Sternen, in denen es viele freie Neu-tronen gibt, durch Anlagerung von Neutronen und anschließendem sogenannten Beta-Zerfall zu schwereren Elementen »aufgebaut«: Enthält ein Kern ein Neutron »zuviel«, wird er instabil und ein Neu-tron im Kern wandelt sich, unter Aussendung weiterer Elementarteil-chen, spontan zu einem Proton um. Da die Anzahl der Protonen im Atomkern ein Element definiert, entsteht also durch Neutronenanla-gerung ein neues Element, welches schwerer ist als das Ausgangsele-ment.

Die Neutronenanlagerung kann ihrerseits auf zwei Arten erfolgen. In der ersten lagert sich an einen bestehenden »Saat«-Kern ein Neu-tron an, dann erfolgt der Beta-Zerfall; danach lagert sich an das neue Element wieder ein Neutron an, gefolgt von einem neuerlichen Beta-

Zerfall usw. Ist das Isotop (s. u.) des neuen Elements stabil, wird dennoch ein Neutron angelagert und ein schwereres Isotop desselben Elements erzeugt. Dieser Vorgang wiederholt sich, bis wieder ein beta-instabiles Isotop erreicht ist, das dann zerfällt. Der gesamte Prozess wird langsame (*slow*) Neutronenanlagerung genannt (s-Prozess), denn der Neutroneneinfang erfolgt langsam im Vergleich zu den Beta-Halbwertszeiten. Dem gegenüber steht die schnelle (*rapid*) Neutronenanlagerung (r-Prozess). Bei extrem hohen Neutronendichten und -temperaturen werden an die Saatkerne innerhalb kürzester Zeit sehr viele – vielleicht 50 oder mehr – Neutronen angelagert. Die jetzt völlig instabilen Kerne zerfallen in einer Kaskade von in extrem kurzer Zeit aufeinanderfolgenden sehr schnellen Beta-Zerfällen, bis ein stabiler oder langlebiger Kern erreicht wird. Der s- und der r-Prozess sind die wichtigsten Prozesse, in denen die schweren Atomkerne unserer Welt in massereichen Sternen entstehen.

Nun darf man sich einen Stern nicht als völlig homogenen Ionenball vorstellen: In den äußeren Schichten herrschen niedrigere Temperaturen und Dichten als im Inneren. Das bedeutet, dass im Innern z. B. der s-Prozess und gleichzeitig in den äußeren Bereichen die oben beschriebenen Kernverschmelzungsprozesse ablaufen. Wir können uns einen massereichen Stern wie eine Zwiebel vorstellen (Abbildung 2): Während in der äußersten Schale – wie in unserer Sonne – aus Wasserstoff Helium produziert wird, entstehen weiter innen Kohlenstoff und die anderen Elemente bis zum Nickel, während im Kern der s-Prozess schwere Elemente bildet. Dies alles geschieht im Wesentlichen simultan. Nehmen auf Grund einer Instabilität Druck und Temperatur – und damit die Neutronendichte – im Kern abrupt zu, beginnt der r-Prozess, der in der Regel so gewaltig ist, dass es den Stern auseinanderreißt: Wir sehen eine Supernova[1]!

Bisher verfolgten wir die Entwicklung der »nackten« Atomkerne, die sich im Sternplasma, einem Hochtemperaturgemenge aus Ionen und Elektronen, befinden. Wenn der Stern jedoch instabil wird – das mag auch nur lokal im Inneren sein –, dann eruptiert Plasma, wird also vom Stern weggeschleudert. Besonders spektakulär ist die Eruption bei den erwähnten Supernovae, aber auch kleinere Sterne verlieren ständig Masse. Dies beobachten wir bei unserer Sonne in sehr

---

1 In der Milchstraße gibt es etwa zwei Supernovae pro hundert Jahren.

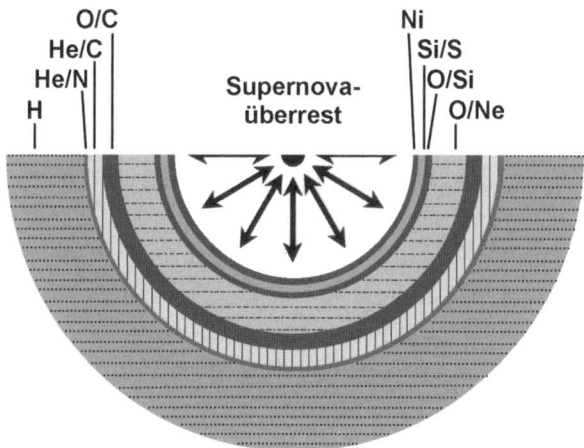

O/C
He/C
He/N
H

Supernova-
überrest

Ni
Si/S
O/Si
O/Ne

Abb. 2 Schematische »Zwiebelschalen«-Struktur einer Supernova mit 25 Sonnenmassen. Die Bereiche, in denen die verschiedenen Kernsyntheseprozesse dominieren, sind angegeben. Es wird deutlich, wie sehr unterschiedlich groß sie sind. Im Kern werden die Elemente schwerer als Nickel produziert. Er wird zum Supernova-Überrest (SNR).

viel kleinerem Maßstab als solare *Flares* (Abbildung 3), die u. a. den Funkverkehr stören und Satellitenbahnen beeinflussen können. Das Plasma kühlt sich im All bereits in der Umgebung des Sterns ab, Ionen und Elektronen finden sich zusammen, es bilden sich Elektronenhüllen um die Atomkerne und damit Atome, die nun chemisch reaktiv sind; sie können Bindungen eingehen und zu molekularen Gasen und Staubteilchen kondensieren. Gase und Staubteilchen wiederum stellen das Ausgangsmaterial für Sterne der nächsten Generation dar, die sich in staubreichen Regionen der Galaxien bilden.

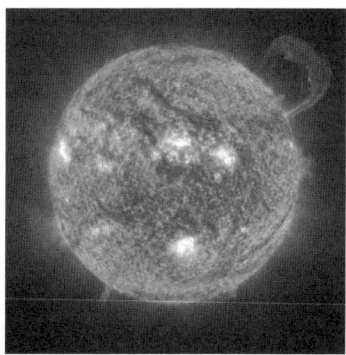

Abb. 3 Unsere Sonne im Wasserstofflicht. Deutlich sind Eruptionen, sog. Flares, zu sehen, durch die die Sonne, wie jeder Stern, ständig Masse verliert.

Damit verändert sich ständig die mittlere Zusammensetzung einer Galaxie. Weil die Häufigkeit schwererer Elemente durch die Kernsyntheseprozesse zunimmt, spricht man von einer »galaktischen chemischen Evolution«. Anlass zur »Geburt« der Sterne sind wahrscheinlich lokale Instabilitäten in staubreichen Regionen einer Galaxie (Abbildung 1), die z. B. durch eine Supernova und die damit verbundene Schockwelle hervorgerufen werden.

Das »Leben« eines Sterns wird maßgeblich durch seine Masse bestimmt: Je größer die Masse, desto stärker ist die Gravitation und desto höhere Temperaturen können im Innern erreicht werden, welche die Bildung schwererer Kerne ermöglichen; um so schneller wird aber auch das Brennmaterial verbraucht, und der Stern hat eine kürzere Lebenszeit. Unsere Sonne wird eine Lebenszeit von insgesamt etwa 10 Mrd. Jahren haben, während die eines 100-mal größerer Sterns nur 100 Mio. Jahre beträgt. Allen Sternen ist gemeinsam, dass am Ende ihres »Lebens« die äußeren Hüllen abgestoßen werden und ein heißer Kern zurückbleibt. Das Endstadium, der »Tod«, eines Sterns, ist dann entweder ein Weißer Zwerg (bei einer Masse unterhalb von 1,4 Sonnenmassen), ein Schwarzes Loch (oberhalb von drei Sonnenmassen) oder ein Neutronenstern.

Für das Folgende ist ein kurzer Exkurs in die Welt der Isotope erforderlich. Atome bestehen aus dem Kern und der Elektronenhülle, der Kern wiederum aus Protonen und Neutronen, deren Summe die Massenzahl ergibt. Die Anzahl der Protonen, die Ordnungszahl, charakterisiert jedes Element und ist für sein chemisches Verhalten verantwortlich. Die Anzahl der Neutronen im Kern liegt in der Größenordnung der Protonenzahl. Atome derselben Ordnungszahl, aber unterschiedlicher Massenzahl, werden Isotope genannt. Als Beispiel hat Sauerstoff mit 8 Protonen drei stabile Isotope, nämlich ^{16}O mit 8 Neutronen, ^{17}O mit 9 und ^{18}O mit 10 Neutronen. Als anderes Beispiel sei Silicium mit 14 Protonen genannt, welches drei stabile Isotope hat: ^{28}Si mit 14 Neutronen, ^{29}Si mit 15 und ^{30}Si mit 16 Neutronen. Das Verhältnis der Siliciumisotope zueinander beträgt »überall«, d. h. dort, wo es mit ausreichender Genauigkeit gemessen werden kann, ^{28}Si/^{29}Si = 18 und ^{28}Si/^{30}Si = 30 mit minimalen (im Promille-Bereich) Variationen, die auf physikalische Prozesse wie Verdampfen oder Schmelzen zurückgeführt werden können. Wenige Elemente haben nur ein stabiles Isotop wie Aluminium (^{27}Al mit 13 Protonen und 14 Neutronen).

Die Isotopenzusammensetzung eines Elements, welches gerade in einem Stern gebildet wird, hängt von sehr vielen Parametern ab wie der Masse des Sterns oder in welcher Umgebung innerhalb des Sterns, also in welcher »Tiefe«, das Element gebildet wird. Dies kann man natürlich nicht direkt beobachten, aber mit astrophysikalischen und kernsynthetischen Methoden berechnen. Die für unser Sonnensystem typischen Isotopenzusammensetzungen der Elemente, so weit sie zugänglich und messbar sind, weisen auf eine homogene Mischung der Elemente aus vielen Sternen unterschiedlicher Massen und verschiedener Generationen hin.

Die relative Häufigkeit der stabilen Isotope ist praktisch überall gleich; sie kann nicht durch chemische Prozesse verändert werden, sondern nur in ganz geringem Maße durch physikalische Prozesse: So ist das »kochende Kaffeewasser« isotopisch etwas schwerer (im Promillebereich) als der Dampf darüber, der entsprechend reicher an leichten Isotopen ist. Praktisch der einzige Prozess, der die relative Isotopenhäufigkeit eines Elements deutlich verändern kann, ist der radioaktive Zerfall. So stammt fast das ganze ^{40}Ar in unserer Atmosphäre (immerhin etwa 1 % der irdischen Atmosphäre) vom Zerfall von ^{40}K (Halbwertszeit: $T_{1/2} = 1,3$ Mrd. Jahre)[2]. Übrigens ist es auf unserer Erde nicht wegen der Sonne so schön warm, sondern wegen der Wärme, die im ihrem Innern durch die radioaktiven Zerfälle von Kalium (in ^{40}Ar), Uran und Thorium (beide im Wesentlichen in Bleiisotope) mit langen Halbwertszeiten erzeugt wird.

Jetzt ist ein weiterer Exkurs erforderlich, in die Welt der Meteorite. Meteorite sind »Steine, die vom Himmel fallen«. Sie stammen, soweit wir ihre prä-terrestrischen Bahnen verfolgen konnten, aus dem Asteroidengürtel, dem Raum zwischen Mars und Jupiter, in dem die riesige Jupitermasse die Bildung eines weiteren Planeten verhindert hat. Sie bildeten sich aus demselben Staub und Gas wie unser Stern, die Sonne, und alle Planeten. Weil ihre sog. Mutterkörper, die Asteroiden, mit maximal einigen Hundert Kilometern klein im Vergleich zu Planeten sind, gibt es auf ihnen keine Plattentektonik, keinen Vulkanismus, praktisch keine Erosion, kurz »keine« Geologie, die immer

---

2 Die relative ^{40}Ar Konzentration in der Atmosphäre eines Planeten – wenn er denn überhaupt eine Atmosphäre besitzt – ist abhängig von seiner Ausgasungsgeschichte, damit wiederum von seiner thermischen Geschichte, also letzlich von seiner Größe und ist damit charakteristisch für den Planeten.

Wärmeerzeugung im Innern und langsame Abkühlung und damit »große« Körper erfordert. Der Prozess, der die Asteroiden »geologisch« dominiert, ist der Zusammenstoß untereinander, also die Kraterbildung, die auch zu partiellen Aufschmelzungen führen kann.[3] Auf den primitiven Asteroiden und damit in Meteoriten sind also weitgehend – dramatisch weitergehend als auf der Erde – die ursprünglichen Signaturen des frühen Sonnensystems unverändert erhalten. So wurden z. B. in einem 1969 in Mexiko gefallenen Meteoriten bis zu zentimetergroße weiße calcium- und aluminiumreiche Einschlüsse gefunden, die ein Alter von 4,567 ± 0,5 Mio. Jahren haben. Es ist das älteste Gestein in unserem Sonnensystem und definiert damit dessen Alter.

Aus manchen primitiven Meteoriten wurden in jahrelanger exzellenter Arbeit winzige sogenannte »präsolare« Staubkörnchen extrahiert. Sie werden deshalb so bezeichnet, weil die Isotopenzusammensetzung (soweit sie messbar ist) von nahezu jedem Element völlig anders ist – teilweise um viele Größenordnungen –, als wir sie von der Erde und auch von ganzen Meteoriten kennen. Der präsolare Staub ist praktisch immer kohlenstoffreich und besteht aus unlöslichen Verbindungen. So ließ er sich mit der Technik isolieren, mit der man eine Nadel im Heuhaufen finden kann: »burn the haystack«. Der unlösliche Rest einiger Meteorite enthält z. B. Diamanten (bis zu 0,2 Masseprozent). Allerdings sind sie kleiner als 1 nm und bestehen aus nur 500 bis 1000 C-Atomen. Edward Anders, der »Vater« der präsolaren Körnchen, sagte: »If viruses would marry, these diamonds would fit their wedding rings.« Größer (bis zu 10 µm), aber auch we-

3 Es gibt allerdings auch Meteorite, deren Chemismus und Struktur dem Aufbau der Erde in Kern und Mantel entspricht, die also auf großräumige Differenzierungsprozesse ihrer Mutterasteroiden hinweisen. Wie die Alter dieser Meteorite zeigen, müssen diese Prozesse allerdings bereits vor etwa 4,4 Mrd. Jahren abgeschlossen gewesen sein. Um in so kurzer Zeit einen relativ kleinen Körper wie einen Asteroiden im Innern ausreichend für eine Differenzierung aufzuheizen, ist eine sehr effektive, d. h. kurzlebige Radioaktivität erforderlich, um den Wärmeverlust an der im Vergleich zum Volumen großen Oberfläche mehr als auszugleichen. Diese ist im Isotop ^{26}Al gefunden worden, welches mit $T_{1/2} = 700\,000$ Jahren in das stabile Isotop ^{26}Mg zerfällt. ^{26}Al wird vornehmlich in den äußeren Bereichen massereicher Sterne erzeugt. Die Tatsache, daß ^{26}Al bei der Bildung unseres Sonnensystems als Wärmequelle dienen konnte, beweist, dass damals ^{26}Al noch nicht vollständig zerfallen war und die Zeit zwischen seiner Erzeugung in einem oder mehreren großen Sternen und der Bildung des Sonnensystems weniger als 5 Mio. Jahre betrug.

sentlich seltener (wenige ppm) sind Siliciumcarbid-Körnchen (SiC) oder Graphitkügelchen.

Die globale Geschichte unserer Welt und die präsolaren Staubkörnchen aus Meteoriten wurden im Institut für Planetologie in Münster zusammengeführt. Mit einem nahezu einmaligen Gerät[4] haben wir einige präsolare Kügelchen auf ihre chemische und isotopische Zusammensetzung hin analysiert. Es handelte sich um SiC-Teilchen mit einer Größe von nur knapp 2 μm (Abbildung 4).

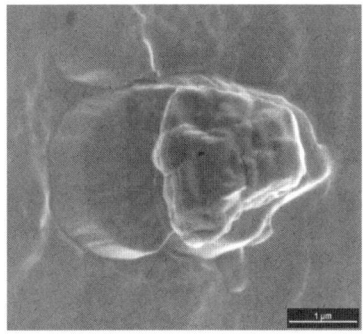

Abb. 4 Elektronenmikroskopische Aufnahme eines präsolaren Siliciumcarbid-Staubteilchens, welches im Institut für Planetologie in Münster untersucht wurde. Das unregelmäßig geformte Teilchen, das nur knapp 2 Mikrometer groß ist, liegt auf einem »Plateau« der Goldfolie, welches durch Ionenbeschuss entstand.

Wie von präsolaren Teilchen zu erwarten, hat keines der nachgewiesenen Elemente ein »normales« Isotopenverhältnis[5]. Zwei signifikante Beispiele: Während das Verhältnis $^{29}Si/^{30}Si$ dem normalen Wert 30/18 entspricht (s.o.), ist ^{28}Si um den Faktor zwei angereichert ($^{28}Si/^{29}Si = 35$; $^{28}Si/^{30}Si = 65$). Solche Überhäufigkeiten von ^{28}Si werden nur im tiefen Innern einer Supernova produziert. Ganz anders verhält es sich mit der Isotopenzusammensetzung von Magnesium. Statt der drei Magnesiumisotope, deren normales Verhältnis $^{24}Mg/$

4 Ein Flugzeit-Sekundärionen-Massenspektrometer. Hinter dieser etwas klobigen Bezeichnung verbirgt sich folgende Technik, die wesentlich im Physikalischen Institut der Universität Münster entwickelt wurde: Ein energetischer und sehr feiner Ionenstrahl tastet gepulst eine zu untersuchende Oberfläche ab. Dabei werden aus der Oberfläche u. a. geladene Teilchen, Ionen, herausgeschlagen, die mit einem Massenspektrometer analysiert werden. Die nachgewiesenen sog. Sekundärionen können somit einem bestimmten Punkt der Probe zugeordnet werden, sodass ein »Bild« der Probenoberfläche im »Lichte« der Ionen entsteht. Wir erhalten also sowohl die chemische als auch die isotopische Zusammensetzung der Probe. Dabei ist eine Ortsauflösung von 200 nm erreichbar. Die Methode ist besonders zur nahezu zerstörungsfreien Analyse sehr kleiner Proben geeignet.

5 Die Isotopenzusammensetzung von Kohlenstoff, der ein Hauptbestandteil von SiC ist, lässt sich leider mit unserer Methode nicht ausreichend genau bestimmen.

$^{25}Mg/^{26}Mg = 8/1/1$ beträgt, fanden wir ausschließlich reines ^{26}Mg. Das kann nur aus dem radioaktiven Zerfall von ^{26}Al stammen. ^{26}Al aber wird ausschließlich in den äußeren Bereichen einer Supernova überhäufig erzeugt. Wir stehen also vor dem interessanten Befund, dass unsere SiC-Körnchen gleichzeitig Elemente aus den inneren und den äußeren Schichten einer Supernova enthalten, ohne dass es zu einer Durchmischung aller Schichten des Sterns gekommen ist, was bei einer so gewaltigen »Explosion« zu erwarten wäre (eine Durchmischung hätte im Wesentlichen normale Isotopenverhältnisse für Mg, Al und Si ergeben). Wir können sogar aus unseren Befunden schließen, dass sowohl die innere Materie als auch die äußere Materie der Supernova solange jeweils separat blieb, bis sie so weit abgekühlt war, dass die Elemente Si und C zu SiC unter Einschluss von wenigen Fremdelementen – wie Aluminium mit 30% radioaktivem ^{26}Al – kondensierten. Unsere Interpretation, dass innere und äußere Bereiche einer Supernova bis zur Kondensation »kompartimentiert« sind, wurde durch neue Supernova-Aufnahmen des Hubble Space Telescopes bestätigt (Abbildung 5).

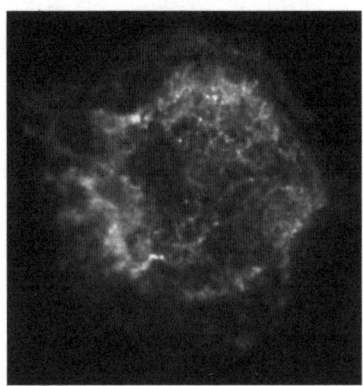

Abb. 5 Aufnahme eines Supernova-Überrests, also einer Supernova kurz nach der Explosion, mit dem Hubble Space Telescope. Die roten Flecken zeigen zusammenhängende eisenreiche »Kompartimente«, die aus dem Inneren der Supernova stammen und nicht völlig mit Material aus dem Äußeren vermischt sind. (Siehe auch Farbtafel F1.)

Riesige eisenreiche »Wolkenfetzen« aus dem Inneren bleiben nach der »Explosion« unvermischt mit dem Überrest der Supernova zusammen. In einer anderen Aufnahme (Abbildung 6) sieht man deutlich die Signaturen der gerade kondensierten Staubteilchen ebenfalls als »Wolkenfetzen«. Die SiC-Körnchen repräsentieren also die Schalenstruktur einer Supernova. Sie weisen auf den geringen Grad der Durchmischung der Materie nach der Explosion hin. Ihr Studium ermöglicht einen direkten Zugang zu stellaren Kondensationsprozessen.

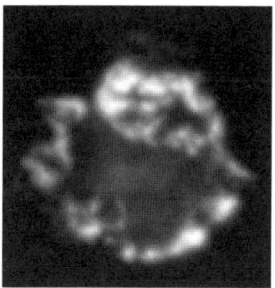

Abb. 6 Infrarotaufnahme eines Supernovaüberrests vom 20. Dezember 2007. Gasförmiges Silicium ist dunkelblau eingefärbt, Argongas hellblau, während staubreiche Regionen rot und Staub+Gas-Regionen gelb sind. »This is the smoking gun indicating that supernovae were significant suppliers of fresh dust«, Staub, der uns heute in Kometen und Meteoriten begegnet. Der Durchmesser des Supernova-Überrests beträgt 19 Lichtjahre und damit etwa das vierzigfache unseres Sonnensystems. (Infrared Spitzer Space Telescope NASA/JPL-Caltech, 20.12.2007.) (Siehe auch Farbtafel F1.)

Diese Geschichte ist nur ein Beispiel für eine erfolgreiche interdisziplinäre Verknüpfung von Astrophysik, Meteoritenforschung und Laboranalytik. Präsolare Körnchen fanden sich im Staub des Kometen Halley, wurden in der Stardust-Mission von einem Kometen auf die Erde gebracht und können sogar aus interplanetaren Staubteilchen, die ständig auf die Erde treffen, isoliert werden. Ihre Analyse mit höchstempfindlichen Methoden und extrem hoher Ortsauflösung, die in den vergangenen Jahren erhebliche Fortschritte gemacht hat, wird zwangsläufig zum immer besseren Verständnis der Geschichte unserer Welt und ihrer Bausteine beitragen.

Mit diesen Fortschritten geht eine dramatische Weiterentwicklung astronomischer Beobachtungstechniken einher. So wurden seit der Entdeckung des ersten Exoplaneten 1989 bis jetzt 403 extrasolare Planetensysteme mit 473 Planeten gefunden. Aufgrund der (indirekten) Beobachtungstechnik können wir bisher nur »große« Planeten (Jupiter-Größe) in der Nähe (Erd- bis Marsabstand) ihrer Sonne identifizieren. Es ist aber zu erwarten, dass mit den im Bau befindlichen neuen großen Teleskopen viel kleinere Planeten in größerem Abstand vom Stern »gesehen« werden können. Sicher wird es bald gelingen, deren Atmosphäre spektroskopisch zu analysieren. Werden wir dann Bedingungen sehen, die lebensfreundlich sind? Wie wird sich unser Weltbild verändern, wenn wir eine »Erde« entdecken?

Der Autor

Professor Dr. Elmar K. Jessberger wurde am 18. April 1943 in Eisenach geboren. Er studierte Physik an der LMU München und der Universität Heidelberg, wo er auch 1971 promovierte und 1981 habilitierte. Von 1971 bis 1996 war er wissenschaftlicher Mitarbeiter der Abteilung Kosmophysik im Max-Planck-Institut für Kernphysik in Heidelberg. Zwischenzeitlich arbeitete er 1972 und 1973 am California Institute of Technology in Pasadena, wo er, wie später auch in Heidelberg, zur Geschichte des Mondes und der Meteorite forschte. In Heidelberg leistete er daneben Beiträge zum Verständnis von Kometen und interplanetarem Staub. Weitere Gastaufenthalte u. a. an der Universität und am Naturhistorischen Museum in Wien, an der State University of New York in Stony Brook sowie an der Washington University in St. Louis folgten. Von 1996 bis zu seiner Emeritierung 2008 war er Universitätsprofessor für Analytische und Experimentelle Planetologie an der Westfälischen Wilhelms-Universität in Münster. Ein Aspekt seiner Arbeit waren methodische Entwicklungen und die Einführung neuer mikro-analytischer Verfahren in die Planetologie. Die inhaltlichen Schwerpunkte seiner Forschung sind Kosmochronologie und die chemische und isotopische Evolution der Körper des Sonnensystems. Professor Jessberger war verantwortlicher Leiter und Teammitglied einer großen Zahl von Raumfahrtinstrumenten, u. a. MERTIS zur mineralogischen Infrarotkartierung des Merkur; RLS zur *in-situ* LIBS-Analytik und Raman-Charakterisierung des Mars; PIA, PUMA und COSIMA zur chemisch-isotopischen und MIDAS zur mikro-strukturellen Analyse von Kometenstaub. Seine Resultate wurden vielfach ausgezeichnet, u. a. von der NASA und der Meteoritical Society. Der Asteroid 16231 wurde ihm zu Ehren „Jessberger" benannt. Professor Jessberger war in vielen Beratungsgremien und Programmkomitees des DLR, der ESA, der Meteoritical Society und der Max-Planck-Gesellschaft tätig.

Moleküle aus dem All

2

Der urzeitliche Molekülbaukasten

Wolfram H. P. Thiemann

Ursprung und Quelle der ersten komplexen Moleküle zum Aufbau biologischer Strukturen

Den urzeitlichen Baukasten Leben schaffender Moleküle zu definieren, geschweige denn, einen solchen zu füllen, erscheint ein äußerst vermessenes Unterfangen. Hieran sind schon eine Menge kühner wissenschaftlicher Pioniere gescheitert. Aber was soll's, es gelte die Wette: Unternehmen wir einen Versuch.

Die Schwierigkeit liegt in zwei Teilproblemen, die es zuerst zu klären gilt, bevor wir überlegen, wie ein solcher Baukasten gefüllt gewesen sein mag. Das erste Problem besteht darin zu definieren, was »Leben« eigentlich genau bedeutet. Wenn wir nicht einmal das präzise zu definieren imstande sind, wie können wir jemals daran denken, auf die Eigenschaften und Zusammensetzung der elementaren Bausteine des Lebens zu schließen? An einer klaren und überzeugenden Definition »lebender Materie« – und ihrer Abgrenzung zu nichtlebender Materie – rackerten sich schon viele kluge Wissenschaftler ab, und sie streiten sich bis heute leidenschaftlich, anscheinend ohne je zum Ende der Debatte zu gelangen. Zweitens müssen wir uns fragen – wenn wir denn irgendwann exakt wissen, worin Leben eigentlich besteht –, mit welchen »Elementarteilchen« wir denn beginnen sollten, jene urzeitlichen Molekülbausteine zu charakterisieren. Unser Dilemma liegt sicherlich in dem unglücklichen Umstand begründet, dass wir bis heute eben nur eine Form von Leben kennen, nämlich die unsrige, nicht aber andere Lebensformen, welche sich auf anderen Himmelskörpern entwickelt haben könnten. Wir sind damit irgendwie zurückgeworfen auf eine Art mittelalterliches, präkopernikanisches Weltbild: Zwar sind wir uns (eben seit Kopernikus) bewusst, dass wir offenbar nicht den Mittelpunkt des Weltalls bewohnen, aber was das Leben angeht, so kennen wir nur das auf unserem kleinen Planeten Erde; wir kommen uns notwendigerweise einzigartig vor, als Singularität im menschlichen Weltall, mangels Kenntnis extraterrestrischer Lebensformen. So bleibt uns kaum etwas anderes übrig als anzunehmen, dass anderes Leben im grundsätzlichen molekularen Aufbau dem unsrigen mit seiner gut entschlüsselter Struktur sehr ähnlich sein dürfte. Damit wäre letztlich alles Leben aus einer Vielfalt von Verbindungen der Elemente Kohlenstoff, Wasserstoff, Stickstoff, Sauerstoff und ein paar anderen, weniger häufigen wie Phosphor, Schwefel und einige Metalle zusammengesetzt. Hand aufs Herz, sind wir nicht in diesem Denkschema gefangen? Wie könnten wir diesem Teufelskreis, dem logischen *circulus vitiosus* unserer Beschränktheit entrinnen?

Mit der Einschränkung, dass Leben eben so aussehen muss, wie es uns von uns selbst her vertraut ist, wollen wir uns die urzeitlichen Molekülbausteine vornehmen und auch ihre möglichen Quellen auf der Erde.

Als der Planet Erde sich vor etwa 4,6 Mrd. Jahren allmählich als eigenständiger fester Körper aus dem planetaren Nebel des Sonnensystems zu formen begann, fanden sich wohl die chemischen Elemente, wie wir sie vom Periodensystem her kennen, in mehr oder weniger gleicher universaler Häufigkeit in der Lithosphäre, der Hydrosphäre und der Atmosphäre der Erde vor. Ausnahmen waren die sehr leichten Gase Wasserstoff, Helium und Neon, die wegen ihrer sehr geringen Atommasse und teils mangels Bindungsfähigkeit zu anderen Elementen nicht von der Schwerkraft der Erde zurückgehalten werden konnten und ins Weltall entströmten. Damit ist das Repertoire der Urbausteine des Lebens festgelegt. Kohlenstoff, mit seinem im Vergleich zum häufigen Silicium geringeren Anteil an der Erdoberfläche (worin ich hier Erdatmosphäre einschließe), war wohl in Form von CO_2 – mit zwei O-Atomen verbunden –, CO und Carbonaten (in der Hydrosphäre) reichlich vorhanden. Wasserstoff gab es, zum überwiegenden Teil gebunden an zwei O-Atome in Form von Wasser (H_2O), in der Hydro- und Atmosphäre ebenfalls im Überfluss. Wie viel Kohlenstoff, verbunden mit vier H-Atomen in Form von Methan (CH_4) als Urmolekül, in der frühen Atmosphäre vorhanden war, darüber darf nach Kräften spekuliert werden. Das Resultat hängt vom Modell ab – entweder geht man von einer reduzierenden oder von einer oxidierenden Atmosphäre der jungen Erde aus. Das Modell der reduzierenden Atmosphäre wird zurzeit von dem meisten Forschern eher verworfen, da ihm die Faktenlage zu widersprechen scheint. Im Fall des Stickstoffs streitet man, ob dieser zu etwa gleichen Teilen als zweiatomiges Molekül (N_2) in der Atmosphäre einerseits und als Verbindungen mit H (Ammoniakverbindungen) im Meer und in der Luft andererseits vorhanden war. Nach der geologischen Häufigkeit war auf der Oberfläche der frühen Erde genauso wie heute das Element Silicium als Sauerstoffverbindung (Siliciumdioxid) und in Form von Metall-Silicaten das verbreitetste Element. Heutzutage spielt das Silicium mit seinen Verbindungen in der Biochemie nur eine höchst untergeordnete Rolle, etwa als Gerüstsubstanz bestimmter Planktonorganismen wie besonders den Diatomeen. Welche Elemente dürften außerdem auf der frühen Erde eine Rolle beim Aufbau der Biosphäre gespielt haben? Natrium, Kalium, Calcium, Magnesium, Schwefel, Eisen, Mangan – diese Elemente benötigt unsere Biochemie nach wie vor, sie sind »essenziell«, unverzichtbar. Jedoch werden die meisten auch nur in bestimmten Mengen für bestimmte biologische Funktionen gebraucht, etwa in den Enzymen die schwefelhaltigen Aminosäuren Cystein, Cystin und Methionin, im blutbildenden System das eisenhaltige Hämoglobin, als grünen Blattfarbstoff das magnesiumhaltige Chlorophyll. Eisen und Schwefel nehmen auch noch heute in vielen archaischen Bakterien (»Eisen-Schwefel-Bakterien«) eine zentrale Stoffwechselrolle ein. Die Alkali- und Erdalkali-Metalle, besonders Natrium, Kalium, Calcium und Magnesium gehören ebenfalls zu den essenziellen Ur-Bausteinen unseres Baukastens der lebenden Natur, weil sie zur Stabilisierung von Zellen gleich welcher Art beitragen (der »osmotische Druck« wird durch starke Elektrolyte aufrechterhalten).

Die Frage ist: Woher kamen diese Moleküle? Natürlich ist die Quelle – wir sprechen von nun an nur noch von der Zeit seit Beginn der Bildung der Erde, also vor weniger als 4,6 Mrd. Jahren – auf der Erde selbst zu suchen, genauer in erster Linie auf der Erdoberfläche, auf der das Leben wohl entstanden sein muss.

Wir schließen hier eine kühne Spekulation aus, welche immer wieder einmal durch die wissenschaftliche Diskussion geistert: dass das Leben in Form von Sporen direkt aus dem All auf die Erde gebracht wurde. Im Anklang an die früh von S. Arrhenius geäußerte Hypothese einer »Panspermia«-Welt (griechisch für »Alles Samen« – im Weltall) bereisen auch heute noch Schüler des berühmten Physikers Fred Hoyle aus Cardiff, unter ihnen besonders sein sehr aktiver Epigone C. Wickramasinghe, die Welt, um zu verkünden, dass das Leben direkt aus dem All zu uns kam. Das ganze Universum sei quasi – salopp gesprochen –»verseucht von Leben«, und intakte Keime reisten von Galaxie zu Galaxie, verpackt im Inneren von Kometen oder großen Meteoriten, um irgendwann im Laufe der Geschichte auf einen sterilen Planeten zu fallen, der den idealen Nährboden für ihr Wachstum bot. Als Beispiel wird gern eine mit geeignetem Nährmedium gefüllte, vorher sterilisierte Petrischale herangezogen, die zum Zeitpunkt X plötzlich beimpft wird und dann in Kürze zu blühendem Leben erwacht. Wickramasinghe behauptet, Keime aus dem Weltall eingefangen zu haben, die mit Sicherheit nicht-terrestrischen Ursprungs seien und hier unter geeigneten Laborbedingungen problemlos gedeihen würden. Der Beweis, dass solche in großen Höhen mithilfe von Flugkörpern eingeholten mikrobiologischen Proben tatsächlich nicht zufällig mit Aerosolen hochgeschleuderte Mikroorganismen von der Erdoberfläche sind, steht natürlich aus! Auch durch ständige Wiederholung nicht haltbarer Vermutungen werden solche Hypothesen nicht glaubwürdiger.

Das Innere der Erde scheidet als Ursprungsort unserer Biosphäre wohl ebenfalls definitiv aus, da es dort für unsere Form des Lebens viel zu heiß war und ist. (Der Kern der Erde, ohne hier auf Details einzugehen, besteht im Wesentlichen aus flüssigem Eisen, Nickel, Cobalt und Mangan, worin unsere biochemischen Bauelemente schnell zerstört werden dürften!) Was wir heute als häufigste Elemente auf der Erdoberfläche sehen, ist jedoch das Produkt einer Millionen, ja Milliarden Jahre fortdauernden physikalischen und chemischen Umwälzung (die Geologen sprechen von Metamorphose). Die leichteren Elemente wie eben C, H, N, O, P, S wurden bei der allmählichen Abkühlung der Erde vom heißen Planeten-Frühstadium bis zur heutigen durchschnittlichen »Raumtemperatur« von etwa 0–30 °C systematisch an die Oberfläche transportiert, während die schwereren Elemente allmählich nach unten ins Erdinnere sanken – eine typische Entmischung durch Diffusion im Schwerefeld der Erde. Es sei aber erwähnt, dass die treibende Kraft zur Entmischung nicht nur die Atommasse war; es gibt durchaus Ausnahmen von der Regel »leichte Elemente nach außen, schwerere nach innen«. An welcher Stelle sich Elemente bzw. Moleküle letztlich im Laufe der geologisch sehr turbulenten Erdgeschichte anreicherten und wo wir sie heute gegebenenfalls als »Lagerstätte« finden, hängt außerdem auch stark von ihrer Bindungsfähigkeit mit anderen Elementen ab, von ihrer Eigenschaft, spezifische Atomverbände in Molekülen zu bilden.

So überrascht vielleicht, dass sich das sehr schwere Element Uran (U, Atommasse 238) durchaus gern in der oberen Schicht der Lithosphäre anreichert. Der Grund dafür ist, dass Uran aufgrund seiner Elektronenstruktur zur Komplex- und Anionen-Bildung als Uranat (UO_4^{2-}) neigt, welches sich dann »ganz unauffällig« mit diversen Silicatformationen vermischt. Ganz gewöhnlicher Granit enthält beispielsweise eine relativ große Mange an Uran, nämlich in der Größenordnung von einigen ppm (*parts per million*), im Schnitt etwa 4 ppm. Das größte Uranvorkommen auf der Erde findet sich somit ausgerechnet an der Oberfläche, da Granit etwa 60% der festen Oberfläche ausmacht. (Der natürliche Urangehalt des Baustoffs Granit führte gelegentlich sogar dazu, dass Wohnhäuser in Schweden, aus Granit gebaut, abgerissen oder aufwändig versiegelt werden mussten, um die Bewohner vor übermäßiger Strahlung und Radon-Emission zu schützen!)

Durchaus nicht zu unterschätzen ist eine zweite unabhängige Quelle von Ur-Bausteinen unseres Lebens, nämlich extraterrestrisches Material aus den sehr häufigen Meteoriten- und sehr seltenen Kometeneinschlägen. Nach guten Schätzungen fallen noch heute mehrere hundert Tonnen extraterrestrischen Materials täglich (!) auf die Erde, in der frühen Erdgeschichte war es sogar eine Größenordnung mehr. Die frühe Erde war vor den zahlreichen Bombardements noch deutlich ungeschützter als die gegenwärtige. Einige große Einschuss-Krater zeugen noch heute von gewaltigen Einschlägen, in Deutschland etwa das Nördlinger Ries, in Arizona der riesige Barringer-Krater oder die Überreste des zu Beginn des vergangenen Jahrhunderts beobachteten Einschlags eines gewaltigen Brockens in Sibirien (»Tunguska-Meteorit«). Man »sieht« nur in Ausnahmen heute noch größere Körper auf der Erde einschlagen, erkennbar an ihrem hellen Lichtschweif auf ihrer kurzen Passage durch die Atmosphäre. In noch viel selteneren Fällen findet man festes Material extraterrestrischer Herkunft auf der Erde. Zu den berühmtesten gehören der »Orgueil-«, »Murchison-« und »Murrison«-Meteorit. Für unsere Diskussion, als potenzielle Transportmittel präbiotischer Moleküle, am interessantesten sind die sogenannten kohlehaltigen Chondrite.

Auch der heilige Stein der berühmten Kaaba in Mekka war offenbar ein großer Meteorit, bevor er als zentrales Heiligtum des von Mohammed gegründeten Islams zum Ziel moslemischer Pilger aus aller Welt wurde.

Nochmals sei hier allerdings in aller Entschiedenheit betont, dass wir absolut überzeugt sind, dass Meteorite im Sinne Wickramsinghes keine intakten »Lebenssporen« mit sich bringen. Dazu sind die Reiseumstände zu feindlich: tausende Jahre Reise zwischen den planetaren Objekten, ausgesetzt intensiver energiereicher Strahlung, Temperaturen in der Nähe des absoluten Nullpunkts, Vakuum, und dann plötzlich – beim Eintreten in die Erdatmosphäre – Temperaturanstieg auf mehrere tausend Grad und hohe Drücke, die durch Reibung an den Teilchen der Atmosphäre entstehen. Keine heutigen Sporen würden diesen Extrembedingungen standhalten können. Dennoch: Bruchstücke oder gar intakte biochemisch relevante Moleküle könnten sehr wohl von außerhalb der Erde bei uns eingetroffen sein und als aktive Reaktanden in der Phase der Chemischen Evolution gedient haben – in einer späteren Phase des Übergangs zur biologischen Evolution auch als willkommene energiereiche Nährstoffe? Dass wir so extrem selten feste Materie extraterrestrischen Ursprungs finden, liegt einfach daran, dass – glücklicherweise! – die meisten auf der Erde eintreffenden Meteoriten schon in der Erdatmosphäre durch die Reibungshitze verglühen oder verdampfen (am Nachthimmel als Sternschnuppe, »raining star«, zu beobachten), wobei natürlich auch hier die mitgebrachte verdampfte Materie letztlich als Niederschlag auf die Erde kommt.

Auf Möglichkeit, dass sogar der größte Teil lebenswichtiger oder lebens-initiierender Moleküle extraterrestrischen Ursprungs ist, werden wir an späterer Stelle zurückkommen.

Was könnten die unverzichtbaren molekularen Ur-Bausteine sein?

Es gibt eine Reihe guter Gründe anzunehmen, dass Leben in unserem Sonnensystem so auszusehen hat, wie wir es auf der Erde kennen – auf der Basis polymerer organischer Moleküle, von denen die wichtigsten und häufigsten die Proteine, Nucleinsäuren, Kohlenhydrate und Fette sind. Wenn wir zusätzlich annehmen – was aber, wie gesagt, eine kühne Behauptung ist! –, dass Leben auch auf Exoplaneten so aussehen würde, dann kann dieses nur in der »habitablen«

(bewohnbaren) Zone eines Sonnensystems gedeihen, denn es setzt logischerweise erdähnliche »Raum«-Temperaturen (so zwischen 0 und 60 °C) und Drücke in der Größenordnung weniger Bar voraus, bei denen Proteine, Nucleinsäuren u. ä. stabil sind. Allein diese »Normal«-Bedingungen lassen nämlich die Existenz flüssigen Wassers zu, in denen sich die biologisch wichtigen Stoffe zu lösen vermögen. Flüssiges Wasser hat bekanntlich nur einen ziemlich engen Existenzbereich, der somit automatisch eine relativ enge Habitabilitäts-Zone für Planeten in einem beliebigen Sonnensystem definiert.

Bei der ganzen Diskussion müssen wir jedoch einräumen, dass es durchaus völlig andere Lebensformen geben könnte, die ohne flüssiges Wasser auskommen. Manche Forscher denken da an flüssigen Ammoniak (NH_3) oder Schwefeldioxid (SO_2) bei tiefen Temperaturen (weit unterhalb des Gefrierpunkts des Wassers, 0 °C bei 1 bar Druck) oder an flüssige Silicate und Metallschmelzen bei sehr hohen Temperaturen, in denen sich eine für unser begrenztes Vorstellungsvermögen extrem exotische Lebensform entwickelt haben könnte.

Lassen wir es fürs Erste bei dem uns vertrauten Leben auf der Basis der Grundelemente C, H, O, N, u. a. (In abgekürzter Trivialschreibweise nennen wir Organismen auf dieser Basis »CHONs«.) Welche Eigenschaften müssten denn die ersten Ur-Bausteine des Lebens besitzen? Vor allem müssten erste zur Zellbildung und »Fortpflanzung« beitragende Ur-Bausteine eine extrem große Variabilität aufweisen, mit anderen Worten: Sie dürften auf keinen Fall stabil und reaktionsträge sein. Das bedeutet nichts anderes, als dass diese Stoffe vergleichsweise energiereich sein sollten. Nur dann reagieren sie gern und schnell mit anderen Molekülen und sind aufgrund ihrer speziellen Elektronenstruktur in der Lage, sich in eine unüberschaubar große Zahl neuer Verbindungen mit neuen Eigenschaften umzuwandeln. Offenbar ist unter diesen Voraussetzungen – unter terrestrischen Bedingungen – einzig die Kombination von C, H, O und N zu mehratomaren Molekülverbänden prädestiniert, solche Ur-Moleküle bereitzustellen.

So kommt man zu einfachen Molekülen wie Alkoholen, Aldehyden, Ketonen, Carbonsäuren, Cyanoverbindungen, Aminosäuren (!) sowie CHON enthaltende Heterocyclen und Aromaten. (Ganz zu Unrecht sind Lebensforscher oft ausschließlich auf Aminosäuren fokussiert, die Kettenglieder der makromolekularen Proteine.) Gemeinhin erschlägt man die Liste der Ur-Bausteine (der prä-biotischen Moleküle) mit dem inflationär benutzten Oberbegriff »organische Chemikalien«. (Der mittlerweile unzeitgemäße Begriff »Organische Chemie« ist historisch begründet. Zu Pasteurs Zeiten grenzte man die belebte Chemie streng von der unbelebten ab, in der irrigen Annahme, die belebte Natur auf solche aus CHON zusammengesetzten Moleküle beschränken zu können, welche seinerzeit zwar schon relativ genau studiert und analysiert, aber bis dato noch nie im Labor (nach-)synthetisiert worden waren. Erst F. Wöhler widerlegte dies mit seiner berühmten Demonstration der Harnstoff-Synthese aus Ammoniumisocyanat ein für allemal. »Anorganische« Chemikalien, bestehend aus den restlichen Elementen des Periodensystems, konnten dagegen sehr wohl in Pasteurs Labor synthetisiert werden. Merkwürdig, dass diese altmodische Abgrenzung der Organischen von der Anorganischen Chemie nach wie vor relativ strikt eingehalten wird!)

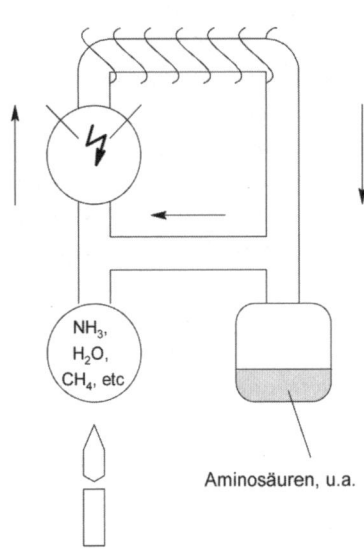

NH$_3$,
H$_2$O,
CH$_4$, etc

Aminosäuren, u.a.

Verdampfung
u. Reaktion

Kondensation
v. Lösung

Abb. 7 Berühmter Versuchsaufbau zur Simulation der Synthese von Aminosäuren in der frühen Erdatmosphäre nach H. Urey und S. L. Miller.

Eine ungeheuer große Publizität erreichten in den 1950er Jahren die Versuche von S. Miller, der auf Anregung seines Doktorvaters H. Urey nachwies, dass in einer »Ur-Atmosphäre« im Kontakt mit einer »Ur-Hydrosphäre« – simuliert durch eine Gasmischung aus CH$_4$, NH$_3$, H$_2$O u.a. unter Einwirkung von »Blitzen« in Form einer Funkenstrecke aus einem Tesla-Bogen – quasi spontan das ganze Spektrum essenzieller Aminosäuren entsteht, das zur Bildung langkettiger Proteine nötig ist. Von da an setzte sich die bis heute vorherrschende Lehr- und Lehrbuchmeinung durch, dass die wichtigsten Bausteine des Lebens auf der frühen Erde (vor mehr als 4 Mrd. Jahren, als flüssiges Wasser auf der Oberfläche zu kondensieren begann) – ohne Gott oder Intelligent Design – aus einfachen organischen Molekülen unter Einwirkung elektrischer Entladungen spontan entstanden. Können wir dieser simplen Theorie 50 Jahre nach Millers erstem Experiment noch ohne Vorbehalte zustimmen? Nein! Urey und Miller spekulierten nämlich, dass die frühe Erde während ihrer Abkühlung und der allmählichen Kondensation von Wasser eine dichte Atmosphäre mit reduzierenden Eigenschaften besaß, die unserer heutigen, stark oxydierenden Atmosphäre nicht im Geringsten glich. Sie sollte sich zusammengesetzt haben aus Methan, Wasser, Ammoniak, etwas Kohlenmonoxid (CO) und elementarem Stickstoff (N_2). Urey und Miller schlossen das aus zwei Beobachtungen: Erstens schienen sehr alte, nicht veränderte Gesteine auf der Erde durch Wechselwirkung mit einer reduzierenden Atmosphäre entstanden zu sein (ein Beispiel ist das reichliche Vorhandensein von Eisen-II-Verbindungen, die sich nur unter Ausschluss von Sauerstoff gebildet haben können), zweitens schien die Häufigkeitsverteilung der chemischen Bestandteile der aus Vulkanen entströmenden Gase, denen man die Entstehung der frühen Erdatmosphäre zuschrieb, in diese Richtung zu deuten. Heutzutage weiß man mit Sicherheit, dass dem nicht so gewesen sein kann. Die frühe Atmosphäre war mindestens schwach oxidierend. Ihr Hauptbestandteil war Kohlendioxid (CO_2), das auch Hauptbestandteil der Atmosphäre unserer beiden Nachbarplaneten Mars und Venus ausmacht. Millers Originalexperiment, jetzt aber durchgeführt mit einer Mischung aus viel CO_2, N_2 und Wasser, wenig NH_3 und wenig CH_4, ergibt nicht annähernd so schön viele Aminosäuren. Im Rückblick wird die Bedeutung der Miller'schen Experimente keineswegs durch die neueren Erkenntnisse über die Ur-Atmosphäre der Erde geschmälert, haben diese doch zum ersten Male bewiesen, dass es unter – im doppelten Sinne – primitiven Bedingungen spontan möglich ist, recht komplexe »organische« Moleküle aus einfachsten »anorganischen« Molekülen zu basteln: Methan, Ammoniak, Wasser rein, Energie rein, Aminosäuren (und weiter Proteine?) raus! Nicht zuletzt führte Miller der interessierten Öffentlichkeit wieder einmal, lange nach Wöhlers weit weniger bekannten Versuchen, vor Augen, dass es überhaupt keine scharfe Grenze zwischen unbelebter = anorganischer und belebter = organischer Chemie gibt.

Das offenbare Unvermögen, mithilfe der Urey/Miller'schen Simulation der jungen Erde aus einer schwach oxidierenden Atmosphäre ausreichende Mengen Aminosäuren u. Ä. für das Entstehen des Lebens zur Verfügung zu stellen, führte auch zu einer zumindest teilweisen Wiederbelebung der alten Panspermia-Hypothese (Arrhenius, Hoyle, Wickramasinghe) in einer moderneren Variante: Es seien zwar nicht schon direkt lebensfähige Sporen, aber immerhin »präbiologische« Bausteine huckepack auf Kometen und Meteoriten zur Erde gereist, die im Laufe der frühen Erdgeschichte das Reservoir der notwendigen Reaktanden für die Bildung erster biologisch aktiver Zellen im Meer gebildet hätten. In letzter Konsequenz wäre dann auch der Mensch selbst extraterrestrischen Ursprungs, zumindest was seine materielle Grundzusammensetzung anbelangt.

Ein prinzipielle Frage bleibt jedoch unbeantwortet: Wären die ersten Ur-Bausteine des Lebens zwingend »organische« Moleküle aus Kohlenstoff, Wasserstoff, Sauerstoff und Stickstoff, oder hätten präbiologische Moleküle auch auf der Basis des in der Lithosphäre am häufigsten vorkommenden Elements Silicium entstehen können? Dies soll im nächsten Abschnitt erörtert werden.

Anorganische Moleküle als Ur-Moleküle (Cairns-Smith)

Die Frage, ob Quarz selbst und seine unzähligen auf Silicium basierenden Verwandten – kurz Silicate – bei der Entstehung des Lebens eine wesentliche Rolle gespielt haben könnten, wurde mutigerweise schon früh von Cairns-Smith aus Glasgow (A. G. Cairns-Smith, The Life Puzzle, Oliver & Boyd, Edinburgh 1971) formuliert und systematisch-ausführlich in seinen Arbeiten diskutiert. Verschiedene derartige Mineralien haben nämlich tatsächlich einige Eigenschaften mit Proteinen gemein – so erstaunlich und überraschend dies auch klingen mag: Bestimmte Silicate sind äußerst flexibel und bieten strukturelle Variabilität; sie tragen relevante Informationen in ihren Kristallbildungen. Silicatmineralien (Juweliere wissen ihre Eigenschaften zu schätzen) lassen sich in schier unendlich vielen Mischungsverhältnissen und Strukturen in der Natur auffinden oder im Labor synthetisieren. In unserem Zusammenhang erwähnenswert sind Zeolithe, Kaolinite und Montmorillonite mit höchst variablen Eigenschaften. Diese sogenannten Sekundärmineralien haben sich durch Verwitterung, den Einfluss von Wasser und anderen Umweltbedingungen in vielfachen chemischen und physikalischen Umwandlungen aus Primärmineralien entwickelt. In ihren Strukturen sind in relativ losen Kristallbindungen einzelne Silicatelemente in langen Reihen aufgefädelt (vergleichbar mit Polypeptiden, linear aufgefädelten Aminosäuren, der Grundlage der Proteine), in zweidimensionalen Flächen oder dreidimensionalen Gerüststrukturen komplex angeordnet. Man hat nachgewiesen, dass komplizierte Silicatmuster, sich selbst überlassen im Reagenzglas, spontan zu hochkomplexen und individuellen Aggregaten heranwachsen können. Die Analogie zur spontanen »Evolution« chemischer Strukturen in der Biologie drängt sich auf. (A. Weiss, *Angew. Chemie* Int. Ed. 30 (1981) 850-860): Der Autor konnte experimentell zeigen, dass so simple Mineralien wie Montmorillonit zu einer primitiven Reproduktion und Evolution durch Mutation (Abweichung von der Mutterstruktur in der nächsten Generation) neigen, genau eine der elementaren Voraussetzungen für die Evolution von Leben. Könnte es sein, dass anorganische Silicate als Zwischenstadium zwischen der chemischen und biologischen Evolution dienten, in dem die Weitergabe von Information (Negentropie) erfunden wurde – eine Funktion, die in einem späteren Stadium der Erdgeschichte die Nucleinsäuren übernahmen? Cairns-Smith spricht von einem »Genetic Takeover«: Silicate hätten die Weitergabe von Information (einschließlich kleiner Fehler, die gelegentlich zu etwas Besserem führten) – in die Welt eingeführt, kohlenstoffbasierte Moleküle hätten das Prinzip übernommen und bis zum heutigen Stand vervollkommnet. Ein durchaus bedenkenswertes, plausibles Szenario für die »Ur-Suppe«, das molekulare Chaos der frühen Erde, aus dem sich später die »geordnete« Biologie entfalten sollte! Bedauerlicherweise sind die wenigen Arbeiten, die sich mit Silicaten als präbiologische Elemente beschäftigen – gerade die ausführlichen Arbeiten aus der Arbeitsgruppe von Cairns-Smith und die zitierte Arbeit von A. Weiss aus München – in Fachkreisen wenig bekannt, obwohl sie mir unglaublich relevant für die Diskussion des Ursprungs des Lebens auf der Erde und anderswo im Universum erscheinen. Mit Silicaten als Zwischenform zwischen noch unbelebter chemischer Evolution und später belebter biologischer Evolution wird eine Klippe elegant umschifft. Die ersten »anerkannten« makromolekularen, kohlenstoffbasierten Bausteine des Lebens wie »Proto-Proteine« und »Proto-Nucleinsäuren« (zur Reproduktion von Information notwendig) sind nämlich leider wenig stabil gegen Umwelteinflüsse. Sie werden bei Einwirkung von Wasser, Säuren, Basen, höherer Temperaturen und Drücken, denen sie bei der geologischen Lagerung über viele Millionen bis Milliarden exponiert sind, so leicht zersetzt, dass ihre Reste ja auch kaum als brauchbare biologische Marker in der Paläobiologie herhalten können. Solche thermisch äußerst labilen kohlenstoffhaltigen Moleküle dürften selbst über vergleichsweise kurze Zeiträume im Hadaikum der chaotischen jungen Erde kaum stabil genug gewesen sein, um auch nur grob, als eine Art »Proto-Zelle«, spontan ansprechbare biologische Materie gebildet haben zu können. Silicate wären viel geeigneter gewesen, sich bei sehr hohen Temperaturen zu hochkomplexen Strukturen zusammenzuschließen. Diese Muster können zu einem späteren Zeitpunkt der Erdgeschichte von C-basierten prä-biologischen Molekülen bei angenehmeren Temperaturen prinzipiell übernommen und perfektioniert worden sein. Ein zentraler Punkt bei der Erörterung von »Leben«, das ist hier schon klar zu erkennen, ist die spontane Ausbildung von Information und die Fähigkeit, Information an eine folgende Generation weiterzureichen. Diese grundsätzliche Fähigkeit ist viel entscheidender als eine bestimmte chemische Struktur primitiver Proto-Zellen!

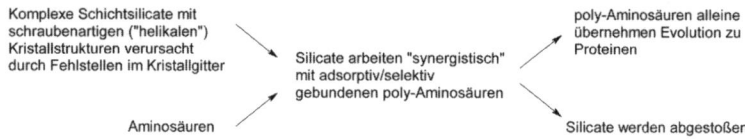

Komplexe Schichtsilicate mit schraubenartigen ("helikalen") Kristallstrukturen verursacht durch Fehlstellen im Kristallgitter

Silicate arbeiten "synergistisch" mit adsorptiv/selektiv gebundenen poly-Aminosäuren

poly-Aminosäuren alleine übernehmen Evolution zu Proteinen

Aminosäuren

Silicate werden abgestoßen

Abb. 8 Vereinfachtes Schema der »mineralischen« Evolution und Übernahme der »organischen« (C-basierten) Evolution nach Cairns-Smith.

Mit allem Nachdruck sei hier auf einen oft beschrittenen Irrweg aufmerksam gemacht: Woher nehmen wir denn die Gewissheit, dass die erste »Bio«chemie aus den gleichen Grundelementen aufgebaut sein muss, wie wir sie kennen? Viel wahrscheinlicher ist, dass es im Hadaikum, der ersten sehr heißen, 0,51 Mrd. Jahre andauernden Phase der Erdgeschichte, zahlreiche Biochemien gegeben hat, die durchaus im Darwin'schen Sinne im miteinander im EffizienzWettstreit gelegen haben: Welche würde sich unter den Umweltbedingungen der verschiedenen Erdentwicklungsphasen (chemische Zusammensetzung der Atmosphäre, Hydrosphäre, Lithosphäre, Druck, Temperatur, einfallende Strahlung, usw.) als erfolgreichste im Hinblick auf die Ausbreitung durch Evolution – Reproduktion plus Mutation – erweisen? Im Laufe der 4,7 Mrd. Jahre langen Erdgeschichte haben sich immer weniger immer bessere Biochemien herauskristallisiert. Die meisten von ihnen wurden als nicht erfolgreich ausgemerzt und verschwanden wieder. Bis heute blieb allein die am besten angepasste Biochemie auf Protein- und Nucleinsäure-Basis übrig, die wir in unserer Beschränktheit als einzige erleben, mangels anderer Modelle, die wir auf der Erde nicht (mehr) finden. Neben der winzigen Chance, bei genauestem Hinsehen Reste einer funktionierenden archaischen Biochemie in irgendeiner verborgenen Nische – tief unter der Oberfläche etwa? – zu entdecken, hat die in jüngster Zeit verstärkte Suche nach extraterrestrischen Lebensspuren auf anderen Himmelskörpern (ein eigenständiges Wissensgebiet, die »Astrobiologie«) den besonderen Reiz, völlig von der unsrigen Biochemie abweichende Lebensräume zu entdecken, die sich optimal an anderen planetaren Bedingungen angepasst haben könnten. Konsequenterweise heißt es auch hier, sich bei der systematischen Suche nach extraterrestrischem Leben nicht nur auf solche Bausteine zu beschränken, die mit der C-basierten Biochemie verwandt sind, sondern den Blick freizuhalten, um eine Chemie als »lebendig-biologisch« zu identifizieren, die völlig von der unsrigen abweicht (statt auf Kohlenstoff auf Silicium, Schwefel, Ammoniak o. a. basiert, nicht flüssiges Wasser als Löse- und Reaktionsmittel benutzt …). Die große Kunst bestünde dann darin, andere Kriterien zu finden, an denen sich Lebendiges von Nicht-Lebendigem unterscheiden lässt. Wie ginge das genau? In diesem höchst verallgemeinerten Sinn besteht Leben darin, auf materieller Grundlage Systeme zu entwickeln, welche in der Lage sind, sich (fast!) fehlerfrei zu reproduzieren, zu vermehren und Evolution zuzulassen (zu »evolvieren«), d. h. auch in einem bestimmten Maße fehlerhafte Kopien herzustellen, die eine immer bessere Anpassung an sich ständig verändernde Umweltbedingungen erlauben. Anders ausgedrückt: Wir sollten Systeme suchen, die spontan und autonom nicht nur komplexe Informationen speichern, sondern mehr Information schaffen und diese Information – über immer höher komplexe Strukturen – an Tochtergenerationen weitergeben. Besonders schön hat solche Gedanken schon vor Jahrzehnten Cairns-Smith formuliert, wobei er mehrere Szenarien für eine frühe Ausbildung solcher exotischen Lebensformen entwarf. Seine Lieblingsmodelle sind Tonmineralien wie Zeolithe und Montmorillonite, welche, wie bereits erklärt, in der Tat eine Art primitiver Evolution von einfachen zu komplexen Strukturen zulassen. Der Autor unterscheidet »konservative« von »radikalen« Theorien. Die konservativen Theorien erlauben lediglich ein Wechselspiel zwischen »modernen« biochemischen Molekülen – Aminosäuren, Proteinen, Nucleinbasen und Nucleinsäuren, Fetten, Kohlenhydraten, etc. – und Tonmineralien, die an ihrer Oberfläche und in ihrem porösen Inneren besonders schwierige chemische Reaktionen begünstigen und beschleunigen, also als Katalysatoren wirken. Diese Funktion ist unerlässlich für den geordneten Aufbau biochemischer Makromoleküle und wird in der modernen Biochemie von Enzymen übernommen. Radikale Theorien sprechen dagegen von einer völlig C-freien Biochemie auf der frühen Erde, in der bestimmte Mineralien wie die erwähnten Schichtsilicate, aber auch metallische Sulfide wie Pyrite und Pyrrhotine selbst die Rolle der biochemischen Bausteine gespielt haben.

In diesem Zusammenhang ist hier nochmals auf frühe Arbeiten von Armin Weiss zu verweisen, der am Anorganischen Institut der Universität München in den 1980er Jahren sehr schön und kreativ spekulierte, inwieweit Schichtsilicate per se eine Art Evolution durchliefen, und einige eindrucksvolle experimentelle Arbeiten über lebensähnliche Phänomene an solchen Mineralien vorstellte. Dass diese Arbeiten in der einschlägigen Fachliteratur kaum oder überhaupt nicht beachtet werden, ist zu bedauern; in der Tat brechen sie gewisse Tabus in der Origins-of-Life-Forschung. Ist die Nichtkenntnisnahme nur der Ignoranz geschuldet, oder steckt Absicht dahinter?

Fairerweise ist aber zu erwähnen, dass ein bestimmtes »exotisches« Szenario zur Entstehung lebensähnlicher Strukturen doch häufiger zitiert und diskutiert wird: Wächtershäusers (G. Wächtershäuser, Progr. Biophys. Mol. Biol. 58 (1992) 85-201) kühne Idee des Lebens auf der Basis von Eisensulfiden (Pyrit, Pyrrhotit). Der Ausgangspunkt ist das schon erwähnte Problem, aus einer reichlich CO_2 enthaltenden frühen Erdatmosphäre mithilfe geeigneter Reaktionspartner reduzierte (und gleichzeitig energiereiche!) C-Moleküle zu gewinnen, nachdem es mittlerweile feststeht, dass der Urey/Miller-Versuch nicht als Modell herhalten kann. Wächtershäusers Lösung ist, dass er aus üppig auf der Erdoberfläche vorhandenen Fe^{2+}-Ionen und Schwefelwasserstoff (H_2S, quillt massenhaft aus aktiven Vulkanen und marinen »Schwarzen Rauchern« am Meeresboden) das Mineral Pyrit (FeS_2) entstehen lässt. Das energiereiche Pyrit soll in der Lage sein, CO_2 zu Carbonsäuren, Aldehyden etc. zu reduzieren, eine Art anorganische Photosynthese, eine plausible »Route zur Erzeugung von Zuckern«, wie das System in der Literatur gern genannt wird. Wächtershäuser hat mit diesen Arbeiten viel Aufsehen in der wissenschaftlichen Gemeinde erregt, er wird häufig zitiert, auch wenn seiner Spekulation reichlich Skepsis entgegengebracht wird.

Fassen wir also zusammen: Es gibt eine Menge potenzieller Bausteine für ein Leben aus der mineralischen Welt (einer in unseren Augen völlig unbelebten Welt), unter denen Quarz selbst, der als links- oder rechtshändiger Kristall auftreten kann, eine besondere Rolle spielt. Es wird gelegentlich überlegt, ob ein Überschuss der einen oder der anderen enantiomeren Form des Quarzes per stereoselektive Katalyse an der Kristalloberfläche einen Einfluss auf die schließliche Selektion von L-Aminosäuren über D-Aminosäuren und von D- über L-Zucker gehabt haben oder sogar direkt für die Auswahl verantwortlich sein könnte. Schichtsilicate wie Zeolithe, Montmorillonite und Glimmer, im Wesentlichen bestehend aus gemischten Salzen von Ca, Mg, Fe, Al, Na, K als Kationen und Silicat-Anionen, spielen eine prominente Rolle unter den möglichen Kandidaten, weil sie autonom über eine primitive Art von »Evolutions«-Mechanismus verfügen.

Organische kleine Moleküle als Bausteine des Lebens

Unter den Forschern, die sich mit den ersten Phasen der Lebensbildung beschäftigen, herrscht die Ansicht vor, dass die Biologie auf der sehr jungen Erde (und anderswo im Weltall?) auf eine begrenzte Anzahl typischer organischer Moleküle zurückgeht. Dazu gehören die relativ einfach zusammengesetzten, niedermolekularen Stoffgruppen der Carbonsäuren, Aldehyde, Ketone, Alkohole, Amine, Mercaptane und Cyanokohlenwasserstoffe (Nitrile), welche – gleich auf welchem Wege – aus CO_2, H_2O, N_2, H_2S auf der Erde synthetisiert oder frei Haus aus dem Weltall angeliefert wurden. Diese Stoffe haben die Eigenschaft gemeinsam, leicht miteinander zu reagieren und (unter Energieeinwirkung aus Blitzen, Wärme, UV-Licht) eine immer unüberschaubarere Zahl neuer Stoffe zu bilden; diese wiederum sind Ausgangsstoffe für komplexere Substanzen, die man als »Proto-Proteine« ansprechen könnte, die ihrerseits erste »Proto-Zellen« bilden könnten mit dem Potenzial der weiteren Evolution. Die einzigartige Stellung des Kohlenstoffatoms als Zentrum tetraedrischer Moleküle macht die Verbindungsklasse so außerordentlich wertvoll als Basis der Biosphäre: Nur Kohlenstoff allein ist im gesamten Periodensystem der Elemente in der Lage, so eine ungeheure Vielzahl von Bindungen mit fast allen anderen Elementen einzugehen. Verantwortlich dafür ist letztlich die Atomstruktur des C mit seinen sechs Elektronen, davon vier auf der äußersten Schale. Sie verleiht dem C-Atom zu der einzigartigen Eigenschaft, eine im Prinzip unendliche Zahl mehratomiger Moleküle zu bilden, weil es stets bestrebt ist, mit Bindungspartnern tetraedrische Strukturen auszubilden. (Dabei kann das C-Atom auch Mehrfachbindungen eingehen, Acetylen/Ethin und Ethylen/Ethen sind Beispiele; sie bleiben aber, trotz manch wichtiger Funktion in Organismen, die Ausnahme von der Regel.) Kein anderes Element im Periodensystem kann mit dieser potenziellen Vielfalt konkurrieren, weder die Nachbarn links und rechts in der Zeile noch die Nachbarelemente unter C in der IV. Hauptgruppe. Zur Erinnerung: Biologie bedeutet Flexibilität plus Variabilität! Daher liegt die Vermutung nahe, dass frühes irdisches oder extraterrestrisches Leben auf der Vielfalt der C-Moleküle beruhte. Mit dieser »Schere im Kopf« wird mit großem Aufwand nach Vorkommen von flüssigem Wasser auf dem Mars und anderen Himmelskörpern (Europa, Enkeladus) gesucht. Dahinter steckt die Hoffnung, in flüssigem Wasser mit großer Wahrscheinlichkeit eine auf Kohlenstoff gestützte Biologie (oder deren Überbleibsel) zu finden. Diese Argumentationsfalle wird noch vertieft durch den Umstand, dass es sowohl in Kometenschweifen als auch im interstellaren Staub Ansammlungen interessanter Moleküle auf C-Basis gibt. Relativ häufig sieht man in Mikrowellen- und in IR-Spektren des interstellaren Raums Anzeichen oligoatomarer Molekülen aus C, N, H, O; im Hinblick auf prä-biotische Moleküle ist die Häufigkeit von C-N-Bindungen im Weltall auffällig, also von Nitril-Strukturen, die bis zu neun CN-Gruppen enthalten können. Nitrile erregen Aufmerksamkeit, weil sie mit Wasser (durch Hydrolyse) zu wichtigen Bausteinen des Lebens wie Aminosäuren und Purinbasen reagieren können.

Aha, hört man es sofort raunen, wenn es also erdbiologie-ähnliche Moleküle so reichlich im Weltall gibt, wird letztlich Leben außerhalb der Erde ebenfalls auf diesen Bausteinen beruhen und dem unsrigen verteufelt ähnlich sein. Die Vermutung ist plausibel, aber keinesfalls zwingend logisch! Man wartet natürlich gespannt, was die unbemannte Raumsonde ROSETTA/PHILAE im Jahre 2014 an der Oberfläche des heranrauschenden Kometen Tschurjumow-Gerasimenko findet, einer Oberfläche aus Wassereis und viel »Organik«, die demnach kleinere C-molekulare Bruchstücke wie Aminosäuren und anderes präbiotisches Material enthalten soll. Diese Erwartung stützt sich erstens auf theoretische Betrachtungen über die Natur von Kometen seitens F. Whipple und M. Greenberg, die Kometen sehr treffend als »schmutzige Schneebälle« bezeichneten, und zweitens auf früheren Beobachtungen bei Vorbei- und Durchflügen von Sonden durch die Schweife von Kometen (etwa des berühmten Kometen Halley in nur einigen tausend Kilometern Abstand vom Kern): Die beschriebenen C-Moleküle wurden dort zweifelsfrei in relativ großer Häufigkeit identifiziert. Eine Arbeit berichtet sogar von der Existenz der einfachsten Aminosäure Glycin im interstellaren Raum (Y. J. Kuan et al., Astrophys. J. 593 (2003) 848-867), was jedoch noch zu bestätigen ist. Wenn solche Chemikalien im Kometenschweif gefunden werden, ist stark zu vermuten, dass sie vom Kometen-Kern emittiert , also durch Einwirkung des energiereichen Sonnenwindes in der Nähe des Perihelions etwa vom polymeren Kohlenstoff auf der Kometen-Oberfläche abgetrennt worden sind. Nach einer erfolgreichen Landung von ROSETTA/PHILAE 2014 wird man sicherlich mehr darüber wissen.

Polymere/Makromoleküle als Bausteine (Polypeptide, Polynucleinsäuren u. a.)

Ganz gleich, auf welche Hypothese man sich einlässt – hier die bekannte Kohlenstoffchemie, dort eine radikal alternative Chemie – man kommt sicher nicht daran vorbei, die spontane Entstehung von makromolekularen, polymeren Strukturen als Voraussetzung für eine erfolgreiche chemisch-biologische Evolution zu betrachten. Die wichtigsten Bausteine biologischer Materie sind hochmolekulare Stoffe, denken wir nur an Proteine oder die Erbinformation enthaltenden Nucleinsäurestränge im Zellkern. Hier gilt es, eine grundsätzliche Schwierigkeit bei der Deutung der Reaktionen von oligomeren zu polymeren Strukturen zu überwinden. Nehmen wir uns das einfachste Beispiel der Kettenpolymerisation einzelner Aminosäuren zu langkettigen Polypeptiden vor, sprich zu den späteren Proteinen. Das Zusammenknüpfen zweier Aminosäuren zu einem Dipeptid unter Abspaltung von Wasser – streng genommen spricht man hier nicht von Polymerisation, von Polykondensation – ist eine endotherme Reaktion in wässriger Lösung und tritt folglich spontan im Wasser nicht in Erscheinung; der Reaktion muss energetisch »nachgeholfen« werden. Das passiert entweder aufwendig auf dem Umweg des Anbringens »aktiver« Gruppen an der Carboxyl- oder/und Aminogruppe unter Energieaufwand oder aber durch geeignete Feststoff-Katalysatoren. Diese Reaktion gezielt und programmiert in Gang zu setzen, bereitete den Synthesechemikern früher große Schwierigkeiten, bis man diese Synthesen mit raffinierten Techniken gut im Griff hatte. Aber da war sofort die Frage: Wie gelingt dies der Natur in der chemischen Evolution ohne die Trickserei des Menschen? Die rezente Biochemie hat die gezielte Synthese einzelner Aminosäuren zu Peptiden elegant gelöst, nämlich ähnlich wie der Laborchemiker mithilfe spezifischer Enzyme, die als hochwirksame Biokatalysatoren fungieren, ebenfalls mit zwischenzeitlichem Einbau von Schutzgruppen.

Warum braucht man überhaupt polymere Chemikalien in der Evolution? Ganz einfach und zu allererst deshalb, weil sich nur aus hochmolekulare Strukturen makroskopische Systeme wie Zellwände und Membranen bilden können, die das Zellinnere räumlich von der Außenwelt abtrennen. Die Herausbildung primitiver Zellen, in der präbiologischen Phase etwa einfacher Mizellen oder Vesikel, ist eine Grundvoraussetzung für Leben. Solche »Zellen« werden im Labor eindrucksvoll mithilfe von Lipiden nachgebaut (J. Oparin, S. W. Fox, D. Deamer u. v. a.). Es gibt noch einen zweiten Grund für die Nutzung polymerer Basiselemente. Wichtigste Katalysatoren für den geordneten, teils beschleunigten, teils aber auch abgebremsten Ablauf biochemischer Reaktionen in der modernen Biologie sind bekanntlich die Enzyme, der chemischen Grundstruktur nach hochmolekulare spezifische Polypeptide. Enzyme übertreffen im Allgemeinen in ihrer Effektivität und Spezifizität anorganische Katalysatoren um Größenordnungen. Dies liegt unter anderem daran, dass es prinzipiell eine (fast) unendlichen Zahl vom Möglichkeiten gibt, die 20 essenziellen Aminosäuren zu den mehr als 100 Einzelgliedern langen Ketten anzuordnen. So entstehen unverwechselbare Strukturen, die auf die Interaktion mit spezifischen Substraten festgelegt sind. Sie sind nicht austauschbar, individuell zugeschnitten auf eine Reaktion in einem individuellen Organismus, das Produkt einer lange währenden Auswahl im evolutionären Prozess.

Ein zusätzlicher Grund für die makromolekulare Struktur von Enzymen ist, dass der Mechanismus ihrer katalytischen Funktion große Ähnlichkeit mit demjenigen der anorganischen Feststoff-Katalysatoren zeigt: Enzyme sind im echten Sinne des Wortes nicht mehr wasserlöslich. Auch wenn es dem Auge des Betrachters so erscheint, dass viele Enzyme sich in Wasser »auflösen«, entsteht doch keineswegs eine im thermodynamischen Sinne »echte« Lösung, in welcher die Teilchen in chaotischer Bewegung hin- und herschießen (»Brown'sche Molekularbewegung«), da sie nicht durch Bindungen am Ort festgehalten werden. Eine echte ideale Lösung eines Stoffes in einem Lösungsmittel ähnelt ein wenig dem idealen Gaszustand, sie ist eine Art »Mittelding« zwischen festem und gasförmigem Zustand. Enzyme sind zu groß und träge, um jemals »ordentlich« (ideal) in einem flüssigen Medium, meist Wasser, gelöst zu sein. Ihr Verhalten kann in guter Näherung wie das einer Emulsion fester Teilchen in Wasser beschrieben werden. Eine spezifische katalytische Reaktion erfolgt an der Quasi-Oberfläche des Enzyms, an der sich bestimmte »aktive« Stellen, mikroskopische Hohlräume, Schläuche oder Taschen, befinden, in der die Reaktanden räumlich exakt eingeführt werden, um dort miteinander zu reagieren.

Neben den Proteinen fallen durch ihren makromolekularen Aufbau die Träger der Erbinformation, DNA und RNA, ins Auge. Die Stränge im Zellkern unserer Chromosomen, entschlüsselt von Watson und Crick, sind riesige Schnüre, die prinzipiell nur aus vier verschiedenen Nucleotiden (Adenin, Cytosin, Guanin und Thymin, manchmal statt Letzterem Uracil im komplementären Strang) aufgebaut sind, aber eben nicht in beliebiger Zufallsfolge, sondern in für das Individuum spezifischer, genau im Plan festgelegter Reihe. Die Schnüre bestehen aus etwa 100000 Nucleotiden, wobei jedes der vier Nucleotide A, C, G, T (U) mit dem Nachbarn über eine Brücke aus einer Ribose und einer Phosphat-Einheit verbunden ist. Ganz klar, dass jede DNA mit ihrer spezifischen Verknüpfung von nur vier verschiedenen Gliedern zu einer 100000 Glieder langen Kette einzigartig ist; der Austausch nur eines einzigen Kettenglieds gegen ein fremdes, nicht geplantes Glied verändert unmittelbar den Charakter und die chemischen Eigenschaften der gesamten DNA. Der Organismus versucht die veränderte DNA sofort zu reparieren oder – falls irreparabel – als fehlerhaft auszumerzen. Eine solche molekulare Vielfalt, welche letztlich die ganze Vielfalt der makroskopischen terrestrischen Fauna und Flora erklärt, lässt sich nur mithilfe riesiger Makromoleküle erzielen. Einsichtig, oder? Es bleibt auf jeden Fall festzuhalten: Makromolekulare organische Bausteine waren mit Sicherheit eine wichtige Zwischenstation auf dem Weg zur modernen Biochemie. Ob sie jedoch zum urzeitlichen Baukasten gehörten, bleibt dahingestellt.

Die irgendwie plausible Vorstellung, dass sich im Laufe der chemischen Evolution große Moleküle aus kleinen Vorgängern entwickelt hätten – die Evolution führt immer einen Baustein zum anderen, Stück für Stück, bis das fertige Gebäude schließlich steht – ist so nicht unbedingt aufrechtzuerhalten. Besonders Cliff Matthew, Altmeister aus Chicago (s. etwa: C. N. Matthews, The HCN world: Establishing protein-nucleic acid life via hydrogen cyanide polymers. In: Seckbach J. (ed.) Origins, Kluwer Dordrecht 2004, pp. 121-135), erhob bei jeder sich bietenden Gelegenheit seine Stimme, um – ganz im Gegensatz zu den meist mehrheitlich versammelten Traditionalisten der »Stein-auf-Stein-Schule« – für eine »polymer first«-Evolution zu plädieren. Seine recht überzeugende Argumentation beruht auf der Tatsache, dass es in der Chemie unter extremeren Bedingungen als denen unserer jetzigen Erdphase sehr leicht gelingt, polymere C-Gebilde zu produzieren: teerige Produkte wie Asphalt, Pech, Kerogen (eine zähe schwarze Masse schwer definierbarer Struktur). Unter weitgehendem Ausschluss von Sauerstoff führt die Erhitzung (»Pyrolyse«) jeden organischen Materials zu solchen polymerigen Gebilden, in denen die C-Atome zwei- und dreidimensional zu graphitartigen Strukturen vernetzt sind. Dies gelingt bei Temperaturen bis zu einigen hundert Grad immer. Es bilden sich amorphe Strukturen, welche, wenn auch noch N als Ausgangsstoff eine Rolle spielt, aus einer Unmenge aliphatischer und aromatischer Heterocyclen bestehen. Einige Forscher gehen davon aus, dass Blausäure (HCN) ein Hauptbestandteil der frühen Atmosphäre und der Hydrosphäre (in Form seiner Salze, der Cyanide) gewesen ist. Es wurde bereits erwähnt, dass nitrilartige Moleküle, in denen die Verknüpfung H-C-N wiederholt auftritt, im interstellaren Raum gefunden wurden. Freie Blausäure und ihre Salze schließen sich leicht, je nach den Bedingungen, spontan zu oligomeren und polymeren Strukturen zusammen. Spannend ist ein solches Szenario auf der frühen Erde, wenn man zu einem späteren Zeitpunkt der Abkühlung flüssiges Wasser mit solchen oligomeren und polymeren Heteroaliphaten und Heteroaromaten reagieren lässt, Chemiker nennen das Hydrolyse; man erhält hierbei wichtige Aminosäuren und sogar leicht, bei geschickter Wahl der Versuchsbedingungen, u. a. die Purin-Base Adenin.

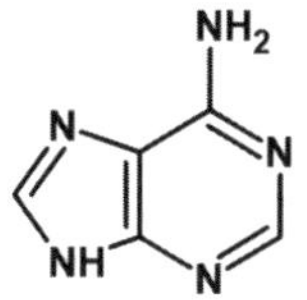

Abb. 9 Strukturformel der einfachsten Purinbase Adenin, einem Baustein der DNA/RNA.

Die Summenformel des Adenins lautet $C_5H_5N_5$ – demnach ist das nicht zufällig formal ein Pentamer der Blausäure, $(HCN)_5$. Matthews Ideen klingen so gut, weil man auf diese Weise das Problem elegant umgeht, aus wenig robusten Monomeren mit viel Energie (!) Polymere zu erzeugen. Der hierzu notwendige, nach dem 1. Hauptsatz der Thermodynamik nicht zu umgehende Energieaufwand würde von brutal einwirkenden hohen Temperaturen und Drücken, elektrischen Entladungen, harter UV-Strahlung beigesteuert worden sein, wobei zunächst die »chaotischen« teerähnliche Polymere entstanden wären. Die »Feinsynthese« der zur Evolution biologischer Strukturen benötigten N-haltigen Moleküle wie Aminosäuren, Purine und Pyrimidine würde einem späteren Stadium der Erde überlassen bleiben, wo unter allmählich milderen Umweltbedingungen eine Kondensation von Wasser gezielt bestimmte Hydrolysen begünstigen würde. Das hier skizzierte Szenario passt grundsätzlich zu dem Befund, dass auf einigen C-haltigen chondritischen Meteoriten Kohlenstoff in teeriger, polymerer, amorpher Gestalt auftritt, die nicht exakt zu charakterisieren ist. (Die meisten der analytischen Resultate, die u. a. auf die Existenz von Aminosäuren, Fettsäuren, Lipiden in Meteoriten deuten, sind bei genauerer Betrachtung erst das Ergebnis eines hydrolytisch gesteuerten Aufschlussprozesses im Labor des Analytikers!). Von daher ist die Greenberg'sche Vorstellung (M. Greenberg, What are Comets Made of? In: Wilkening, L. L. and Mathews, M. S. (eds.), Comets, Univ. Arizona Press, Tucson 1982) begründet, dass der Kohlenstoff in Kometen – einen steuern wir ja mit ROSETTA an – mit großer Wahrscheinlichkeit in ebensolcher teerigen, polymeren, amorphen Struktur vorliegt. An Bord des hoffentlich weich zu landenden PHILAE-Vehikels befinden sich daher auch Pyrolyse- und Hydrolyse-Aufschlusskits, die das polymere, als solches kaum näher zu definierende C-Material für die anschließende Analyse im Gaschromatographen und Massenspektrometer aufbereiten sollen. Was bisher im Schweif des Kometen Halley gefunden wurde, lässt sich auch plausibel als Produkt der mit der harten Strahlung reagierenden C-polymeren Masse verstehen; dieser Prozess kann als eine Art Pyrolyse aufgefasst werden, wobei hier an die Stelle hoher Temperaturen die energiereiche, bindungsspaltende Strahlung tritt. Als Reaktionsprodukte fliegen im Raum flüchtige niedermolekulare Fragmente herum wie diverse Nitrile, Aldehyde, Alkohole und Kohlenwasserstoffe, die den Detektor der Sonde erreichen.

Verschiedene Szenarien für die frühe Evolution der Biosphäre

Wie in der modernen Biologie Reproduktion funktioniert, ist mittlerweile so gut untersucht, dass es schon zum Schulbuchwissen gehört. Proteine, die Bausteine der Biologie, können sich selbst nicht reproduzieren. Sie benötigen hochspezialisierte Mechanismen, an denen die Desoxyribonucleinsäure (DNA) und die Ribonucleinsäure (RNA), Bestandteile der Gene, beteiligt sind. Vereinfacht lässt sich sagen: Proteine sind zugleich Ausgangsstoffe und Produkte, Polynucleinsäuren sind Katalysatoren, die bei der Vermehrung der Population durch Zellteilung die Identität von Tochter- und Mutterzelle gewährleisten. Dieser Prozess funktioniert mit relativ großer Präzision, das Produkt ist – fast immer! – identisch mit dem Edukt. Aber eben nur *fast* immer. Gelegentlich gibt es kleine Fehler bei der Ablesung. Dann entsteht anstelle der mit der Mutterzelle identischen Tochterzelle eine fehlerhafte Kopie, eine Mutante! Im Normalfall werden Mutanten sofort ausgemerzt, falls sie nicht durch ausgefeilte Systeme umgehend repariert werden können. Ein kleiner Teil der Mutanten wird aber mitsamt dem eingebauten (Zufalls-)Fehler reproduziert, insbesondere wenn sich zeigt, dass diese Mutante besser an die herrschenden (sich immer wieder verändernden) Umweltbedingungen angepasst ist; dann setzt sie sich als dominierende, von der Mutterzelle abweichende Form durch. Eine neue Gattung entsteht. Das ist

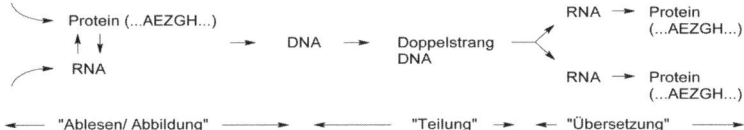

Abb. 10 Vereinfachtes Schema der modernen Reproduktion von Proteinen in heutigen Zellen; die willkürliche Reihenfolge der monomeren Aminosäure-Glieder AEZGH wird hier exakt am Schluss der Reaktion reproduziert.

der Kern des von Darwin skizzierten Selektionsprozesses auf molekularer Ebene, der für die spontane Entstehung immer »besserer« Organismen sorgt.

Bei allem Respekt vor der enormen Leistung der mühsamen Aufklärung der molekularen Reproduktion von Zellen und vielzelligen Organismen bleibt aber die berechtigte Frage, ob dieser Mechanismus der Vermehrung der Arten als Wechselspiel zwischen Proteinen und Nucleinsäuren von Anfang an, also schon beim Übergang von der chemischen zur biologischen Evolution vor etwa 3,5 bis 4,0 Mrd. Jahren, als die ersten intakten Organismen auf der Erde auftraten, so funktioniert haben kann. Die Antwort ist wohl – ganz klar – nein, denn der dazu nötige Bausatz war erstens zu kompliziert und zweitens zu wenig resistent gegenüber den damaligen rauen Umweltbedingungen. Bis heute hat man trotz immenser, jahrzehntelanger Anstrengungen vieler Arbeitsgruppen zwar rudimentäre »Präproteine« im Reagenzglas aus einfachen Vorläufern zusammenschustern können, aber es ist bis jetzt nicht gelungen, spontan aus einfachen Molekülen eine Polynucleinsäure herzustellen. Selbst wenn solche Verbindungen zufällig schon kurz auf der frühen Erde existiert haben sollten, wären sie so zerbrechlich gewesen, dass sie kaum über einen längeren Zeitraum durchgehalten haben können, wie er für die Entwicklung eines komplexen Reproduktionsmechanismus notwendig gewesen wäre. Ein unabhängiger Hinweis auf die Fragilität von Nucleinsäuren und Zuckern (Ribose) ist auch der Umstand, dass es bislang nicht gelungen ist, auch nur Spuren intakter DNA oder RNA in Fossilien zu finden (von Proteinen gibt es sehr wohl fossile Reste). Ebenso wenig hat man in Meteoriten Spuren von DNA oder RNA identifizieren können, kleine Purin- und Pyrimidinbasen dagegen schon! Daher lässt sich wohl zu Recht schließen, dass unsere Art der Vermehrung von Organismen über die Protein- und Nucleinsäure-

Zyklen eine relativ moderne Erfindung der biologischen Evolution war.

Eine in den letzten Jahren en vogue gekommene Theorie ist die einer frühen »RNA-Welt« (W. Gilbert Nature (1986) 618), angeregt durch Experimente, die zeigten, dass – entgegen einem Dogma der Biologie – RNA selbst unter bestimmten Umständen zur eigenen autokatalytischen Reproduktion in der Lage ist. Dies war eine erstaunliche Entdeckung, galt doch bis dato die Regel, dass nur die Interaktion von Proteinen und Nucleinsäuren Reproduktion bewerkstelligen könnten.

schwierig $\qquad i\,A \longrightarrow A_i$

katalysiert
erleichtert $\qquad i\,A \xrightarrow{\ +B\ } i\,A\text{-}B \xrightarrow{\ -B\ } A_i$

Abb. 11 Die Polymerisation bzw. Polykondensation von i monomeren Aminosäuren A zum Polypeptid Ai, oben die direkte Reaktion, unten die durch einen Katalysator B erleichterte Reaktion zum Polypeptid, wobei mit B hier etwa die in der Biosynthese des Proteins beteiligte RNA/DNA als wirksamer »Katalysator« bezeichnet wird.

Direkt nachdem man der RNA die direkte Autokatalyse ihrer Reproduktion zugestanden hatte, schossen Arbeiten förmlich ins Kraut, die hier den Schlüssel zur Überleitung der frühen Chemischen Evolution in die eigentliche biologische Evolution sahen. Die zentrale Funktion der heute ubiquitären Proteine war zu diesem Zeitpunkt unbekannt und war erst das Ergebnis einer späteren Verfeinerung des Evolutionsmechanismus. Soweit, so gut! Aber die enorme Schwierigkeit, RNA unter primitiven Bedingungen erst zu synthetisieren, blieb, ganz zu schweigen von der Empfindlichkeit der fertigen RNA auf die raue Umwelt. Ein großes Dilemma! Einen sehr interessanten, plausiblen Ausweg bot – bleibt man bei der C-basierten organischen Molekülvorstellung – die Entdeckung der Peptidnucleinsäuren PNA (P. E. Nielsen, Origins of Life Evol. Biosph. 23 (1993) 323-327). Das sind Moleküle, in denen die monomeren Purin- und Pyrimidinbasen nicht über die in DNA und RNA üblichen Ribose- und Phosphatbrücken, sondern über Peptideinheiten verknüpft sind.

Hier läge möglicherweise der Schlüssel zur frühen Koexistenz von Aminosäuren und Nucleinbasen, wobei die Polyaminosäuren in diesem Stadium der frühen Evolution eine völlig andere Aufgabe als

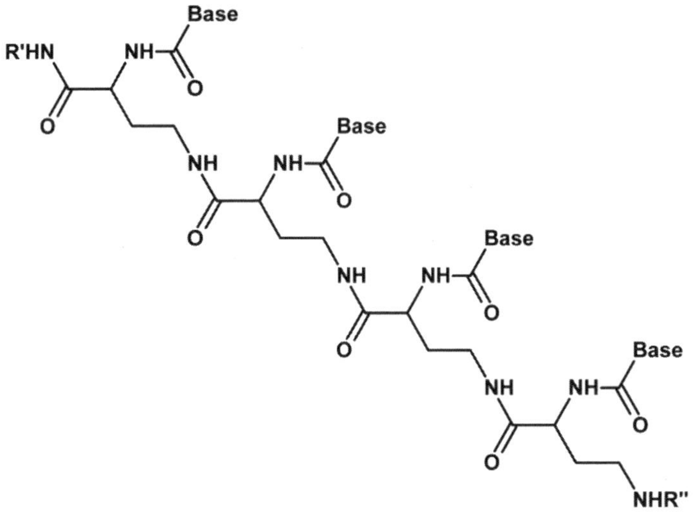

Abb. 12 Die Peptidnucleinsäure Poly-2,4-diaminobutter-säure-nucleinsäure dient als Beispiel, wobei die Rolle der Brücke zwischen den Purinbasen hier statt von der Phosphat-Ribose-Gruppe wie in der RNA von der Diaminosäure übernommen wird.

heute gehabt hätten. PNA können in der Tat sogar bis zu einem bestimmten Grad komplexe sekundäre und tertiäre Strukturen (Supramoleküle) bilden, zum Beispiel Doppelhelices miteinander und mit RNA, die bei Bedarf wieder in Einzelstränge dissoziieren! Es gibt neben der sehr attraktiven Peptidnucleinsäure weitere Modelle für frühe Vorläufer der heutigen DNA/RNA-Welt, beispielsweise eine Threosenucleinsäure (TNS), in der der 4-C-Zucker Threose zusammen mit dem Phosphatrest die Basenglieder verknüpft (K. U. Schöning et al. Science 290 (2000) 1347–1351) und eine Pentosenucleinsäure, in der ein Pentapyranosol-Rest die übliche Ribose bei der Verknüpfung in der DNA/RNA ersetzt (A. Eschenmoser Origins Life Evol. Biosph. 27 (1997) 535–553). Auch noch exotischere Nucleinsäuren werden ins Spiel gebracht, in denen die Verknüpfung der Basen über eine Glycerol-Phosphat-Brücke erreicht wird. Alle diese Modelle dienen dazu, das Bedürfnis nach relativ einfachen Vorgängern unserer DNA/RNA-Welt zu stillen, auch wenn ein entsprechendes Szenario zur spontanen Synthese solcher Makromoleküle immer noch reichlich spekulativ wirkt für eine realistische Vorlage für die evolutionäre Erfindung von Replikation/Mutation als Motor des Lebens.

Das Modell der PNA (Peptidnucleinsäure) ist unter diesen Exoten noch das plausibelste, und zwar aus folgenden beiden Gründen: Für die spontane Synthese einer PNA unter frühen Erdbedingungen benötigt man eine Diaminosäure, da zur Bildung der Peptidbindung (–N–CO–) als Kettenglied einschließlich der Seitenkette, an der die ebenfalls peptidisch gebundene Purinbase als Stufe aus der Kette herausragt, eben zwei Aminogruppen pro Carboxylgruppe gebraucht werden. Genau solche Diaminosäure-Reste wurden von unserer Arbeitsgruppe in meteoritischen Fragmenten nachgewiesen – Diaminosäuren, welche in modernen Proteinen (mit zwei Ausnahmen) gar nicht mehr auftauchen. Der zweite Grund ist, dass man auf diese Weise elegant das Prinzip der Koexistenz von Aminosäuren mit Nucleinsäuren in einem einzigen Makromolekül vereint. Man brauchte dann nicht lange zu rätseln, wie, wann, warum es in einem späteren Stadium der chemischen Evolution zu einer unwahrscheinlich anmutenden, zufälligen Kooperation des Aminosäure-Prinzips (Protein) mit dem Nucleinsäure-Prinzip (Träger der Erbinformation mit relativ fehlerfreien Replikation) gekommen sein mag.

Chemische Evolution in der Präbiologie in einer Eisen-Schwefel-Welt

Eigentlich gehört dieser kurze Abschnitt über ein anderes Szenario der frühen chemischen Evolution in den Abschnitt über mineralische Ur-Moleküle der Biosphäre. G. Wächtershäuser brachte frischen Wind in die Debatte. Der Autor weist dem Eisen-Schwefel-System ($FeS_2/Fe_{1-x}S$ (x = 0 bis 0,2)) mehrere Eigenschaften zu, die dieses System für ein mit den oben diskutierten Alternativen konkurrierendes Modell der frühen Evolution prädestinieren: Das häufig in der Erdkruste vorkommende Mineral Pyrit FeS_2 bildet Oberflächen, an denen viele organische Moleküle selektiv adsorbiert werden und an denen Reaktionen katalytisch in Gang gesetzt werden. In der direkten Umgebung von »Schwarzen Rauchern« am Meeresboden finden sich besonders reiche Pyrit-Vorkommen zusammen mit großer biologischer Aktivität. Pyrit wird dort laufend durch Emissionen von Fe^{2+}-Ionen und Sulfiden gebildet und am Rand des Schlotes abgelagert. Eine Eigenschaft hebt das Pyrit-System besonders hervor: FeS_2 ist als energiereiche Komponente so wertvoll, dass es in chemo-autotrophen

Systemen, beispielsweise dem das Mikroorganismus *Bacillus ferrooxidans*, als Nahrungsquelle verwertet wird. Ja, man glaubt deshalb, dass in der Frühphase der Erde der Pyrit dazu gedient haben mag, eine Art primitiver Assimilation von CO_2 (Reduktion zu energiereicheren C-Verbindungen) zu vollziehen. Das ist ein frühes Modell der Photosynthese; in deren heutiger Variante übernimmt Sonnenlicht die Aufgabe, Kohlendioxid zu reduzieren und energiereiches Material zu bilden.

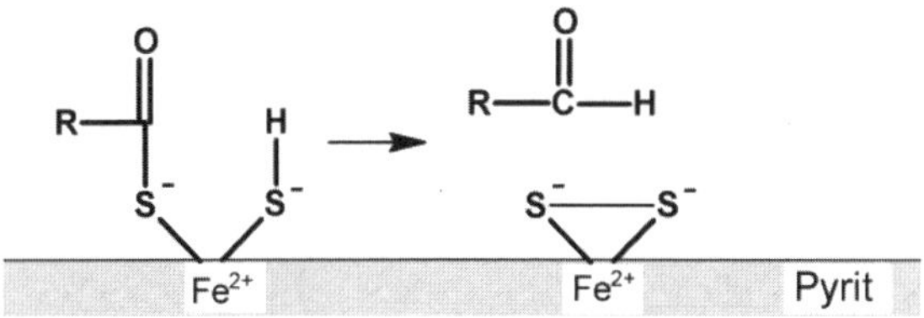

Abb. 13 Die Reduktion einer (Thio-)carbonsäure zum entsprechenden Aldehyd an einer Pyritkristall-Oberfläche nach Wächtershäuser.

Obwohl äußerst spekulativ und bis heute ohne eindrucksvolle experimentelle Bestätigung, bleibt das Eisen-Schwefel-System ein hochinteressantes Mosaiksteinchen im Wirrwarr der konkurrierenden Urmolekül-Baukästen, ein wichtiger Punkt in der Erforschung des Lebens aus seinen Anfängen.

Leben – ein Netzwerk verschiedener Mechanismen und Szenarien statt eines Sammelsuriums einzelner Moleküle im Entstehen und Verschwinden

Was lernen wir aus dem Gesagtem, wie sollen wir unsere Antennen ausrichten auf der Suche nach vergangenen oder präsentem Leben hier und auf anderen Himmelskörpern jenseits der Erde, um nicht etwas Naheliegendes zu übersehen? Dies ist eine durchaus knifflige Frage und schwer zu beantworten. Schon vor knapp einem halben Jahrhundert, als man anfing, die berühmte VIKING-Mission zur Erforschung von Lebensspuren auf unserem Nachbarplaneten Mars im Detail zu planen, stand man vor der enormen Herausforderung, überhaupt zu klären, was man denn als Beleg für »Leben auf dem Mars« suchen sollte. Schließlich hat man sich doch wieder mehr oder weniger im Netz einer unvermeidlichen Art von Selbstbespiegelung gefangen: Im Prinzip hält man Ausschau nur nach erdähnlichen biochemischen Molekülen, die als Bausteine, Relikte oder Vorläufer unserer eigenen Biosphäre gelten. Natürlich sollte man auch zukünftigen Planetenmissionen klassische Werkzeuge mitgeben, mit denen sich die typischen »Biomarker« wie C-basierten Kohlenwasserstoffe, Alkohole, Aldehyde, Ketone, auf jeden Fall Aminosäuren (!!), Zucker, Nucleinsäure-Bausteine wie Cyanide, Nitrile, interessante cyclische Strukturen wie Porphyrine als zentrale Bauelemente von Chlorophyll und Hämoglobin erfassen und als deutliche Hinweise auf biochemische Strukturen unserer Bauart identifizieren lassen.

Gäbe es Indikatoren oder »Biomarker«, mit denen sich auf außerirdisches Leben schließen ließe, auch wenn man total darauf verzichtet, die Existenz einer irdischen oder zumindest erdähnlichen Biochemie vorauszusetzen? Ich denke schon! Als Erstes wäre freier Sauerstoff (oder ein anderes sehr reaktives Gas) in der Atmosphäre eines Planeten bei gleichzeitigem Vorhandensein oxidierbarer (oder miteinander reagierbarer) Chemikalien ein sicheres Indiz, dass sich das betreffende Gesamtsystem nicht im thermodynamischen Gleichgewicht befindet, also nicht »tot« ist, sondern unter Aufrechterhaltung von viel negativer Entropie einen globalen Nicht-Gleichgewichtszustand einnimmt. Einem extraterrestrischen Betrachter der Erde müsste dieses Phänomen jedenfalls sehr merkwürdig vorkommen und sofort seine Neugier wecken.

Eine andere, für unsere Biosphäre typische Eigenschaft weist ebenfalls auf erhebliche thermodynamische Nicht-Gleichgewichte hin: Die Bausteine unserer Biochemie sind in ihrer räumlichen Struktur ohne Ausnahme »homochiral«, sie sind asymmetrisch. In Proteinen gebundene Aminosäuren haben sämtlich »linksgängige« molekulare Struktur, während die Zucker-Bausteine, die das Rückgrat der Nucleinsäuren bilden, alle »rechtsgängig« im Raum angeordnet sind. Dies ist eine äußerst interessante Anomalie, die allein auf das Wirken der Biochemie zurückgeht. Ein Großteil der von allen lebenden Organismen verbrauchten Energie fließt in die Aufrechterhaltung dieses homochiralen Zustands, in die ständige Bestrebung, Aminosäuren davon abzuhalten, sich durch Umlagerung in die symmetrische (racemische) Konfiguration zu begeben; dies kostet Energie und läuft scheinbar dem Zweiten Hauptsatz der Thermodynamik zuwider. Auf unser Beispiel angewandt, besagt dieser nämlich, dass alle homochiralen Stoffe (chemisch-fachsprachlich gesagt alle reinen Enantiome-re) danach streben, den Zustand des Gleichgewichts, der 1:1-Mi-schung beider spiegelbildlicher Enantiomere (Racemat) zu erreichen. Passiert das im lebenden Organismus nicht, so ist hier ein besonde-rer molekularer Mechanismus am Werke, der dieser Tendenz erfolg-reich entgegenarbeitet. Man sieht den Effekt übrigens besonders ein-drucksvoll daran, dass jede Zelle im Moment ihres Absterbens, bei Einstellung des Stoffwechsels mit der Umgebung, anfängt, in den ra-cemischen Zustand überzugehen. An der Geschwindigkeit der Race-misierung der biochemischen Einzelstoffe eines toten Organismus im Boden lässt sich so auf den Zeitpunkt des Absterbens des Orga-nismus zurückschließen, eine von vielen Methoden der Altersbe-stimmung archäologischer Präparate.

Ganz logisch lässt sich nun sofort ableiten, dass es doch – wenn die Homochiralität chemischer Bausteine in der Tat einen der wich-tigsten Biomarker lebender Substanz darstellt – Sinn macht, bei der Suche nach extraterrestrischem Leben in erster Linie nach homochi-ralen Spuren zu fahnden, ganz gleich, aus welchen chemischen Ele-menten sie auch bestehen. Man hätte so ein allgemeingültiges Merk-mal von Leben in der Hand und wäre nicht darauf angewiesen, nur solche Chemikalien aufzuspüren, die unserer Biochemie verwandt sind. So liefe man weniger Gefahr, Lebensspuren zu übersehen, die nichts mit unserer eigenen Art Chemie zu tun haben. Vielleicht er-klärt das, warum auf unserem Nachbarplaneten Mars trotz mittler-weile mehrerer erfolgreicher Missionen auch nicht die kleinste Menge C-haltiger organischer Moleküle gefunden werden konnte. Die bislang nur negativ interpretierten Ergebnisse der VIKING-Mis-sion sprechen Bände. Nun soll sich die Strategie aber ändern: Die EXOMARS-Mission mit der geplanten Landung eines Satelliten im Jahre 2018 soll definitiv nach chiralen chemischen Substanzen for-schen, wie die gemeinsam beteiligten ESA- und NASA-Wissenschaft-ler einmütig beschlossen haben. Die zur Zeit laufende ambitionierte ESA-Mission ROSETTA, die 2004 startete und 2014 auf dem Kome-ten Tschurjumow-Gerasimenko landen soll, hat in ihrem Gepäck ebenfalls von uns entwickelte analytische Instrumente, die auf chira-le Substanzen schließen sollen. Wir gehen natürlich davon aus, dass auf einem Kometen keine auch nur im entferntesten der unsrigen ähnliche Biosphäre zu finden ist; dafür sind die Bedingungen dort deutlich zu unfreundlich mit Temperaturen in der Nähe des absoluten Nullpunkts, (fast) fehlender Gravitation, fehlender Atmosphäre, tödlicher UV-Strahlung usw. Es können aber durchaus irgendwann Chemikalien von Kometen auf die Erde transportiert worden sein, die schon interessante Molekülstrukturen aufwiesen und als Bausteine unserer Biosphäre genutzt werden konnten. Man glaubt nun, dass ein solches organisches Kometenmaterial nicht exakt racemisch ist, sondern schon einen signifikanten Überschuss der einen gegenüber der anderen chiralen Komponente aufweisen dürfte. Zur Unterstützung dieser Vermutung dienen Untersuchungen an verschiedenen Meteoriten-Bruchstücken – besonders vom »Murchison«-Meteorit aus Australien –, die einen kleinen, aber signifikanten Überschuss der terrestrisch dominanten L-Aminosäuren gegenüber den D-Aminosäuren zeigten. Der Bauplan des Lebens könnte demnach sehr wohl in den Meteoriten und Kometen frei Haus zur Erde geliefert worden sein; der Überschuss an L-Aminosäuren in den Meteoriten wäre dann der Anstoß zu unserer so und nicht anders gearteten Biosphäre gewesen, die bereits in ihrer embryonalen Entwicklung die chirale Information aus diesem Reservoir nutzen konnte? Alle Wissenschaftler sind sich einig: Eine gut funktionierende Biologie muss letztlich homochiral konzipiert sein, weil sonst keine geordnete Zellstrukturen (Helices usw.) zustande gekommen wären. Es ist ein durchaus faszinierender Gedanke, dass wir nicht nur materiell extraterrestrischen Ursprungs sind, sondern auch Information von außen aufgeprägt bekamen!

Auf jeden Fall sollte der Blickwinkel viel weiter geöffnet bleiben, um typische Besonderheiten, Merkwürdigkeiten lebender Systeme aufzuspüren. Ich würde mit absoluter Priorität analytische Instrumente mit auf die Reise nehmen, die es gestatten, ausgeprägte Nicht-Gleichgewichtszustände zu erkennen, Systeme also, die sich in dieser Hinsicht von einer »toten« Umgebung abheben. (»Tot« benutze ich hier als Gegenteil von »lebendig«, deutlich zu unterscheiden von unserem im Alltag gebräuchlichen Begriff von etwas Totem als etwas, was vor kurzem noch lebendig war und nun aufgehört hat zu leben. Tote Organismen können lange Zeit, rein molekular gesehen, noch mehr Gemeinsamkeiten mit lebender Materie aufzeigen im Sinne eines Ungleichgewichts mit ihrer Umgebung als mit – im hier gebrauchten physikalischen Sinne – toter Materie, nämlich nie belebt gewesen zu sein!)

Was bedeutet das konkret? Das bekannteste Beispiel eines Nicht-Gleichgewichts, verursacht ausschließlich durch das Wirken der terrestrischen Biosphäre, ist der Umstand, dass riesige Mengen an freiem Sauerstoff in der Erdatmosphäre schon Abermillionen Jahre (man schätzt grob mehr als zwei Milliarden Jahre) mit oxidierbarer Substanz koexistieren. Im thermodynamischen Gleichgewicht – einer unbelebten Erde ohne Einwirkung der Biologie, die heute für die Aufrechterhaltung des atmosphärischen Sauerstoffsgehalts durch Photosynthese verantwortlich ist – dürfte dieser Fall gar nicht zu beobachten sein. Diese Errungenschaft der chemisch-biologischen Evolution, der »Blaue Planet«, dürfte jedem interstellaren Reisenden sofort als zumindest in höchstem Maße merkwürdig, verdächtig und einzigartig in unserem Sonnensystem auffallen. Heißt das nun, wir müssen die Suche nach Leben an der Entdeckung freien Sauerstoffs in Gegenwart großer Mengen reduzierter (oxidierbarer) Materie ausrichten? Ja, unter anderem. Merke jedoch: Jedes andere System, welches sich in einem solchen krassen Un-Gleichgewicht mit seiner Umgebung befindet, riecht ebenfalls verdächtig nach Lebensspuren! Es könnte sich unter Umständen um ganz andere reaktive Stoffe handeln, die daran gehindert werden, unter Entropie-Gewinn bis zur Erreichung des Gleichgewichts abzureagieren, beispielsweise stark saure Systeme in Gegenwart stark alkalischer Systeme, stark metallische Körper von sehr unedlem Charakter, die »merkwürdigerweise« von Sauerstoff, Wasser, Chlor usw. nicht angegriffen würden, oder sich selbst replizierende Systeme, die durch das Auftreten kleiner Fehler bei der Replikation Mutanten bilden, die wiederum effektivere, der Umwelt besser angepasste Systeme hervorbringen. Ganz ähnliche Vorstellungen hatte man zwar bereits bei der Planung und Entwicklung geeigneter Instrumente für den VIKING-Satelliten, aber diese waren seinerzeit noch nicht ausgereift genug, um solche »evolutionsfähigen« Chemikalien auf dem Mars identifizieren zu können. Die zur Verfügung stehende Zeit und der begrenzte Raum für die automatische Probenahme an Ort und Stelle reichte auch sicher nicht aus, evolvierende System während ihres Wachstums zu beobachten. Es bleibt zudem die Frage: Falls in Zukunft Marsboden-Proben auf die Erde gebracht werden (»Future Mars Sample Return Mission«), weichen dann die irdischen Umweltbedingungen nicht so dramatisch von den marstypischen ab, dass von dort importierte potenziell lebensfähige Sporen oder Bakterien im terrestrischen Labor kaum Chancen hätten zu wachsen und sich zu entfalten? Ein ganz wichtiger Punkt ist es noch wert, mit Nachdruck diskutiert zu werden: Bereits angesprochen wurde die Homochiralität in unserer terrestrischen Biosphäre, die Tatsache, dass von zwei möglichen Spiegelbildern nur eines verwirklicht wurde – eine Folge jenes extremen, allein durch eine biologische Evolution zu erzeugenden und nach wie vor durch Metabolisierung aufrechterhaltenen Nicht-Gleichgewichts. Es wird bis heute leidenschaftlich gestritten, ob die L-Aminosäuren- und D-Ribose-Welt, die wir vorfinden, schon das Ergebnis einer präbiotischen chemischen Evolution oder erst der biologischen Evolution selbst gewesen ist. Schwer zu entscheiden. Ich meine, dass in der frühen Phase der chemischen Evolution schon eine partielle Auswahl der L-Aminosäuren und D-Zucker stattgefunden haben muss, während die quasi als »Verfeinerung« anzusehende Verstärkung dieser Bevorzugung bis zur 100%igen Homochiralität vermutlich erst das Ergebnis der frühen biologischen Evolution war. Nur biologische Zellen nämlich sind in der Lage, D- und L-Substrate für ihren Stoffwechsel selektiv auszuwählen. Was ist die Konsequenz hieraus für unsere Suche nach den Ur-Molekülen in unserem Baukasten? Ich denke, wir sollten unser Augenmerk vor allem auf chirale Moleküle richten, um herauszufinden, ob sie racemisch (langweilig, abiotisch) oder homochiral (spannend, Ungleichgewicht, biotisch, Leben?) vorliegen.

Abb. 14 Die spontan und zwangsweise erfolgende Racemisierung der enantiomeren L- und D-Aminosäuren zur racemischen DL-Aminosäure, eine Folge des 2. Hauptsatzes der Thermodynamik (»Entropie-Satz«). Die Biologie vermag den Prozess umzukehren, d. h. Racemate zu entmischen. Das ist kein Widerspruch zum 2. Hauptsatz, da es sich bei einer lebenden Zelle offenbar nur um ein Teilsystem handelt, das sich in einem besonderen Nicht-Gleichgewicht befindet.

L. Schrödinger (E. Schrödinger, What is Life?, Cambridge Univ. Press, Cambridge 1944) hat das sehr schön formuliert; unter anderem wies er darauf hin, dass im Moment des Absterbens eines biologischen Organismus die Racemisierung der molekularen Bausteine einsetzt, mithin der Grad der Racemisierung auch als Maß dafür gelten könne, wie weit der Todeszeitpunkt zurückliegt. Leben bedeutet das permanente Ankämpfen gegen das spontane Erreichen des Gleichgewichts unter Entropiegewinn, das »Gegen-den-Strom-Schwimmen« unter Erzeugung an lokaler Negentropie. Im Grunde ist das eine Ausnahme vom universell gültigen Gesetz der allgegenwärtigen Entropiezunahme. Die Suche nach homochiralen Molekülen gleichgültig welcher Zusammensetzung – sei es unsere vertraute

Kohlenstoffchemie oder eine silicatischen Mineralchemie, eine Eisen-Schwefel-Chemie, exotische Moleküle bei tiefen Temperaturen gelöst in flüssigem Ammoniak (Titan-Chemie?) oder Schwefeldioxid, sei es eine Chemie in metallischen oder silicatischen Schmelzen bei sehr hohen Temperaturen – ist gleichbedeutend mit der (vereinfachten, relativ wenig aufwendigen Suche!) nach biologischen Spuren im Weltall. Homochirale Moleküle, stabil verteilt über größere Räume und Zeiten, wären ein Indikator für ein thermodynamisches Nicht-Gleichgewicht, welches in dieser Form unserer Erfahrung nach nur eine funktionierende Biologie aufrechtzuerhalten imstande ist. Bei der für 2018 von der ESA/NASA geplanten ExoMars-Mission (Experiment »MOMA«) ist eine Suche nach genau solchen Phänomenen vorgesehen: Chirale Gaschromatographie, gekoppelt mit einem Time-of-flight-Massenspektrometer, gehört zur Grundausstattung der Mission.

Der Autor

Professor Dr. Wolfram H. P. Thiemann wurde am 29. Januar 1938 in Oppeln (Schlesien) geboren. Seine Schulzeit verbrachte er in Übersee/Chiemsee und Traunstein in Oberbayern, in München und schließlich in Minden/Westfalen. Er studierte Chemie in München, in den USA in Middletown (Connecticut) und Berlin, wo er 1963 sein Diplom an der Freien Universität ablegte. Danach wechselte er an das Hahn-Meitner-Institut in Berlin, wo er seine Promotionsarbeiten über Isotopenanreicherung in der Abteilung Kernchemie anfertigte und 1966 abschloss. 1968 übernahm Professor Thiemann eine Arbeitsgruppe am Institut für Physikalische Chemie der Kernforschungsanlage Jülich (das heutige Forschungszentrum Jülich), um dort über Homochiralität und chemische Evolution in Theorie und Experiment zu arbeiten. Im Jahr 1976 wurde Professor Thiemann zum Professor für Physikalische Chemie an der Universität Bremen berufen, wo er bis zur Entlassung in den formellen Ruhestand im Jahr 2003 lehrte. Bremen gilt als das größte Zentrum für Raumfahrt in Deutschland. Die Forschungsarbeiten von Professor Thiemann reichen von der Kinetik chemischer Reaktionen, der Umweltchemie bis hin zu Fragen der chemischen Evolution und Astrobiologie, die er in über 300 Publikationen veröffentlichte. Er war an vielen Weltraum-Missionen der ESA beteiligt, unter anderem an der ROSETTA/PHILAE-Mission zu einem Kometen und an der Planung der zukünftigen EXOMARS-Mission. Im Rahmen seiner Forschungsarbeiten verbrachte er längere Zeit an Universitäten der ganzen Welt, wie z. B. China, Indien, Brasilien, Ägypten, Israel, Türkei, Vietnam und den USA.

Interview mit Professor Thiemann

Seit wann befassen Sie sich mit dem Thema »chemische Evolution«?
Mit der Thematik »Chemische Evolution« beschäftige ich mich im Prinzip seit Antritt meines Studiums der Chemie im Jahre 1957 mit zunehmender Intensität. Es gab drei Gründe, die mein Interesse bei mir weckten, nämlich: Im Grundkurs »Organische Chemie«, seinerzeit gelehrt von Prof. Huisgen an der LMU München in meinem zweiten Fachsemester, lernte ich, dass man mit der »Strecker-Synthese« in guter Ausbeute die lebensnotwendigen Aminosäuren aus ihren Grundbausteinen im Labor darstellen konnte, allerdings immer nur in racemischer Form (d. h. D- und L-Aminosäuren in stöchiometrisch gleicher Konzentration). Am Ende des Semesters dagegen, als die »Naturstoffe« besprochen wurden, fiel mir, dem jungen Studenten, auf, dass die in den Proteinen natürlich vorkommenden Aminosäuren ausschließlich in einer enantiomeren Form, der linkshändigen L-Konfiguration, auftauchen. Eine Erklärung für diesen Widerspruch wurde nicht angeboten. Eine zweite wichtige Anregung bot das schöne Buch »The Ambidextrous Universe«, in dem der Autor, der Mathematiker Martin Gardner, sehr eindrucksvoll und allgemeinverständlich die komplexen Probleme der Symmetrie (und

Dissymmetrie!) in der Natur beschreibt. Die endgültige Motivation zur hauptamtlichen Beschäftigung mit diesem Thema – besonders dem Unterthema der Entstehung der Homochiralität im chemischen Evolutionsprozess – erwuchs dann aus dem Auftrag, bei meinem damaligen Arbeitgeber, der früheren Kernforschungsanlage Jülich (jetzt Forschungszentrum Jülich) 1968 ein wissenschaftliches Thema zur selbstständigen Bearbeitung innerhalb einer kleinen Arbeitsgruppe am Institut für Physikalische Chemie zu »erfinden«, welche nichts mit Nuklearwissenschaften zu tun haben dürfte und nur »innovativ« sein sollte. Genau da brachte ich mein Thema ein – eine für einen angehenden Wissenschaftler einmalige Chance, denke ich zurückblickend auf diese Zeit!

Welches sind aus Ihrer Sicht die noch ungeklärten großen Fragen?
Zum einen die Frage nach der Entstehung der Homochiralität der Biosphäre, die ja letztlich immer noch spannend und ungelöst ist, zum anderen – aequo loco! – die Funktion des menschlichen Gehirns: Wie entsteht und funktioniert Bewusstsein, was läuft schief bei Erkrankungen des Gehirns, …?

Welche Zukunftsvision haben Sie?
Meine persönliche Vision bei der Erforschung der Evolution ist, eines Tages den unwiderlegbaren Beweis zu erbringen, dass es unabhängiges (!) Leben auch außerhalb der Erde gibt. Ein solcher Beweis wäre im besten wissenschaftlichen Sinne gleichbedeutend mit einer postkopernikanischen Revolution der Erkenntnis: Rein physikalisch betrachtet wissen wir spätestens seit Kopernikus, dass unsere kleine Erde nicht der Mittelpunkt des Weltalls ist. Aber im biologischen Sinne sind wir immer noch befangen in der Annahme, dass nur wir allein »am Leben sind« – nicht weil wir geistig beschränkt sind, sondern weil bislang einfach kein Beweis für die Existenz von extraterrestrischem Leben erbracht wurde. Deshalb sind wir »terra-zentriert« und entsprechend arrogant. Ich meine ernsthaft, ein Beweis für Leben außerhalb der Erde würde auch dazu führen, dass wir Menschen uns auf unserem kleinen Planeten etwas bescheidener verhalten!

3

Im Weltall: RNA-Vorläufer in Kometen

Uwe Meierhenrich

Die Entstehung des Lebens auf der Erde beschäftigt uns alle. Jeder Mensch stellt sich die Frage nach den eigenen Ursprüngen; niemand entzieht sich diesem Faszinosum. Wie entstanden die Pflanzen, das Tierreich und insbesondere der Mensch auf der Erde? Was war am Anbeginn der biologischen Evolution, wie konnten sich Proteine, Gene und Zellen bilden und das Leben auslösen? Kann die moderne Naturwissenschaft auf derartige Frage antworten? Und gibt es Leben etwa auch außerhalb der Erde, vielleicht in unserem Sonnensystem (auf dem Jupitermond Europa oder auf dem Mars) oder auf einem der Lichtjahre entfernten Exoplaneten, von denen mittlerweile einige hundert entdeckt wurden?

Was das Verständnis der Entstehung des irdischen Lebens betrifft, gelangen der modernen Naturwissenschaft in den vergangenen 20 Jahren tatsächlich enorme Fortschritte. Meine Forschungsgruppe an der Universität Nizza interessiert sich vor diesem Hintergrund besonders für die Frage, welche Bausteine des Lebens tatsächlich vor der biologischen Evolution zur Verfügung standen. Sind diese Bausteine erst einmal bekannt und im Detail charakterisiert, so können organisch-synthetisch arbeitende Chemiker und Biochemiker versuchen, verschiedene Etappen der Lebensentstehung realitätsnah und im Zeitraffer im Labor nachzustellen.

Welche Moleküle waren schon vorhanden, als das Leben seinen Anfang nahm? Wir wissen heute, dass sich das organische Inventar teils im Weltraum, in interstellaren Wolken, bildete und von dort auf die Erde gelangte. Kometen und Meteorite enthalten Kohlenstoff, jenes Element also, ohne das uns bekannte Lebensformen gar nicht möglich wären. Aber in welcher Form landete der Kohlenstoff auf unserem Planeten? Als harter Diamant, als eher weicher Graphit oder gar in Form von organischen Molekülen, die direkt als Bausteine für größere Biomoleküle dienten?

Moleküle aus dem All? Katharina Al-Shamery
Copyright © 2011 WILEY-VCH Verlag GmbH & Co. KGaA, Weinheim

Abb. 15 Das Landegerät der ROSETTA-Mission im September 2002. Es wird 2014 den Kometen Tschurjumow-Gerasimenko erreichen und auf dessen Oberfläche abgesetzt. Der Komet besteht aus primitivem, nicht gealterten Material des Sonnensystems, welches von ROSETTA analysiert werden wird. Es liegen Hinweise vor, dass dieses Material Kohlenstoff und organische Moleküle enthält. (Foto: ESA-Service Optique CSG)

Abb. 16 ROSETTA passiert die Luftschutztür eines Reinstraumes während der ersten Startkampagne im Jahre 2002. (Foto: ESA)

Um solche Fragen zu beantworten, schicken Forscher Sonden ins Weltall, mit denen sie die Zusammensetzung ferner Kometen erkunden wollen. Eine solche Mission ist eine Zeitreise zu den Anfängen unseres Sonnensystems, denn in Kometen lagern – konserviert wie in einem Gefrierschrank – Informationen über die physikalischen und chemischen Bedingungen, die vor einigen Milliarden Jahren herrschten. Die unbemannte Sonde ROSETTA, die im Jahr 2004 mit einer europäischen Ariane-5-Rakete ins All geschossen wurde, soll im Jahr 2014 den Kometen Tschurjumow-Gerasimenko erreichen. Wenn alles nach Plan verläuft, setzt sie darauf das am Max-Planck-Institut für Sonnensystemforschung konzipierte Landegerät PHILAE ab, das Temperatur, Druck und Magnetfeld messen und – das interessiert uns besonders – organische Moleküle im Kometeneis suchen wird, Letzteres mit dem COSAC-Experiment. Laufend aktualisierte Informationen zu ROSETTA und COSAC finden sich im Internet auf den Seiten der ESA und der Max-Planck-Gesellschaft.

Abb. 17 Ulrike Ragnit von der Deutschen Luft- und Raumfahrtgesellschaft (DLR) arbeitet unmittelbar vor der ersten Startkampagne an einer der zwei Harpunen des ROSETTA-Landegeräts PHILAE. (Foto: ESA)

Abb. 18 ROSETTA näherte sich während der Fly-by-Manöver bereits dreimal der Erde (März 2005, November 2007 und November 2009), um Richtung Komet Schwung zu holen. Die Distanzen zur Erde lagen dabei zwischen 300 km und 14000 km. (Foto: ESA/ AOES Medialab)

Abb. 19 Das Landegerät der ROSETTA-Mission nach dem Absetzen auf einem Kometenkern. Diese Landung ist für das Jahr 2014 geplant. (Fotomontage: ESA)

Eine solche Kometenmission ist teuer und energieintensiv. Bevor das Messgerät seine zehnjährige Reise antrat, mussten Wissenschaftler daher mit allen zur Verfügung stehenden Mitteln seine Funktionstüchtigkeit prüfen. Meine Kollegen und ich testeten ein Analysengerät der ROSETTA-Mission an einigen Mikrogramm eines künstlichen Kometen, den Forscher von der Universität Leiden in Holland hergestellt hatten. Im Prinzip ist so ein künstlicher Komet nichts anderes als eine unter simulierten Weltraumbedingungen, also im Hochvakuum bei extrem niedrigen Temperaturen, tiefgefrorene Mischung aus Wasser, Methanol, Kohlenmonoxid, Kohlendioxid und Ammoniak. Dass diese einfachen Moleküle im interstellaren Raum vorkommen, wissen wir aus teleskopischen Messungen.

Abb. 20 Die Simulationskammer für Weltraumbedingungen im Raymond und Beverly Sackler-Labor für Astrophysik am Observatorium in Leiden. Die Eisprobe ist im Innern der Vakuumkammer (rechts) auf einem Aluminiumblock bei einer Temperatur von −262 °C platziert und wird während ihrer Ablagerung mit energiereichen UV-Photonen bestrahlt. Derartige Bedingungen simulieren die Bestrahlung von Eisschichten auf silicatischen Kernen im präsolaren Nebel während der Entstehung des Sonnensystems. (Foto: Raymond und Beverly Sackler-Labor für Astrophysik am Observatorium in Leiden, Niederlande)

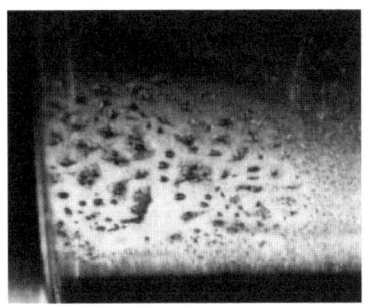

Abb. 21 Ein künstlicher Komet im Labor: Während der Simulation interstellarer Prozesse im Labor kondensieren winzige Mikrogramm eines künstlichen Kometen. Chemische Analysen haben gezeigt, dass darin eine große Anzahl organischer Moleküle von präbiotischem Interesse, insbesondere 16 verschiedene Aminosäuren, vorkommen. Ist das Leben auf der Erde aus diesen Molekülen hervorgegangen? (Foto: Raymond und Beverly Sackler-Labor für Astrophysik am Observatorium in Leiden, Niederlande)

Wir prüften das Messgerät also an diesem künstlichen Kometen und unsere Testmessungen waren erfolgreich. Alles funktionierte. Obendrein gab es eine Riesenüberraschung: Wir fanden in dem künstlichen Kometen 16 Aminosäuren! Aminosäuren sind die Bausteine von Proteinen und damit Schlüsselverbindungen im Bauplan des Lebens. Unser Fund war eine Sensation.

Abb. 22 So etwa sieht es aus, wenn Forscher Weltraumbedingungen im Labor simulieren, um die Bildung der ersten Aminosäuren nachzuvollziehen. (Foto: Uwe Meierhenrich)

Doch hatten sich diese Aminosäuren tatsächlich in dem künstlichen Kometen gebildet? Oder hatten wir während der Untersuchung Mikroorganismen oder andere Verunreinigungen eingeschleppt? Stammten die Aminosäuren gar von Fingerabdrücken unachtsamer Studenten? Bevor wir unseren spektakulären Fund veröffentlichten, mussten wir diesem Verdacht unbedingt nachgehen. Wir stellten also auch einen künstlichen Kometen her, verwendeten dabei aber speziellen Kohlenstoff, Kohlenstoff-13. Dieses Isotop, auch schwerer Kohlenstoff genannt, macht nur einen ganz geringen Anteil an all dem Kohlenstoff in unserer Umwelt aus. Wir untersuchten den so hergestellten Kometen mit denselben Methoden – und siehe da: Wir entdeckten ausschließlich Aminosäuren, die in ihrer molekularen Struktur Kohlenstoff-13 enthielten. Das war der ersehnte Beweis dafür, dass sich die Aminosäuren tatsächlich im künstlichen Kometen gebildet hatten und keine eingeschleppten Verunreinigungen waren. Jetzt konnten wir unsere Ergebnisse getrost veröffentlichen, und mittlerweile gilt es als gesichert, auch dank ähnlicher Laborversuche von amerikanischen, japanischen und französischen Forschern, dass Kometen in der frühen Phase des Sonnensystems Aminosäuren huckepack auf die Erde gebracht haben.

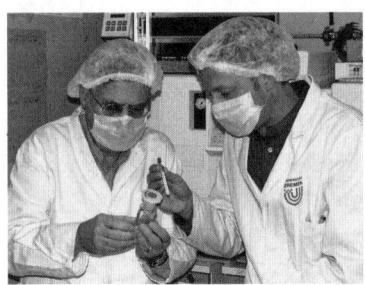

Abb. 23 Die Professoren Thiemann (links) und Meierhenrich (rechts) bei Test von Kapillartrennsäulen für die ROSETTA-Mission an der Universität Bremen.

Interessanterweise lassen sich die detektierten 16 Aminosäuren in zwei Klassen einteilen. Zum einen handelt es sich um klassische Aminosäuren (wie das Alanin), die Bausteine der Proteine. Proteine sind die »Eiweißstoffe«, die jeder Organismus, Pflanze, Tier oder Mensch, zum Leben benötigt. Die Aminosäuren in Proteinen sind über Peptidbindungen wie Perlen auf einer Kette miteinander verknüpft. In dem künstlichen Kometen konnten nun diejenigen sechs Aminosäuren nachgewiesen werden, von denen man annimmt, dass sie zur Konstruktion erster Proteine auf der Erde rekrutiert wurden. Die Ergebnisse aus der Vorbereitungsphase der ROSETTA-Mission legen also nahe, dass die molekularen Bausteine der Proteine nicht nur auf der frühen Erde gebildet wurden, sondern bereits im Weltraum zugegen sind und von dort auf die Erde gelangten. Die Erde fing sie wie in einer Petrischale auf, in der das Leben seinen Anfang nahm.

Außer diesen klassischen Aminosäuren fanden wir in dem künstlichen Kometen einige Diaminosäuren, Aminosäuren mit einer zweiten Aminogruppe. In den uns bekannten Lebewesen findet man diese Substanzen zwar eher selten, aber sie könnten der Schlüssel zur Bildung des ersten genetischen Materials auf der Erde sein. Wollen wir aus naturwissenschaftlicher Sicht die Entstehung des Lebens auf der Erde erklären, so müssen wir nicht nur die Genese von Proteinen begreifen – denn »Proteine können weder lesen noch schreiben« (Manfred Eigen) –, sondern wir müssen auch einen Mechanismus zur Entstehung des genetischen Materials anbieten. Die Desoxyribonucleinsäure, kurz DNA, ist das genetische Material; ihre Doppelhelix enthält den genetischen Code. Die DNA war aber sicherlich nicht das erste Molekül in der Geschichte des Lebens, das einen genetischen Code enthielt. Vielleicht war die Ribonucleinsäure (RNA) ihr molekularer Vorgänger, doch selbst sie ist noch zu kompliziert aufgebaut, als dass sie sich im Chaos der Urerde spontan hätte bilden können. Einiges deutet daraufhin, dass eine Kette aus eben jenen Diaminosäuren, die wir im künstlichen Kometen gefunden haben – die peptidische Nucleinsäure PNA – ein Vorläufer der ersten RNA war, quasi ihr chemisches Baugerüst.

Abb. 24 Forscher, die den Lebensursprung entschlüsseln wollen, stehen vor einem Henne-Ei-Problem. Was war zuerst da: Gene oder Proteine? Aktueller Forschung zufolge könnte eine Kette aus speziellen Aminosäuren als Vorlage für die Bildung von Nucleinsäuren gedient haben. Also: Weder Henne noch Ei! (Foto: [SH]2, Bremen)

Nun ließe sich einwenden, dass all diese schönen Ergebnisse einem künstlichen Gebilde abgerungen wurden. Vielleicht war dessen Herstellung schlicht falsch, die Bedingungen im Labor unrealistisch? Um diesen Einwand zu entkräften, untersuchten wir ein Gramm des Murchinson-Meteoriten aus dem Fundus der Max-Planck-Gesellschaft. Dieser Meteorit landete 1969 in Australien. Eine Probe aus seinem Inneren wurde für unser Experiment zerkleinert und mit modernster Technik analysiert. Wie erhofft, fanden wir nicht nur die Aminosäuren, die auch im künstlichen Kometen zugegen waren, sondern ebenfalls die oben genannten Diaminosäuren. Diese Ergebnisse belegen zum einen, dass die künstliche Erzeugung des Kometen unter durchaus realistischen Bedingungen stattfand, und zum anderen, dass sowohl Aminosäuren als auch Diaminosäuren in Kometen wie auch Meteoriten vorkommen.

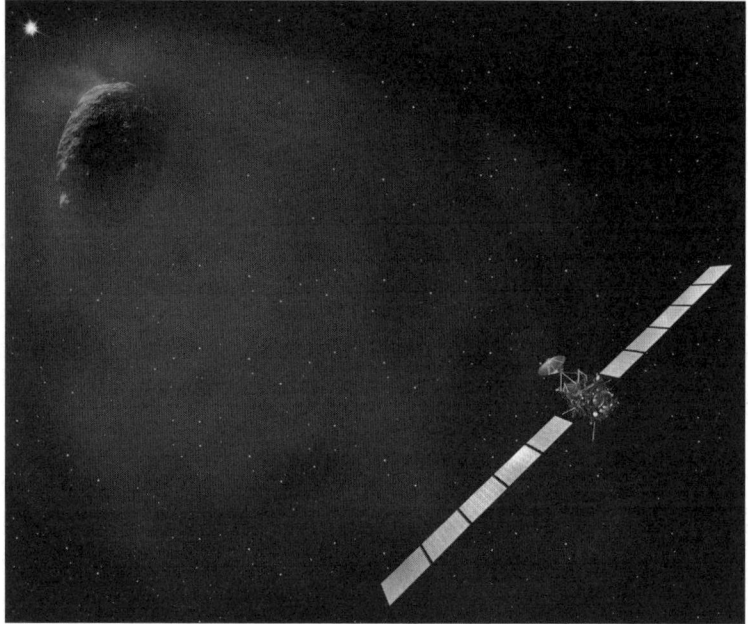

Abb. 25 Die 11-jährige ROSETTA-Mission begann mit ihrem Start auf einer Ariane 5-Rakete in Kourou, Französisch Guyana. Das drei Tonnen schwere Raumschiff wird im Januar 2014 aus seinem Schlafmodus reaktiviert, wenn es über eine Milliarde Kilometer von der Erde entfernt ist. Dann werden Bremsraketen gezündet und das Raumschiff nähert sich dem Kometen mit einer Geschwindigkeit von 25 Metern pro Sekunde. (Foto: ESA/AOES Medialab)

Viele Aminosäuren sind chiral, d.h. ihr Spiegelbild ist mit dem Original nicht deckungsgleich (siehe Kapitel 1 dieses Buches) – ein Phänomen, das Sie zum Beispiel an ihrer rechten und linken Hand beobachten können. Interessanterweise bestehen die Proteine auf der Erde ausnahmslos aus den »linkshändigen« Aminosäuren, nicht aus ihren »rechtshändigen« Spiegelbildern. Wenn Weltraummissionen wie ROSETTA tatsächlich Aminosäuren finden sollten, so beobachten wir mit besonderem Interesse, ob es sich um linkshändige oder rechtshändige Aminosäuren handelt oder eine Mischung aus beiden. Die für ROSETTA konzipierten Messinstrumente können zwischen den beiden Formen unterscheiden. Man nennt derartige Techniken »enantioselektiv«.

Mit Spannung warten wir nun auf die Landung der ROSETTA-Sonde auf Tschurjumow-Gerasimenko. Im Jahr 2014 werden wir wissen, ob das Kometeneis Amino- und Diaminosäuren beherbergt. So wird die ROSETTA-Mission nicht nur Fragen zur Entstehung unseres Sonnensystems beantworten, sondern auch helfen, den Ursprung des Lebens zu entschlüsseln.

Der Autor

Professor Dr. Uwe Meierhenrich studierte Chemie an der Philipps-Universität Marburg. Dort wandte er sich der Analytischen Chemie bei Professor Neidhart zu. Er wurde an der Universität Bremen bei Professor Thiemann promoviert, bevor er am Max-Planck-Institut für Sonnensystemforschung eine wissenschaftliche Mitarbeiterstelle erhielt, um das Chiralitäts-Modul der Kometenmission ROSETTA mitzugestalten. Außerdem war er am Centre de Biophysique Moléculaire in Orléans, Frankreich, tätig, wo er am französischen Synchrotron-Zentrum photochemische interstellare Prozesse nachstellte. Seit 2005 ist er Professor für Bioanalytische Chemie an der Universität Nizza in Frankreich, wo er ein Labor zur mehrdimensionalen Gaschromatographie betreibt (http://www.unice.fr/lcmba/meierhenrich/index.htm).

Interview mit Professor Meierhenrich

Wann haben Sie begonnen, sich für die Ursprünge des Lebens zu interessieren?

Ich erinnere mich daran, wie die Lehrerin in meiner Grundschule mir und meinen Klassenkameraden am Ende des Schuljahres Fragen aus den Naturwissenschaften stellte, von denen sie die Antwort kannte. Sie wollte unser Wissen abfragen. Daran war ich schon als kleiner Schüler wenig interessiert. Ich wollte überlegen, ernst genommen werden, mich auseinandersetzen, Ideen durch Diskussionen weiterentwickeln. Und so bekam ich schon in jungem Alter Interesse an den großen naturwissenschaftlichen Fragestellungen. Der Ursprung des Lebens ist aus physikalischer und biochemischer Sicht noch nicht verstanden und bleibt somit eine der großen Herausforderungen nicht nur für kleine Schülerhirne, sondern auch für die modernen Naturwissenschaften.

Wie wird man Mitarbeiter in einer Weltraummission?

Einladungen dazu fallen nicht vom Himmel; sie erfordern eine international anerkannte Schlüsselkompetenz. Dabei kann es sich um einen Syntheseweg neuer chemischer Verbindungen halten, um die Analyse spezieller Proben durch die Anwendung neuer, moderner Techniken oder um die erstmalige Berechnung eines physikalisch-chemischen Phänomens. Dann ist es nicht schwer, diese Kompetenz in interessante und wichtige wissenschaftliche Projekte einzubringen.

Weltraummissionen verlaufen auf ganz anderen Zeitskalen als normale Laborexperimente. Wie hat sich das Mitwirken an der ROSETTA-Mission auf Ihr wissenschaftliches Arbeiten ausgewirkt?

Für einen jungen Akademiker ist die Teilnahme an Weltraummissionen riskant. Denn die Ergebnisse werden oft erst nach Jahren, wenn nicht gar Jahrzehnten erhalten, ausgewertet und publiziert. Für die eigene wissenschaftliche Laufbahn ist es hingegen wichtig, Top-Ergebnisse zu erzielen und unmittelbar in Fachjournalen zu publizieren. Wir haben unsere Teilnahme an Weltraummissionen daher von Anfang an mit »erdgestützten« Experimenten in unseren Labors begleitet, zum Beispiel mit der Herstellung und Analyse eines künstlichen Kometen, wie es oben im Text beschrieben ist.

Welche Gefühle hätten Sie, wenn man tatsächlich Biomoleküle auf dem Kometen findet?

Wenn Biomoleküle wie Aminosäuren auf dem Kometen gefunden werden, würde dies all unsere Arbeiten zur Vorbereitung auf die RO-SETTA-Mission bestätigen. Das würde uns mit Stolz erfüllen und es würden sicherlich einige Champagnerkorken knallen. Wir wären glücklich.

Welche großen Fragen gilt es in den nächsten Jahren zur chemischen Evolution am dringendsten zu beantworten?

Für mich die große Frage ist die Asymmetrie des Lebens: Wie kommt es, dass alle biologischen Aminosäuren, aus denen die Proteine aufgebaut sind, exklusiv linkshändig vorkommen? Daran werden sich noch einige Generationen an Wissenschaftlern die Zähne ausbeißen.

4
Von wegen Science Fiction: Leben im All

Jesco Frhr. v. Puttkamer

Biochemische Evolution? Es geht um's nackte Leben!

Der Weltraum gehört zur Zukunft des Menschen. Der dynamische
Umbruch auf dem Weg zu dieser Zukunft ist bereits im Gang: Der
Aufbau des »Standorts Weltraum« ist mit der Internationalen Raumstation ISS nahezu abgeschlossen. Nah- und mittelfristig geht es bei
diesem orbitalen Standort um die Erforschung des Menschen und
seiner Umwelt und um die Weiterentwicklung von Wirtschaft, Industrie und Lebensqualität. Er bedeutet eine solide Langzeitinvestition in
neues Wissen, das wir heute noch nicht haben und ohne Raumfahrt
auch morgen nicht haben würden. Zwar können wir die Ergebnisse
der durch Raumfahrt ermöglichten Forschung nicht im Voraus wissen (ebenso wenig, wie wir verhindern können, dass dabei Fehler gemacht werden), doch mit Sicherheit können wir sagen: Ohne Raumfahrt kein Wissen, keine neuen Lösungsansätze, keine neuen Impulse, die über das auf der Erde Erzielbare hinausgehen.

»Standort Weltraum« – das ist wahr gewordene Science Fiction in
Gestalt der ISS, die seit Baubeginn im November 1998 von der
NASA und ihren russischen, europäischen, japanischen und kanadischen Partnerorganisationen, insgesamt 16 Nationen, umgesetzt
wird. Das fußballfeldgroße Bauwerk in der Umlaufbahn ist unbestrit-
ten das größte internationale technische Gemeinschaftsprojekt, das
der Erdenkreis je gesehen hat – ein Projekt von epochaler Bedeutung
auf gesellschaftlicher, wissenschaftlicher, technologischer und welt-
politischer Ebene. Die ISS befasst sich mit Dingen, die für den Menschen vorrangig sind: Leben und Lebensqualität auf der Erde, Befrei-
ung von althergebrachten *Business as usual*-Methoden in Forschung
und Entwicklung, technologische Wettbewerbsfähigkeit, politische
Bindungen, Weltfrieden und Welteinheit, katalytische Wirkung auf
Schulunterricht und Universitätskursus, Ankurbelung der Wirtschaft

und Arbeitsplätze. In meinen Augen am wichtigsten ist aber die Verwirklichung einer alten Idee: Im Kleinen repräsentiert die ISS eine Prototyp-Weltgemeinschaft, eine Art Vereinte Nationen im Weltraum.

Für die weitere Erkundung des Alls, insbesondere den bemannten Flug zum Mars, nimmt die ISS eine Schlüsselposition ein. Zunächst einmal können ihre Entwicklung und ihr Betrieb als eine Art Frühmodell für ein späteres gemeinsames Marsprogramm gelten. Als orbitale Forschungsstätte schafft sie das dafür benötigte wissenschaftlich-technische Fundament. Wenn wir Menschen auf Forschungsexpeditionen ins All schicken, müssen wir immense medizinische und psychologische Probleme bewältigen. Auf der Aufgabenliste der ISS steht deshalb obenan die Erforschung des Menschen und aller mit seiner Gesunderhaltung bei langen Weltraumaufenthalten verbundenen »Humanfaktoren«, etwa die Auswirkungen der Schwerelosigkeit (und etwa die Notwendigkeit künstlicher Schwerkraft), die Bereitstellung von Strahlungsschutz, die Entwicklung zuverlässiger regenerativer Lebenserhaltungssysteme für Missionen von mehrjähriger Dauer und die Wahrung von Stabilität und Produktivität in kleinen, multikulturellen Menschengruppen, die in lange andauernder Eingeschlossenheit und Isolation leben. Auch für die meisten anderen Systeme des Marsprojekts ist die ISS ein Prüffeld innovativer Hochtechnologien. Als Standort All bildet die internationale Raumstation also eine Art frühen Brückenkopf zum neuen Kontinent außerhalb der Erde.

Mars ist der viertnächste Planet der Sonne. Seit Jahrtausenden gehört sein kriegerisch-feuriges Rot zur Begriffswelt des Menschen, und seit Jahrhunderten machen ihn seine relative Nähe, Erreichbarkeit und Erdähnlichkeit zum Faszinosum und Objekt unbändiger Neugier für Wissenschaft und Raumfahrt. Was wir derzeit mit der ISS und unseren Planetensonden erleben, sind die ersten Schritte in einem dreistufigen Programm der Marserschließung: die aufklärende Erforschung mit Robotern, die unter anderem der Identifizierung besonders interessanter späterer Landestellen dient. Der zweite Schritt ist die humanphysiologische Forschung und Vorbereitung für den Langzeitaufenthalt im All. Der dritte Schritt ist die Entwicklung der für den bemannten Flug zum Mars notwendigen Technologien und Systeme, vor allem auf Gebieten wie Lebenserhaltung, Strahlenschutz, Antriebe, Produktsicherheit und Zuverlässigkeit.

Die Erforschung und Besiedlung des Mars ist ein langfristiges, großes Ziel, ein Jahrtausendprojekt, an dessen Globalität kein anderes Ziel der Menschheit auch nur entfernt heranreicht. Der Prozess ist in unserer Zeit in Gang gekommen, aber begonnen hat der Aufbruch zur Nachbarwelt bereits vor langer Zeit: Schon seit den Tagen der ersten Ingenieurträume von Konstantin E. Ziolkowski und Hermann Oberth und der ersten Raketenstarts von Robert Goddard und Wernher von Braun sind wir auf dem Weg, das ist unbestreitbar. Im unlängst begonnenen dritten Jahrtausend wird dieser Prozess die daran teilhabenden Erdenbürger über Jahrzehnte und Jahrhunderte hinweg quer durch alle Kultursparten beschäftigen – aufklärend, forschend, fußfassend, siedelnd und heimisch werdend.

Für den Menschenflug zum Mars in absehbarer Zeit sprechen mehrere Gründe. Vorrangig ist das natürlich die weiterführende Suche nach einstigem oder heutigem Leben (später mehr dazu). Der Mensch selbst muss in der Arena des Geschehens sein, *in situ*, um sein Forschungsprogramm nach den aktuellsten Entdeckungen ohne Zeitverzug adaptieren und ausrichten zu können. Für die Zukunft des Menschengeschlechts von wahrscheinlich arterhaltender Bedeutung ist danach die Frage, ob und wie *Homo sapiens* selbst auf dem Mars »vom Lande« leben und eine neue Heimat finden kann.

Rückblickend auf 50 Jahre bemannte Raumfahrt (seit Juri Gagarin, 12. April 1961) und dabei gleichzeitig bemüht, weit vorauszublicken, erschließt sich mir und anderen Beobachtern immer deutlicher, dass die Suche nach Leben im Kosmos einen der stärksten Antriebsmotoren des menschlichen Explorationsdrangs, des Drangs nach außen, darstellt. Gibt es außer uns Leben im All? Das ist nicht nur eine der wichtigsten, sondern wahrscheinlich *die* wichtigste Frage, auf die wir in der NASA-Weltraumforschung, speziell der Astrobiologie, eine Antwort suchen. Verbunden damit stellen sich zwei weitere grundsätzliche Fragen: Wie beginnt und evolviert das Leben? Und was ist die Zukunft des Lebens auf der Erde und darüber hinaus? Denn hinter unserer Suche nach anderem Leben im All steht nicht nur der Wunsch, andere Intelligenzen zu finden, sondern auch die Sorge um unsere Zukunft als Gattung: Wo werden wir in 1000 Jahren sein, in 100 000 Jahren, in 10 Mio. Jahren?

Immer wieder erregt die Suche nach einstigem oder heutigem Leben auf dem Mars, also nach Bio-Oasen oder Fossilien, nicht nur von Mikroorganismen, sondern auch von höheren Lebensformen, das Interesse der Forschung, aber auch der Öffentlichkeit, zumindest seit den Landungen der beiden Forschungsstationen Viking 1 und 2 auf dem Roten Planeten 1976. Deren Experimente ließen freilich alles offen: Leben, wie wir es kennen, fanden sie nicht, und auf Grund der zum Teil widersprüchlichen Daten konnte die Existenz von mikroskopischem Marsleben, heute oder in der Vergangenheit, weder bewiesen noch widerlegt werden. Zwanzig Jahre später (1996) erregte die Nachricht, dass tief in einem vor 13 000 Jahren als Meteorit auf die Erde gestürzten Steinbrocken vom Mars organische Moleküle gefunden worden seien, gewaltiges weltweites Aufsehen. Man entdeckte dort auch Spuren mehrerer mit biologischer Aktivität verknüpfter Mineralien sowie mögliche mikroskopische Fossilien primitiver, mikrobenähnlicher Organismen – einige eiförmig, andere röhren- oder wurmartig und gegliedert, doch alle winzig klein im Vergleich mit irdischen Mikroben. Zwar kommen die analysierten exotischen Kohlenstoff-Verbindungen, sogenannte polycyclische aromatische Kohlenwasserstoffe oder PAKs, auf der Erde in Dieselabgasen, angebrannten Kochtöpfen, verschmorten Hamburgern und Zigarettenrauch vor, doch werden sie auch zwischen den Sternen vermutet. Sie bilden sich bei hohen Temperaturen, wahrscheinlich in großen Mengen in Sternatmosphären. Wegen ihrer hexagonalen Ringstruktur sind sie so stabil, dass sie die intensive Strahlung und die harten Umweltbedingungen des Weltraums überstehen können. Nach vielen Jahren des Zweifels gibt es für die Biofunde im Marsmeteoriten ALH84001 seit 2009 neue Analysen, nach denen die Substanzen weder auf der Erde noch nichtbiologisch entstanden sein können.

Sollten unsere weiteren Forschungssonden, zu denen auch eine Probenrückholung gehört, tatsächlich Spuren einstmaligen oder sogar heutigen Lebens in Form von Mikroorganismen auf dem Mars nachweisen, so wäre dies eine der größten wissenschaftlichen Entdeckungen der Neuzeit, die sich in kaum absehbarer Breite und Tiefe auf alle spirituellen, geistigen und materiellen Bereiche unseres Lebens auswirken würde. Es würden sich fantastische Fragen stellen: Ist das Leben auf Mars und Erde getrennt entstanden oder einst per »Meteoritenpost« in Form lebensfähiger Sporen aus der Ferne des Alls gekommen? Stammen wir Menschen ursprünglich von Saatgut eines frühen Marsmeteoriten ab und sind somit die wirklichen Marsianer? Zweifellos erhielte dann auch die Suche nach späteren Fossilien höherer Tierformen auf dem Mars und nach Versteinerungen auf anderen Himmelskörpern des Sonnensystems höchste Prioritäts-stufe, etwa auf den Monden der äußeren Planeten, wie Europa und Titan, und bestimmten Asteroiden. Betroffen wäre davon auch die Frage, ob Leben außerhalb des Sonnensystems in der Milchstraße existiert; damit schließlich würde das Interesse an Radiosignalen ver-nunftbegabter Lebewesen sprunghaft ansteigen.

Bei der NASA stützt sich die Astrobiologie in Zusammenarbeit mit der Astronomie, Zoologie, Ökologie, Molekularbiologie und Geologie bis zur allermodernsten Genomik auf eine Reihe neuester Werkzeu-ge und Einrichtungen – von der internationalen Raumstation ISS über das Weltraumteleskop James Webb (den Nachfolger des Hub-ble-Weltraumteleskops) und Erdbeobachtungs-Satellitensysteme bis zu robotischen Missionen zu Mars und den äußeren Planeten. Ihnen wird der menschliche Forscher auf den Fersen folgen.

Die Frage nach der Existenz außerirdischer Lebewesen ist zumin-dest so alt wie die geschriebene Kulturgeschichte der Menschheit: die Hoffnung, dass es im All Leben, vor allem intelligentes Leben, geben muss, zieht sich wie ein roter Faden durch Jahrtausende unserer Ent-wicklung. Vor bald 2500 Jahren schrieb der griechische Gelehrte De-mokrit darüber, und sein Landsmann Metrodoros stellte im 4. Jahr-hundert v. Chr. fest:»Die Erde als die einzige bevölkerte Welt im un-endlichen All anzusehen, ist ebenso absurd wie die Behauptung, auf einem ganzen mit Hirse besäten Feld sprieße nur ein einziges Korn.« Das alte Rom stand dem nicht nach: Der Dichter-Philosoph Lukrez schrieb 100 v. Chr., es müsse»in anderen Regionen andere Erden und andere Stämme von Menschen und Tiergattungen geben«. Seit dem 13. Jahrhundert und Thomas von Aquin galt dies als Ketzerei, und für diese Auffassung musste der gelehrte Dominikanermönch Giordano Bruno im Februar 1600 auf Roms Campo dei Fiori auf dem Scheiterhaufen der Inquisition sterben. Für Immanuel Kant stand die Existenz anderer kosmischer Welten und Wesen außer Zweifel.

Erst seit jüngster Vergangenheit wissen wir sicher, dass es außer-halb unseres Sonnensystems andere Welten gibt. 1992 wurden erst-mals mehrere Planeten von erdähnlicher Masse um dem Pulsar PSR B1257+12 entdeckt. Mittlerweile ist die Anzahl der von Astronomen aufgespürten extrasolaren Planeten, also Welten außerhalb unseres Sonnensystems, auf 464 angestiegen (Ende Juni 2010), genug für erste statistische Erhebungen. Die meisten sind Riesenplaneten, wahrscheinlich ähnlich wie Jupiter. Das liegt wohl hauptsächlich daran, dass mit heutigen Techniken massereiche Planeten leichter aufzufinden sind. Inzwischen wurden aber auch kleinere Planeten (obgleich noch immer größer als die Erde) gefunden, und es ist zu erwarten, dass man mit verbesserten Verfahren feststellen wird, dass sie weitaus häufiger vorkommen als die Riesenplaneten. Man weiß heute, dass ein großer Prozentsatz der Sterne von Planeten umgeben ist, darunter wenigstens 10 % der sonnenähnlichen Sterne, Hinzu kommen Planeten um braune Zwergsterne und frei schwebende Welten, die keinen Zentralkörper umkreisen. Daraus lässt sich schließen, dass es allein in unserer Milchstraße Milliarden von Exoplaneten geben muss.

Wie sehen wir heute die Chance für Leben im Kosmos? Schon vor längerer Zeit haben Radioastronomen zwischen den Sternen eine Fülle hochkomplexer organischer Moleküle entdeckt, mögliche Bausteine des Lebens. Seither betrachten Exobiologen die Existenz von Leben im All als höchstwahrscheinlich, ja fast schon alltäglich. Je häufiger man in den Tiefen des Kosmos auf Bedingungen wie die auf der Erde zur Zeit der Entstehung des Lebens stößt, desto wahrscheinlicher ist es für viele Forscher, dass es im Universum von Leben nur so wimmelt. Wie steht es da mit anderen Zivilisationen?

Als wie wahrscheinlich wir das Vorkommen anderer Hochkulturen neben der unsrigen annehmen, hängt von einer Reihe stark auf uns selbst, die Betrachter, bezogener Grundannahmen ab:

1. Wie wahrscheinlich ist es, dass biologische Evolution früher oder später intelligente Lebensformen hervorbringt?

2. Entwickelt sich intelligentes Leben genügend oft zu Formen, die zu einer technischen Zivilisation befähigt sind und diese tatsächlich realisieren?

3. Wie erfolgreich sind technische Hochkulturen im Evolutionssinn, das heißt: Können sie anfängliche Selbstzerstörungskrisen überstehen und über sehr lange Zeiträume hinweg existieren?

4. Haben sie ein nicht nur vorübergehendes Interesse an Kommunikation, vor allem auch dann, wenn sie unsere gegenwärtigen technischen Fähigkeiten weit übertreffen?

Superzivilisationen im All mögen sich in diesem Augenblick über kosmische Entfernungen hinweg miteinander »unterhalten«, doch solange ihr Richtstrahl scharf gebündelt ist und die Erde nicht entgegen aller statistischen Erwartung in ihr Visier gerät, wären wir außerstande, solche Hochkulturen über längere Distanzen hinweg allein an den durchsickernden Leckverlusten ihrer Routine-Radiounterhaltung zu entdecken. Die »Leckverluste« unserer eigenen elektromagnetischen Kommunikation – zuerst Radio, dann Fernsehen – haben sich heute bereits 80 Lichtjahre weit von der Erde entfernt, doch sind diese Signale aus den Pionierjahren des Rundfunks verschwindend schwach.

Spekulationen über ultra-fortgeschrittene Hochkulturen, die sich über Hunderte von Lichtjahre hinweg mittels elektromagnetischer Energie »unterhalten« können, haben Eingang in die wissenschaftliche Literatur gefunden. Zum Beispiel hat der russische Astrophysiker Nikolai Kardaschew hypothetische technologische Hochkulturen im Universum in drei Typen gemäß ihres Energieumsatzes klassifiziert: Typ I, als obere Schranke für planetare Zivilisationen in der Größenordnung unserer heutigen Erdkultur, die rund neun Billionen (9×10^{12}) Watt kontrolliert, Typ II für solare Zivilisationen, die den gesamten Energieausstoß ihres Zentralsterns in der Größenordnung von 400 Billionen Billionen (4×10^{26}) Watt umsetzen können, und Typ III für galaktische Ultrazivilisationen mit einem Energieumsatz einer mittleren Galaxis von einigen Billionen Billionen Billionen (10^{37}) Watt.

Während wir in der Lage sein sollten, die Signale jeder Typ-II-Zivilisation in unserer Milchstraße und die von Typ-III-Kulturen im ganzen bekannten Universum entdecken zu können, wenn sie mit ihren gewaltigen Energien monochromatisch (also etwa wie Laser) kontinuierlich in alle Richtungen ausgestrahlt werden, würde eine Funkboje über Entfernungen von weniger als 1000 Lichtjahren bedeutend weniger Sendeenergie benötigen – in der Größenordnung von »nur« 1 Mrd. (10^9) Watt; das ist ein kleiner Bruchteil des Energiebedarfs einer Weltstadt wie New York. Zu diesem Energieaufwand wäre eine Typ-I-Zivilisation wie wir fähig, doch zwingt uns die zur Entdeckung dieser Signale erforderliche hohe Empfangsintensität, d.h. die Ansprüche an die Richtgenauigkeit unserer Empfangsantennenschüssel, zu einer schrittweisen Suche, bei der Stern um Stern einzeln inspiziert wird.

Eine solche Suche nach extraterrestrischer Intelligenz, genannt SETI, ist von der NASA und weiterführend von Privatorganisationen schon in den 1970er Jahren begonnen worden. Wie stehen ihre Chancen?

Auf der Erde benötigte das Leben etwa vier Milliarden Jahre, um sich von den frühesten Urzellen zum heutigen Menschen zu entwickeln. Davor gab es eine Periode chemischer Evolution von höchsten einer Milliarde Jahre Dauer, in der der abiotische Aufbau organischer Moleküle aus Bestandteilen der primitiven Atmosphäre, Hydrosphäre und Lithosphäre erfolgte. Dieser Evolution ging die Kondensation der Sonne und ihrer Planetenfamilie aus glühendem Sternengas voraus. Das Leben muss daher verhältnismäßig rasch und explosiv in dem Moment entstanden sein, in dem die Umgebungszustände günstig waren – ein zusätzliches Argument für seine vermutete Fülle im Universum. Und doch waren danach noch viele Milliarden Jahre notwendig, in denen sich das Leben durch willkürliche Mutations- und Selektionsprozesse hindurcharbeiten und entwickeln musste. Das heißt, wir müssen nach Sternen suchen, die zuverlässig und beständig scheinen und mit konstanter Größe und Leuchtkraft über Jahrmilliarden hinweg Wasserstoff in nuklearen Reaktionen zu Helium verbrennen.

In unserer Galaxis, der Milchstraße, gibt es mindestens 400 Mrd. Sterne (und wenigstens 100 Mrd. andere Galaxien existieren im Universum). Wie viele Sterne besitzen Planeten mit einer Masse, die nicht erheblich von der der Erde abweicht, mit einer annehmbaren Rotation und einer Atmosphäre, die innerhalb der für Leben auf Kohlenstoff/Wasser-Basis nötigen Temperaturzone liegt, d.h. nicht so weit von ihrer Sonne entfernt, dass sie ewig gefroren sind und nicht so dicht an ihr, dass ihre Oberfläche in Hitze schmort?

Wenn es mehrere Milliarden solcher Planetenwelten in der Milchstraße gibt, wie groß sind die Chancen, dass sich auf solch einem Planeten tatsächlich Leben entwickelt – und dass es sich zu einer Zivilisation intelligenter Wesen aufschwingt?

In einem heute legendären »Cultural Evolution Workshop« kamen 1975 führende Exobiologen überein, dass von hundert Lebensformen im All mehr als eine sowohl über Intelligenz als auch über die Technik verfügt, um zumindest die elektromagnetische Kommunikationsphase, also auch Radioastronomie, gemeistert zu haben. Mithilfe der klassischen Drake-Gleichung berechneten die Forscher als arithmetisches Mittel ihrer individuellen Einschätzungen eine wahrscheinliche Anzahl von einer Million solcher technischer Zivilisationen allein in unserer Milchstraße. Sind diese Hochkulturen in Zufallsverteilung im Raum verstreut, so beliefe sich der Abstand zwischen uns und der uns nächstliegenden auf etwa 300 Lichtjahre. Bis wir eine Antwort auf unser Radiosignal erhielten, müssten wir also 600 Jahre warten. Ferner lägen bei einer Million Zivilisationen in der Milchstraße etwa 55 innerhalb eines Umkreises von 1000 Lichtjahren Radius von uns. Strahlen sie alle Radiosignale in unsere Richtung aus, müssten wir 40000 von ihnen mit unserer Radiosuche abtasten, um eine faire statistische Chance zu haben, eine einzige extraterrestrische Botschaft zu entdecken – doch betrüge die Wahrscheinlichkeit dafür lediglich 63%. Um sie auf 95% für die Entdeckung einer Botschaft zu erhöhen, steigt die Zahl der zu untersuchenden Sterne auf 120000. Wenn von den 55 Zivilisationen nur 20 senden, müssten es sogar 330000 Sterne sein.

Wenn auch alle modernen astrophysikalischen Fakten die Ansicht von Fra Giordano stützen, fehlt uns freilich bis heute jeglicher Nachweis eines außerirdischen Lebens und die Exobiologie bleibt damit, wie der Paläontologe George Gaylord Simpson es ausdrückte, eine Wissenschaft, die »noch nicht bewiesen hat, dass ihr Gegenstand existiert«.

Was das Problem so schwierig macht, ist die Zufallsnatur der biochemischen Evolution selbst. Es klingt so einfach: Man nehme Materie, und zwar Atome der fünf Elemente Wasserstoff, Kohlenstoff, Stickstoff, Sauerstoff und Phosphor, die alle im Kosmos zuhauf vorkommen, setze sie auf bestimmte Weise zu vier Molekülen namens Thymin, Adenin, Guanin und Cytosin und einer Kette alternierender Zucker und Phosphate zusammen und forme daraus ein langes Molekül namens DNA in Gestalt einer Doppelspirale. Mit rund vier Milliarden Gliedern in der Kette beschreibt sie je nach ihrem Aufbau den Gesamtbauplan einer Kreatur. Aber wie diese Prozesse der Selbstorganisation, des Selbstprogrammierens abgelaufen sind und es so weit gebracht haben, wissen wir nicht. Was wir wissen, ist, dass zur Entstehung von Leben diese Materie in allen dreien ihrer grundlegenden Wechselwirkungen treten muss – gravitative, nukleare und chemische. Während Gravitation, beschrieben durch Newtons Gesetz, einfach vorauszusagen ist und Kernwechselwirkungen trotz ihrer sehr großen Zahl auch noch überschaubar sind, ist die Anzahl der chemischen Reaktionen, ob organisch oder anorganisch, so astronomisch hoch, dass eine Vorhersage der Entwicklung lebender Organismen eine ans Unmögliche grenzende Aufgabe ist. Die Definition eines lebenden Systems ist daher, süffisant ausgedrückt, mit einem gewissen Grad subjektiver Willkürlichkeit behaftet.

Zum Beispiel: Ist freier Sauerstoff in der Atmosphäre nötig? Nicht unbedingt. Selbst auf der Erde gibt es viele Lebensformen – bestimmte Bakterien und Protozoen –, die ohne Sauerstoff von anorganischen Substanzen durch Chemosynthese leben, neben den mit Photosynthese arbeitenden, Sauerstoff produzierenden und verbrauchenden Pflanzen. Obwohl das Leben auf der Erde mit an Sicherheit grenzender Wahrscheinlichkeit einst in einer sauerstofflosen Atmosphäre aus Wasserstoff, Ammoniak, Wasserdampf und Methan entstanden ist, wäre höheren Lebensformen das Überleben schwer gefallen, wenn die Gashülle über die Jahrtausende nicht durch die Photosynthese blaugrüner Algen in eine oxidierende Atmosphäre umgewandelt worden wäre. Der Grund dafür ist, dass Zucker (Glucose, $C_6H_{12}O_6$) durch Oxidation (Verbrennung) zu Kohlendioxid und Wasser über elfmal mehr Energie freisetzt als die Fermentation (Gärung) von Glucose zu Ethylalkohol und Kohlendioxid in einer reduzierenden Atmosphäre (z. B. des Jupiter). Wesen auf einer Welt, die zur Gewinnung von Energie elfmal mehr Arbeit aufwenden müssten als wir, wären wahrscheinlich zu sehr mit Nahrungssuche beschäftigt, als dass sie noch Zeit zur Entwicklung von Verstand, Technologie und Hochkultur hätten.

In Ermangelung jeglicher Beweise für oder wider die Existenz extraterrestrischer Lebensformen musste die Forschung als Ausgangspunkt ihrer Suche Zuflucht zu Wahrscheinlichkeiten nehmen – zu einem Spiel also, bei dem mit den geschätzten Häufigkeiten bestimmter astrophysikalischer, biologischer und soziologischer Faktoren, die mutmaßlich zur biologischen und zivilisatorischen Evolution notwendig sind, statistisch jongliert wird. Den Gesamtschätzwert erhält man durch Verkettung der Wahrscheinlichkeiten, d. h. durch Multiplikation der bedingten Häufigkeiten dieser Evolutionsstufen. Aber die Sache hat einen Haken: Beim Multiplizieren der voneinander abhängigen Wahrscheinlichkeiten multiplizieren wir auch mögliche Fehler in unseren Schätzungen, und so nimmt die Chance, zu einem sinnvollen Urteil zu gelangen, mit fortschreitender Multiplikation mehr und mehr ab.

Ohne die Möglichkeit des Vorkommens total unirdischer Lebensformen im Universum in Frage zu stellen, wird die ganze Suche nach außerirdischem Leben erheblich weniger spekulativ, wenn wir sie auf biologische Formen beschränken, deren Existenz im Universum über jeden Zweifel erhaben, weil nachweisbar ist: Kreaturen auf dem Planeten Erde, aufgebaut aus kohlenstoffhaltigen Molekülen und Wasser. Freilich kommt neben Kohlenstoff auch das Element Silicium als Kandidat für eine Lebensbasis infrage. Die Häufigkeit von Silicium im Universum beträgt etwa ein Fünftel jener des Kohlenstoffs (welcher »Star Trek«-Fan erinnert sich nicht an die auf Silicium-Metabolismus aufgebaute felsenverspeisende Horta, die sich als liebevolle Mutter entpuppte?). Doch nur von Kohlenstoff weiß man, dass er so hochkomplexe Moleküle wie Proteine (aus Aminosäuren) und Nucleinsäuren (aus Zucker und stickstoffhaltigen Basen, den Nucleotiden) bilden und beständig erhalten kann, also Verbindungen mit der einmaligen Fähigkeit zur Speicherung und Übertragung von Energie und Information, die das Leben gemäß seiner Definition als System mit Mutations- und Vererbungsfähigkeit benötigt: Polymerbildung, Synthese einer Selbstkopie, Selbstorganisation, Energieverwendung, Informationstransfer und Darwin'sche Evolution. Das klingt zwar schändlich carbozentrisch, doch bis wir im Universum andersartiges Leben finden, muss es genügen. Chauvinistisch gesprochen: Wenn es ein Bestiarium dort draußen gibt, ist es garantiert exotisch im wahrsten Sinn des Wortes.

Wenn es demnach nicht unwahrscheinlich ist, dass eine Million Planeten bewohnt sind, stellt sich uns die schon von Enrico Fermi aufgeworfene Frage: »Where is everybody?« – »Wo sind sie alle?« Wenn Zivilisation tatsächlich ein universelles Phänomen im All ist, warum erkennen wir dann keine Anzeichen der kosmischen Aktivität intelligenter Lebewesen? Wie können wir das auffällige Fehlen von »kosmischen Wundern« erklären, wie der russische Astronom und Exobiologe Iossif Schklowski sie genannt hat?

Eine mögliche Antwort hängt mit der schieren Ausdehnung der Milchstraße zusammen. Wenn in der Milchstraße allein wenigstens eine Million Hochkulturen in Zufallsverteilung im Raum verstreut liegen, wäre – wie gesagt – die uns am nächsten befindliche immerhin etwa 300 Lichtjahre weit entfernt, also die Strecke, die das Licht mit 300 000 km/s in 300 Jahren zurücklegt. Eine andere Erklärung mag sein, dass Superzivilisationen die Stufe, auf der sie beobachtbare elektromagnetische Energie in den Weltraum abstrahlen, relativ rasch durchlaufen und hinter sich lassen. Selbst auf der Erde sind wir schon halbwegs so weit, das Ausmaß der verschwenderisch ins All abgestrahlten Signale durch Entwicklungen wie Kabelfernsehen, Internet-Vernetzung und Multistrahl-Richtantennen auf Nachrichtensatelliten und Raumplattformen schlagartig zu reduzieren. Eine dritte Überlegung: Würden wir intelligente kosmische Aktivität überhaupt als solche erkennen, wenn wir sie sehen? Was genau ist Leben, was Intelligenz? Und schließlich – eine tragische Möglichkeit! – könnten technische Zivilisationen nur eine kurze Lebensdauer haben, weil sie sich selbst zerstören? Unsere Gattung hat es geschafft, die Detonation der ersten Atombombe zumindest um (bis jetzt) 65 Jahre zu überleben, ohne sich selbst zu vernichten. Werden wir es auf 100 Jahre bringen, auf 1000? Wenn eine technische Zivilisation eine durchschnittliche Lebensdauer von 1000 Jahren nicht erreichen kann, gäbe es derzeit in der gesamten Milchstraße nur zehn mit uns koexistente Hochkulturen.

Eine weitere Frage tut sich im Hinblick auf unsere eigene Existenz und Bestimmung auf: Was, wenn wir mit der Annahme, eine relativ spät auf den Plan getretene »Anfängerzivilisation« in einem Universum mit einer Million oder mehr Superzivilisationen zu sein, schlicht zu bescheiden sind? Wir haben bisher stillschweigend eine Sternbildungsrate angenommen, die über das Alter des Universums gemittelt war. In Wirklichkeit jedoch muss die Anzahl der Sonnen zu Beginn, vor Jahrmilliarden, sehr klein gewesen sein – und damit auch die Chancen, dass sich Leben entwickelte. Vielleicht waren auch die Umweltbedingungen über längere Zeiträume hinweg lebensfeindlicher, als wir bisher angenommen haben; vielleicht wurde die Schwelle zur chemischen, präbiotischen und biologischen Evolution nicht vor rund zehn Milliarden Jahren überschritten, sondern erst vor fünf Milliarden? Dann wäre unser Planet einer der ersten mit Leben im All. Vielleicht haben wir das Privileg, zu den frühesten intelligenten Rassen zu gehören und in der Morgenröte des Lebens im Universum zu stehen! In den kommenden Jahrmilliarden könnten dann Millionen andere Hochkulturen emporsprießen, der Menschheit eine Zukunft von wahrhaft atemberaubenden Ausmaßen eröffnend.

Zurück zum Mars: Werden wir Menschen tatsächlich dort leben können? Die Geschichte zeigt, dass *Homo sapiens* sich hauptsächlich dadurch verbreitet hat, dass er es verstand, lokale Rohstoffe auszuwerten und zu nutzen. Für die ersten Marspioniere wird nach Sicherung ihres unmittelbaren Überlebens für lange Zeit die wichtigste Aufgabe darin bestehen, die Nabelschnur von der Erde in Form kostspieliger Nachschubtransporte immer dünner werden zu lassen. Örtliche Mineralschürfung, Rohstoffverarbeitung, Veredlung, Produktion usw. erfordern neue Technologien, die bereits heute in der Entwicklung sind.

Ein Leben unter freiem Himmel, wie wir es kennen, ist auf dem Mars freilich nicht möglich. Seine Atmosphäre ist dergestalt, dass der Mensch im Freien einen Schutzanzug braucht. Andererseits besitzt Mars alle Rohstoffe, die zum Leben und zur Begründung eines neuen Ablegers der menschlichen Zivilisation nötig sind, und darin zeichnet er sich vor allen nichtterrestrischen Körpern in unserem Sonnensystem aus, auch von unserem eigenen Mond. Im Gegensatz zu diesem lassen sich auf dem Mars die Elemente Kohlenstoff, Stickstoff, Wasserstoff und Sauerstoff direkt gewinnen: aus der Atmosphäre, dem Wassereis der Polarkappen und dem inzwischen nachgewiesenen vorhandenen Grundeis (Permafrost). Selbst flüssiges Wasser gibt es dort offenbar. Die Forschungssonde Mars Global Surveyor, die Mars Exploration Rovers, die Sonde Odyssey und der Mars Reconnaissance Orbiter haben gezeigt, dass auf dem Mars in seiner Frühzeit Oberflächenwasser weitflächig in großen Mengen verbreitet war, ständig ergänzt durch nachhaltige atmosphärische Niederschläge und Ausflüsse aus Aquiferen. Wie theoretische Modelle und die Oberflächen-Geomorphologie nahelegen, ist ein globales Grundwassersystem, das eine vorhandene unterirdische Biosphäre erhalten kann, durchaus denkbar. Auch die jüngste Entdeckung von atmosphärischem Methan, das an bestimmten Stellen ausströmt, kann bedeuten, dass tief im Boden lebenszuträgliche Umweltbedingungen vorliegen.

Von vielen industriell interessanten Elementen wie Kupfer, Schwefel, Phosphor usw. verfügt Mars über große Bestände. Mit einiger Sicherheit liegen sie in konsolidierten und daher abbaugünstigen Mineralerzlagern, weil es in der Entstehungsgeschichte des Planeten hydrologische und vulkanische Prozesse wie auf der Erde gab, die eine Absonderung und Differenzierung der verschiedenen Elemente entsprechend ihrer Dichte und anderen Merkmalen ermöglichten. Wenn auf der Erde Silicium buchstäblich so häufig ist wie »Sand am Meer«, so tritt auf dem Mars Eisen an seine Stelle, ebenfalls in Form von Oxiden, die ihm die rostrote Färbung geben.

Die Marsatmosphäre hat zwar keine gegen UV-Licht schützende Ozonschicht, ist jedoch vor allem in den Niederungen dicht genug, um zum Beispiel Feldfrüchte auf der Oberfläche vor Sonneneruptionen zu schützen. Für solche Kulturen genügen daher dünnwandige aufblasbare Treibhäuser mit Schutzkuppeln aus UV-beständigem Kunststoff. Der Treibhauseffekt ist auf dem kalten Mars zudem hochwillkommen. Größere Kuppeln wird man aus einheimischen Rohstoffen herstellen, unter denen der zunächst auf Schutzhabitate auf oder unter der Oberfläche angewiesene Mensch dereinst im Freien unter Plastikdomen leben und lustwandeln kann.

Für die ferne Zukunft ist darüber hinaus eine radikale ökosynthetische Wandlung des Marsklimas zu eher irdischen Verhältnissen denkbar. Solche Prozesse, unter dem aus Science Fiction stammendem Sammelbegriff »Terraforming« geführt, werden schon heute spekulativ untersucht. »Planetenumwandlung« in globalem Ausmaß ist auf der Erde in vieler Hinsicht bereits Wirklichkeit geworden, wenn auch unbeabsichtigt oder gar gegen besseres Wissen, wie die von uns selbst verursachten Klimaveränderungen zeigen. Auf dem Mars könnte das Klima durch künstlich ausgelöste globale Erwärmung, dadurch geförderte »Ausgasung« des Bodenmaterials und teilweise Abschmelzung der gewaltigen polaren Wassereismengen für das Wachstum terrestrischer Organismen zuträglich gemacht werden, vorausgesetzt, es gibt keine einheimischen Biota, die dadurch in Mitleidenschaft gezogen oder gar umgebracht würden. Dazu wären sehr lange Zeiträume notwendig, um 500 bis 1000 Jahre und mehr.

Wann ist es nach der derzeitig ablaufenden Phase der robotischen Forschungssonden Zeit für die erste menschliche Expedition? Von der technischen Machbarkeit her könnte sie im dritten Jahrzehnt nach 2000 stattfinden, doch muss vor allem anderen der politische Wille dahinterstehen. Den muss in diesem Fall nicht eine einzige Nation, sondern zahlreiche beteiligte Partnerländer aufbringen, denn nur so kann das Jahrtausendprojekt nachhaltigen Erfolg haben. Klare Ziele sind von US-Präsident Barack Obama der NASA vorgegeben worden: Entwicklung einer Schwerlast-Trägerrakete von der Klasse der Saturn- V-Mondrakete, gegen 2025 die bemannte Erkundung von Asteroiden, zehn Jahre später, also um 2035, der bemannte Flug zum Mars, vielleicht zunächst zur Umrundung wie einst Apollo 8 und Apollo 10 beim Mond, und dann die Landung und Fußfassung.

Gefragt wird auch: Was kommt nach Mars – welche weiteren »Plateaus« sind denkbar? Schon parallel zu seiner Erschließung werden vielleicht neue Expeditionen in größere Sonnenabstände hinausgehen und als Nächstes den Asteroidengürtel zwischen Mars und Jupiter erforschen. In diesem Bereich, etwa 2,7-mal weiter von der Sonne entfernt als die Erde, liegen etwa 98 % der rund 5000 derzeit bekannten Asteroiden. Sind es tatsächlich Bruchstücke eines vormaligen Planeten, so könnte es auf vielen von ihnen reichhaltige Minerallager an Platin, Palladium, Iridium, Rubidium und anderen Stoffen geben, die auf Mars und Erde benötigt werden und wertvoller als Silber sind. Ihre Prospektierung, Gewinnung und Beförderung würden eine neue Konsolidierungsphase bedeuten, die ihrerseits der Erforschung der noch weiter entfernten faszinierenden Jupiter- und Saturnmonde mit Spurenatmosphären und möglichen Biota unter den Eiskrusten und darunter vermuteten Wasservorkommen Vorschub leistet. Auch diese Region erkunden robotische Pfadfinder bereits heute als vorgeschobene Beobachter, um Menschen den Weg zu bereiten.

Der Mensch steht in staunender Ehrfurcht vor der Majestät des ihn umgebenden Universums. Kann es eine noch größere Herausforderung geben, als unseren Zutritt zum All zum Studium der Schöpfung und des Platzes der Menschheit in ihr zu nutzen? Niemand kann vorhersagen, welche dramatischen wissenschaftlichen Entdeckungen in den nächsten 50 oder 100 Jahren auf uns warten; die Möglichkeiten sind schier unermesslich. Da ist es durchaus nicht ausgeschlossen, dass man Lebensformen auf dem Mars und anderen Planeten und Monden unseres Sonnensystems findet, etwa auch Bio-Bausteine wie Aminosäuren in den Ozeanen von Titan, Europa und Uranus. Das erste Signal einer extraterrestrischen Zivilisation sollte entdeckt werden, wenn heutige Lauschprogramme breitbandig weitergeführt werden. Auf Mond, Mars, zahlreichen Monden und zugänglichen Asteroiden werden automatische Prospektor-Missionen ständig nützliche Materialien ausfindig machen und melden, gefolgt von Probenrückholmissionen und bemannten Besuchen.

Aus geborgenen Eisstücken von Kometen werden Proben von Urmaterial geborgen, darunter auch aufschlussreiche Trümmer von Nova- und Supernova-Explosionen. Wir werden vom All aus die Umwelt auf der Erde hüten, die genauen Zusammenhänge zwischen der Sonnentätigkeit und unserem Wetter erkennen, monatliche Voraussagen von Sonneneruptionen auf wenige Stunden genau machen und Wirbelstürme sowie Erdbeben auf Stunden genau mit 80-100 km örtlicher Präzision voraussagen. Dreißig-Tage-Wetterprognosen werden eine Genauigkeit von 95% erreichen.

Durch Langzeit-Forschung in der Mikrogravitation und auf der Erde wird die Medizin in den kommenden Jahrhunderten aller Krankheiten Herr werden und unsere individuelle Lebensspanne verdoppeln, während die Entwicklung und Begrünung des Mars durch Terraforming dem Menschengeschlecht eine zweite Planetenwelt gibt und damit größere Überlebenschancen und die Aussicht der Unsterblichkeit als Gattung.

Unsere aus dem Innersten getriebene Suche nach Leben und Lebensmöglichkeiten im All ist ebenso eine Sache des Überlebens, wie Überleben ein jedem Lebewesen gegebener intrinsischer Instinkt ist. Um des Menschen Vordringen ins All als Ausdruck des Überlebenstriebs zu verstehen, mag man sich den Schritt vergegenwärtigen, den das Leben in Urzeiten aus dem Meer zur Luftatmung in der neuen Domäne Land vollzogen hat: Jahrmillionen hat dieses Leben in ständiger Evolution die unermesslichen Weiten des Ozeans durchzogen und sich dabei, wie ganze Gebirge von Sedimentgestein zeigen, unvorstellbar vermehrt. Der Lebensraum wurde eng. Dem Druck weichend, entstieg dem Lebenselement Wasser eines Tages eine neue Mutation. Mühsam muss sie sich mit Hilfe ihrer Flossenstummel aus dem Schlamm ans Ufer gezogen haben. Eine glühende Kugel brannte auf sie herunter, und die Biosphäre, die sie vorfand, war ihr nicht freundlich gesonnen. Aber aus irgendeinem Grund – *Überleben* – schleppte sich das Wesen weiter. Es füllte seine Schwimmblasen mit Luft, vielleicht erstickte es oder die dunkelgelbe Sonne sengte es zu Tode. Aber andere folgten, immer und immer wieder, und zumindest eine Art schaffte es aus ihrer Pfütze. Nicht weil sie wollte, sondern weil sie musste. Zum Weiterbestehen und Wachsen hatte sie einfach keine andere Wahl.

Die neue Mutation heute ist der Raumfahrer, entstanden aus einer evolvierenden symbiotischen Partnerschaft zwischen Mensch und Maschine, die zum Menschen von Morgen führt. Dieser Mensch, schon immer ein Geschöpf des Weltraums, aus dem seine Urbaustoffe kamen, gehört wohl mit den Füßen dem Erdboden an, strebt jedoch seit jeher mit Augen, Geist und Seele ins Universum. Dieses Streben finden wir bereits in den frühesten Weltmythen, im Gilgamesch-Epos, in der Odyssee, der Legende vom wagemutigen Feuerbringer Prometheus, dem Sieg des Apollon und dem epischen Zug von Jason und den Argonauten, aber auch in den Göttervorstellungen und Werkzeugen des Altertums, in den Pyramiden, Stufentürmen und Megalithen religiöser Kulte, den Sterngloben, Armillarsphären, Astrolabien und dem Triquetrum der Alten, dem Mauerquadranten des Tycho Brahe und dem »Perspektivglas« des Brillenmachers Jan Lippershey wie auch in den Fernrohren von Galilei, Kepler, Huygens und Herschel.

Wir finden dieses Streben in den Sternwarten und Radioteleskopen der Neuzeit, den Messsatelliten und den Bordfernsehkameras der Tiefraumsonden und im Hubble-Weltraumteleskop. So wie sie sind auch die Saturn-V-, Apollo- und Sojus-Raumschiffe, das Space Shuttle, die Raumstation ISS und die kommenden Mars-Raumschiffe gleichsam nur Werkzeuge, starre *Strukturen*, die die Aufgabe haben, uns im Fortgang eines vor langer, langer Zeit begonnenen dynamischen *Prozesses* der Sinnsuche noch enger mit der Umwelt, dem All, dem gesamten Sein zu verbinden.

Und der nächste logische Schritt ist Mars. Von wegen Science Fiction!

Der Autor

Professor Dr. Jesco Frhr. v. Puttkamer wurde 1933 in Leipzig geboren, verbrachte aber während des Zweiten Weltkriegs seine Kindheit hauptsächlich in der Schweiz. Nach dem Abitur 1952 studierte er Maschinenbau an der Technischen Hochschule Aachen. Als Student schrieb v. Puttkamer Science-Fiction-Romane und -Kurzgeschichten. Nach Abschluss seines Studiums 1963 wurde er in das NASA-Team von Wernher von Braun in Huntsville, Alabama aufgenommen und arbeitete am Apollo-Programm mit. Anschließend arbeitete er als Ingenieur und Planer für Skylab, Space Shuttle und andere Projekte. Schließlich wechselte er 1974 ins NASA-Hauptquartier nach Washington D.C. und leitet seitdem eine Arbeitsgruppe zur strategischen Planung der permanenten Erschließung des Alls. Er ist in führender Stellung an der Internationalen Raumstation ISS und seit 2004 an der Umsetzung des Mond/Mars-Langfristprogramms der NASA im Office of Space Operations (OSO) beteiligt. Zusätzlich zu seiner Tätigkeit wirkte er von 1978 bis 1980 als technischer Berater für Star Trek – Der Film. Puttkamer wurde mit zahlreichen Auszeichnungen geehrt, so mit der Ehrendoktorwürde 1996 der Universität Saarbrücken und der Auszeichnung der NASA mit dem »Exceptional Service«-Orden. Zusätzlich war v. Puttkamer Honorarprofessor an der FH Aachen von 1985 bis 2000 und ist Beiratsmitglied des Space Education Institute Germany in Leipzig. In Deutschland ist er durch Auftritte in den Medien und als Autor zahlreicher Fachbücher bekannt.

Interview mit Professor Frhr. v. Puttkamer

Mit wie vielen Jahren haben Sie sich entschieden, dass Sie den Weltraum erobern wollen und was war Ihre Motivation?
Der Entschluss kam in mehreren Schritten: Nach Kriegsende, gegen Ende der 40er Jahre, wählte ich den Ingenieurberuf, weil erstens die Familie keine Güter im Osten mehr hatte und deshalb der eher traditionelle Familienberuf des Landwirts längst nicht mehr in Frage kam und zweitens unser kaputtes Land Menschen für den Aufbau auf breitester Front brauchte – also hauptsächlich Ingenieure jeglicher Provenienz. Aus Science Fiction (die ich selber auch schrieb, aus/zur Anregung und um mir zum Studium etwas Zubrot zu verdienen) hatte ich außerdem schon frühzeitig geschlossen, dass für zukünftige Menschheits-Evolution, für die Öffnung des geschlossenen Systems Erde-Wasser-Luft zur Ermöglichung weiteren physischen und psychischen Wachstums die Raumfahrt essenziell ist und eine Schlüsselrolle übernehmen muss und wird. So ergab sich der weitere

Werdegang von selbst: Raumfahrt-Ingenieur. Damit war der Weg fest vorgezeichnet: Zuerst Abitur (mit 19), dann das Hochschulstudium, das ich in Aachen dann rund sieben Jahre später mit dem Ingenieurdiplom für Maschinenbau abschloss. Der innere »Autopilot« war da längst eingestellt, aber das erkannte ich erst viel später im Rückblick.

Wie wurde man Mitarbeiter von Wernher von Braun?

Von Wernher von Braun und seiner ersten serienreifen Flüssigkeits-Großrakete, der A4 bzw. V2, hatte ich in den 50er Jahren zunehmend gehört und auch von seinen weiteren Entwicklungsarbeiten in den USA. Als durch Präsident Eisenhower aufgrund von Sputnik 1 die zivile NASA 1958 ins Leben gerufen wurde und Wernher von Braun mit seinem Team 1960 von der US Army zu ihr überwechselte, um mit der 110 m hohen Saturn V die erste zivile Großrakete für den Flug zum Mond zu bauen, wusste ich, wie es weitergeht. Schon als Student hatte ich mit ihm korrespondiert, und als das Studium beendet war und ich die Absicht äußerte, nach USA auszuwandern, telegraphierte er mir im Oktober 1961: »Geh nicht in die Industrie. Komm nach Huntsville. Wir fliegen zum Mond.« Im August 1962 traf ich dann bei ihm ein – und damit ging's los.

In welchen Zeiträumen wurde die Apollo-Mission aus dem Boden gestampft?

Den Anstoß gab natürlich die Sowjetunion: Chefkonstrukteur Sergej Koroljow startete am 4. Oktober 1957 den ersten Erdsatelliten, Sputnik 1. Die USA zogen am 31. Januar 1958 nach – mit Explorer 1 auf von Brauns Redstone-Rakete. Als am 14. April 1961 Koroljow auch noch mit Juri Gagarin den ersten Menschen ins All schickte, gab's kein Halten mehr: Präsident Kennedy erteilte im Mai 1961 der Nation das Mandat, vor Ablauf des Jahrzehnts einen Menschen auf dem Mond landen zu lassen und sicher zur Erde zurückzubringen. Daraus entstand in den Jahren des Kalten Kriegs der Wettlauf im All. Wir gewannen ihn und erfüllten Kennedys Auftrag aufs Wort: Apollo 11 landete am 20. Juli 1969 im Mare Tranquillitatis.

Welche Konsequenzen hatte Ihre Arbeit als wissenschaftlicher Berater in Hollywood für die Science Fiction Serie »Raumfahrt Enterprise« für Ihre Arbeit bei der NASA?

Die Beratertätigkeit bei meinem Freund Gene Roddenberry betraf nicht die TV-Serie »Raumschiff Enterprise«, sondern den ersten Kinofilm »Star Trek – The Motion Picture« von Paramount Studios.

Darin spielte die Hauptrolle eine unserer berühmtesten NASA-Tief-raumsonden – Voyager, die ich »betreute«. Während ich davon absah, dem kreativen Team um Roddenberry in seine wundersame »Technik in 200 Jahren« hineinzureden – es war ja immerhin Science Fiction und nicht die dagegen recht »langweilige« Saturn/Apollo-Technik – hielt ich ein Auge darauf, daß nicht gegen physikalische und andere naturwissenschaftliche Grundgesetze verstoßen wurde (abgesehen vielleicht von dem »Beamer«, der aber von Roddenberry eher als ein schnelleres, für Film und TV auch schon aus Kostengründen akzeptables Transportmittel zum raschen Ortswechsel »erfunden« wurde). Auch für das Ende des Films konnte ich Roddenberry und Robert Wise, dem Regisseur, ein paar gute Ideen geben; die unzähligen Memos habe ich noch. Zwischen »Star Trek« und der NASA- Raumfahrt entstand daraus eine Art Bündnis: Science Fiction und reale Raumfahrt halfen sich gegenseitig vis-à-vis der Öffentlichkeit, wie schon vorher Walt Disney und Wernher von Braun, Fritz Lang und Hermann Oberth (»Frau im Mond«), oder Jules Verne und die ersten Raketenpioniere, voran Verne-Leser Oberth (»Von der Erde zum Mond«).

Welche Aufgaben haben Sie heute bei der NASA?
Nach nunmehr 49 Jahren bei der NASA und seit über 50 Jahren mit Weltraumfahrt beschäftigt, schätzt man hier natürlich meine Erfahrung in Sachen bemannter Raumfahrt, vor allem mein »corporate memory«. Meine Haupttätigkeit dreht sich um die internationale Raumstation ISS, für deren täglichen Bordbetrieb ich auf der Head-quarters-Ebene Zuständigkeit habe (die eigentliche technische Arbeit erfolgt an unseren Forschungs- und Entwicklungsinstituten in Houston und Huntsville). Dazu kommt meine zusätzliche »Spezialisierung« auf den russischen Sektor der ISS und meine guten professionellen Verbindungen zu unseren russischen Partnern und Freunden in Moskau. Und natürlich habe ich meinen Anteil an den gegenwärtigen NASA-Planungen der weiteren Raumfahrt »nach« der ISS. Der Weg des kleinen 12-Jährigen von 1945 führt nach wie vor weiter.

Würden Sie gerne selber zum Mars fliegen?
Mit diesem Wunsch hat ja eigentlich damals der Weg begonnen. Und ungeschmälert übt Mars auch heute noch eine ungemeine Anziehung aus, zur Exploration, Besiedlung, neues Grenzland, weitere Grenzüberschreitung.... Neuland! Wo gibt's das noch auf der Erde?

Und selber Astronaut sein? Als ich 1962 nach USA kam, war da natürlich der recht naive Wunsch, selber auch in den Orbit fliegen zu können (wie russische Ingenieure viel später auch). Das war damals aber nur den professionellen Testpiloten überlassen. Als ich Wernher von Braun meine Enttäuschung zum Ausdruck brachte, entgegnete er, ihm wäre es genau so ergangen und ich solle mich mit dem trösten, was er sich selber gesagt hat: »Wenn du schon nicht auf den Dingern sitzen darfst, dann baust du sie wenigstens. Ist doch auch was!« Irgendwie schulde ich das alles also auch Wernher von Braun, ohne den sich mein Leben gänzlich anders entwickelt hätte.

Jesco Frh. von Puttkamer mit Büste von Wernher von Braun

III

Kochtopf Vulkan

5

Auf Vulkaninseln: Von anorganischen Gasen zum Ur-Stoffwechsel

Henry Strasdeit

Erde oder Mars?

Die ersten Lebewesen auf der jungen Erde könnten Aliens gewesen sein, die von einem anderen Planeten stammten. Was zunächst wie Science Fiction klingt, ist durch die so genannte Lithopanspermie-Hypothese wissenschaftlich untermauert. Als Lithopanspermie bezeichnet man den Transport lebensfähiger, in Gestein eingeschlossener Mikroorganismen durch den Weltraum von einem Planeten zu einem anderen. In unserer kosmischen Nachbarschaft gibt es zahllose Planeten, davon acht in unserem Sonnensystem (einschließlich der Erde); Pluto, der ehemals neunte, wurde zum Zwergplaneten herabgestuft. Daneben kennt man bereits einige Hundert »Exoplaneten«, die andere Sonnen umkreisen, obwohl die systematische Suche nach ihnen gerade erst begonnen hat. Bezüglich der Lithopanspermie haben Studien allerdings gezeigt, dass das Leben kaum von einem Exoplaneten zur Erde gelangt sein kann. Ein Grund dafür sind die enormen Entfernungen, die millionenfach größer sind als innerhalb unseres eigenen Sonnensystems. Sie bedingen sehr lange Reisezeiten, in denen die Mikroorganismen der lebensfeindlichen Umgebung des Weltalls ausgesetzt sind. Außerdem ist die Wahrscheinlichkeit, dass ein Gesteinsbrocken von einem Exoplaneten die Erde trifft, äußerst gering. Ein völlig anderes Bild ergibt sich dagegen für unseren Nachbarplaneten Mars als Ausgangsort der Lithopanspermie. Asteroiden, die in der Frühzeit des Sonnensystems viel häufiger waren als heute, schlugen Gestein mit solcher Heftigkeit aus der Marsoberfläche heraus, dass es nach kurzer Reisezeit die Erde erreichen konnte. Aber hätten die mitreisenden »Mikronauten« die Belastungen auch überstehen können, zum Beispiel die hohe Beschleunigung, die ultraviolette und kosmische Strahlung und das Vakuum des Weltalls? Experimente mit Sporen und anderen Ruheformen von

Bakterien, die unter anderem vom Deutschen Zentrum für Luft- und Raumfahrt (DLR) durchgeführt wurden, lassen keinen Zweifel daran. Fachleute halten es deshalb für sehr wahrscheinlich, dass lebensfähige Mikroorganismen vom Mars zur Erde gelangten – vorausgesetzt, auf dem frühen Mars gab es tatsächlich Leben. Der Transport in umgekehrter Richtung, von der Erde zum Mars, war ebenfalls möglich. Ein gewichtiger Grund also, auf dem Roten Planeten nach Spuren vergangenen oder gegenwärtigen Lebens zu suchen (siehe Kapitel 4).

Die Lithopanspermie-Hypothese könnte Forscher, die in ihren Labors die chemischen Vorgänge der Lebensentstehung nachvollziehen wollen, in Verlegenheit bringen. Welche planetaren Umweltbedingungen sollen sie in ihren Experimenten und Theorien berücksichtigen, wenn nicht klar ist, ob die Erde oder der Mars Geburtsstätte des Lebens war? Glücklicherweise ähnelten sich die beiden Planeten in ihrer Frühzeit weit mehr als heute. Die Oberfläche des Mars war wärmer, es gab flüssiges Wasser (vielleicht sogar Ozeane) und eine dichte Atmosphäre. Deshalb sind die Ergebnisse von Versuchen, in denen Bedingungen auf der Urerde nachgeahmt werden, häufig auf den jungen Mars übertragbar. Wenn also im Folgenden die Erde im Mittelpunkt der Diskussion steht, ist dabei der Mars oft stillschweigend mit eingeschlossen.

Wann entstand das Leben?

Diese Frage lässt sich heute noch nicht genau beantworten, aber die Wissenschaft konnte den Zeitpunkt der Lebensentstehung immerhin auf einige hundert Millionen Jahre eingrenzen. Die Zeitmarken, die dafür benötigt werden, sind in Abbildung 26 zusammengefasst. Da ist zunächst das Alter der Erde, das sich aus den Mengenverhältnissen zwischen verschiedenen Atomsorten ziemlich genau berechnen lässt. Es beträgt 4,5 Mrd. Jahre. Die Entstehung der Erde liegt damit zwanzigmal weiter zurück als die Zeit der ersten Dinosaurier. Andererseits hatte das Weltall damals bereits zwei Drittel seines heutigen Alters erreicht, sodass die chemischen Elemente, aus denen sich irdisches Leben aufbaut, verfügbar waren. Unmittelbar nach dem Urknall gab es diese Elemente mit Ausnahme des Wasserstoffs noch nicht (siehe Kapitel 1). Eine zweite wichtige Zeitmarke liegt bei 3,5 Mrd. Jahren, also eine Milliarde Jahre nach der Erdentstehung. Sie markiert das Alter der ältesten bekannten Lebensspuren. Gesteine aus dieser Zeit enthalten zwei ganz unterschiedliche Arten von Beweisen für frühes Leben. Erstens fand man die Überreste spezieller Meeresablagerungen, sogenannter Stromatolithen, die nur unter Beteiligung von Mikroorganismen entstehen konnten. Zweitens deutet das Mengenverhältnis zwischen den beiden nicht radioaktiven Atomsorten (Isotopen) des Elements Kohlenstoff auf einen biologischen Ursprung. Die gefundene Anreicherung von Kohlenstoff-12 gegenüber Kohlenstoff-13 stellt sich ein, wenn zum Beispiel Bakterien mithilfe von Licht Kohlenstoffdioxid in körpereigene Stoffe umwandeln (Photosynthese).

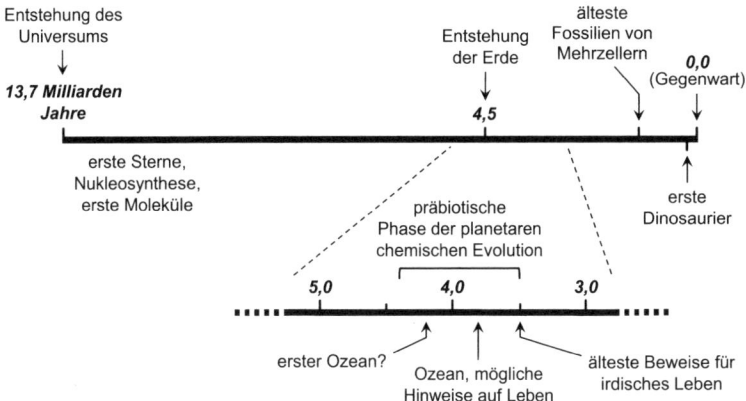

Abb. 26 Die präbiotisch-chemische Evolution als Teil der Geschichte des Universums und der Erde. Die Skalen sind maßstabgetreu, alle Zahlenangaben in Mrd. Jahren.

Das Leben ist demnach vor 3,5 bis 4,5 Mrd. Jahren entstanden. Dieser Zeitraum lässt sich weiter einengen, wenn man berücksichtigt, dass auf der jungen, noch heißen Erde zunächst kein flüssiges Wasser existieren konnte. Wasser ist aber eine Grundvoraussetzung für die Entstehung und den Fortbestand von Leben. Einige Wissenschaftler nehmen an, dass sich die Erdoberfläche vor 4,2 Mrd. Jahren ausreichend abgekühlt hatte, um die Bildung des ersten Meeres zu ermöglichen. Wie sich aus den ältesten bekannten Gesteinen zweifelsfrei ablesen lässt, besaß unsere Erde spätestens vor 3,8 Mrd. Jahren einen Ozean. In denselben Gesteinen fand man auch eine Anreicherung von Kohlenstoff-12. Die Deutung als Hinweis auf sehr frühes

Leben ist allerdings wegen der wechselvollen Geschichte dieser Gesteine problematisch. Nimmt man alle Ergebnisse, über die wir heute verfügen, zusammen, so stützen sie die Arbeitshypothese, dass das Leben vor 3,8 bis 4,0 Mrd. Jahren entstanden sein könnte. Im nächsten Abschnitt werden wir uns auf eine fiktive Expedition begeben, die auf die Erde vor vier Milliarden Jahren führt. Die dabei geschilderten Umweltbedingungen entsprechen dem, was Experten derzeit für wahrscheinlich oder zumindest plausibel halten. Unsere Kenntnisse über die frühe Erde sind allerdings noch ziemlich lückenhaft und ungenau. Viele der dargestellten Details sind deshalb nicht als gesichertes Wissen, sondern als eine von mehreren Möglichkeiten zu verstehen. Das Gesamtbild, das entworfen wird, dürfte aber im Großen und Ganzen richtig sein.

Eine fantastische Reise

Mit unserem Raumzeitschiff haben wir den Ausgangspunkt der Expedition, einen niedrigen Orbit um die junge Erde, erreicht. Der Anblick des Blauen Planeten erscheint zunächst vertraut. Aber schnell fällt etwas Ungewohntes auf: Es gibt keine Kontinente! Es existieren nur wenige größere Inseln, die man allenfalls als Protokontinente bezeichnen kann. Und noch etwas ist anders als auf der heutigen Erde: Der Ozean scheint mit kleinen, rundlichen, dunklen Flecken gesprenkelt. Sie sind zahlreich, vielleicht Hunderte, und von vielen geht eine lange Rauchfahne aus. Das Teleskop bestätigt unsere Vermutung, dass es sich bei diesen Flecken um Vulkaninseln handelt. Bevor wir eine von ihnen besuchen, wenden wir kurz unsere Aufmerksamkeit der Sonne und dem Mond zu. Letzterer erscheint größer, als wir es gewohnt sind. Tatsächlich ist der Mond in dieser Zeit viel näher an der Erde als heute und verursacht deshalb einen erheblich größeren Tidenhub. Die Sonne leuchtet fast 30 % schwächer. Der wichtigsten Konsequenz daraus werden wir in Kürze bei unserem Ausflug auf die Erdoberfläche begegnen.

Die Suche nach einem Landeplatz auf einer der Vulkaninseln gestaltet sich schwierig. Glühend heiße Lavaströme fließen die Hänge des Vulkans herab und lassen dort, wo sie auf das Meer treffen, große Wasserdampfwolken entstehen. Das, was aus dem Orbit als Rauchfahne erschien, ist tatsächlich eine Eruptionswolke aus Asche und

vulkanischen Gasen. In ihr zucken heftige Blitze (»volcanic light-
ning«). Auch das erstarrte Lavagestein ist gebietsweise gefährlich, da
es noch bis zu mehrere hundert Grad Celsius heiß sein kann. Nachdem uns schließlich die Landung gelungen ist, können wir in Raum-
anzügen geschützt aussteigen und die Umwelt (Abbildung 27) erkunden.

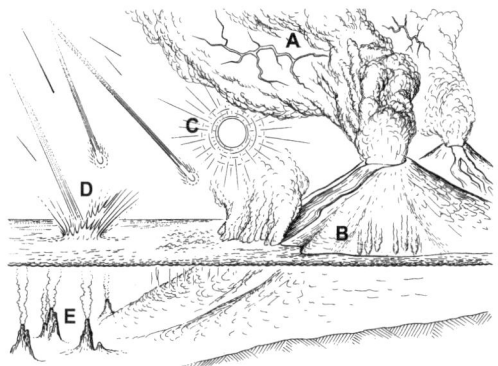

Abb. 27 Einige Orte und Umweltbedingungen auf der jungen Erde, von denen
man annimmt, dass sie die planetare
chemische Evolution mitbestimmten:
Blitze in vulkanischen Asche-Gas-Wolken
(A), heiße Vulkanküsten (B), sichtbares
und ultraviolettes Sonnenlicht (C), Einschläge von Meteoriten, Asteroiden und
Kometen (D), unterseeische hydrothermale Quellen, z. B. Schwarze Raucher
(E). (Zeichnung: Bernd Schmid)

Abseits der vulkanischen Aktivitäten messen wir moderate Temperaturen um 40 °C. Eigentlich sollte der Planet wegen der geringen
Leuchtkraft der jungen Sonne von einem Eispanzer bedeckt sein. Da
dies offensichtlich nicht so ist, stellt sich die Frage, welcher Umstand
verhinderte, dass die junge Erde zum »Schneeball« wurde. Die Lösung dieses sogenannten »Faint young Sun«-Problems liegt in der
Zusammensetzung der Erdatmosphäre. Ihr Gehalt an Kohlenstoffdioxid war tausendmal höher als heute. Während dieses Treibhausgas
der Menschheit aktuell Sorgen bereitet – Stichwort Erderwärmung –,
bewahrte es unseren Planeten vor vier Milliarden Jahren vor dem
Einfrieren. In der jungen Erdatmosphäre finden wir Stickstoff und
Wasserdampf als weitere Hauptbestandteile, daneben in niedrigen
Konzentrationen Kohlenstoffmonoxid, Wasserstoff und andere Gase.
Freier Sauerstoff ist nicht einmal in Spuren vorhanden. Daher fehlt
auch seine dreiatomige Molekülvariante, das Ozon. Als Folge dieses
globalen Ozonlochs gelangt kurzwellige ultraviolette Strahlung bis

zur Erdoberfläche. Es mag überraschend klingen, aber unter diesen, aus unserer Sicht lebensfeindlichen Bedingungen liefen die chemischen Entwicklungsprozesse ab, aus denen das Leben hervorging. Und auch die frühen Lebewesen mussten an diese Umwelt angepasst sein.

Als Nächstes analysieren wir das Meerwasser. Die pH-Wert-Messung ergibt, dass es nahezu neutral reagiert. Der Salzgehalt ist etwa doppelt so hoch wie in den neuzeitlichen Ozeanen; wie heute bildet Kochsalz den Hauptbestandteil. Außerdem finden wir im Meerwasser eine Vielzahl organischer Stoffe. Da es noch kein Leben gibt, müssen sie abiotisch entstanden sein. Insgesamt erscheint uns die Zusammensetzung des Meerwassers weniger exotisch als die der Atmosphäre.

In der Ferne beobachten wir gelegentlich Meteoroiden und Kometen, die in die Atmosphäre eindringen. Wenn sie einschlagen, zerstören sie nicht selten komplexe chemische Systeme, aus denen sich Leben hätte entwickeln können. Andererseits bringen sie aber auch molekulare Bausteine des Lebens aus dem Weltall auf die junge Erde (siehe Kapitel 2). Einschläge noch größerer Himmelskörper wie Asteroiden sind zwar viel häufiger als in späteren Erdzeitaltern, aber auch vor vier Milliarden Jahren nicht alltäglich. Mit dem Wissen, dass die urzeitliche Erde ein hochinteressanter, wenn auch ungastlicher Ort war, kehren wir in das 21. Jahrhundert zurück.

Chemische Evolution und die Strategien zu ihrer experimentellen Erforschung

Wenn von »Evolution« die Rede ist, denkt man gewöhnlich an die stammesgeschichtliche Entwicklung der Organismen. Tatsächlich aber steht dieser Begriff für ein umfasenderes Konzept, das weit über die Biologie hinausgeht. Als Evolution kann jede mehr oder weniger kontinuierliche Entwicklung bezeichnet werden, die eine ständig wachsende Komplexität hervorbringt, ohne dass sie erkennbar einem Endzustand entgegenstrebt. Der Weg von den ersten Atomkernen, die im Urknall entstanden, zu der unüberschaubaren Vielfalt an Molekülen, die wir heute in der Natur finden und in unseren Labors herstellen, ist daher eine Form der Evolution. Einzelne Stufen dieser »chemischen Evolution« werden an vielen Orten im Universum durchlaufen. Außerdem können sie sich zeitlich und räumlich getrennt wiederholen. Einer der bedeutendsten chemisch-evolutionären Entwicklungsabschnitte war derjenige, der unmittelbar in der Entstehung von Leben mündete. Soweit wir wissen, war er nur auf der Oberfläche eines erdähnlichen Planeten möglich. Dies war die Phase der »präbiotischen Chemie«. In Abbildung 26 wird sie genauer als »präbiotische Phase der planetaren chemischen Evolution« bezeichnet. Sie begann vor ca. 4,4 Mrd. Jahren, als die Erde ausreichend abgekühlt war, um erstmals einfache organische Moleküle zu tragen, und endete mit dem Erscheinen der ersten Lebewesen spätestens vor 3,5 Mrd. Jahren.

In irdischen Gesteinen sind keine Zeugen der präbiotischen Chemie erhalten geblieben. Molekulare Fossilien, an denen man den Verlauf dieser Evolutionsphase ablesen könnte, fehlen also. Wissenschaftler sind daher auf Laborversuche angewiesen, wenn sie den Prozess der Lebensentstehung ergründen wollen. Dabei bilden sie die chemischen und physikalischen Bedingungen auf der frühen Erde nach. Solche Versuche werden deshalb auch als Simulationsexperimente bezeichnet. Sollte allerdings die Entstehung des Lebens auf einem sehr unwahrscheinlichen Zufall beruhen, so stehen die Chancen schlecht, diesem Ereignis im Labor auf die Spur zu kommen. Die meisten Experten, einschließlich des Autors, teilen aber die Meinung des Nobelpreisträgers Christian de Duve, dass das Leben aus einer Abfolge vieler kleiner Schritte hervorging, von denen beinahe jeder – unter den jeweiligen Bedingungen – eine hohe Wahrscheinlichkeit hatte. Leben wäre demnach ein unvermeidbares Ergebnis der chemischen Evolution. Eine Konsequenz daraus ist, dass zumindest einfache Lebensformen im Universum weit verbreitet sein könnten.

Die von de Duve vertretene Ansicht führt uns zu der Frage, *welche* präbiotischen Evolutionsschritte in *welcher* Reihenfolge abliefen. Dieses Problem kann man aus zwei unterschiedlichen Richtungen angehen. Da ist zunächst der Top-down-Ansatz (»von oben nach unten«). Mithilfe plausibler Annahmen vereinfacht er systematisch die chemischen Eigenschaften heutiger Zellen und entwirft so das Bild einer frühen, primitiven Biochemie. Dieses Vorgehen könnte uns prinzipiell bis zu den ersten Lebewesen zurückführen. Noch weiter in die Vergangenheit wird es jedoch sehr unzuverlässig, weil die präbiotische Chemie in den modernen Organismen keine oder nur schwer deutbare Spuren hinterlassen hat. Dagegen scheint der alternative Bottom-up-Ansatz (»von unten nach oben«) mehr Erfolg zu versprechen. Sein Ausgangspunkt ist ein Grundinventar chemischer Stoffe, von denen man annimmt, dass sie auf der jungen Erde vorhanden waren. Im Labor werden diese Stoffe simulierten urzeitlichen Bedingungen ausgesetzt, damit sie komplexere Systeme bilden, genauso wie sie es auch auf der Urerde taten. Es geht also bei dem Bottom-up-Ansatz um »chemische Evolution im Reagenzglas«. Wie man dabei vorgeht und dass die verwendeten Apparaturen erheblich komplizierter sind als ein Reagenzglas, wird im nächsten Abschnitt an Beispielen aus der aktuellen Forschung gezeigt. Die experimentelle präbiotische Chemie unterscheidet sich deutlich von der klassischen Synthesechemie. Eine Grundregel lautet, die chemischen Systeme nur zu »befragen« – und das möglichst unvoreingenommen. Sie sollen nicht in eine vom Experimentator gewünschte Richtung gedrängt werden. Es ist beispielsweise sinnlos, vollständige Umsetzungen und hohe Produktreinheiten anzustreben, wenn dafür präbiotisch unplausible Reaktionsbedingungen nötig sind. Von vielen Molekülen muss man annehmen, dass sie unter den Bedingungen der Urerde nicht entstehen oder existieren konnten. Experimente mit ihnen sind deshalb für die präbiotische Forschung nur bedingt nützlich. Wir werden später auf diesen Punkt zurückkommen.

Die präbiotische Chemie urzeitlicher Vulkaninseln

Als sich Forscher vor mehreren Jahrzehnten erstmals intensiver dafür interessierten, wo das Leben entstanden ist, favorisierten sie zunächst die oberen Wasserschichten der Ozeane. Hier sollten in der »Ursuppe« die entscheidenden Prozesse abgelaufen sein. Auch bei unserem heutigen Wissensstand ist dies ein denkbares Szenario. Allerdings misst man mittlerweile einigen Faktoren, die sich auf die chemische Evolution im freien Ozean ungünstig auswirken mussten, eine größere Bedeutung bei. Zum Beispiel gab es kaum räumlich ordnende Prozesse, da im Prinzip ein riesiges Volumen einer relativ gut durchmischten Lösung vorlag. Die Einzelstoffe in dieser Lösung waren meist niedrig konzentriert – eher keine gute Voraussetzung für komplizierte chemische Reaktionen. Die Sonne wäre im Wesentlichen die einzige kontinuierliche und damit verlässliche Energiequelle gewesen.

In den 1970er Jahren entdeckte man in den Ozeanen Orte, die schon bald als Alternative zur Ursuppe gehandelt wurden: die »Schwarzen Raucher« (»black smoker«, siehe Abbildung 27). Dabei handelt es sich um heiße Quellen am Boden der Tiefsee. Das dort austretende Wasser ist reich an Metallverbindungen und enthält Kohlenwasserstoffe wie Methan und Ethan, die abiotisch, das heißt unabhängig von biologischen Prozessen entstehen. Schwarze Raucher bilden Schlote, die aus mineralischen Ablagerungen, überwiegend Eisen-(II)-sulfid, aufgebaut sind. Die Minerale können katalytisch aktiv sein und sich an Redoxreaktionen beteiligen. Das macht sie für die Hypothese einer urzeitlichen Eisen-Schwefel-Welt interessant (siehe Kapitel 2). In und an den Schloten stellen sich zeitlich und räumlich einigermaßen stabile Temperatur- und pH-Gefälle ein. Schwarze Raucher verfügen also über Energiequellen, die das Sonnenlicht, von dem die Tiefsee abgeschnitten ist, ersetzen können. Die Beobachtung, dass Schwarze Raucher zahlreichen Organismen Lebensraum bieten, hat sie für die chemische Evolutionsforschung noch attraktiver gemacht. Trotzdem ist Vorsicht geboten. Aus Laborexperimenten gibt es nämlich Hinweise, dass die heißen Tiefseequellen vielleicht mehr organische Stoffe zerstören als neu bilden. Sollte sich diese Vermutung bestätigen, so hätten die Schwarzen Raucher die Entstehung des Lebens sogar erschweren können!

Vor diesem Hintergrund hat unsere Arbeitsgruppe an der Universität Hohenheim kürzlich die alternative Idee entwickelt, dass das Leben auf urzeitlichen Vulkaninseln entstanden sein könnte. Diese Idee soll im Folgenden vorgestellt werden. Beginnen wir mit den wichtigsten anorganisch-chemischen, mineralogischen und physikalischen Bedingungen, die auf solchen Inseln vermutlich herrschten. Einen ersten Eindruck davon vermittelte bereits der Abschnitt »Eine fantastische Reise«. Vor vier Milliarden Jahren war das Innere der Erde noch nicht so stark abgekühlt wie heute, und die feste Erdkruste war dünner. Es ist deshalb naheliegend anzunehmen, dass häufig Magma aus dem Erdinneren an die Oberfläche durchbrach und Vulkankegel bildete. Ein anfänglich unterseeischer Vulkan konnte heranwachsen, bis er schließlich aus dem Meer herausragte – eine Vulkaninsel war entstanden. Diese Schilderung ist keineswegs spekulativ. Ein solcher Vorgang konnte 1963 direkt beobachtet werden, als im Atlantik vor Island die neue Vulkaninsel Surtsey geboren wurde. Typische Inselvulkane sind heute zum Beispiel der Kilauea auf

Hawaii und der Piton de la Fournaise auf La Réunion. Bei ihren relativ häufigen Ausbrüchen floss wiederholt Lava ins Meer. Außerdem werden vulkanische Eruptionen vielfach von Asche-Gas-Wolken begleitet. Wie wir noch sehen werden, könnten beide Erscheinungen für die präbiotische Chemie auf der Urerde von Bedeutung gewesen sein.

Die »Asche« in vulkanischen Eruptionswolken ist in Wirklichkeit feiner Staub aus glasartigen mineralischen Partikeln. Daneben bestehen die Wolken aus einem Gasgemisch, das stets einen hohen Wasserdampfanteil hat, ansonsten aber sehr variabel zusammengesetzt ist. Vulkane können große Mengen Asche und Gas über längere Zeiträume ausstoßen. Im Jahr 2010 waren in Europa die Folgen eines länger andauernden Vulkanausbruchs zu spüren, als die Aschewolke des isländischen Eyjafjallajökull den Flugverkehr massiv behinderte. Beim Ausbruch des Eyjafjallajökull-Vulkans konnte noch ein weiteres Naturphänomen beobachtet werden, nämlich Blitze in und an der Eruptionswolke über dem Krater. Diese spezielle Art von Gewitter ist bei Vulkanausbrüchen verbreitet und oft heftig. Wie schon oben kurz erwähnt, kann auf Vulkaninseln Lava ins Meer fließen. Das Zusammentreffen des geschmolzenen, etwa 1000 °C heißen Gesteins mit dem Meerwasser ist häufig spektakulär. An der Küste steigen riesige Dampfwolken auf. Aus Daten, die auf Hawaii erhalten wurden, hat man berechnet, dass bei einem größeren Vulkanausbruch mehrere Millionen Tonnen Meerwasser verdampfen. Das Seesalz bleibt teilweise in Form fester Krusten zurück, die in der Hitze Chlorwasserstoff freisetzen. Vereinfacht lautet die zugehörige Reaktionsgleichung $MgCl_2 + H_2O \rightarrow MgCl(OH) + HCl$. Die Dampfwolken sind deshalb salzsäurehaltig.

Selbst auf aktiven Vulkaninseln existieren aber auch ruhigere Orte. Dazu gehören Vertiefungen in der unregelmäßig geformten Oberfläche der erstarrten Lava, man spricht von Rockpools. Sie können sich mit dem kondensierten Wasser der Dampfwolken, mit Regen- oder Meerwasser füllen. Auf der jungen Erde waren sie gewissermaßen Reaktionsgefäße, in denen präbiotische chemische Prozesse ablaufen konnten. Abhängig von der Temperatur verdampft das Wasser aus einem Rockpool mehr oder weniger schnell. Dabei werden gelöste Stoffe aufkonzentriert und können chemische Reaktionen eingehen, die in der verdünnten Lösung nicht möglich waren. Nachdem sich der Rockpool erneut mit Wasser gefüllt hat, kann sich der Vorgang wiederholen. Solche »Wetting-Drying«-Zyklen können im regelmäßigen Wechsel der Gezeiten ablaufen, vorausgesetzt der Rockpool liegt nicht zu weit von der Küste (Gezeitentümpel). Diesem modernen Bild kam Charles Darwin schon 1871 erstaunlich nahe, als er in einem Brief an einen befreundeten Wissenschaftler über einen »warm little pond« spekulierte, in dem das erste Protein abiotisch entstanden sein könnte. Ein weiterer präbiotisch bemerkenswerter Aspekt ergibt sich aus dem chemischen Verhalten des Lavagesteins und der vulkanischen Asche. Beide verwittert nämlich zu sogenannten Schichtsilicaten. Organismen beschleunigen zwar den Verwitterungsprozess, er läuft aber auch ohne sie ab. Es muss diese Minerale also bereits auf der jungen Erde gegeben haben. In diesem Zusammenhang ist erwähnenswert, dass auf dem Mars sehr alte Schichtsilicatvorkommen entdeckt wurden. Manche Schichtsilicate können Reaktionen organischer Stoffe katalysieren oder vermitteln, was sie für die präbiotische Chemie interessant macht. Bevor wir im nächsten Abschnitt ein Beispiel dafür kennenlernen, wird im Folgenden gezeigt, wie im Labor die chemische Evolution auf urzeitlichen Vulkaninseln erforscht wird.

Bereits in den 1950er Jahren konnte Stanley L. Miller, der Begründer der experimentellen präbiotischen Chemie, Aminosäuren synthetisieren, indem er Funkenentladungen – als Modelle für Blitze – auf Gasgemische einwirken ließ. In einer seiner Apparaturen leitete er einen schnellen wasserdampffreichen Gasstrom durch die Funken. Im Jahr 2008 wies eine Gruppe von Wissenschaftlern unter der Leitung von Jeffrey L. Bada von der Scripps Institution of Oceanography darauf hin, dass dieser Versuchsaufbau als Modell für Blitze in vulkanischen Gaswolken dienen kann. Sie analysierten Millers ursprüngliches Produktgemisch und fanden dabei 22 Aminosäuren, darunter die in Abbildung 28 gezeigten. Das von Miller verwendete Gasgemisch aus Methan, Ammoniak und Wasserstoff besitzt reduzierende Eigenschaften. Damit unterscheidet es sich von der Atmosphäre der jungen Erde, die vermutlich redox-neutral war. Dagegen können Gaswolken aus Vulkanen einige Prozent reduzierende Bestandteile wie Wasserstoff und Kohlenstoffmonoxid enthalten. Dieser Anteil war vor vier Milliarden Jahren möglicherweise sogar höher. Wie Bernd M. Rode und seine Mitarbeiter an der Universität Innsbruck sowie die Gruppe um Bada zeigen konnten, entstehen Aminosäuren durch Funkenentladung auch in einer nicht reduzierenden Atmosphäre aus

Kohlenstoffdioxid, Stickstoff und Wasserdampf. Unabhängig davon, ob die vulkanischen Gaswolken reduzierend oder redox-neutral waren, kann es also als sehr wahrscheinlich gelten, dass vulkanische Blitze Aminosäuren produzierten. Mit der Asche gelangten die Aminosäuren in den Ozean, wo sie sich insbesondere an den Küsten von Vulkaninseln im Meerwasser lösten. Darüber hinaus gab es noch andere abiotische Quellen für Aminosäuren, nämlich nichtvulkanische Blitze in der Atmosphäre sowie Meteoriten und vermutlich Kometen, die ihr organisches Inventar zur Erde brachten (siehe Kapitel 2).

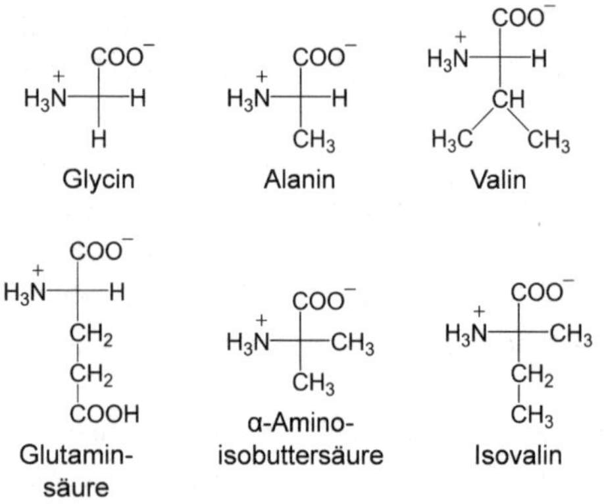

Abb. 28 Einige der α-Aminosäuren, die nach der Einwirkung von Funkenentladungen auf Gasgemische gefunden wurden. Sie kommen auch in bestimmten Meteoriten, zum Beispiel im Murchison-Meteoriten, vor und gehören dort zu den zwölf häufigsten Aminosäuren.

Man kann also annehmen, dass Aminosäuren im Urozean gelöst waren. Ihre küstennahe Konzentration stieg zeitweilig an, wenn Blitze in der Eruptionswolke eines Inselvulkans auftraten. Davon ausgehend fragten wir uns, was passiert, wenn aminosäurehaltiges Meerwasser mit heißer Lava, die ins Meer fließt, in Kontakt kommt. Tatsächlich drängt sich diese Frage auf, weil Eruptionswolken und Lavaströme häufig gleichzeitige Phänomene sind. Zunächst wird, wie schon weiter oben erwähnt, Meerwasser verdampfen und die gelösten Stoffe in fester Form zurücklassen. Die Lava erhitzt dann den festen Rückstand. Diesen letzten Schritt wollten wir in Simulationsexperimenten näher untersuchen. Dazu konstruierten wir die in Abbildung 29 gezeigte Apparatur, die es erlaubt, Proben zu erhitzen und dadurch chemisch umzuwandeln – man spricht von »Thermolyse«. Die Anlage ermöglicht den strikten Ausschluss von Luft. Das ist wichtig, weil die Atmosphäre der jungen Erde keinen freien Sauerstoff enthielt (siehe oben). Die meisten Thermolyseexperimente haben wir bei 350 °C durchgeführt. Chirale Aminosäuren wurden als

Racemate (siehe Kapitel 2) eingesetzt. Die Aminosäuren, die wir verwendeten, sind in Abbildung 28 gezeigt. Sie verhielten sich in diesen Versuchen eher unauffällig. Zum Beispiel sublimierte α-Aminoisobuttersäure unzersetzt; Alanin sublimierte ebenfalls und zersetzte sich dabei geringfügig. Allerdings ist die Thermolyse der *reinen* Aminosäuren keine realistische Simulation der Vorgänge an Vulkanküsten! Immerhin bleibt beim Eindampfen des Meerwassers auch das feste Meersalz zurück.

Beeinflussen Salze das Verhalten der Aminosäuren? Dieser Frage ging Stefan Fox in seiner Doktorarbeit an der Universität Hohenheim nach. Er ließ Lösungen aus Natriumchlorid, Kaliumchlorid und jeweils einer Aminosäure eintrocknen, bis eine feste Kruste zurückblieb. Diese Krusten erhitzte er dann in der Thermolyseapparatur auf 350 °C. Das Ergebnis war eindeutig: Die Aminosäuren verhielten sich genauso wie im reinen Zustand. Aber vielleicht war die Simulation immer noch zu grob. Meersalz hat schließlich noch andere Hauptbestandteile wie zum Beispiel Calcium- und Magnesiumionen. Deshalb wurde das Salzgemisch um Calcium- und Magnesiumchlorid ergänzt. In dem so erhaltenen künstlichen Meersalz entsprach das Verhältnis der Metallionen Na^+, K^+, Ca^{2+} und Mg^{2+} dem Durchschnitt in den heutigen Ozeanen. Wieder wurden aminosäurehaltige Salzkrusten hergestellt und erhitzt. Jetzt verhielten sich die Aminosäuren völlig anders! Zum Beispiel sublimierte das Alanin nicht mehr, sondern bildete flüchtige Produkte, die sich im rechten Teil der Apparatur (Abbildung 29) als gelbe bis braune Flüssigkeit abschieden. Die Ursache für dieses drastisch veränderte Verhalten war bald gefunden. Es ist damit zu erklären, dass die Alanin-Moleküle in den Salzkrusten an Calciumionen gebunden sind. Die Aminosäure kann daher nicht mehr sublimieren, also auch nicht den hohen Temperaturen entkommen. Die Calciumchlorid-Alanin-Verbindung, die dafür verantwortlich ist, konnten wir rein herstellen. Durch Spektroskopie und Röntgenbeugung ließ sich nachweisen, dass sie tatsächlich in den Salzkrusten vorliegt.

Das wichtigste Ergebnis brachte jedoch die Untersuchung der gelben bis braunen Flüssigkeit, die aus dem Alanin entstanden war. Sie zeigte, dass sich unter den Produkten Pyrrole befanden – Verbindungen, die einer völlig anderen Stoffklasse angehören als die Aminosäuren (Abbildung 30). Das ist aus präbiotischer Sicht hochinteressant. Die Pyrrole sind relativ leicht flüchtig und ziemlich temperatur-

Abb. 29 Laborapparatur, in der feste Proben unter Luftausschluss erhitzt werden. Kernstück der Anlage ist ein Rohrofen. Er erreicht eine Maximaltemperatur, die der von Lavaströmen entspricht. In dem Ofen befindet sich ein Quarzglasrohr, das die Probe enthält. Von links wird ein Gasstrom (zum Beispiel reiner Stickstoff) eingeleitet, der die Luft verdrängt. Während der Thermolyse transportiert das Gas die flüchtigen Stoffe, die beim Erhitzen der Probe entstehen, nach rechts aus dem Ofen. In speziellen Kühlvorrichtungen werden diese Produkte aufgefangen. Die gesamte Apparatur ist knapp zwei Meter lang. (Foto: Stefan Fox)

stabil. Auf den urzeitlichen Vulkaninseln wären sie deshalb mit den salzsäurehaltigen Wasserdampfwolken von den heißen Küsten aufgestiegen und hätten sich in kühleren Rockpools gesammelt. Pyrrole und Aminosäuren waren sicher nicht die einzigen organischen Verbindungen auf den Vulkaninseln. Man nimmt an, dass beispielsweise Formaldehyd ($H_2C=O$), eines der einfachsten organischen Moleküle, auf der jungen Erde weit verbreitet war. Wenn Formaldehyd und bestimmte Pyrrole in verdünnter Salzsäure zusammentreffen, reagieren sie miteinander. Ist dann auch noch ein geeignetes Oxidationsmittel vorhanden, so entstehen tief gefärbte Oligopyrrole, darunter Porphyrine (Abbildung 30). In Simulationsexperimenten haben wir gezeigt, dass solche Reaktionen in den Rockpools wahrscheinlich ablaufen konnten. Bei diesen Versuchen war es ganz besonders wichtig, den Luftsauerstoff auszuschließen. Dazu haben wir unser Labor gewissermaßen in einen sauerstofffreien Raum verlegt. Wie das geht, zeigt Abbildung 31. Porphyrine sind wichtige Biomoleküle, die in Form von Metallkomplexen vielfältige Funktionen erfüllen. Als Chlorophylle sind sie an der Photosynthese beteiligt, im Hämoglobin binden sie Sauerstoff, und in Cytochromen übertragen sie Elektronen. In manchen Pflanzen und Bakterien gibt es Oligopyrrol-Moleküle, die im Gegensatz zu den ringförmigen Porphyrinen offenkettig sind. Sie dienen als Lichtsensoren. Mit den abiotisch entstandenen Oligopyrrolen existierten somit auf urzeitlichen Vulkaninseln möglicherweise schon Moleküle, die ansatzweise zu wichtigen biochemischen Funktionen fähig waren. Von vulkanischen Gasen über Aminosäuren zu primitiven Elektronenüberträgern und Lichtsensoren – das ist in der Tat »Evolution«.

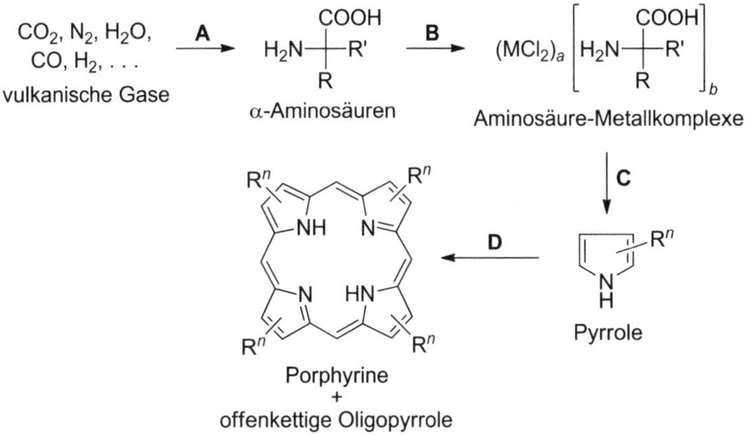

$$CO_2, N_2, H_2O, \atop CO, H_2, \ldots \text{ vulkanische Gase}} \xrightarrow{A} \underset{\alpha\text{-Aminosäuren}}{H_2N{-}\overset{COOH}{\underset{R}{\mid}}{-}R'} \xrightarrow{B} \underset{\text{Aminosäure-Metallkomplexe}}{(MCl_2)_a \left[H_2N{-}\overset{COOH}{\underset{R}{\mid}}{-}R' \right]_b}$$

Porphyrine
+
offenkettige Oligopyrrole

Pyrrole

C

D

R^n

Abb. 30 Ein möglicher präbiotischer Weg von vulkanischen Gasen zu Oligopyrrolen. Reaktionsbedingungen: A Blitze in Eruptionswolken, B Eindampfen von aminosäure-haltigem Meerwasser, C hohe Temperaturen in der Umgebung von Lavaströmen, D Reaktion mit Formaldehyd und Oxidationsmitteln in Rockpools. R und R' sind die charakteristischen Gruppen der individuellen Aminosäuren, zum Beispiel R = CH3 und R' = H beim Alanin. R^n sind Alkylgruppen, meist Methyl und Ethyl. M steht für Calcium und Magnesium.

Abb. 31 Handschuhkasten zum Arbeiten unter Sauerstoffausschluss. Im Innern befindet sich eine Atmosphäre aus dem Edelgas Argon. Sie enthält nur noch maximal 0,0005 Vol.-% Sauerstoff; zum Vergleich: Der O2-Gehalt der Luft beträgt 21 Vol.-%. Um Geräte, Chemikalien usw. in den Handschuhkasten zu überführen, verwendet man Schleusen. Das sind die
beiden unterschiedlich großen tonnenförmigen Gebilde rechts. Der betreffende Gegenstand wird in eine der Schleusen gelegt. Die Schleuse wird verschlossen und wiederholt evakuiert und mit Argon geflutet. Anschließend kann das innere Schleusentor geöffnet und der Gegenstand mit den Handschuhen aus der Schleuse genommen werden.

Im übernächsten Abschnitt werden wir uns damit beschäftigen, wie Oligopyrrole, Aminosäuren und andere kleine Moleküle vielleicht eine frühe Form von Stoffwechsel entwickeln konnten. Zuvor müssen wir noch einen Blick auf einige wesentlich größere Moleküle werfen.

Nucleinsäuren und Eiweiße: Problemfälle der chemischen Evolution

Das chemische Fundament des irdischen Lebens besteht in dem Zusammenspiel von Nucleinsäuren (DNA, RNA) und Eiweißen (Proteinen). Nucleinsäuren sind dafür zuständig, dass Information nahezu fehlerfrei gespeichert und weitergegeben wird. Diese Information wird benötigt, damit die Zelle Eiweißmoleküle mit der richtigen Abfolge der Aminosäuren synthetisieren kann. Umgekehrt bedarf es zahlreicher katalytisch aktiver Eiweißmoleküle (Enzyme), um die Bausteine der Nucleinsäuren und die Nucleinsäuren selbst zu synthetisieren und um die in der DNA gespeicherte Information zu nutzen. Die beiden Komponenten unserer heutigen DNA-Protein-Welt sind also in ihrer Existenz aufeinander angewiesen. Die naheliegende Frage ist: Wenn Enzyme nicht ohne DNA entstehen können und DNA nicht ohne Enzyme, wie konnte dann eine der beiden Komponenten zuerst da gewesen sein? Glücklicherweise liegt hier nur scheinbar ein Paradoxon vor. Um das zu verstehen, müssen wir de Duves Vorstellung von den »vielen kleinen Schritten« heranziehen. Derart komplizierte Moleküle wie die Nucleinsäuren sind sicherlich über Vorstufen entstanden, die anfänglich noch nicht informationsbezogene, sondern andere Funktionen hatten. Die schrittweise Evolution komplexer Gebilde unter Funktionswechsel kennt man aus der Biologie. Beispielsweise dienten Federn ursprünglich der Wärmeisolation und hatten vielleicht Signalfunktion, erst später ermöglichten sie den Gleitflug und noch später das echte Fliegen. Die Struktur der Federn hat sich im Verlauf dieser Entwicklung entsprechend gewandelt. Bezüglich der RNA hat Freeman Dyson vom Institute for Advanced Study, Princeton, einen interessanten Vorschlag gemacht. Er nimmt an, dass Nucleosidtriphosphate, aus denen Lebewesen RNA aufbauen, zunächst nicht zur RNA-Synthese dienten, sondern ausschließlich als Energieträger fungierten. Diese Moleküle waren daher in Vororganismen in relativ hohen Konzentrationen vorhanden und konnten so leichter Oligomere bilden, die neue Funktionen übernahmen. Tatsächlich sind in heutigen Zellen Nucleosidtriphosphate chemische Energieträger (speziell das ATP) *und* Ausgangsstoffe für die RNA-Biosynthese.

Heute wird allgemein angenommen, dass eine RNA-Welt existierte, in der es noch keine DNA und keine Peptide gab. Diese Hypothese wird gestützt durch die Existenz der Ribozyme, bei denen es sich um katalytisch wirksame RNA-Moleküle handelt. Bevor es Proteinenzyme gab, hätten Ribozyme deren Rolle als Katalysatoren übernehmen können. Gleichzeitig wäre die RNA auch für die informationsbezogenen Aufgaben zuständig gewesen. Aus dieser RNA-Welt entstand als Übergangsphase eine RNA-Protein-Welt und daraus schließlich unsere heutige DNA-Protein-Welt. Diese Ideen sind auch deshalb populär, weil RNA-Moleküle schon »im Reagenzglas« zu Darwin'scher Evolution befähigt sind, also zum Beispiel Mutanten bilden. Entsprechende Experimente stammen unter anderem aus der Arbeitsgruppe des Nobelpreisträgers Manfred Eigen (Max-Planck-Institut für Biophysikalische Chemie, Göttingen; siehe Kapitel 10). Die Vertreter der »Replication-first«-Fraktion der Evolutionsforscher gehen davon aus, dass die erste RNA spontan entstand. Kritiker halten dagegen, dass für die Synthese von Nucleinsäuren und deren Bausteinen ein Stoffwechsel (Metabolismus) nötig ist. Dementsprechend vertreten sie die »Metabolism-first«-Hypothese. Genau genommen handelt es sich dabei um eine Gruppe ziemlich unterschiedlicher Hypothesen. Darunter sind solche, die von einem autotrophen Ursprung ausgehen, das heißt, der Ur-Stoffwechsel soll aus anorganischen Stoffen wie Kohlenstoffdioxid organische Stoffe aufgebaut haben. Alternativ ist es denkbar, dass abiotisch entstandene organische Moleküle aus der Umgebung als »Nahrung« genutzt wurden. Eine solche heterotrophe Variante wird im nächsten Abschnitt vorgestellt. Gelegentlich wird vermutet, dass in der Umgebung kleine, enzymatisch aktive Polypeptide verfügbar waren, gewissermaßen Minimalenzyme. Deren Synthese stößt aber auf dieselben grundsätzlichen Schwierigkeiten wie die abiotische Bildung von RNA-Molekülen außerhalb eines Stoffwechsels. Auch weniger konventionelle Vorschläge wie die peptidischen Nucleinsäuren (PNA, siehe Kapitel 2) sind zumindest von einigen dieser Probleme betroffen. Worin die Schwierigkeiten bestehen, soll am Beispiel der RNA und an unseren eigenen Experimenten zur präbiotischen Peptidsynthese erläutert werden.

Die RNA ist ein viel zu komplexes Molekül, um spontan entstehen zu können! Auf diesen Sachverhalt hat besonders Robert Shapiro von der New York University hingewiesen. Trotzdem fehlt es nicht an Versuchen, die »Replication-first«-Hypothese zu retten. Wohlgemerkt: Es geht im Folgenden nur um diese Hypothese, nicht um die durchaus plausible Idee einer RNA-Welt. Was spricht konkret gegen die spontane Bildung von RNA unter präbiotischen Bedingungen? *Problem Nr. 1:* Nucleinsäurebasen und der Zucker D-Ribose mussten in ausreichenden Konzentrationen und Reinheiten vorliegen. In simulierten präbiotischen Zuckersynthesen ist Ribose allerdings kein bevorzugtes Produkt. Das ändert sich, wenn man Borat zusetzt, das sich mit der Ribose verbindet. Dieses Ergebnis hat ziemliche Aufmerksamkeit erregt. Aus Shapiros Sicht bringt es aber keinerlei Fortschritt, denn an Borat gebundene Ribose ist für die RNA-Synthese nutzlos; und wenn man die Ribose vom Borat trennt, kann sie leicht von anderen präbiotischen Stoffen zerstört werden. Die Homochiralität (siehe Kapitel 12) stellt eine weitere Hürde dar. RNA enthält ausschließlich das D-Enantiomer der Ribose. Abiotisch entstehen aber D- und L-Form in gleichen Mengen. *Problem Nr. 2:* Nucleinsäurebasen und D-Ribose mussten sich zu Ribonucleosiden zusammenschließen. Präbiotische Moleküle, die den Basen ähnelten, konnten aber mit der Ribose oder anderen Zuckern Produkte bilden, die bei der RNA-Synthese mit den »richtigen« Nucleosiden konkurriert hätten. Schließlich mussten aus den Ribonucleosiden und Phosphat die Ribonucleotide entstehen. Möglicherweise war jedoch Phosphat kaum verfügbar. Für bestimmte Nucleotide wurde ein anderer präbiotischer Syntheseweg vorgeschlagen, der aber ebenfalls problematisch scheint. *Problem Nr. 3:* Der Zusammenschluss von Nucleotiden zur RNA geschieht nicht freiwillig, da er thermodynamisch ungünstig ist. In Simulationsexperimenten entsteht RNA daher nur aus Nucleotiden, deren Reaktivität durch gezielte chemische Veränderungen erhöht wurde. Ob eine derartige »Aktivierung« unter präbiotischen Bedingungen möglich war, ist unbekannt. Darüber hinaus ist ein aktiviertes Nucleotid naturgemäß sehr reaktionsfreudig und kann mit RNA-fremden Molekülen reagieren. Für die RNA-Synthese wäre es dann verloren. *Problem Nr. 4:* Jeder Baustein, der ein wachsendes RNA-Kettenmolekül verlängern soll, muss zwei reaktive Stellen haben. Mit der ersten bindet er an eines der Kettenenden. Die zweite wird benötigt, damit ein nachfolgender Baustein andocken und die

Kette weiterwachsen kann. Auf der jungen Erde gab es aber viele Moleküle mit nur einer reaktiven Stelle. Hätten solche Moleküle die Enden der RNA-Kette besetzt, wäre das Wachstum beendet gewesen. Es bestand deshalb die Gefahr, dass kleine und entsprechend funktionslose RNA-Moleküle entstanden. Die vier aufgeführten Probleme verdeutlichen, warum die spontane RNA-Entstehung schwer vorstellbar ist. Selbst wenn sich für das eine oder andere Problem eine plausible Lösung finden sollte, würden die übrigen weiterbestehen. Wie bereits erwähnt, ist die spontane Bildung von Proteinen ebenfalls nicht zu erwarten. Hier treten weitgehend dieselben grundsätzlichen Probleme auf wie bei der RNA; nur die Verfügbarkeit der Bausteine bildet eine Ausnahme, denn Aminosäuren gab es auf der jungen Erde sehr wahrscheinlich in großen Mengen und nennenswerten Konzentrationen (siehe oben). Die meisten Versuche zur präbiotischen Peptidsynthese wurden mit Glycin durchgeführt. Diese Wahl bietet sich aus drei Gründen an. Erstens entsteht Glycin meist als häufigste Aminosäure in Laborexperimenten, mit denen präbiotische Aminosäuresynthesen simuliert werden. Zweitens gehört Glycin regelmäßig zu den drei häufigsten Aminosäuren in Meteoriten. Und drittens ist es nicht chiral, wodurch einige analytische Probleme vermieden werden. Wir haben deshalb für unsere eigenen Versuche zur Peptidbildung ebenfalls Glycin eingesetzt. Im vorigen Abschnitt wurde bereits auf die Verwitterung von Lavagestein und Vulkanasche zu Schichtsilicaten hingewiesen. Einer der häufigsten Vertreter dieses Silicattyps ist das Tonmineral Montmorillonit. Wenn der Montmorillonit von einer Glycin-Lösung umgeben ist, insbesondere wenn diese Lösung eindampft, lagert er die Aminosäure ein. Diesen Vorgang kann man sich sehr gut in den Rockpools urzeitlicher Vulkaninseln vorstellen. War ein Lavastrom in der Nähe, so wurde das Glycin in dem Mineral hohen Temperaturen ausgesetzt. Wir wollten herausfinden, was dabei passiert. Dazu erhitzten wir glycinbeladenes Montmorillonit in unserer Thermolyseapparatur (siehe Abbildung 29) zwei Tage lang auf 200 °C. Die anschließende Analyse zeigte, dass die Glycin-Moleküle tatsächlich miteinander reagiert hatten und Peptide entstanden waren! Als längstes Peptid wurde Hexaglycin nachgewiesen:

Dieses Ergebnis deckt sich mit dem, was Forscherkollegen unter anderen simulierten Urerdebedingungen gefunden haben, nämlich dass keine Glycinpeptide entstehen, die wesentlich größer sind als das Hexapeptid. Andere Aminosäuren haben eine noch geringere Neigung, sich unter präbiotischen Bedingungen zu Peptiden zusammenzuschließen. In allen relevanten Simulationsexperimenten bildeten sich nur Di- oder Tripeptide. Sehr wahrscheinlich waren also die Peptide, die unter präbiotischen Bedingungen spontan entstanden, viel zu klein, um als Enzyme zu fungieren. Sie konnten allerdings einfache Formen katalytischer Aktivität aufweisen. Wir stehen vor dem Dilemma, dass zwar kleine Moleküle vorhanden waren, die spontane Bildung funktioneller Polymere wie RNA und Proteine aber nicht möglich war. Wie diese Lücke im Ablauf der chemischen Evolution vielleicht geschlossen wurde, beschreibt der nächste Abschnitt.

Begann der Ur-Stoffwechsel als Netzwerk kleiner Moleküle?

In abiotischen Reaktionen, wie sie auf Vulkaninseln und anderswo auf der jungen Erde abliefen, entstanden zahlreiche Bausteine für die nachfolgenden Stufen der chemischen Evolution. Allerdings wuchs dadurch gleichzeitig das molekulare Durcheinander; anschaulich ist die Analogie zu einer »explodierten Apotheke«. Wir stehen hier vor einem Grundproblem der präbiotischen Chemie, nämlich der Frage: Wie konnte aus dieser Unordnung Ordnung hervorgehen? Man kann vermuten, dass dabei natürliche Trennprozesse hilfreich waren. Dazu gehört beispielsweise die oben beschriebene »Destillation« der Pyrrole von der heißen Vulkanküste in die kühleren Rockpools. Ebenso sind Kristallisation, Adsorption und einige andere Vorgänge, die auch Chemiker zur Stofftrennung nutzen, unter speziellen präbiotischen Bedingungen vorstellbar. Stärker dürfte allerdings der ordnende Einfluss von Kompartimenten gewesen sein. Dabei handelte es sich um kleine Bereiche, die von der Umwelt abgegrenzt waren, aber mit ihr in einem Energie- und Stoffaustausch standen. In ihnen konnte die Chemie eine andere Richtung nehmen als in der Umgebung. Verschiedene Arten von Kompartimenten werden in diesem Zusammenhang diskutiert. Dazu gehören kleine Hohlräume, die von einer mineralischen Membran umschlossen sind und in den Schloten der Schwarzen Raucher vorkommen. Im weiteren Sinne kann man auch mineralische Oberflächen, an die Moleküle binden und miteinander reagieren können, als (zweidimensionale) Kompartimente ansehen. Unter den verschiedenen Kandidaten für präbiotische Kompartimente erscheinen die Vesikel besonders vielversprechend. Mit ihnen wollen wir uns deshalb näher beschäftigen.

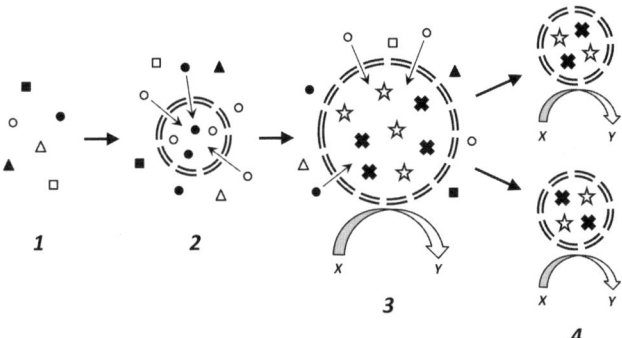

Abb. 32 Ein hypothetisches Modell für den Beginn des ersten Ur-Stoffwechsels und die Entstehung erster Vororganismen. Die Stufen 1–4 sind im Text erläutert.

Eine Vesikel ist eine mikroskopisch kleine Hohlkugel, die mit Flüssigkeit gefüllt im Wasser schwimmt. Ihre Wandung besteht meist aus einer Doppelmembran, die von zwei Schichten sogenannter amphiphiler Moleküle gebildet wird. Amphiphile zeichnen sich durch einen wasserliebenden (hydrophilen) und einen wasserabweisenden (hydrophoben) Molekülteil aus. Beispielsweise sind Seifen so aufgebaut. Auch die Struktur heutiger biologischer Zellmembranen folgt dem Doppelschicht-Prinzip. Auf der jungen Erde gab es sehr wahrscheinlich amphiphile Moleküle. Sie stammten unter anderem aus Meteoriten. David W. Deamer von der University of California Santa Cruz konnte dies zeigen, indem er Proben des Murchison-Meteoriten mit Chloroform extrahierte. Als er die so gewonnenen Stoffe in Wasser gab, entstanden bei hohen pH-Werten spontan Vesikel. Auf welche Weise vielleicht Vesikel die chemische Evolution voranbrachten, ist in Abbildung 32 skizziert. Die präbiotische Umwelt enthielt zahlreiche organische Molekülsorten (*1*). Deren unterschiedliche Eigenschaften sind in der Abbildung durch verschiedene Formen (Kreis, Dreieck, Quadrat) und Füllungen (mit, ohne) symbolisiert. Vesikel, die in dieser Umgebung existierten, besaßen wahrscheinlich eine gewisse Selektivität beim Stoffaustausch. Das heißt, Moleküle mit bestimmten Eigenschaften konnten die Doppelmembran bevorzugt passieren und in das Vesikelinnere gelangen (2). In Abbildung 32 sind dies die Moleküle mit der Eigenschaft »kreisförmig«. Es muss sich dabei um kleinere Moleküle gehandelt haben, weil nur solche verfügbar waren (siehe oben). Außerdem sinkt tendenziell die Durchlässigkeit der Membran, wenn die Molekülgröße steigt. Hieraus ergibt sich auch ein Argument gegen einen autotrophen Start des Ur-Stoffwechsels. Autotroph wären im Innern der Vesikel zunächst kleine Moleküle entstanden, die aber durch die Membran hindurch wieder verloren gegangen wären. Der heterotrophe Stoffwechsel beginnt, indem die kreisförmigen »Nahrungs«moleküle zu anderen Molekülen (Kreuze, Sterne) reagieren, darunter auch Polymere (3). Stellen wir uns vor, die Eigenschaften »Füllung« und »keine Füllung« würden sich auf das L- bzw. das D-Enantiomer des jeweiligen Moleküls beziehen. Man kann spekulieren, dass der Ur-Stoffwechsel nach einer gewissen Selektionsphase jeweils eine der beiden homochiralen Formen eines Polymers bevorzugte. In unserem Modell wird dies angedeutet, indem alle kreuzförmigen Moleküle gefüllt, alle sternförmigen ohne Füllung sind. Der Gedanke an Polypeptide, die nur aus L-Aminosäuren bestehen, und RNA, die nur D-Ribose enthält, ist naheliegend. Die L-Enantiomerenüberschüsse, die bei manchen Aminosäuren in Meteoriten auftreten, waren vielleicht ausschlaggebend dafür, welche homochiralen Formen sich durchsetzten. Die chemischen Vorgänge in den Vesikeln benötigten Energie. Man kann deshalb annehmen, dass der Ur-Stoffwechsel mit »Treiberreaktionen« $X \rightarrow Y$ gekoppelt war, in denen ein System von einem Zustand hoher in einen Zustand niedrigerer (Freier) Energie überging. Solche Vorgänge hätten auf pH-Gefällen, Redoxreaktionen, energiereichen chemischen Bindungen (zum Beispiel Thioesterbindungen), Hitze oder Sonnenlicht beruhen können. Für Redoxreaktionen und die Nutzung des Sonnenlichts innerhalb der Vesikel sind die Oligopyrrole interessant, die vielleicht auf Vulkaninseln entstanden (siehe oben). In dem Maße, in dem immer mehr größere Moleküle im Vesikelinneren synthetisiert wurden, vergrößerte sich die Vesikel. Damit wuchs ihre Empfindlichkeit auf mechanische Einwirkungen, die eine Teilung in Tochtervesikel bewirken konnten (4). Statistisch würden die beiden Tochtervesikel dieselben Stoffe in denselben Konzentrationen enthalten wie die Elternvesikel. Anders ausgedrückt, die Zusammensetzung wäre vererbt worden. Man spricht daher auch von einem

»compositional genome«. Die Elternvesikel hätte sich also identisch reproduziert, wenn auch mit einer höheren Fehlerrate als bei heutigen Zellteilungen. Stoffwechsel, identische Reproduktion und die Fähigkeit zur Evolution machten diese Systeme – falls sie existierten – zu »Vororganismen«. Replikation gab es auf dieser Evolutionsstufe noch nicht.

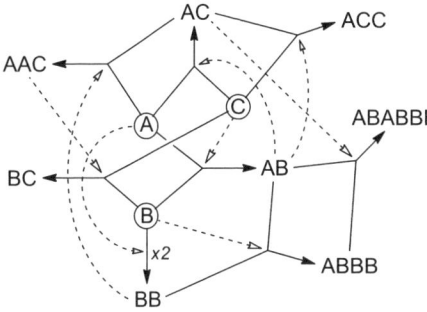

Abb. 33 Beispiel für ein Netzwerk von Reaktionen, das als Ganzes autokatalytisch ist. Die »Nahrungs«moleküle A, B und C, die aus der Umgebung aufgenommen werden, bilden den Ausgangspunkt. Gestrichelte Pfeile bedeuten katalytische Wirkung. (Verändert nach S. Kauffman, Origins of Life and Evolution of Biospheres 2007, 37, 315–322)

Manche Aspekte des vorgestellten Modells werden durch Laborexperimente gestützt, andere sind spekulativ. Unklar ist beispielsweise, wie evolutionsfähig diese Vororganismen waren. Sie hätten sich zumindest weit genug entwickeln müssen, um RNA oder einen RNA-Vorläufer wie die PNA hervorzubringen. Das Modell wirft noch weitere Fragen auf; die vielleicht wichtigste: Wie konnten kleine Moleküle »aus dem Nichts heraus« einen Stoffwechsel starten? Eine Theorie, die versucht, diese Form spontaner Selbstorganisation zu erklären, stammt von Stuart Kauffman von der University of Vermont. Im Zentrum seiner Überlegungen stehen Molekül-Netzwerke wie das in Abbildung 33 gezeigte. Das Netzwerk beginnt mit den »Nahrungs«-molekülen A, B und C, denen die kreisförmigen Molekülsymbole in Abbildung 32 entsprechen. C katalysiert den Zusammenschluss von A und B zu dem Dimeren AB; AB seinerseits katalysiert die Bildung von AC aus A und C usw. Auf diese Weise entsteht ein Netzwerk von Reaktionen und katalytischen Wirkungen, an dem zunächst nur kleine, später auch zunehmend größere Moleküle beteiligt sind. Keine der Einzelreaktionen ist autokatalytisch, das heißt, kein Produkt katalysiert seine eigene Bildung. Aber da sich das Netzwerk durch Katalyse selbst reproduziert, kann es als Ganzes als autokatalytisch angesehen werden. Die Gesamtheit der Moleküle, die das Netzwerk aufbauen, wird daher auch als »gemeinsam autokatalytisch« oder »wechselseitig katalytisch« bezeichnet. An DNA- und Peptid-Systemen wurde experimentell nachgewiesen, dass diese Art von Netzwerk prinzipiell möglich ist. Der Übergang von einer Anhäufung einfacher »Nahrungs«moleküle zu einem gemeinsam autokatalytischen Satz größerer Moleküle stellt einen Qualitätssprung dar. Kauffman hat ihn einen Phasenübergang genannt, vergleichbar der Kristallisation, die ebenfalls ein spontaner Selbstorganisationsprozess ist.

Wir wissen nicht, auf welcher Entwicklungsstufe aus der chemischen Evolution die biologische hervorging, also aus Vororganismen Lebewesen wurden. Selbst wenn unser Kenntnisstand eine Antwort zuließe, bliebe die Tatsache, dass der Übergang von der unbelebten zur belebten Materie allmählich geschah (de Duves »viele kleine Schritte«). Daher wäre jede Grenzsetzung bis zu einem gewissen Grad willkürlich. Will man in diese Betrachtung Lebensformen einbeziehen, die möglicherweise auf anderen Planeten und Monden existieren, taucht ein weiteres Problem auf. Wir können zwar eine recht gute *Beschreibung* des irdischen Lebens geben, eine allgemeingültige *Definition* haben wir damit aber noch nicht. Tatsächlich gab es zahlreiche Versuche, Leben über das irdische Leben hinaus zu definieren. Keiner von ihnen ist allgemein akzeptiert. Manchmal erscheint es trotzdem sinnvoll, eine Art Arbeitsdefinition für »Leben« oder zumindest für einige seiner Aspekte zu erstellen. Sie kann zum Beispiel hilfreich sein, um bei der Suche nach außerirdischen Organismen festzulegen, wonach, wie und wo man suchen will.

Literatur

Nachfolgend sind einige, meist neuere Bücher angegeben, die sich mit »chemischer Evolution« befassen. Das Thema wird dabei häufig im Rahmen der »Astrobiologie« behandelt. Die Bücher unterscheiden sich in den inhaltlichen Schwerpunkten und den Anforderungen, die sie an ihre Leser stellen. In einigen stehen Forscher und deren Ideen oder grundsätzliche und historische Aspekte im Vordergrund; andere sind Einführungen für interessierte Nicht-Naturwissenschaftler oder für Studierende der Naturwissenschaften; wieder andere bewegen sich an vorderster Front der Forschung.

A. Brack (Hrsg.), *The Molecular Origins of Life: Assembling Pieces of the Puzzle*, Cambridge University Press, Cambridge, 1998.

J. Brockman (Hrsg.), *Leben, was ist das?*, Fischer Taschenbuch Verlag, Frankfurt/M., 2009. Die englischsprachige Fassung ist unter http://www.edge.org/documents/life/Life.pdf frei zugänglich.

F. Dyson, *Origins of Life*, Cambridge University Press, Cambridge, überarbeitete Auflage, 1999.

M. Gargaud, B. Barbier, H. Martin, J. Reisse (Hrsg.), *Lectures in Astrobiology*, Volume 1, Springer, Berlin, Heidelberg, 2005.

M. Gargaud, H. Martin, P. Claeys (Hrsg.), *Lectures in Astrobiology*, Volume 2, Springer, Berlin, Heidelberg, 2007.

H. Geiger, *Astrobiologie*, vdf Hochschulverlag an der ETH Zürich, Zürich, 2009.

R. M. Hazen, *Genesis: the Scientific Quest for Life's Origin*, Joseph Henry Press, Washington, DC, 2005.

G. Horneck, P. Rettberg (Hrsg.), *Complete Course in Astrobiology*, Wiley-VCH, Weinheim, 2007.

H. Rauchfuß, *Chemische Evolution und der Ursprung des Lebens*, Springer, Berlin, Heidelberg, 2005.

W. T. Sullivan, III, J. A. Baross, *Planets and Life: the Emerging Science of Astrobiology*, Cambridge University Press, Cambridge, 2007.

L. Zaikowski, J. M. Friedrich (Hrsg.), *Chemical Evolution across Space and Time: from the Big Bang to Prebiotic Chemistry*, American Chemical Society, Washington, DC, 2008.

L. Zaikowski, J. M. Friedrich, S. R. Seidel (Hrsg.), *Chemical Evolution II: from the Origins of Life to Modern Society*, American Chemical Society, Washington, DC, 2009.

Der Autor

Prof. Dr. Henry Strasdeit wurde 1957 in Bremerhaven geboren. Nach dem Chemiestudium und der Promotion an der Universität Münster forschte er ab 1985 zunächst an der Universität Leiden (Niederlande). Anschließend ging er an die Universität Oldenburg, wo er 1993 zum Privatdozenten und 2000 zum außerplanmäßigen Professor ernannt wurde. Zwischenzeitlich verwaltete er zwei Professuren für Anorganische Chemie und war Lehrbeauftragter an der Universität Hannover. Nach einer Gastprofessur an der Universität Wien wurde er 2002 auf den Lehrstuhl für Bioanorganische Chemie an der Universität Hohenheim, Stuttgart, berufen. Seine wissenschaftlichen Interessen führten ihn von Eisen-Schwefel-Proteinzentren über die Abwasserreinigung mithilfe natürlicher und synthetischer Polymere und das Studium toxischer Schwermetalle zu seinem heutigen Arbeitsgebiet, der präbiotischen Chemie. Er ist unter anderem Mitglied der International Society for the Study of the Origin of Life and Astrobiology Society (ISSOL) und der European Astrobiology Network Association (EANA) sowie Associate im Committee on Space Research (COSPAR).

Interview mit Professor Strasdeit

Wann haben Sie begonnen, sich für die Ursprünge des Lebens zu interessieren?

Früh. Schon im Alter von etwa 14 Jahren war ich von den Naturwissenschaften begeistert. Ich denke, die Apollo-Mondmissionen haben dabei eine wichtige Rolle gespielt. Ganz entscheidend war die Förderung durch meine Eltern, die meine Interessen unterstützten und ihnen freien Lauf ließen. Aus der Beschäftigung mit Mikroskop, Mini-Fernrohr, einem kleinen Chemielabor, Aquarium und Terrarium erwuchs auch das Interesse am Ursprung des Lebens. Mit dem Beginn meines Studiums fiel dieses Interesse allerdings in einen längeren Winterschlaf, um erst wieder zu erwachen, als ich Hochschullehrer war.

Warum faszinieren Sie Vulkane im Zusammenhang mit der Lebensentstehung besonders?

Genau genommen sind es Vulkaninseln. Sie verfügen häufig über sehr verschiedenartige Umweltbedingungen auf engem Raum. Zum Beispiel gibt es auf der Insel La Réunion Mondlandschaften aus frischem Lavagestein, während nicht weit entfernt dichte Wälder wachsen. In der präbiotischen chemischen Evolution entstanden komplexere Moleküle schrittweise, wobei jeder Reaktionsschritt eigene chemische und physikalische Bedingungen benötigte. Den Transfer zwischen unterschiedlichen Bedingungen kann man sich auf Vulkaninseln besonders gut vorstellen. Chemiker gehen bei ihren Synthesen ganz ähnlich vor. Deshalb gefällt mir das Bild urzeitlicher Vulkaninseln als »chemische Fabriken«.

Craig Venter hat in der Presse im Mai 2010 die Erschaffung eines Bakteriums aus künstlich gebasteltem Erbgut vorgestellt. Würde es Sie reizen, mit Ihrem Wissen künstliches Leben zu erschaffen?
Ich fände es faszinierend, Bedingungen zu finden, unter denen sich kleine und mittelgroße Moleküle spontan zu katalytischen Netzwerken organisieren. Abgesehen vom Erkenntnisgewinn hätten solche Systeme möglicherweise auch direkten praktischen Nutzen. Man könnte daran denken, ihnen chemische Tricks wie die Synthese wirtschaftlich interessanter Stoffe beizubringen. Wer weiß, vielleicht ließe sich die chemische Evolution dieser Systeme so steuern, dass sie – wie die grünen Pflanzen – Kohlenstoffdioxid als Kohlenstoffquelle nutzen.»Leben« wäre damit aber nicht geschaffen.

Der Planet Mars weist sehr viel Eisen auf. Eine Theorie von Professor Wächtershäuser besagt, dass Eisen bei der Entstehung von Biomolekülen eine entscheidende Rolle gespielt hat. Sie beschreiben in Ihrem Buchbeitrag die Möglichkeit des Transports von eingeschlossenen Mikroorganismen von Planet zu Planet. Wie wahrscheinlich erscheint es Ihnen, dass unser Leben vom Mars eingeschleppt wurde?
Sicher ist, dass Gesteinsbrocken vom Mars die Oberfläche der Erde erreichen können. Das wissen wir nicht nur aus theoretischen Überlegungen, sondern insbesondere weil einige Meteorite bekannt sind, die in der Tat vom Mars stammen. Darunter ist einer (mit der Bezeichnung ALH84001), der möglicherweise sogar fossile Spuren von Mars-Mikroben enthält. Aber diese Interpretation ist umstritten. Falls auf dem frühen Mars die Bedingungen für die Lebensentstehung wesentlich günstiger waren als auf der Erde, wäre unser Planet wohl tatsächlich durch Lithopanspermie vom Mars her besiedelt worden. Bei unserem gegenwärtigen Wissensstand muss aber die Frage, wie wahrscheinlich es ist, dass das Leben vom Mars auf die Erde kam, unbeantwortet bleiben.

Welche großen Fragen zur chemischen Evolution gilt es aus Ihrer Sicht in den nächsten Jahren am dringendsten zu beantworten?
Für besonders wichtig halte ich das Problem des Ur-Stoffwechsels. Gab es Vororganismen, die ohne RNA oder funktionsanaloge Moleküle auskamen, und wenn ja, wie war es um ihre Evolutionsfähigkeit bestellt? Es wäre ein erster großer Schritt zur Beantwortung dieser Fragen, wenn man experimentell zeigen könnte, dass kleinere, präbiotisch verfügbare Moleküle spontan einen Stoffwechsel bilden kön-

nen. Ein zweiter Fragenkomplex, dem man sich in Zukunft verstärkt zuwenden sollte, betrifft konzeptionelle Aspekte von Simulationsexperimenten. Bisher sind präbiotisch-chemische Laborversuche in der Regel ziemlich einfach aufgebaut. Für dieses Vorgehen gibt es gute Gründe, es birgt aber die Gefahr, dass man damit der Komplexität chemisch-evolutionärer Vorgänge nicht gerecht wird. Die chemische Evolutionsforschung hat mittlerweile einen Wissensstand erreicht, der es sinnvoll erscheinen lässt, größere Urerde-Szenarien im Labor nachzubauen. Die Kombination mehrerer urzeitlicher Szenarien, die nebeneinander existierten, in einem einzigen Versuchsaufbau könnte ganz neue Erkenntnisse bringen. Vermutlich wird nämlich auch hier gelten: Das Ganze ist mehr als die Summe seiner Teile.

6

Spuren im Meer

Thorsten Dittmar
Unter Mitwirkung von Manfred Schlösser

Chemische Evolution – ein Prozess der Gegenwart?

Seit erstes einzelliges Leben die Urozeane bevölkerte, haben sich die Umweltbedingungen auf der Erde dramatisch verändert. Der extraterrestrische Eintrag von Wasser, der vermutlich den Urozean füllte und große Mengen organischen Materials auf die Erde brachte, hat stark nachgelassen. Die Atmosphäre enthält heute Sauerstoff und nur noch geringe Mengen natürlicher Treibhausgase. In Folge sind das Klima, die chemische Zusammensetzung des Meeres und der Atmosphäre, das Strahlungsspektrum des Lichts, das die Erdoberfläche erreicht, kurz, nahezu die gesamten Lebensbedingungen auf der Erde heute ganz andere als zu Beginn des irdischen Lebens. Dennoch wurden in dieser ersten Phase die grundlegenden Züge des Lebens festgelegt. Nicht nur, dass alles Leben im Wesentlichen auf denselben chemischen Elementen aufbaut, auch viele der biochemischen Synthesewege, die selbst im menschlichen Körper stattfinden, wurden schon von sehr frühen Lebensformen genutzt. Trotz der Vielfalt heutigen Lebens ist es verblüffend, wie viel Gemeinsames sich alle Organismen teilen. Worauf ist dieser gemeinsame Nenner zurückzuführen? Ist dies eine grundsätzliche Eigenschaft des Lebens unter den Bedingungen auf der Erde, d.h. wäre anderes Leben heute gar nicht möglich? Oder reflektieren diese Eigenschaften noch die Umweltbedingungen der frühen Erde? Tragen wir in uns also noch das Erbe des ersten Lebens? In diesem Fall wäre der Beginn des Lebens an eine kurze Phase der Erdgeschichte geknüpft, als die Kombination aller Faktoren zwangsläufig zu Frühformen von Organismen führte. Zu einem späteren Zeitpunkt waren diese Bedingungen vielleicht nie wieder gegeben.

Es scheint ein unmögliches Unterfangen, auf diese grundlegenden Fragen abschließende Antworten zu finden. Die Suche nach Antworten wird wesentlich dadurch erschwert, dass die Bedingungen der frühen Erde im Detail nicht bekannt sind und zudem vier Milliarden Jahre Erdgeschichte im Labor nicht einfach nachgestellt werden können. Die Vorstellung, dass mit einfachen molekularen Grundbausteinen chemische Evolution, hin zu einfachsten Lebensformen, im Labor induziert werden kann, hat sich als zu naiv erwiesen. Natürlich sind einzelne Reaktionsmechanismen, auch die Kombination verschiedener Mechanismen, experimentell nachzustellen. Aber es wird vermutlich unmöglich bleiben, die Komplexität des natürlichen Systems im Labor ausreichend zu erfassen. Wird der wissenschaftliche Beweis für eine komplexe chemische Evolution, die schließlich zu Leben geführt haben könnte, daher nie zu erbringen sein?

Ich bin in dieser Frage optimistisch. Wenn unsere Theorien und Hypothesen zur chemischen Evolution in ihren Grundzügen richtig sind, werden wir eines Tages in der Lage sein, chemische Evolution zu beobachten. Vermutlich nicht im Reagenzglas, aber in unserer natürlichen Umwelt. Allgegenwärtig, in jedem Regentropfen, den Weltmeeren, oder den heißen Quellen der Tiefsee. Die Indizien der chemischen Evolution sind molekularer Natur, nicht offensichtlich und werden nur mit den fortgeschrittensten molekularen Messmethoden erfassbar sein. Erschwerend kommt hinzu, dass die leisen Errungenschaften chemischer Evolution in der heutigen Welt durch die laute Symphonie des Lebens überdeckt werden. Pro Jahr werden rund 100 Mrd. Tonnen Kohlenstoff durch lebende Zellen geschleust, dort in organische Moleküle umgewandelt, molekular verändert und schließlich wieder als Kohlendioxid freigesetzt (Abbildung 34). Bleibt hier noch Platz für chemische Evolution?

Viele Indizien sprechen dafür. Zwei Grundvoraussetzungen könnten chemische Evolution heute gegenüber der frühen Erdgeschichte sogar begünstigen. Zum einen liegen heute wesentlich größere Mengen an organischen Verbindungen vor, die Gesamtmenge organischen Kohlenstoffs auf der Erdoberfläche wird auf über 15 Trilliarden Tonnen geschätzt. Davon sind nur rund 0,005 % lebende Biomasse, der gewaltige Rest ist unbelebtes organisches Material, das kontinuierlichen molekularen Umwandlungsprozessen unterworfen ist und somit die Grundlage für chemische Evolution darstellen kann. Aber nicht nur die Menge, auch die Vielfalt an organischen Verbindungen, also die Diversität des molekularen Baukastens, aus dem chemische Evolution schöpfen kann, ist heute vermutlich weitaus größer als vor vier Milliarden Jahren. Die Anzahl der verschiedenen Moleküle auf der Erde ist nicht bekannt, aber Schätzungen gehen von vielen Millionen unterschiedlichen Strukturen aus [1]. Auch sind die Umweltbedingungen heute vermutlich wesentlich vielfältiger als in der Frühgeschichte der Erde. Im Gegensatz zur frühen Erde enthalten unsere Atmosphäre und das Wasser der Weltmeere Sauerstoff, in den Sedimenten der Meere wird dieser mit zunehmender Tiefe allerdings vollständig durch Schwefelwasserstoff, Methan und Wasserstoff ersetzt, sodass auf kleinstem Raum die unterschiedlichsten Umweltbedingungen vorherrschen. Zudem finden sich in Sedimenten eine Vielzahl von Metallen in verschiedenen Ladungszuständen, die katalytische Reaktionen bewirken und Elektronen wie in einem elektrischen Leiter verschieben können, Prozesse, wie sie in jeder lebenden Zelle ablaufen. In den heißen Quellen der Tiefsee kommen extreme Temperatur- und Druckverhältnisse hinzu. Kurzum, die Diversität und Menge organischer Moleküle und die enorme Vielfalt der Umweltbedingungen lassen die heutige Erde als ein nahezu unbegrenztes Spielfeld für chemische Evolution erscheinen. Es ist wahrscheinlich, dass heute dieselben grundlegenden Prozesse allgegenwärtig sind, die vor vier Milliarden Jahren zu den ersten lebenden Organismen führten. Somit sollten sich die molekularen Zwischenstufen der chemischen Evolution bis hin zu einfachen Organismen beobachten und nachweisen lassen. Aber warum ist uns dies bisher nicht gelungen? Die Antwort hierauf ist ernüchternd: Die molekulare Zusammensetzung des natürlichen organischen Materials, in dem 15 Trilliarden Tonnen Kohlenstoff auf der Erde gebunden sind, ist weitestgehend unbekannt. Kenntnis der molekularen Struktur ist die Grundlage, um Wechselwirkung und Funktion dieser Moleküle im Sinne chemischer Evolution zu verstehen. Vermutlich sind aber weniger als 5 % der Moleküle auf der Erde in ihrer Struktur bekannt [1]. Dies ist ohne Frage eine der größten Wissenslücken und Herausforderungen der aktuellen Wissenschaft. In den letzten Jahren wurden erhebliche Fortschritte in der molekularen analytischen Chemie gemacht. Dennoch wird es wohl weitere Jahrzehnte intensiver Forschung benötigen, bis die Mehrheit der Moleküle auf der Erde identifiziert ist. Das Potenzial, das in dem Wissen um die molekulare Zusammensetzung des organischen Materials auf der Erde liegt, ist enorm. So werden beispielsweise die meisten neuen pharmazeutischen Wirkstoffe heute in der Natur gefunden. Mit Hilfe von molekularen Fossilien lässt sich die Erdgeschichte rekonstruieren, und in dem natürlichen organischen Material lässt sich eines Tages vielleicht auch die Antwort auf die Frage nach dem Ursprung des Lebens finden. Als Meeresforscher beschäftigen wir uns in erster Linie mit der molekularen Zusammensetzung von Meerwasser. In den letzten Jahren hat sich immer deutlicher herausgestellt, dass Meerwasser nicht einfach nur aus Salz und Wasser besteht, sondern zu den komplexesten molekularen Mischungen auf der Erde gehört. In der Tat kann man sich Meerwasser als ein verdünntes gelartiges Netzwerk vorstellen, an dem viele Millionen verschiedener Moleküle beteiligt sind. Die einzelnen Moleküle sind in solch starker Wechselwirkung miteinander vernetzt, dass es bislang nicht gelungen ist, einzelne Komponenten aus diesem Netzwerk an Verbindungen herauszulösen. Diese unbelebten molekularen Netzwerke im Meer könnten die Vorstufe zu noch komplexeren, belebten Einheiten bilden. Die Struktur der einzelnen Moleküle und insbesondere der molekularen Netzwerke ist unbekannt. Unsere Forschung widmet sich in erster Linie der Aufklärung und Funktion dieser molekularen Strukturen. Im Folgenden soll an aktuellen Beispielen aus unserer Forschung illustriert werden, wohin die Suche nach Indizien zur chemischen Evolution gehen kann. Noch stehen wir am Anfang dieser Suche, aber erste Schritte sind gemacht.

Das gelöste organische Material der Meere – eines der größten Rätsel in den Meereswissenschaften

Anfang des letzten Jahrhunderts machte der Göttinger Wissenschaftler August Pütter eine bemerkenswerte Entdeckung. Im Jahr 1907 schrieb er in der *Zeitschrift für Allgemeine Physiologie* (7, 321–368) [2] : »Ein Vergleich der Stoffmengen, die im Meere gelöst sind mit jenen, die in Form von Organismen darin leben, zeigt, wie außerordentlich gering die Masse der geformten Stoffe jener der ungeformten gegenüber ist ... Es ergibt sich, dass 23000-mal so viel Kohlenstoff in gelösten Verbindungen vorhanden ist, wie in Form von Organismen.«

Nach dieser Erkenntnis erscheint das Meer als eine nährreiche Suppe voller gelöster organischer Substanzen, in der eine vergleichsweise geringe Anzahl von Organismen lebt, eine Art Garten Eden für konsumierende Lebewesen. Folgerichtig formulierte Pütter die provokative Theorie, »… dass die gelösten Stoffe als Nahrung niederer Tiere im Meere eine viel größere Bedeutung haben, wie die Leiber der Organismen … Der gewaltige Reichtum des Meeres an gelösten Kohlenstoffverbindungen … ist ein neues Moment für die Lebensbedingungen im Meere.«

Schon zu Lebzeiten Pütters wurden seine ersten Messungen revidiert, die Konzentration des gelösten organischen Materials war überschätzt und die Biomasse mariner Organismen unterschätzt worden. Nach neuestem Kenntnisstand hat sich das Bild Pütters allerdings nicht grundlegend geändert: In den gelösten organischen Verbindungen sind etwa 200-mal mehr Kohlenstoff und 80-mal mehr Stickstoff gebunden als in allen marinen Organismen zusammen (Abbildung 34). Inzwischen konnte aber eindeutig belegt werden, dass sich, entgegen Pütters Vermutung, die meisten mehrzelligen Wesen im Meer nicht von gelöstem organischem Material ernähren. Selbst Mikroorganismen der Tiefsee finden daran kaum Geschmack. Diese Substanzen erreichen daher ein Radiocarbonalter von mehreren tausend Jahren. Dies ist in Hinblick auf das enorme Überangebot an gelöster Nahrung sehr erstaunlich. Besonderes bizarr erscheint es in subtropischen Ozeanregionen, den »Wüsten der Meere«, in denen das Algenwachstum aufgrund Nährstoffmangels auf ein Mindestmaß reduziert ist. Dort könnten durch die Umsetzung des gelösten organischen Materials ausreichend Energie und Nährstoffe gewonnen werden, um ein produktives Nahrungsnetz zu ermöglichen, aber der organisch gebundene Kohlenstoff, Stickstoff und andere essenzielle Elemente werden kaum genutzt. Es ist wie ein Oktoberfest, auf dem zwar ein paar Weißwürste konsumiert, aber die großen Mengen an Bier auch über Tausende von Jahren unangerührt bleiben.

Dass eine so große Menge an gelöstem organischem Material von marinen Organismen nicht genutzt wird, gehört zu den größten Rätseln in den Meereswissenschaften. Über mehrere tausend Jahre erfolgte eine beträchtliche Akkumulation in den Ozeanen. In einem Liter Meerwasser ist rund ein Milligramm organisches Material gelöst. Im Vergleich zu den 35 Gramm gelösten Salzen erscheint das wenig, wenn man aber das Volumen der Weltmeere berücksichtigt, ergeben sich insgesamt 700 Mrd. Tonnen organischen Kohlenstoffs. Dies entspricht in etwa der Menge an Kohlenstoff, die in der gesamten Biomasse im Meer und auf den Kontinenten gespeichert ist, inklusive aller Wälder. Um die Bedeutung dieser Menge zu veranschaulichen, ein Gedankenspiel: Würde sich die Konzentration des gelösten organischen Materials auf Kosten des atmosphärischen Kohlendioxides von 1 auf 1,4 Milligramm erhöhen, würde der atmosphärische Kohlendioxidgehalt (vorindustriell ca. 280 ppm) auf das Niveau der letzten Eiszeit absinken (ca. 190 ppm), mit den bekannten Konsequenzen für das Weltklima. Dementsprechend enorm ist auch die potenzielle Kapazität, den durch Menschen verursachten Anstieg des atmosphärischen Kohlendioxidgehaltes zu kompensieren. Trotz dieser Bedeutung für globale Kohlenstoffflüsse und das Weltklima sucht man im letzten Bericht des IPCC (Intergovernmental Panel on Climate Change [3]) vergeblich nach dem gelösten organischen Material der Meere. Es lässt sich nicht sinnvoll in globale Klimamodelle integrieren, weil unser Wissensstand noch äußerst lückenhaft ist.

Die vermutlich größte Wissenslücke ist die chemische Zusammensetzung: Die Struktur von über 95 % der im Meer gelösten Moleküle ist unbekannt. Diese Tatsache ist beunruhigend, wenn man bedenkt, dass es sich global um einen der größten Speicher des aktiven Kohlenstoffkreislaufes handelt. Erst wenn Strukturinformationen vorliegen, werden die großen Fragen der Bedeutung im Kohlenstoffkreislauf geklärt werden können: Warum wird dieses Material von marinen Organismen nicht umgesetzt? Warum wird es nach mehreren tausend Jahren dann schlussendlich doch abgebaut? Und woher stammt es?

Auf die letzten Frage hatte Pütter schon 1907 eine Antwort: »… so können wir die Frage woher die gelösten organischen Stoffe im Meere stammen, mit großer Wahrscheinlichkeit dahin beantworten: die gelösten Kohlenstoffverbindungen des Meeres sind Produkte des Betriebsstoffwechsels der Meeresorganismen, speziell der Algen und Bakterien.«

Inzwischen ist der Beitrag mariner Mikroorganismen mithilfe molekularer Methoden bewiesen worden. Andere Quellen, wie der Eintrag von fossilen Stoffen aus tiefen Meeressedimenten, sind dagegen in den Mittelpunkt einer neuen Diskussion gerückt.

Warum ist selbst nach über hundert Jahren Forschung so wenig über das gelöste organische Material im Meer bekannt?

Die größte Menge des gelösten organischen Materials war umfangreichen Umsetzungsprozessen ausgeliefert, sodass nur molekulare Überreste Aussagen über die ursprüngliche Quelle des organischen Materials und seine Entstehungsgeschichte zulassen. Fortschritte in der organischen Geochemie und unser Kenntnisstand zur Erdgeschichte sind daher eng mit der Entwicklung neuartiger Analysentechniken verbunden. Meerwasser gehört zu den komplexesten molekularen Mischungen, die man kennt, und ist der analytischen Chemie kaum zugänglich. Die molekulare Vielfalt und die starken Wechselwirkungen zwischen den Einzelkomponenten machen die molekulare Strukturaufklärung fossiler Materialen zu einer der größten Herausforderungen der analytischen Chemie.

Die Analytik komplexer organischer Systeme hat sich in den letzten Jahren in außergewöhnlicher Weise fortentwickelt. Insbesondere neuartige Techniken in der Massenspektrometrie sind in diesem Zusammenhang zu erwähnen (Abbildung 35). Im Folgenden soll an einem konkreten Beispiel gezeigt werden [1], wie damit konkrete Fortschritte in der Meeresforschung erzielt werden konnten. Über ultrahochauflösende Massenspektrometrie (Fourier-Transformations-Ionen-Zyklotronresonanz-Massenspektrometrie oder FT-ICR-MS) ist es zum ersten Mal gelungen, exakte Massen einzelner Moleküle auch in der komplexen Mischung von Meerwasser zu bestimmen. Die Massengenauigkeit dieser Technik hat ein Maß erreicht, mit dem der sogenannte Massendefekt einzelner Moleküle, d. h. die leichte Abweichung von der nominellen (ganzzahligen) Masse, bestimmbar ist (Abbildung 35). Der Massendefekt beruht auf der Tatsache, dass Protonen und Neutronen etwas von der Masse 1 Dalton abweichen und Elektronen eine geringe Masse aufweisen. Das höchstauflösende Massenspektrometer kann z. B. die Masse eines Moleküls von 500 Dalton auf weniger als 0,2 Millidalton genau bestimmen, was etwa der Hälfte der Masse eines Elektrons entspricht. Um diese Genauigkeit zu erreichen, sind magnetische Feldstärken von bis zu 15 Tesla nötig. Über die exakte Masse eines Moleküls kann die Anzahl der Protonen, Neutronen und Elektronen bestimmt werden. Mit einfachen Rechenroutinen und stöchiometrischen Regeln werden schließlich Summenformeln berechnet.

Erst durch die Anwendung der hochauflösenden Massenspektrometrie wurde vor wenigen Jahren die extreme molekulare Vielfalt im Meer erkennbar. Inzwischen konnten zehntausende von Summenformeln im Meerwasser bestimmt werden. Für jede Summenformel gibt es eine Vielzahl von Strukturisomeren, deren Identifizierung weiterhin eine der größten analytischen Herausforderungen bleiben wird. Die ultrahochauflösende Massenspektrometrie ist bisher die einzige Technik, die Untersuchungen an noch unbekannten individuellen Molekülen im Meerwasser ermöglicht. Somit wird man auch bei dem Versuch, weitere Molekülstrukturen im Meerwasser zu identifizieren, auf diese neuartige Technologie angewiesen sein.

Der Nachweis einer erstaunlichen Substanzklasse in der Tiefsee

Bei ersten Untersuchungen mit der neuartigen Massenspektrometrie [1] wurde im tiefen Ozean eine Substanzklasse nachgewiesen, deren Existenz in der Tiefsee zunächst erstaunt: funktionalisierte polycyclische Aromaten mit sechs und mehr kondensierten Ringen. Dies ist erstaunlich, da kein Organismus bekannt ist, der diese Komponenten synthetisieren kann. Diese Verbindungen können nur bei starker Erhitzung (»Thermogenese«) organischer Substanz entstehen, entweder bei Verbrennungsprozessen an Land oder durch Erdwärme in tiefen Sedimentschichten. Die in der Tiefsee nachgewiesenen Polyaromaten sind daher ein eindeutiges Indiz für vorangegangene thermische Überarbeitung des organischen Materials. In jüngsten Untersuchungen konnte die weite Verbreitung dieser Substanzen in der Tiefsee nachgewiesen werden. Insbesondere ältere Wassermassen der Tiefsee, die noch nicht mit industriellen Produkten (z. B. Fluorchlorkohlenwasserstoffe, FCKW) kontaminiert sind, weisen erhöhte Konzentrationen der thermogenen Komponenten auf. Dies ist zunächst überraschend, da anthropogene Prozesse heutzutage die größte Quelle von Verbrennungsprodukten sind und daher erhöhte Konzentrationen in jüngeren Wassermassen zu erwarten gewesen wäre. Eine natürliche Quelle des thermogenen Materials und die Freisetzung aus tiefen Sedimenten ist daher wahrscheinlich.

Die Freisetzung gelöster organischer Substanzen aus tiefen Sedimenten ist ein natürlicher Prozess, der fossile Ablagerungen wieder in aktive Kreisläufe überführt (Abbildung 34).

Wahrscheinlich wird die natürliche Mobilisierung fossiler Kohlenstoffspeicher unterschätzt, da der Weg über das gelöste organische Material bisher nicht bekannt war. Die Gesamtmenge des thermogenen Materials in der Tiefsee wird auf mindestens 17 Mrd. Tonnen Kohlenstoff geschätzt, die jährliche Umsatzrate auf etwa 0,02 Mrd. Tonnen. Zum Vergleich: Die Verbrennung fossiler Energieträger

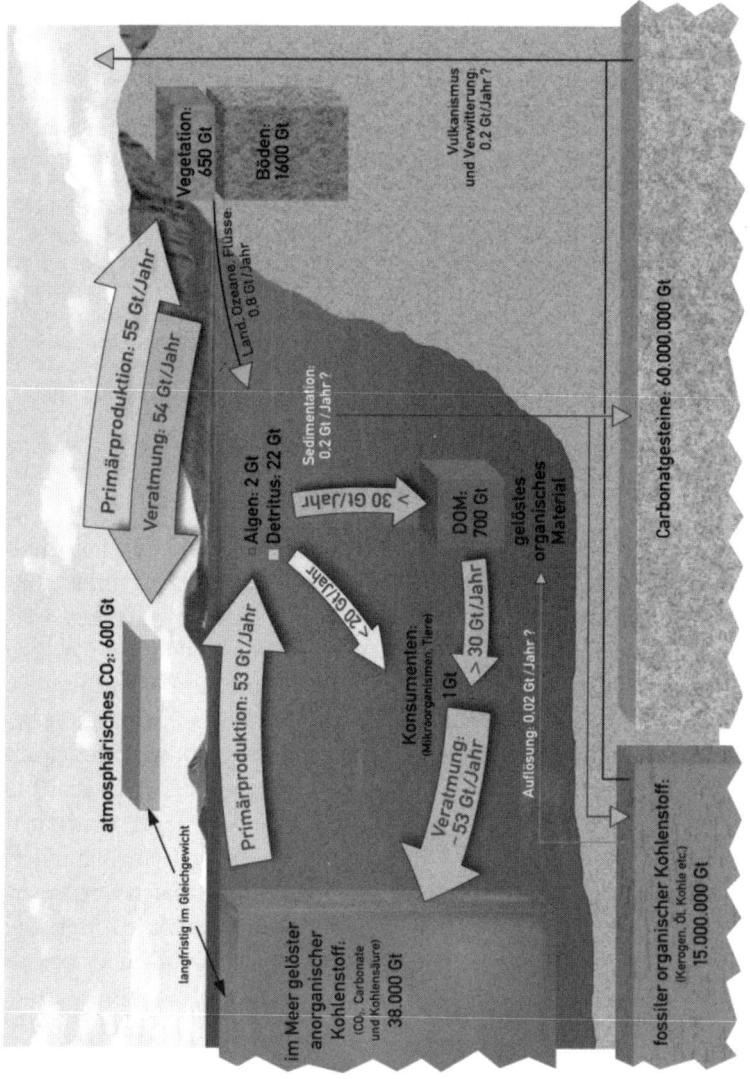

Abbildung 34 Der globale Kohlenstoffkreislauf zu vorindustrieller Zeit. Die verschiedenen Kohlenstoffspeicher sind in Gigatonnen ($1 \text{ Gt} = 10^{15} \text{ g} = 1$ Milliarde Tonnen) Kohlenstoff angegeben, die Flussraten zwischen den Vorräten (= Nettoflüsse) in Gt pro Jahr. Kohlenstoff liegt auf der Erde insbesondere als Carbonat und als fossile organische Verbindungen in Gesteinen vor. Weniger als 0,001 % befindet sich in der Atmosphäre als CO_2.

Allerdings sind die Flussraten zwischen den Gesteinen und der Atmosphäre so klein, dass viele Millionen Jahre nötig sind, um die atmosphärische Zusammensetzung über Wechselwirkungen mit Gesteinen zu verändern. Ein kleiner Teil des Kohlenstoffs wird auf der Erde sehr schnell umgesetzt. Lebewesen spielen bei diesem aktiven Kreislauf eine entscheidende Rolle. Leichte Verschiebungen in diesem Kreislauf können den CO_2-Gehalt der Atmosphäre und somit das Klima entscheidend beeinflussen. Obwohl Mikroorganismen selbst nur eine geringe Menge an Kohlenstoff enthalten, wird nahezu der gesamte Kohlenstoff im aktiven Kreislauf von Mikroorganismen umgesetzt: Die im Meer lebenden Mikroorganismen enthalten weniger als 1 Gt Kohlenstoff, setzen im Jahr aber rund 53 Gt davon um. Marine Mikroorganismen können nur gelöste Substanzen aufnehmen, das gelöste organische Material (»DOM«) spielt daher eine zentrale Rolle im globalen Kohlenstoffkreislauf. Es enthält zudem eine ähnliche Menge an Kohlenstoff wie alle Lebewesen an Land und im Meer zusammen. Durch die Verbrennung fossiler Energieträger werden dem aktiven Kreislauf jährlich weitere 6,4 Gt Kohlenstoff zugeführt, die dort vermutlich für Millionen von Jahren verbleiben werden. Die Speicherung von Kohlenstoff im gelösten organischen Material hängt in großem Maße von mikrobiellen Umsätzen ab. Ob eine gezielte Steuerung dieser Umsätze zu einer Erhöhung des Kohlenstoffgehaltes im gelösten organischen Material und somit zu einer Absenkung des atmosphärischen CO_2 führen kann, bleibt umstritten. (Urheber: Thorsten Dittmar und IPCC [3]).

durch Menschen setzt rund das Doppelte dieser Menge an Kohlendioxid *pro Tag* frei. Auch wenn alle bekannten natürlichen Prozesse (inklusive Vulkanismus und Verwitterung) zusammengerechnet werden, übertreffen die anthropogenen Freisetzungsraten von fossilem Kohlenstoff die natürlichen um mindestens zwei Größenordnungen. Die gegenwärtige Freisetzung fossilen Kohlenstoffs übertrifft alle bekannten natürlichen Prozesse und Ereignisse. Doch wird dieser anthropogene Eingriff nur ein kurzes Intermezzo in der Erdgeschichte sein. Die gegenwärtige Nutzung fossiler Energieträger wird auch nach den großzügigsten Schätzungen nur noch wenige hundert Jahre anhalten, dann werden die kommerziell nutzbaren Vorräte erschöpft sein. Über geologische Zeiträume werden die Umsetzung des gelösten organischen Materials und andere natürliche Prozesse dann wieder den Kohlenstoffkreislauf dominieren.

Abschlussgedanken

Obwohl Pütter in seiner Kernhypothese, dass sich Meerestiere in erster Linie von gelöstem organischen Material ernähren, falsch lag, ist die Diskussion, die mit seinen Arbeiten 1907 begann, von höchster Aktualität. Es ist heute nicht mehr die Frage, *ob* sich Meeresorganismen von dem gelösten organischen Material der Tiefsee ernähren, sondern warum sie es *nicht* tun. Massenspektrometrische Analysen haben gezeigt, dass die meisten gelösten Moleküle im Meer klein sind (kleiner als 700 Dalton), also klein genug, um von Mikroorganismen direkt aufgenommen werden zu können. Sauerstoff ist in der Tiefsee zur Oxidation des organischen Materials in ausreichendem Maße vorhanden, dennoch wird dieses enorme Reservoir an Energie und Materie nur sehr zögerlich von Mikroorganismen genutzt. Es bleibt also die Frage, warum eine so große Menge organischen Materials der schnellen Umsetzung durch Mikroorganismen entzogen ist. Erste konkrete Ergebnisse von neuartigen Analysetechniken deuten darauf hin, dass geothermische Prozesse eine vermutlich große Rolle bei der Freisetzung und Stabilisierung des gelösten organischen Materials spielen. Und hiermit schließt sich der Kreis in diesem Kapitel. Die Ozeane enthalten eine große Menge organischer Substanz, die vermutlich unter großer Hitze, bei großem Druck und in Gegenwart metallischer Katalysatoren so verändert wurde, dass sie für lebende Organismen kaum mehr zugänglich ist. Die molekulare Vielfalt ist enorm und die Wechselwirkungen zwischen den einzelnen Molekülen stark – all das sind Grundvoraussetzungen für komplexe übergeordnete molekulare Strukturen und chemische Evolution. Wenn wir die molekularen Spuren im Meer zu identifizieren und deuten lernen, sollte es uns gelingen, chemische Evolution von einfachen molekularen Komplexen bis hin zu lebensähnlichen Strukturen tatsächlich zu beobachten.

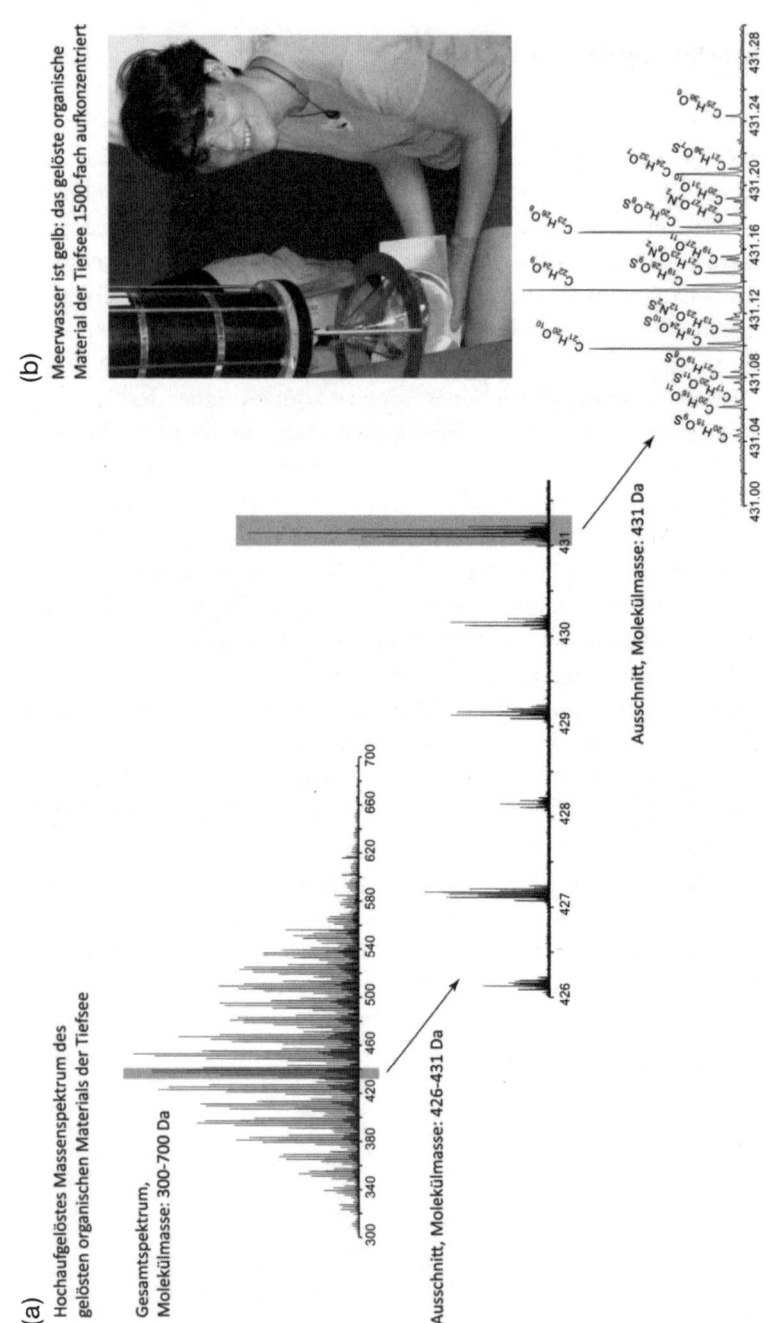

(a)
Hochaufgelöstes Massenspektrum des gelösten organischen Materials der Tiefsee

Gesamtspektrum,
Molekülmasse: 300–700 Da

Ausschnitt, Molekülmasse: 426–431 Da

Ausschnitt, Molekülmasse: 431 Da

(b)
Meerwasser ist gelb: das gelöste organische Material der Tiefsee 1500-fach aufkonzentriert

Abb. 35 Das gelöste organische Material der Tiefsee

(a) Hochaufgelöstes Massenspektrum von Meerwasser. Das Massenspektrum zeigt die Molekülmassen intakter, einfach ionisierter Moleküle. Die enorme molekulare Vielfalt von Meerwasser wird bereits im Übersichtsspektrum deutlich. Die Ausschnitte zeigen, dass Moleküle mit derselben nominellen Masse, aber unterschiedlichen Summenformeln getrennt werden können. Das Massenspektrum wurde von Dittmar und Kollegen am National High Magnetic Field Laboratory in Tallahassee (Florida) erstellt (FT-ICR-MS, Eigenbau, 9,4 Tesla Feldstärke). Urheber: Thorsten Dittmar. (b) Meerwasser ist gelb: das gelöste organische Material der Tiefsee, 1500-fach aufkonzentriert. Für die molekulare Analyse muss Meerwasser entsalzt und aufkonzentriert werden. Nach der Aufarbeitung von 3000 Litern Tiefseewasser wurden 2 Liter Extrakt gewonnen. Die gelbe Farbe der Probe ist die natürliche Farbe von Tiefseewasser, die auf das gelöste organische Material zurückzuführen ist. Die Tiefseeprobe wurde von Dittmar und Kollegen an der Pumpstation des Natural Energy Laboratory Authority (Big Island, Hawaii) aus 680 Meter Wassertiefe gewonnen. Auf dem Bild ist Frau Dr. Jutta Niggemann (wissenschaftliche Mitarbeiterin in der Forschungsgruppe) bei der Gewinnung des DOM in den Labors auf Hawaii zu sehen. Urheber: Norbert Hertkorn.

Danksagung

Größere Abschnitte dieses Kapitels wurden dem Beitrag von Dittmar und Schlösser im Jahrbuch 2010 der Max-Planck-Gesellschaft entnommen, wir danken der Max-Planck-Gesellschaft für die Genehmigung der Reproduktion.

Literatur

[1] Dittmar, J. Paeng: A heat-induced molecular signature in marine dissolved organic matter. *Nature Geoscience* **2**, 175–179 (2009).

[2] A Pütter: Der Stoffhaushalt des Meeres. *Zeitschrift für Allgemeine Physiologie* **7**, 321–368 (1907).

[3] Intergovernmental Panel on Climate Change: *Climate Change 2007 – The physical science basis.* Cambridge Univ. Press, Cambridge (2007).

Die Autoren

Prof. Dr. Thorsten Dittmar, Jahrgang 1970, studierte Geoökologie an der Universität Bayreuth und promovierte 1999 in Meereschemie an der Universität Bremen. Nach dreijähriger Forschungstätigkeit am Alfred-Wegener-Institut für Polar- und Meeresforschung (Bremerhaven) und der School of Oceanography an der University of Washington (Seattle, USA), war er seit 2003 als Assistant Professor für chemische Ozeanographie an der Florida State University in Tallahassee (USA) tätig. Seit September 2008 leitet er die Max-Planck-Forschungsgruppe für Marine Geochemie an der Universität Oldenburg. Sein Forschungsschwerpunkt ist die molekulare Charakterisierung komplexer organischer Mischungen im Kontext globaler biogeochemischer Prozesse. Hochauflösende Massenspektroskopie und regelmäßige Fahrten auf Forschungsschiffen sind wesentlicher Bestandteil seiner Arbeit.

Dr. Manfred Schlösser wurde 1954 in Bremen geboren. Er studierte ab 1975 Chemie an der Universität Bremen, wo er schließlich 1986 auch promovierte. Es folgte ein Forschungsaufenthalt von 1986 bis 1989 an der University of Pennsylvania, Philadelphia, USA und anschließend von 1989 bis 1997 am Institut für Humangenetik der Universität Göttingen. Seit 1997 ist Schlösser Pressesprecher am Max-Planck-Institut für Marine Mikrobiologie in Bremen.

Interview mit Professor Dittmar

Was fasziniert Sie an Ihrem Beruf am meisten?
Ich muss ungefähr sieben Jahre alt gewesen sein, als ich beschloss, Forscher werden zu wollen. Jules Verne hatte wohl einen gewissen Einfluss auf diese Entscheidung. Ich war seitdem fasziniert von der Vorstellung, neue Welten entdecken und erkunden zu können – dieselbe Faszination, die man empfindet, wenn man als Erster eine frisch eingeschneite Landschaft durchschreitet, so als wäre noch nie ein anderer Mensch dort gewesen. Mehr als dreißig Jahre später, nun Meeresforscher, treibt mich dieselbe Neugierde an. In der Tat sind auch außerhalb der Romanwelt heute noch faszinierende neue Welten zu entdecken. Es ist die unsichtbare Welt der Moleküle, die ich erkunde, und die uns neue Einblicke in große Zusammenhänge verschafft. Neben der Erforschung unbekannter Welten finde ich es nicht weniger faszinierend, junge Studierende für die Wissenschaft zu begeistern.

Eigentlich erforschen Sie nicht zentral die Thematik »Chemische Evolution«. Welchen Fragen gehen Sie eigentlich nach und warum meinen Sie, dass dies bedeutend für das Thema dieses Buches ist?

In molekularer Hinsicht ist die Erde weitestgehend unerforscht. Höchstens 5% der natürlichen Moleküle sind in ihrer Struktur bekannt. Solange der molekulare Baukasten nicht bekannt ist, wird der Ursprung des Lebens wissenschaftlich kaum fassbar sein. Ich erforsche in erster Linie die organischen Moleküle, die in Spuren in Meerwasser gelöst sind. Das Meer ist groß, und auf das gesamte Volumen gerechnet, summieren sich die organischen Spuren im Meer auf gewaltige Mengen. So enthält das Meer mehr Kohlenstoff als die Wälder aller Kontinente zusammen. Dieser riesige Kohlenstoffspeicher beeinflusst das Klima und das gesamte Leben auf der Erde. Die Moleküle im Meer sind der Rosettastein für viele Fragen zum Funktionieren unseres Planeten, zur Erdgeschichte und vermutlich auch zum Ursprung des Lebens.

Kann aus Ihrer Sicht die Frage, ob das Leben aus einer Ursuppe entstanden ist, noch im Laufe Ihrer wissenschaftlichen Laufbahn geklärt werden?

Ich bin in dieser Hinsicht optimistisch. Wir können natürlich nicht vier Milliarden Jahre in die Vergangenheit reisen, um den Ursprung des Lebens zu beobachten. Aber die Moleküle der Gegenwart können uns Indizien zur Vergangenheit liefern. Die analytische Chemie hat in der letzten Jahren revolutionäre Fortschritte gemacht und wir können nun tiefer denn je in molekulare Welten eindringen. Es ist daher nicht unwahrscheinlich, dass wir in den nächsten Jahrzehnten die Moleküle auf der Erde und ihr Wechselspiel verstehen lernen, um schließlich eine virtuelle Reise zum Ursprung des Lebens anzutreten.

Sie forschen regelmäßig auf Forschungsschiffen. Sind Sie ein verkappter Abenteurer oder was fasziniert Sie an dieser Forschung? Könnten Sie sich genauso gut vorstellen, als Astronaut zum Mars zu fliegen?

Für mich als Meereschemiker ist es sehr wichtig, den Bezug zu meinem Forschungsobjekt, dem Meer, zu behalten. Neben den vielen Molekülen könnte man sonst schnell den Blick für die großen Zusammenhänge verlieren. Außerdem sind wir für unsere Forschung auf Wasserproben aus den verschiedensten Regionen der Welt angewiesen. Die Seefahrt ist daher ein sehr wichtiger Bestandteil unserer Forschung. Eine der faszinierendsten Expeditionen, an denen ich teilnehmen konnte, war eine Tauchfahrt in die Tiefsee. Eingeschlossen in eine kleine Druckkammer konnte man die erstaunlichen Organismen der Tiefsee beobachten und wertvolle Proben für die Forschung gewinnen. Das hat mich etwas an die Raumfahrt erinnert. Diese Expeditionen sind beeindruckende persönliche Erlebnisse, aber moderne Roboter können extreme Lebensräume heute besser erkunden als Menschen. Daher setzt die Meeresforschung zunehmend auf unbemannte Roboter für die Erforschung extremer Standorte wie die Tiefsee. So faszinierend bemannte Flüge zum Mars wären, bin ich in dieser Hinsicht ganz nüchterner Meinung: Roboter können unseren Nachbarplaneten besser erforschen als Astronauten, und das für einen Bruchteil des finanziellen Aufwandes.

IV

Evolution und Selektion

7

LUCA – letzter gemeinsamer Vorfahre allen Lebens

Armen Mulkidjanian und Dirk-Henner Lankenau

>> Es ist wirklich lachhaft was so alles in den Köpfen mancher Naturforscher
herumspukt, wenn sie von »Arten« sprechen. ...
Ich glaube das rührt alles daher, das Undefinierbare definieren zu wollen.«

(Charles Darwin an J. D. Hooker, 24. Dezember 1856)[6]

>> Es ist die Gattung, nach der sich die Merkmale ergeben, und nicht die
Merkmale, welche die Gattung erfordern.«

(Carolus Linnaeus, 1737)(115)

Einführung: Darwins Stammbaum des Lebens

Wie wir in den anderen Kapiteln dieses Buches sehen, versuchen
viele Wissenschaftler, das Problem des Ursprungs des Lebens zu
lösen. Dabei betrachten sie chemische Reaktionen, die aus einfachsten Verbindungen für Lebewesen wichtige, d. h. biologisch relevante
Moleküle erzeugen können. Die Wahrscheinlichkeit, dass solche Reaktionen auch tatsächlich, plausibel auf der Urerde stattgefunden
haben, wird dann im Labor experimentell überprüft. Einige Wissenschaftler wählen jedoch eine andere Herangehensweise, um den Ursprung des Lebens auf unserem Planeten zu rekonstruieren. Dieser
Ansatz geht auf Charles Darwins Werk »Die Entstehung der Arten
durch natürliche Zuchtwahl« zurück und beruht darauf, den Prozess
der biologischen Evolution als einen Stammbaum des Lebens zu betrachten [26]. Der Baum des Lebens wurde bereits im Buch Genesis
erwähnt: »Gott, der Herr, ließ aus dem Ackerboden allerlei Bäume
wachsen, verlockend anzusehen und mit köstlichen Früchten, in der

---

6 It is really laughable, to see what dif-
ferent ideas are prominent in various
naturalists minds, when they speak of
»species«; in some, resemblance is
everything and descent of little weight
– in some resemblance seems to go
for nothing & Creation the reigning
idea – in some descent is the key, – in
some sterility an unfailing test, with
others not worth a farthing. It all
comes, I believe, from trying to define
the undefinable. Darwin C (1856) Let-
ter to James D. Hooker 24 Dec, 1856.
In: The Correspondence of Charles
Darwin, Band 6, Cambridge University Press, New York Melbourne, S. 309.

Mitte des Gartens aber den Baum des Lebens. ...« Darwin benutzte diese Idee des wachsenden Baumes, um die Evolution der Organismen aus einer gemeinsamen Wurzel zu veranschaulichen. Die ersten Stammbäume des Lebens, die Darwin zeichnete, waren noch nicht besonders umfangreich.

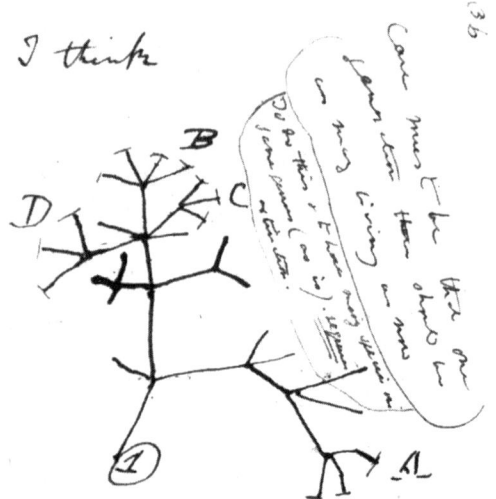

Abb. 36 Darwins drei Skizzen eines Stammbaums aus dem berühmten ersten Notizbuch B [29].

Abbildung 36 zeigt erste Skizzen des evolutionären Baums des Lebens (1837). Sie stammen aus Darwins Notizbuch B zur »Transmutation der Arten«, welches ausgestellt ist im Museum of Natural History in Manhattan, New York City [175]. Darwins Genius stellte allerdings gleichzeitig fest: »The tree of life should perhaps be called the coral of life, base of branches dead; so that passages cannot be seen.« [29]. Übersetzt bedeutet dies: »Der Baum des Lebens sollte vielleicht besser *Koralle des Lebens* heißen, die Wurzeln der Zweige sind (wie bei Korallen) oft abgestorben, so dass Übergänge nicht einfach erkannt werden können.« Diese Zuordnung spielt eine sehr wichtige Rolle bei unserer nun folgenden Betrachtung des gemeinsamen Vorfahren allen Lebens. In dem Buch »Die Entstehung der Arten« gab es nur eine einzige Abbildung, und diese war der nun wesentlich präzisierte Stammbaum des Lebens.

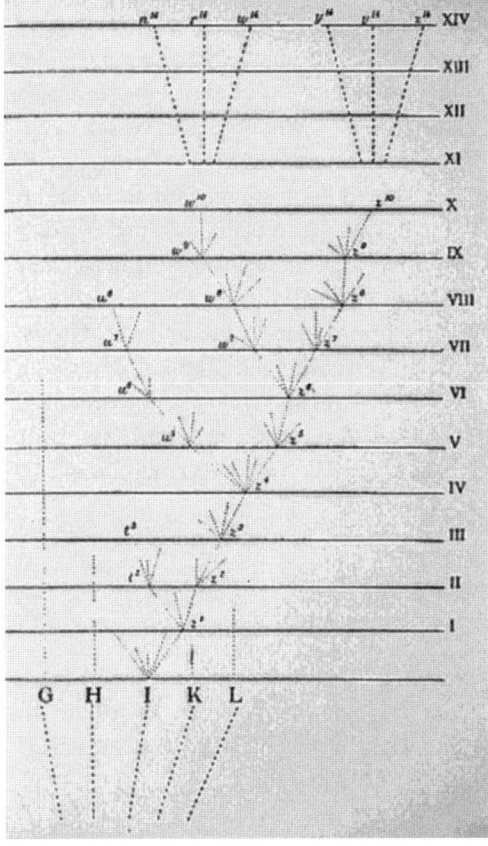

Abb. 37 Charles Darwins berühmter Stammbaum zum Ablauf von Artbildungsprozessen. Artspaltung und Neubildung sind immer begleitet von Radiation (das sind die kleinen buschähnlichen Zweige an jeweiligen Knotenpunkten) und Aussterben. Die einfachste Aufspaltung – nämlich die rein zweischenklige (dichotome) Aufspaltung in zwei Arten – ist ebenfalls nur eine sehr einfache Form der Radiation, wie ein Kreis nur eine Sonderform der Ellipse ist (Abbildung aus [26]).

Darwin verstand offenbar, dass die Zweige eines Baumes letztendlich immer aus einem gemeinsamen »Punkt« hervorgehen, wobei ihm sogar die Details der buschähnlichen Neuentstehung von Arten bewusst waren, die selbst heutzutage manchmal noch übersehen werden (Abbildung 37). Er schrieb: »Es liegt eine Erhabenheit in dieser Betrachtung des Lebens, mit seinen vielfältigen Machtebenen, eingehaucht in nur wenige (Ur)Formen oder sogar nur eine einzige.« (»There is a grandeur in this view of life, with its several powers, having been originally breathed into a few forms or into one« [28], S. 508). Zur Zeit Darwins gab es jedoch keinerlei Hinweis darauf, dass alle Lebewesen tatsächlich auf einen einzigen Vorfahren zurückgeführt werden könnten. Ein weiteres Jahrhundert musste vergehen, damit sich erwies, dass Darwin – wie so oft – vollkommen richtig lag. Heute wissen wir, dass genetische Information bei *allen* Organismen in DNA- und RNA-Strängen, bestehend aus Nucleinsäureketten, gespeichert ist. Darüber hinaus gibt es nur einen einzigen genetischen Code (s. unten). Demzufolge haben alle Lebewesen einen einzigen gemeinsamen Ursprung. Das lebende »Wesen«, oder besser, die lebende Entität, welche unmittelbar dem ersten Verzweigungsknotenpunkt des Stammbaumes des Lebens vorausging, wird als Progenot, Cenancestor oder LUCA (engl. Last Universal Common Ancestor oder, kontextabhängig, Last Universal Cellular Ancestor) bezeichnet. Darwins Erkenntnis der kleinen, buschähnlichen Knotenverzeigungen (Radiationen), die mit Fortschreiten der Evolution durch Aussterbeprozesse jedoch immer wieder verschwanden (Abbildung 37), führte dazu, dass wir heute auch von LUCA<u>S</u> sprechen (engl. Last Universal Common Ancetral *State*) [93] – also einem nicht-entitären Urzustand, wenn Details des Ursprungs um den ersten Knotenpunkt erörtert und erforscht werden sollen[7].

Crashkurs in Biologie

Bevor wir die Eigenschaften von LUCA beschreiben, scheint es uns sinnvoll, die Grundlagen der Biologie vorzustellen. Es ist die Geschichte der Zelle, ihrer Teilung und Vermehrung. Eine Chronologie dieser Geschichte ist in Anhang A dargestellt.

Der Aufbau der Zelle

Weil alle lebenden Organismen zellulär sind, war LUCA irgendwann auch zellulär organisiert und darum interessieren uns alle De-

---

7 LUCA und LUCAS werden in diesem Beitrag synonym benutzt.

tails moderner Zellen. Heute kennen wir den Aufbau und die molekularen Lebensfunktionen bis auf die atomare Ebene genau. Jede Zelle ist von einer vollständigen Membranhülle umgeben. Den Membranen aller Lebewesen sind zwei Merkmale gemeinsam, nämlich erstens eine Lipiddoppelschicht und zweitens Membranproteine, die die Doppelschicht durchstoßen.

Lipide bilden die flüssige Grundstruktur aller biologischen Membranen. Sie bestehen aus wasserabstoßenden Kohlenstoffketten und einer geladenen, polaren, d. h. hydrophilen[8] Kopfgruppe. In Lipiddoppelschichten sind die hydrophoben[9] Schwänze stets einander zugewandt, während die hydrophilen Köpfe nach außen und innen zeigen und an das umgebende wässrige Medium grenzen. Durch die Abgrenzung durch Membranen erzeugt die Zelle eine innere Umwelt, die in ihrer Zusammensetzung völlig anders ist als die Außenwelt. Damit hebt sich jede Zelle als konkrete, lebende Entität von oft lebensfeindlichen Umwelten ab.

Hinsichtlich der Zellstruktur unterscheiden sich grundlegend zwei Gruppen von Organismen, nämlich Prokaryonten und Eukaryonten[10]. Bei Eukaryonten ist die gesamte Erbinformation, die DNA, von einer Doppelmembran umgeben. Diese Struktur ist die von Robert Brown (siehe Anhang A) 1831 *Areola* genannte, lichtbrechende Struktur, der Zellkern (Karyon bedeutet im Griechischen Kern). Prokaryonten besitzen ein Nucleoid, in dem die DNA »lagert«. Das Nucleoid ist jedoch nicht von einer Doppelmembran umschlossen.

Außerhalb des Kerns besitzen Eukaryontenzellen im Zellplasma membranumhüllte Kompartimente und Strukturen. Diese sind insbesondere die Chloroplasten, Mitochondrien, Membransysteme wie der Golgiapparat und das endoplasmatische Reticulum (ER) sowie ein Zellskelett. Mitochondrien und Chloroplasten waren ursprünglich eigenständige Prokaryonten, die sehr früh im Laufe der Evolution in einen Vorläufer aus der Stammgruppe der Eukaryonten integriert wurden. Seit dieser Vorzeit erfüllen die symbiotischen Organellen lebensnotwendige Funktionen in jeder Eukaryontenzelle. In den Mitochondrien findet die Energiegewinnung im Citratcyclus und der Atmungskette statt. Sowohl Pflanzen als auch Tiere besitzen Mito-

---

8 wasseranziehend
9 wasserabtoßend

10 Zu den Eukaryonten gehören alle Pflanzen, Tiere, Pilze, Protozoen und Algen. Zu den Prokaryonten gehören alle Bakterien und Archaeen.

chondrien. Chloroplasten kommen bei Pflanzen und Algen vor. In ihnen findet die Photosynthese statt. Bei der Photosynthese wird Lichtenergie dazu benutzt, Elektronen von anorganischen Stoffen abzuziehen und dann mit Hilfe von Enzymen auf Kohlenstoffdioxid (CO_2) zu übertragen. Dadurch entstehen verschiedene Verbindungen, die zur Ernährung dienen können.

Die genetische Information, die innerhalb der DNA- und RNA-Stränge gespeichert vorliegt, kann man vergleichen mit dem Barcode (Strichcode) auf den Waren eines Supermarktes. Die DNA- und RNA-Stränge stellt man sich dabei am besten als Drachenschnur vor, auf der dieser Barcode gespeichert ist. In der DNA gibt es jedoch nur vier »Striche«, die Nucleotide A (Adenin), C (Cytosin), G (Guanin) und T (Thymin). Sie sind durch Zucker-Phosphat-Bindungsglieder aneinander gekoppelt. A und T einerseits sowie C und G andererseits können Paare bilden, dadurch können zwei DNA-Moleküle miteinander interagieren und doppel-helikale Strangstrukturen bilden.

Sowohl bei Prokaryonten als auch bei Eukaryonten wird die genetische Information in der DNA durch Replikation des Genoms (Verdopplung der »Drachenschnur«) erhalten [178, 179]. Die Replikationsreaktion wird so durch das DNA-Polymerase-Enzym durchgeführt [98], sodass jede Zelle eine exakte Kopie des Genoms[11] der elterlichen Zelle erhält. Die genetische Information in der DNA (Barcode) wird durch Transkription der Gene in einzelne mRNA-Stränge (messenger-RNAs, Boten-RNAs) überführt und für weitere zellphysiologische Prozesse zur Verfügung gestellt. Bei allen Organismen wird die Transkription, d.h. die Synthese von RNA-Polymer entlang des DNA-Polymers, durch das Enzym RNA-Polymerase erledigt [100].

Wie DNA besteht jede mRNA aus Ribonucleotid-Bausteinen mit je einer von vier möglichen Basen: A (Adenin), C (Cytosin), G (Guanin) und U (Uracil). Das bedeutet, dass ein RNA-Strang anstelle eines T stets ein U enthält. Die mRNAs werden dann in die verschiedenen Aminosäure-Sequenzen all der Proteine eines Organismus übersetzt (translatiert). Jedes Aminosäure-Kettenglied wird dabei durch ein oder mehrere Basentripletts (Codons) codiert, z.B. UUA oder UUG für die Aminosäure Leucin. Auch Signale für Start (AUG) und Ende der Translation (UAG, UAA oder UGA) sind in dem Code enthalten [134, 162]. Dieser Code gilt universell für alle Lebewesen und Viren.

---

11 Gesamtheit aller Chromosomen und Gene

Die Translation der genetischen Information in der mRNA erfolgt im Ribosom. Die Ribosomen selbst sind aus RNA und Proteinen zusammengesetzte Nano-Maschinen, die die Übersetzung des genetischen Codes in eine bestimmte Reihenfolge von Aminosäurekettengliedern gewährleisten. Die Proteinsynthese im Ribosom kann sowohl frei im Cytoplasma als auch an den Zellmembranen stattfinden. Die mechanisch-molekulare Verbindung von mRNA-Sequenz zu Proteinsequenz wird von der Zelle durch transfer-RNA (tRNA) realisiert. Bakterienzellen haben etwa 50 verschiedene Sorten von tRNA-Molekülen, wobei jede etwa 75 Nucleotide lang ist. An ihr CCA-3'-Ende wird über eine Esterbindung jeweils eine bestimmte Aminosäure gebunden. In den 75 Nucleotiden der tRNA befindet sich eine drei Nucleotide umfassende Sequenz, die Anticodon genannt wird. Das Anticodon bindet im Ribosom (wie ein Magnet) an sein komplementäres Gegenstück in der mRNA und positioniert seine charakteristische Aminosäure im Ribosom; die Aminosäuren werden zuvor durch ein tRNA-spezifisches Enzym an ihre tRNA geknüpft. Diese Komplexe heißen Aminoacyl-tRNAs. Wenn im Ribosom zwei benachbarte Aminoacyl-tRNAs ihre jeweiligen Aminosäuren benachbart positioniert haben, werden die beiden Aminosäuren in einer Peptidbindung zu einer Dipeptidsequenz, zwei Kettengliedern eines werdenden Proteins, verknüpft. Dies ist die Peptidyltransferase-Reaktion. Eine Rückcodierung (reverse Transkription) von RNA zu Doppelstrang-DNA ist möglich und ursprünglich [20, 170], während es eine umgekehrte Übersetzung (reverse Translation) vom Protein zur RNA nicht gibt. Dies ist das zentrale Dogma der Molekularbiologie [23, 23a].

Prokaryontenzellen und Eukaryontenzellen unterscheiden sich in vielen Details und nur wenige Eigenschaften, Prozesse und Gene sind identisch. Tabelle 1 zeigt einen klassischen Vergleich der Eigenschaften dieser zwei großen Gruppen.

Wie bestimmt man die Verwandtschaft zwischen Organismen?

Während Chemiker im 20. Jahrhundert die Bausteine des Lebens entdeckten und beschrieben, durchdachten und erforschten Biologen die körperinternen und die äußeren wechselseitigen Beziehungen der Lebewesen. Auch die Wechselwirkungen der Organismen in Ökosystemen wurden wichtig. Wieder einmal war Darwin der Pio-

Tabelle 1 Vergleich der Zellen von Prokayonten und Eukaryonten.

Phylogenetische Gruppe	Prokaryonten Bakterien, Archaeen	Eukaryonten Eukarya: Protozoen, Algen, Pilze, Tiere, Pflanzen
Größe	Ø meist < 2 µm	Ø 10 – >100 µm (Straußenei)
Kern	Nucleoid	Nucleus
Kernmembran	abwesend	vorhanden
DNA	zirkulär	linear,
	keine Histonproteine	Histonproteine
Zellteilung	keine Mitose	Mitose
Sexuelle Reproduktion	keine Meiose, Sex-Pili, Transposons	Meiose in diploiden Keimbahnzellen
Cytoplasma & Zellorganisation		
Cytoplasmamembran	Sterine fehlen	Sterine (Cholesterin)
Zellinnere Membranen	einfach, Chlorosomen	komplex (endoplasmatisches Retikulum, Golgiapparat)
RNA- und Protein-Synthese	gekoppelt im Zellplasma	in verschiedenen Kompartimenten
Ribosomen	70S	80S
endosymbiotische Organellen	abwesend	vorhanden
Atmungsketten-Systeme	Teil der Cytoplasmamembran	in Membranen der Mitochondrien
Photosynthese-Pigmente	in internen Membranen oder Chlorosomen	in Chloroplasten
Zellwände	Peptidoglycan (Bacteria); Polysaccharide, (Glyco-) Protein (Archaeen)	bei Pflanzen, Algen, Pilzen; fehlend bei Tieren
Endosporen	vorhanden (oft), hitzeresistent	fehlend
Gas-Vesikel	vorhanden (in einigen)	fehlend
Mobilität		
Flagellen Bewegung	rotierend; Flagellen aus Flagellin aufgebaut; verankert in Zellmembran, ATPase mit Walker-Domäne	nicht rotierend; Flagellen oder Cilien aus Mikrotubuli mit 9+2 Ringen
Cytoskelett-Mikrotubuli	fehlend	vorhanden; Flagellen, Cilien, Basalkörper, mitotischer Spindelapparat, Centriolen
Stoffwechsel	anaerob oder aerob	überwiegend aerob

nier, der als Erster das »Denken in Populationen« begriffen hatte [114].

Essenziell für die Populationsbiologie und heutige Ökologie war seit jeher ein kausal-exaktes Verständnis der biologischen Vielfalt auf der Erde. Phänomenologie der Natur war und ist ein seriöses Anliegen. Der dazugehörige Wissenschaftszweig heißt Systematik. Wie benenne ich ein Tier? Wie heißt eine Pflanze? Was ist eine Flechte, ein Ameisenstaat, ein Bakterium und was ist ein Virus? Hier herrschen oft konfuse Vorstellungen. Wissenschaftliche Namen haben die Aufgabe, ein lebendes Individuum eindeutig zu bezeichnen. Die einfache wissenschaftliche Benennung von Organismen ist die »Nomenklatur«. Carl von Linné publizierte ab 1753 sein Werk »*Systema Naturae*«, in dem er die bis heute gebräuchliche binome Nomenklatur der Arten einführte. Einer Gattung (lat. *genus*) wurden ein oder mehrere Arten (lat. *species*) zugeordnet − z. B. *Homo* (genus) *sapiens* (species). Bis heute bestimmt man Arten in der Natur pragmatisch mit Bestimmungsschlüsseln, in denen sogenannte diagnostische Merkmale (z. B. bei Pflanzen kreuzgegenständige Blätter, Anzahl der Staubgefäße, Farbe der Blüten, bei Tieren die Anzahl der Wirbel, relative Größe und Anzahl der Fühlerglieder usw.) als Kriterien der Unterscheidung herangezogen werden. Der binäre Artbegriff funktioniert allerdings nur exakt bei sich sexuell vermehrenden vielzelligen Organismenpopulationen (Metazoen). Dies hängt mit einem Evolutionsgesetz zusammen, welches Mullers Ratsche genannt wird und für die überwältigende Mehrheit von Tier und Pflanzenpopulationen gilt [102]. Auch für Bakterien, z. B. bei *Escherichia coli*, wird die binäre Nomenklatur benutzt, sie ist jedoch nicht vergleichbar mit der Nomenklatur sexueller Metazoen. Einzellige Mikroorganismen stellen Urformen von relativ selbstständigen Keimbahnen dar, die hohe Reproduktionszahlen aufweisen und vielfältig mit ihrem Lebensraum interagieren.

Ein bedeutender Wechsel vollzog sich in der biologischen Systematik 1936, als die Taxonomie von Carl von Linné zur phylogenetischen Systematik oder Kladistik von Willi Hennig wechselte [71, 152, 153]. Der erste Schritt in Hennigs Methode war die strikte Beschränkung auf abstammungsmäßige, d. h. phylogenetische oder genealogische Verwandtschaft. Mit dieser Methode wurden nicht mehr ausschließlich die morphologischen Eigenschaften zur Verwandtschaftsaufklärung herangezogen, sondern Hennig bemühte sich, ähnlich Poppers (1935) deduktivem Ansatz [177], ganzheitlich alle Kriterien der Verwandtschaft zu berücksichtigen und immer wieder neu zu bewerten. Der Begriff phylogenetische Systematik existierte bereits vor Hennigs Ausarbeitung. Es war auch schon lange akzeptiert, dass nur Abstammungsähnlichkeiten (echte Homologien, bei Genen heißen sie Orthologien) phylogenetische Verwandtschaft anzeigen. Es gab jedoch weder akzeptierte Kriterien zur Ermittlung von Homologien noch eine wissenschaftlich exakte Methode zur Rekonstruktion phylogenetischer Beziehungen. Die neue Terminologie der phylogenetischen Systematik entwickelte Hennig während der Kriegsjahre 1939–1945. Er nannte die alten Merkmale »plesiomorph« und die neu entstandenen Eigenschaften »apomorph«. Bei der Ermittlung der nächsten Verwandtschaft zwischen zwei Arten sind nicht die plesiomorphen, sondern die gemeinsamen, relativ (gegenüber entfernter verwandten Arten) neuen, apomorphen Merkmale entscheidend [72, 152]. 1950 stellt Hennig dann den Bezug zum Begriff »monophyletisch« her [70], der zurückgeht auf den von Charles Darwin verehrten Verfechter des Evolutionsgedankens in Deutschland, Ernst Haeckel [62]. Monophyletische Gruppen sind Taxa, deren Mitglieder alle von einem unmittelbaren, gemeinsamen Vorfahren abstammen. Gruppen, die man fälschlicherweise aufgestellt hat, werden *polyphyletisch* genannt, wenn Organismen mit verschiedenen Vorfahren zusammengruppiert werden und *paraphyletisch*, wenn nur eine Teilmenge der tatsächlich verwandten Arten berücksichtigt wurde. Eine Abfolge der zugrunde liegenden Artspaltungsereignisse – also Darwins »origin of species« – wurde von dem deutschen Neodarwinisten Bernhard Rensch als Kladogenese (Stammverzweigung) bezeichnet [144]. Ernst Mayr, in Berlin ein Schüler von Bernhard Rensch, nannte Hennigs Methode dann »*kladistisch*« [11, 115]. Die moderne molekulare Systematik basiert auf dem genetischen Aspekt der Definition des Lebens[12] durch Hermann

12 Die aus unserer Sicht plausibelste Definition des Lebens lautet vollständig: Die Anfänge des Lebens zu begreifen erfordert, dass wir sowohl den Ursprung der Replikation als auch des Stoffwechsels synergistisch erklären (113). Der genetische Aspekt der modernen Definition des Lebens wurde zuerst 1966 von Muller vorgeschlagen: »*Es sind solche Entitäten als lebend zu definieren, die die Fähigkeit der Vermehrung, der Variation und der* Vererbung besitzen« (129). Während der Metabolismus die Monomere zur Verfügung stellt, aus denen die Replikatoren (d. h. Gene) bestehen, verändern die Replikatoren die chemischen Reaktionen, die im Stoffwechsel auftreten. Nur unter diesen Voraussetzungen kann die natürliche Selektion, die auf Replikatoren wirkt, die Evolution des Stoffwechsels antreiben (101).

Muller: *Es sind solche Entitäten als lebend zu definieren, die die Fähigkeit der Vermehrung, der Variation und der Vererbung besitzen* [129]. Demnach sind in einem modernen System biologischer Organismen nicht jene miteinander verwandt, die sich im Aussehen am meisten ähneln, sondern jene, die gemeinsam ähnliche Gene besitzen und evolutionär miteinander verwandt sind. Damit ist das heutige System der Organismen gewissermaßen eine Reflexion von Charles Darwins erstem Stammbaum des Lebens (siehe Abbildung 36). In einem Brief an Thomas Huxley sah Darwin die Zeit voraus, »when we shall have very fairly true genealogical trees of each kingdom of nature« [27].

Die drei Domänen des Lebens

Ein anderer Paradigmenwechsel ereignete sich in der Mikrobiologie vor 30 Jahren. Noch 1977 betrachteten Biologen die oben erwähnte Unterteilung von Eukaryonten und Prokaryonten als die einzig denkbare Trennlinie, die alle Organismen in zwei große Lager teilte. Diese allgemeine Sichtweise erhielt jedoch einen gewaltigen Rückschlag, als Carl Woese und Mitarbeiter RNA-Moleküle von unterschiedlichen Organismen miteinander verglichen. Sie wählten als eine Art Chronometer der Evolution die Sequenzanalyse der sogenannten ribosomalen RNA-Moleküle. rRNAs bilden das strukturelle und katalytische Rückgrat der Ribosomen – jener zellulären Fabriken, die die oben beschriebenen Urprozesse des Lebens ausführen.

Diese rRNA-Moleküle kommen in allen Organismen vor, und sie sind zwischen 120 und 4700 Nucleotide lang. Das heißt, sie enthalten genügend genetische Information und ihre Sequenzinformation ist (wegen ihrer funktionellen Wichtigkeit) relativ stabil, sodass verlässliche Schlüsse über Ähnlichkeiten und Unterschiede zwischen verschiedenen Organismengruppen möglich sind [186]. Woese und Mitarbeiter sequenzierten einen bestimmten Abschnitt der 16S[13] rRNA von zehn methanogenen Bakterienarten und verglichen die Sequenzen mit den 16S-Sequenzen von 60 typischen Bakterienarten. Das Ergebnis war für alle Biologen völlig unerwartet: Die methanoge-

---

13 16S bedeuted 16 Svedberg-Einheiten ermittelt durch CsCl Dichtegradienten-Zentrifugation. Es ist ein   Maß für das Gewicht dieser RNA Typen.

nen Bakterien begründen eine eigenständige stammesgeschichtliche Gruppe, die sich deutlich abgrenzt von den typischen Bakterien und den kernhaltigen Eukaryonten [53, 186]. Das große Bild von Darwins Stammbaum des Lebens beinhaltet seitdem drei große Reiche des Lebens: die *Eukaryonten* (Zellen mit Kern und linearen Chromosomen), die *Archaeen* (Woeses methanogene und thermophile, kernlose Bakterien) und *Bakterien* (typische Bakterien, wie unser Darmbakterium *Escherichia coli*). Genomische DNA-Sequenzen (nicht-rRNA-Sequenzen) bestätigten dann tatsächlich, dass die *Archaeen, Bakterien* und *Eukarya* drei monophyletische, voneinander getrennte, primäre Kladen repräsentieren [75, 76, 183]. Anstelle des neutralen Hennig'-schen Begriffs »Klade« werden hier häufig auch die kategorischen Begriffe »Domäne« oder »Reich« benutzt.

Dies wirft nun für den Stammbaum des Lebens ein Problem auf: Wie stehen diese drei gleichberechtigten Gruppen, die etwa zur selben Zeit (geologisch betrachtet) entstanden, verwandtschaftlich zueinander? Normalerweise benutzt man für einen sehr kurzen Stamm, von dem mehrere Gruppen nahe beieinander abzweigen (wie im Falle der drei Reiche), eine entfernt verwandte Vergleichsgruppe (engl. *outgroup*). In unserem Fall der drei Reiche gibt es jedoch auf der Erde absolut keine entfernt verwandte Outgroup, die als Wurzel (engl. *root*) des Stammes genutzt werden könnte. Margaret Dayhoff schlug hierzu eine theoretische Lösung vor, um den Baum des Lebens zu verwurzeln und die relativen Beziehungen der drei Reiche festzustellen. Dayhoffs Methode führte zu dem heute populärsten Modell des relativen Ursprungs von Bakterien, Eukaryonten und Archaeen. Abbildung 38 beschreibt die Methode. Sie stützt sich auf die DNA-Sequenz eines Modell-Gens (einer Entität also), welches in unserem Ur-Vorfahren LUCA verdoppelt wurde (mechanistisch durch einen Fehler ursprünglicher DNA-Reparaturprozesse). Solche Genkopien (A und B) im selben Genom nennt man paraloge Gene oder einfach Paraloge. Im Laufe der Zeit ereignen sich Mutationen (a, b), welche jedes Paralog individuell kennzeichnen. Nachdem sich eine ursprüngliche Stammlinie in zwei geteilt hat, werden die Paraloge A und B in beiden Linien sich weiter verändern (c, d). In Linie 1 gibt es dann die Paraloge A1 und B1, in Linie 2 gibt es dann Paraloge A2 und B2, jedes mit einem eigenen, spezifischen Vorkommen an fixierten Mutationen. Hennig'sche Synapomorphien bzw. Symplesiomorphien in den A-Sequenzen bzw. B-Sequenzen lassen sich tabellarisch erfassen. Eine dritte abgespaltene Stammlinie 3 lässt sich nun mit diesem Verfahren relativ zu den Linien 1 und 2 zuordnen: Die zwei Linien, die mehr apomorphe (neue) Mutationen gemeinsam tragen, sind als Hennig'sche Schwestergruppen anzusehen. Das Prinzip dieser Analyse und das Resultat bezogen auf die drei Reiche des Lebens ist in Abbildung 38 dargestellt.

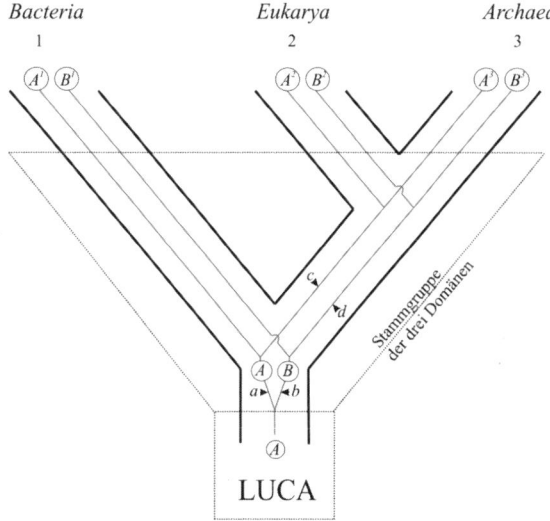

Abb. 38 Prinzip der Methode von Dayhoff, auf welcher das populäre Modell vom Ursprung der drei Reiche des Lebens basierte [59, 75]. Erklärung siehe Text.

Diese Methode wurde praktisch angewendet, indem Sequenzen von universell konservierten Ur-Proteinen benutzt wurden, deren Gene dupliziert waren [59, 75]. Ein Beispiel: Die Organismen aller drei Reiche besitzen zwei Paraloge als Untereinheiten des ATPase-Enzyms. Sie stehen im Mittelpunkt der Energieumwandlung und wirken zusammen als Untereinheiten ATPase α und ATPase β [128]. Das Muster der Sequenzähnlichkeiten impliziert, dass diese Paraloge aus einer Duplikation eines einzigen Genortes in einem gemeinsamen Vorfahren der drei Reiche (d. h. aus LUCA) hervorgingen. Aus diesen Untersuchungen leitete sich dann ab, dass die *Archaeen* die Schwestergruppe der *Eukaryonten* ist und damit diese beiden Domänen einen gemeinsamen Vorfahren haben. Diese Analyse ließ für die Wissenschaft damit zum ersten Mal eine anscheinend eindeutige, nachvollziehbare Trennlinie erkennen zwischen typischen Bakterien auf der einen Seite und *Archaeen* und *Eukaryonten* auf der anderen Seite.

Aus diesen Erkenntnissen folgte, dass wir durch Suche nach gemeinsamen Eigenschaften von Bakterien und der Klade Archaeen/ Eukaryonten etwas über LUCA lernen und mit etwas Glück LUCA sogar rekonstruieren können; Letzteres sollte uns helfen, etwas über den Ursprung des Lebens zu lernen, weil LUCAs Existenz ein Musterbeispiel ist für einen Organismus, der nahe an jenem Zeitpunkt liegt, an dem Leben geochemisch auf der Ur-Erde emergierte. Kein anderer, heute real existierender Organismus kann LUCA als idealfiktiven Modellorganismus ersetzen. Diese Herangehensweise an das Problem des Ursprungs des Lebens wird als »top-down« bezeichnet. Er ergänzt den »bottom-up«-Ansatz der Chemiker, der in diesem Buch beschrieben wird.

Was hat die Wissenschaft bisher über LUCA gelernt?

Der Vergleich von Hunderten von Bakterien- und Archaeen-Genomen (nicht etwa nur Genen!) hat einen Satz essenzieller Gene aufgedeckt, die in allen zellulären Organismen vorhanden sind, also auch in Ihren Zellen als Leser [91]. Diese Gene waren definitiv Bestandteil des Genoms von LUCA. Es waren nicht viele, nur ungefähr 60. Bei der Betrachtung dieses exklusiven Satzes von Genen können wir mit Sicherheit sagen, dass LUCA RNA und primitive Ribosomen besaß, die zur Synthese einiger biosynthetischer Enzyme dienten, insbesondere Enzyme, die etwas mit Nucleotidsynthese zu tun hatten. Noch ist es nicht deutlich, ob LUCA ein DNA-Genom besaß [103]. Es gibt jedoch sieben Gene aus dem Satz der 60 universellen Gene, die zu DNA-Replikation und/oder -Reparatur Bezug haben[14]. Analysen zeigten, dass die Enzyme, die an der DNA-Replikation der Bakterien beteiligt waren, andere sind als die DNA-replizierenden Enzyme der Eukaryonten und Archaeen [94]. Nur die Reverse Transkriptase (RT), ein Replikationsenzym, welches sowohl RNA als auch DNA repliziert, existiert in allen drei Domänen. Außerdem besitzt RT eine in der Kristallstruktur konservierte Handflächen-Domäne (»palm-do-

14 DNA primase (dnaG); RecA/Rad51 recombinase; 5›-3›exonuclease; Topoisomerase IA; Clamp loader ATPase (DNA polymerase III Untereinheiten γ and τ); DNA polymerase III β; Reverse Transcriptase/RNaseH

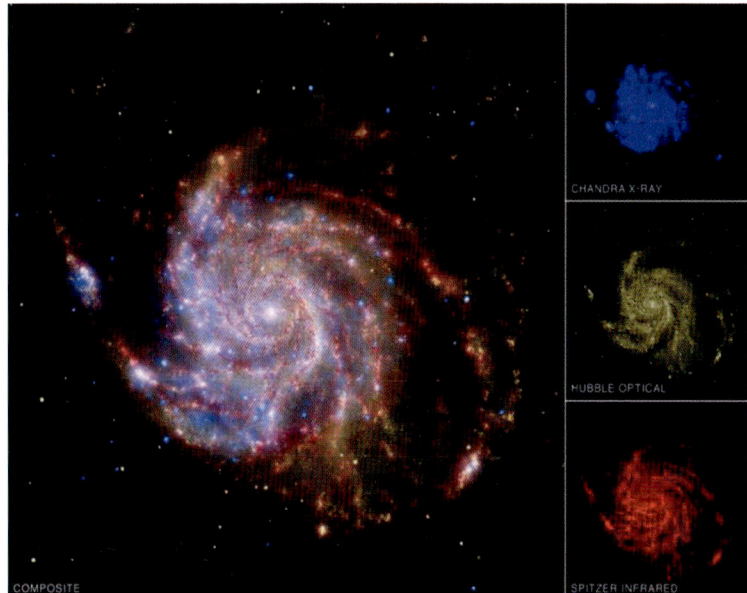

Abb. 1

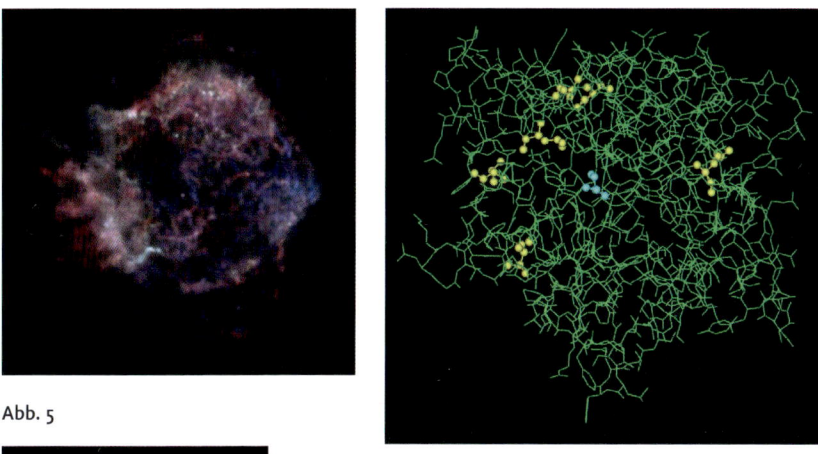

Abb. 5

Abb. 62

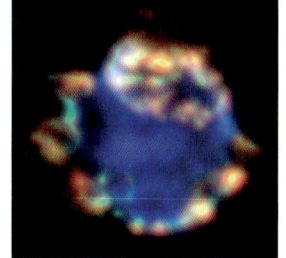

Abb. 6

F1

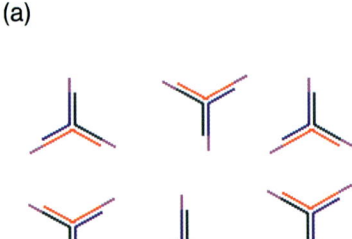

(a)

— Durch Transkriptionsfaktoren erkennbare Sequenz

(b)

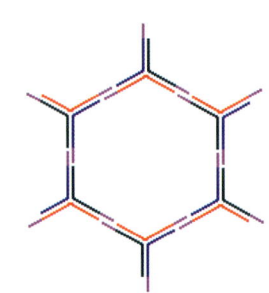

Hybridisierung und Ligation der *sticky ends* („klebrige Enden")

(c)

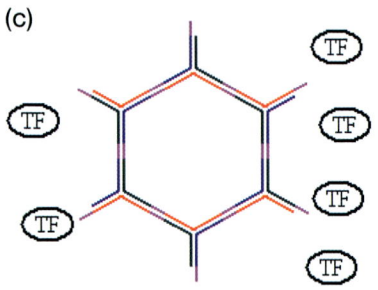

Addition der Transkriptionsfaktoren

(d)

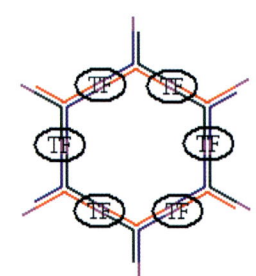

Bindung von Transkriptionsfaktoren

Abb. 47

	T		C		G		A		
T	1.92	Phe	3.46	Ser	3.46	Cys	0.04	Tyr	T
	2.42	Phe	3.94	Ser	4.30	Cys	1.13	Tyr	C
	2.42	Leu	4.30	Ser	3.94	Trp	1.13	Stop	G
	1.25	Leu	3.46	Ser	3.46	Trp	0.61	Stop	A
C	2.95	Leu	4.43	Pro	5.14	Arg	2.30	His	T
	3.46	Leu	4.91	Pro	5.98	Arg	3.46	His	C
	3.46	Leu	5.27	Pro	5.63	Arg	3.46	Gln	G
	2.30	Leu	4.43	Pro	5.14	Arg	2.95	Gln	A
G	2.95	Val	5.14	Ala	4.43	Gly	2.30	Asp	T
	3.46	Val	5.63	Ala	5.27	Gly	3.46	Asp	C
	3.46	Val	5.98	Ala	4.91	Gly	3.46	Glu	G
	2.30	Val	5.14	Ala	4.43	Gly	2.95	Glu	A
A	0.61	Ile	3.46	Thr	3.46	Ser	1.25	Asn	T
	1.13	Ile	3.94	Thr	4.30	Ser	2.42	Asn	C
	1.13	Met	4.30	Thr	3.94	Arg	2.42	Lys	G
	0.04	Met	3.46	Thr	3.46	Arg	1.92	Lys	A

Abb. 48

Abb. 50

	upstream	−35-Region	downstream	−10-Region
ara BAD	GAT CCT	ACC TGA CGC TTT	TTA TCG	TAC TGT
ara C	CGT GAT	TAT AGA CAC TTT	TGT TAC	TGT CAA
bio A	AAA ACG	TGT TTT TTG TTG	AAT ATT	TAG ACT
bio B	TAA TCG	ACT TGT AAA CCA	AAT TGA	TAG GTT
gal P2	TAT TCG	ATG TCA CAC TTT	TCG CAT	TAT GCT
lac	CCC CAG	GCT TTA CAC TTT	ATG CTT	GAT GAA
lac I	ATC GAA	TGG CGC AAA ACC	TTT CGC	TAT GTT
rrn A1	ATA AAT	GCT TGA CTC TGT	AGC GGG	TAT TAT
rrn D1	AAA AAT	ACT TGT GCA AAA	AAT TGG	TAT AAT
rrn E1	TTT TTC	TAT TGC GGC CTG	CGG AGA	TAT AAT
t RNA^{Tyr}	CGT AAC	ACT TTA CAG CGG	CGC GTC	TAT GAT
trp	ATG ACG	TGT TGA CAA TTA '	ATC ATC	TTA ACT
	9/12 7/12	5/12 7/12 5/12 7/12	7/12 5/12	11/12 8/12
	3/12 4/12	4/12 2/12 3/12 3/12	4/12 4/12	1/12 3/12

Abb. 51

F3

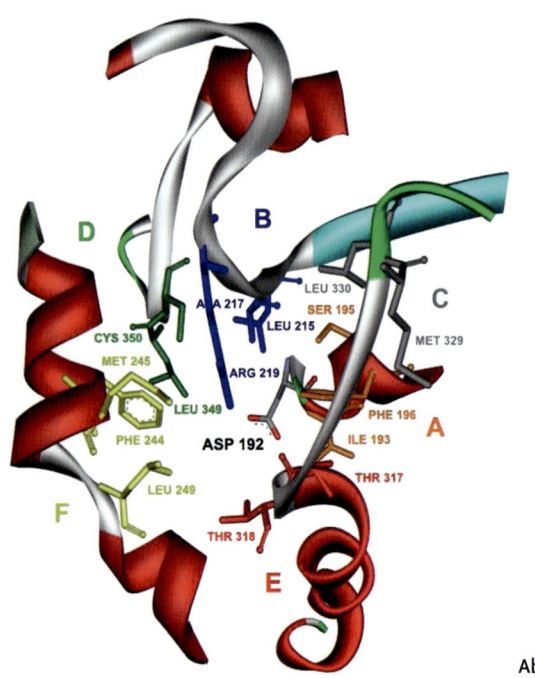

Abb. 66

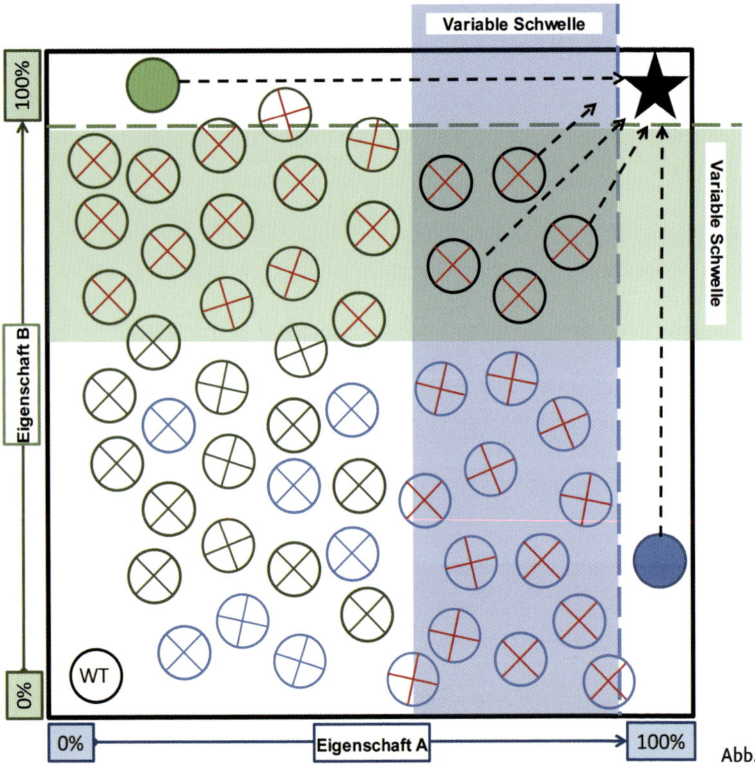

Variable Schwelle

100%

Variable Schwelle

Eigenschaft B

0%

WT

0% **Eigenschaft A** 100%

F4

Abb. 71

main«) die auch im Klenow-Fragment der DNA-Polymerase I von *E. coli* vorkommt [90]. RT repräsentiert damit das Ur-Replikationsenzym, welches LUCA den Übergang von einer RNA-Welt in eine DNA-Welt ermöglichte.

In einer Art Schattenboxen diskutieren Wissenschaftler heute immer noch zwei mögliche Szenarien: (a) LUCA hatte ein DNA-Genom, doch die DNA prozessierenden Enzyme von LUCA sind in einer der Linien durch funktionell analoge Enzyme verdrängt worden, die von Viren abgestammt haben können; (b) LUCA hatte ein reines RNA-Genom, so wie moderne RNA-Viren. Wir können jedoch annehmen, dass beide Szenarien für LUCA zutrafen. Zuerst besaß LUCA ein reines RNA-Genom mit RT als Replikase. Transkription und Replikation waren wie bei modernen Retroviren quasi äquivalent. Dann evolvierte LUCA die reverse Transkription, d.h. RNA wurde nun zu DNA »repliziert« und umgekehrt DNA zu RNA, was wir heute als Transkription bezeichnen.

Wie aber sah es bei LUCA mit Zellmembranen aus, jenen Komponenten, die Lebewesen in eigenständige Kompartimente einhüllen und als Entitäten definieren? Ein Vergleich von *Bakterien* und *Archaeen* wirft kein Licht auf den Ursprung von Membranen, weil beide Domänen sich darin fundamental unterscheiden: Bakterielle Lipide enthalten Esterbindungen, archaebakterielle Lipide enthalten Etherbindungen. Auch die Chiralität des Glycerinrestes ist in den zwei Domänen genau entgegengesetzt [89, 139, 176]. Abbildung 39 zeigt, dass sich die Phospholipide von Bakterien von den Phospholipiden der Archaeen gründlich unterscheiden (Abbildung 39).

Dies veranlasste einige Autoren sogar vorzuschlagen, dass LUCA überhaupt keine Membranen besaß oder modernen Viren ähnelte [95]. Zwei der universellen Gene, die in LUCA vorkamen, codierten jedoch für wasserunlösliche, in die Membran eingebettete Proteine. Hieraus folgt, dass LUCA sehr wohl bereits irgendeine Membran gehabt haben muss [77]. Am wahrscheinlichsten ist, dass sie bei LUCA chemisch einfacher aufgebaut war als Membranen moderner Bakterien und Archaeen. Zum Beispiel mag es nur eine hydrophobe Seitenkette und keinen Glycerinrest gegeben haben [32, 33, 60, 138, 165]. Im Gegensatz zu heutigen Membranen sollten derartig ursprüngliche Membranen noch durchlässig gewesen sein für Ionen und kleine Moleküle [32]. Sie waren jedoch eine Barriere für größere Polymere wie Peptide oder RNA [122, 126, 128, 166].

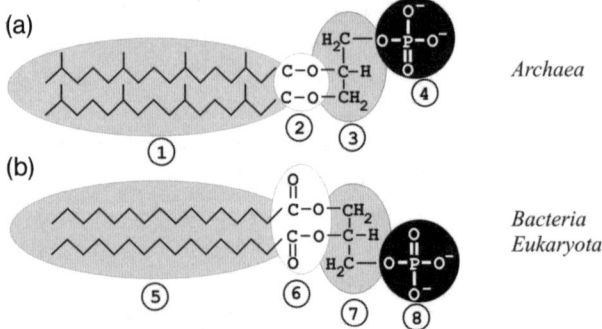

(a) Archaea

(b) Bacteria
Eukaryota

Abb. 39 Phospholipide in den Zellmembranen von
Bakterien und Archaeen. (a) Phospholipid der Archaeen.
1. Isopren-Seitenkette; 2. Etherbindung; 3. L-Glycerin;
4. Phosphatgruppe. (b) Phospholipid der Bakterien.
5 Fettsäure; 6. Esterbindung; 7. D-Glycerin; 8. Phosphatgruppe.

Sogar die kleinsten Bakterien und Archaeen haben einige hundert
Gene. (Das kleinste Lebewesen ist das parasitische *Mycoplasma geni-
talium* mit 517 Genen, davon 480 für Proteine und 37 für RNAs). Wie
konnte LUCA mit nur 60 Genen als lebende Entität existieren? Zwei
Erklärungen, die einander ergänzen, sind denkbar [91, 96, 166, 167].
Erstens könnten viel mehr Gene in LUCA vorhanden gewesen sein,
die dann bei einigen Organismen, die sie z. B. nicht benötigten, verloren gingen. Daher fehlen solche Gene in dem heute aus Genomana-
lysen aufgedeckten ubiquitären Satz ältester Gene. Zweitens könnte
LUCA ein Verbund oder eine Quasi-Population primitiver Organismen gewesen sein, die die Produkte ihrer Gene (oder einige Gene
selbst) relativ frei austauschten. Mit anderen Worten, jeder Organismus in dem Verbund konnte nur eine Teilmenge der Enzyme oder
Metaboliten synthetisieren, die jedoch wegen einer partiellen Durchlässigkeit der Membranen über die Grenzen innerhalb des Verbun-
des übertragbar waren. Derartig wechselseitige Abhängigkeit der ersten Urorganismen sollte die ursprünglichen Verbände stabilisiert
und von Beginn an resistent gemacht haben gegenüber molekularen
Parasiten [166]. Es gibt tatsächlich gute Gründe anzunehmen, dass
Viren und/oder Transposons bereits früheste zelluläre Lebensformen
begleiteten – nicht nur als Parasiten, sondern vor allem auch als Sym-
bionten – und damit sogar als deren eigentliche Substanz aufzufas-
sen sind [96].

Welche Bedingungen herrschten auf der Ur-Erde?

Das ursprüngliche Epizentrum der biologischen Evolution liegt für uns Menschen unvorstellbar lange zurück – nicht nur in den Tiefen der geologischen Zeit, sondern noch weiter, in den Tiefen der kosmischen Zeit. Leben konnte nicht ohne anorganische Stoffe und Mineralien entstehen. Die schwereren Elemente bildeten sich erst nach langen Prozessen in Urgasen, in Sternen und nach Supernova-Explosionen. Gehen wir 4,6 Mrd. Jahre zurück: In dem präsolaren Nebel, aus dem sich unser Sonnensystem bildete, gab es nicht mehr als etwa ein Dutzend Mineralien. Staubteilchen ballten sich zusammen und kreisten in Millionen von Planetesimalen, Vorläufern und Bausteinen der Planeten, um die soeben entzündete Sonne. In den Planetesimalen entstanden durch Schmelzprozesse, Kollisionen und Reaktionen mit Wasser etwa 250 Mineralarten, darunter auch Zirkon ($ZrSiO_4$). Tausende von Planetesimalen kongregierten, bis schließlich nur zwei große planetenartige Körper in der späteren Erdumlaufbahn übrigblieben: die Protoerde und Theia, ein marsgroßer Protoplanet [64]. In einer finalen Kollision dieser beiden Körper bildeten sich die nun schnell rotierende Erde und der Mond. Danach, vor 4,5 Mrd. Jahren, glich die gesamte Erdoberfläche einem mehr oder weniger homogenen Lavasee, von denen es heute auf der Erde momentan fünf Repräsentanten gibt. Da zu diesem Zeitpunkt alle Materie flüssig und keinerlei Lebensvorform möglich war, sprechen wir von einem kosmischen Reset. Zur selben Zeit schmolzen und erstarrten wiederholt schwarze Basaltkrustenschollen auf der Erdoberfläche. Nun begann ein Prozess, wie er allenfalls noch auf Venus auftrat: In unzähligen Zyklen des wiederholten Verwitterns, Schmelzens und Erstarrens der Basaltkruste konzentrierten sich, auch ortsspezifisch, ungewöhnliche Elemente und reagierten miteinander. Neue und exotische Mineralien entstanden in unterschiedlichen Mengen an unterschiedlichen Orten. Immer und immer wieder schmolz die Erde den Basalt erneut auf und wandelte ihn teilweise in Granitoide um, wobei u. a. Glimmer, Quarz und Feldspat als häufigste Minerale der Erdkruste entstanden [65, 66].

Woher wissen wir etwas über diese ersten Vorgänge? Dazu gehen wir noch einmal zurück in die Zeit vor 4,5 Mrd. Jahren. Der Mond ist das wohl älteste erdverwandte, präbiotische Fossil aus dieser Zeit, das wir kennen. Aus dem Alter der Mondkrater lesen wir ab, dass vor 4

Mrd. Jahren auf der Erde ein Maximum an interplanetaren Einschlagskörpern auftraf. Das Bombardement ließ dann nach, vielleicht gekoppelt an die Entstehung des Jupiters, eines Gravitationsstaubsaugers, der potenzielle Impaktoren abfing und damit die Voraussetzung für die Entstehung (und spätere langwierige Evolution) des Lebens auf den inneren Planeten Mars, Erde und Venus schuf. Anders als Mars und Venus hatte die Erde von Anfang an ein bis heute bestehendes, elektromagnetische und kosmische Strahlung abschirmendes Magnetfeld, das das Leben auf der Erde beschützt. Im frühen, gänzlich verflüssigten Erdkörper ordneten sich die Bestandteile nach ihrer Dichte an. Im Kern, konzentrierte sich Eisen. An der Oberfläche schieden sich, ähnlich wie das sich sukzessiv verfestigende Wachs beim Dampfwachsschmelzen in einer Imkerei, die leichteren Mineralien Basalt und Granit ab. Ganz außen befand sich eine leicht reduzierende Gasatmosphäre aus Kohlendioxid (CO_2), Stickstoff (N_2), Wasserdampf (H_2O), Wasserstoff (H_2) und vielleicht Kohlenmonoxid (CO). Wir reden hier von der Zeit vor etwa 4,3 bis 3,9 Mrd. Jahren. Die einzigen gut analysierbaren präbiotischen Fossilien aus dieser Zeit sind Zirconkristalle ($ZrSiO_4$). Das Element Zirconium ($_{40}Zr$) ist ein Element, das unterhalb von 862 °C als α-Zr hexagonal kristallisiert und oberhalb von 862 °C in das kubisch raumzentrische β-Zr übergeht. Die Kristalle sind sehr stabil und haben bis heute mehrere Aufschmelz- und Verfestigungsphasen in unterschiedlichen Einbettungsgesteinen während verschiedener Erdperioden überdauert. Sie kommen in den ältesten Graniten der Erde vor und haben seit dort ihrer Entstehung aus noch früheren, bereits verschwundenen Erdkrustenbestandteilen überdauert. Der Zeitraum der ursprünglichen Kristallisation von $ZrSiO_4$ lässt sich sehr gut mit Radioisotop-Datierungsmethoden bestimmen. Die Entstehungszeit einiger Zirconiumkristalle, in denen heute das Isotop ^{18}O angereichert ist, wird auf 3,9 bis 4,28 Mrd. Jahre datiert. Zircone, die in 3 Mrd. Jahre alte Quarziten im Murchison District (Westaustralien), eingebettet sind, wurden auf ein Alter von mehr als 4 Mrd. Jahren datiert. Die Daten lassen die Annahme zu, dass 4,3 Mrd. Jahre alte Zircone aus Magmen auskristallisierten, die einen wesentlichen Anteil an aufbereiteter kontinentaler Kruste enthielten, wie sie in Anwesenheit von flüssigem Wasser an der Erdoberfläche gebildet wurde [119a]. Dies bedeutet, dass bereits in diesem sehr frühen Zeitfenster Ozeane in den tieferliegenden basaltischen Trögen der Erdkruste kondensiert waren.

Diese Tröge hatten nicht direkt mit Wasser oder Ozeanen zu tun. Sie bildeten auf dem Magma-Ozean der Urerde nur die ersten flächigen, basaltischen Verfestigungen der Erdkruste. Darin, z. T. intrusiv eingebettet (d. h. als flüssiges Magma in Spalten und Räumen eingedrungen und erstarrt), schwammen noch leichtere Brocken aus dem leichteren Granit (mit Zirconen), die sich gleichzeitig durch Kollision verdickten und die Urkontinente bildeten. Der kondensierende atmosphärische Wasserdampf sammelte sich als Ozeanwasser in den großen Basalttrögen. Dies ist die Zeit, zu der auf der markant-heterogen strukturierten Erdoberfläche an verschiedensten Orten Bestandteile von LUCAS entstehen konnten.

Auf der Erde existierten schon immer heterogene Habitate. Die verschiedensten mineralisierten Nischen der Erdkruste, die Hydrosphäre (flüssig und fest mit Meereis) und die Atmosphäre mit verschiedenen Höhenzonierungen waren die Orte, an denen Bestandteile des späteren Lebens entstehen konnten und an denen angereicherte organische Moleküle mit Mineralien aggregieren konnten. Hier, im Gegensatz zu anderen Planeten mit weniger Mineralgesellschaften, war die Entstehung von LUCA also möglich. Aber wo exakt fanden diese Ereignisse am wahrscheinlichsten statt? Hierzu gibt es die verschiedensten Überlegungen. So waren die Strände der Urozeane vermutlich enormen Tidewellen ausgesetzt. Die Erde rotierte nach dem Theia-Einschlag schneller um sich selbst als heute, der Mond lag näher an der Erde, weshalb die Gravitations- und Fliehkräfte anders als heute wirkten. An den Küsten gab es Steilkanten wie auch ausgedehnte Sandstrände aller Körnungen, an denen die Separation und Selektion unterschiedlicher Moleküle stattfinden konnte. Auf der Urerde existierte vermutlich eine beträchtliche Anzahl organischer Verbindungen; eine »bunte Mischung« dieser Verbindungen konnte sich wahrscheinlich an den Urständen separieren und durch Tidekräfte wieder mischen. Auguste Commeyras entwickelte eine Vorstellung, die er »primary pump« nannte und der zufolge sich einfache bis langkettige Peptide an den Urständen unter Ebbe-Flut-Bedingungen auftrennen und anreicherten [18, 19]. Auch Meereis mag es in dem LUCA-Zeitfenster gegeben haben. Auftau- und Gefrierzyklen könnten analog der Geochromatographie zu ordnenden Molekülansammlungen geführt haben. Auftauzyklen im Labor ließen RNA-Moleküle sogar spontan zu langkettigen genanalogen Molekülbausteinen reagieren [127a].

Wo lebte und gedieh der LUCA?

Lässt sich aus diesen zahlreichen potenziellen Wegen der Entstehung des Lebens nun zwingend ein besonders naheliegender auswählen? Die Bottom-up- Strategie ist dazu nicht gut geeignet, weil sie verlangt, eine nahezu unendliche Zahl möglicher Verläufe zu verfolgen. Hilfreicher ist die Top-down-Strategie, die nur einer einzigen Geschichte folgt – und über diese Geschichte können wir LUCA direkt befragen! In der Biologie hilft das Prinzip der »Konservierung alter Chemismen«. Es besagt, dass das chemische Muster der Lebewesen stärker konserviert ist als die chemische Komposition der sich verändernden Umwelten. Daher bewahrt der Chemismus moderner Organismen Information über deren ursprüngliche Umwelt auf. Dieses Prinzip wurde von Archibald Macallum eingeführt, eine angesehenen, kanadischen Biologen, Physiologen und Biochemiker [110]. Macallum war an der chemischen Ähnlichkeit organismischer Flüssigkeiten wie Blut oder Lymphe mit Seewasser interessiert. Ausgehend von dieser Ähnlichkeit vermutete er, dass die ersten Tiere im Seewasser entstanden sind. Das Prinzip der »Konservierung alter Chemismen« hilft selbst dort, die ursprünglichen Umweltbedingungen zu rekonstruieren, wo es keine zuverlässigen geologischen Hinweise gibt. Macallum schrieb, dass »die Zelle ... Ausstattungen besitzt aus der fernen Vergangenheit – beinahe so weit entfernt wie der Ursprung des Lebens auf der Erde«[15]. Er notierte auch, dass Kalium häufiger als Natrium in Tierzellen vorkommt (150 mM K^+/2 mM Na^+), in heutigem Meerwasser ist es umgekehrt (10 mM K^+/470 mM Na^+). Heute wissen wir, dass die chemische Zusammensetzung des Cytoplasmas in allen drei Domänen des Lebens ähnlich ist; diese Ähnlichkeit spiegelt also die »innere« Chemie von LUCA wider [124]. Darüber hinaus aber hatte LUCA, wie oben erklärt, undichte oder sogar durchlässige Membranen [8, 32, 126, 166], weshalb die chemische Zusammensetzung des Cytoplasmas moderner Zellen aller Wahrscheinlichkeit nach außerdem die Geologie der Habitate reflektiert, in denen LUCA wohnte [122–124].

15 »the cell...has endowments transmitted from a past almost as
     remote as the origin of life on earth«

Tabelle 2 Konzentrationen essenzieller Kationen in der Zelle und im Meerwasser (Mol/Liter).

Kation	heutige Ozeane	Urozeane	Zell-Zytoplasma
Na^+	0,4	$> 0,1$	0,01
K^+	0,01	$\sim 0,01$	0,1
Ca^{2+}	0,01	$\sim 0,001$	0,001
Mg^{2+}	0,05	$\sim 0,001$	0,01
Fe	10^{-8} (mehrheitlich Fe^{3+})	10^{-5} (Fe^{2+})	10^{-3}–10^{-4}
Mn^{2+}	10^{-8}–10^{-10}	10^{-6}–10^{-8}	10^{-6}
Zn^{2+}	10^{-9}	$< 10^{-13}$	10^{-3}–10^{-4}
Cu	10^{-9} (Cu^{2+})	$< 10^{-20}$ (Cu^+)	10^{-5}

Die Werte stammen aus: [2, 85, 133, 180, 181].

Tabelle 2 zeigt den Unterschied zwischen der chemischen Zusammensetzung des Cytoplasmas und des Meerwassers. Wir sehen, dass Zellen mehr Kalium als Natrium enthalten. Es ist auch bekannt, dass nicht die absolute Menge, sondern das Verhältnis von Kalium- und Natrium-Ionen für das Funktionieren einer Zelle wichtig ist. Wir wissen sogar, dass speziell die Ribosomen hohe K^+/Na^+-Verhältnisse benötigen, um zu funktionieren [5, 164]. Die Translationsmaschinerie ist die zentrale Stelle mit einem ubiquitären Gensatz, der definitiv Bestandteil von LUCA war. Daher ist es nicht verwunderlich, dass (angefangen bei Macallum) spekuliert wurde, dass die ersten Lebensformen in K^+–reichen Habitaten erschienen [111, 125, 131]. Die genaue Natur dieser Habitate blieb jedoch undefiniert. Macallum schlug freiweg vor, der Urozean habe mehr K^+ als Na^+ enthalten, wohingegen die heutige Geologie davon ausgeht, dass im Meer von Anfang an Na^+ gegenüber K^+ vorherrschte [141, 147]. In den Proben von Meerwasser, die in 3,5 Mrd. Jahre alten Gesteinen gefangen waren, beträgt das Na^+/K^+ Verhältnis ungefähr 40/1, d. h. es ähnelt jenem der modernen Ozeane [141]. Im Süßwasser von Flüssen und Seen ist das Na^+/K^+-Verhältnis geringer, und in den Regenwässern, die an vulkanischem Gestein herunterrieseln kehrt es sich sogar zugunsten von K^+ um [36], ähnlich wie in lebenden Zellen. Dabei wissen wir bereits, dass die ersten Kontinente aus vulkanisch-magmatischen Aktivitäten entstanden sind. Die Vulkane konnten die Synthese komplexer organischer Verbindungen antreiben (siehe Kapitel 5).

Können wir LUCAs Habitat noch präziser identifizieren? Ein Blick auf Tabelle 2 zeigt, dass Zellen angereichert sind mit den Übergangsmetallen Fe, Zn, Cu, Mn. Diese anorganischen Ionen werden in katalytischen Zentren vieler moderner Proteine als Cofaktoren (Helfer) gefunden. Die Konzentration solcher Metalle liegt, wie die Tabelle beweist, in modernen Zellen um viele Größenordnungen höher als im Meerwasser. An dieser Stelle muss man noch bedenken, dass das Leben in Abwesenheit von freiem Sauerstoff erschien, denn jeglicher Sauerstoff der Atmosphäre ist biogen. Er wurde ursprünglich von Cyanobakterien produziert, die das Sonnenlicht vor etwa 2,7 Mrd. Jahren nutzen lernten, um Wasser in Sauerstoff und Wasserstoff zu spalten. Man mag deshalb spekulieren, dass sich die Konzentrationen der Metallionen in sauerstofffreien Urgewässern von den heutigen unterschieden. Forscher konnten in jüngerer Zeit die Ionenzusammensetzung des anoxischen Urozeans rekonstruieren (Tabelle 2). In Abwesenheit von Sauerstoff verfügten die Wasserkörper der Erde über viel mehr Fe als Zn, während moderne Zellen von beidem etwa gleich viel enthalten. Daraus folgt, dass die Konzentration von Zn-Atomen innerhalb von Zellen eine Milliarde Mal (mindestens!) größer ist als in den sauerstofffreien Urgewässern.

Für moderne Zellen ist Zn sehr wichtig, und das gilt auch für LUCA – beinahe ein Drittel der oben genannten ubiquitären Proteine, die in LUCA anwesend waren, binden entweder Zn-Atome oder benötigen sie, um effizient zu funktionieren [124]. Angesichts der geringen Mengen von Zn im Urozean ist dies verwunderlich. Im Vergleich bindet aus diesem ursprünglichen Satz an Urproteinen nur eines Fe, obwohl die Konzentration von Fe im Urozean 100 Mio. mal größer als die von Zn war[16]. Für die Anreicherung von Zn-Atomen in heutigen Zellen sorgen hochentwickelte Pumpensysteme – Membranenzyme, die mit Hilfe von zellulärer Energie die notwendigen Stoffe entgegen eines Gradienten In die Zelle befördern [126]. Gleichzeitig werden ionenundurchlässige Membranen benötigt, um das Herausdiffundieren einmal eingefangener Metallionen zu verhindern. Weil LUCA mit aller Wahrscheinlichkeit weder diese Pumpen noch ionendichte Membranen besaß [8, 77, 92, 126, 166], konnte er für seine Enzyme nur dann Zn-Atome beschaffen, wenn er in spezifischen Zn-reichen Habitaten lebte.

16 Cu-Atome sind in diesen Urproteinen gar nicht enthalten [124]. Cu wurde nämlich erst nach der Sättigung der Ozeane mit Sauerstoff zugänglich (als Cu^{2+}, siehe Tabelle 2).

Deshalb treten Cu-Atome mehrheitlich in Enzymen auf, die mit Sauerstoff interagieren und – evolutionär gesehen – »jung« sind.

Wo existieren große Mengen an Zink? Die Geologie lehrt uns, dass die einzigen bedeutenden natürlichen Vorkommen an Zn (früher wie heute) in hydrothermalen Systemen zu finden sind. Derartige Systeme gibt es dort, wo Magmakammern in der Nähe der Erdoberfläche liegen. Bekannte Beispiele sind Hawaii, die Yellowstone- und Dallol-Supervulkane sowie die Hydrothermalquellen entlang der mittelozeanischen Rücken. Hier dringt Regen oder Seewasser in die Erdkruste ein, wird erhitzt und steigt dann auf.

Abb. 40 Islands Strokkur, Nachbar des originalen »Geysir«, des Namensgebers aller Geysire. (Foto: S. Lankenau, Aug. 2010)

Wenn Wasser auf mehr als 400 °C überhitzt wird, vermag es Metallionen aus der Erdkruste auszulaugen. Diese Ionen werden von hydrothermalen Fluiden an die Erdoberfläche gebracht und entladen sich als Dampf – die typische Geysir-Aktivität (Abbildung 40). Dieser Dampf enthält nur Spuren von Metallen. Eine andere Situation entwickelt sich um Hydrothermalsysteme in der Tiefsee. Da der Wasserdruck am Tiefseeboden sehr hoch ist (> 200 bar in über 2000 m Tiefe), bleiben die hydrothermalen Fluide flüssig und können große Mengen von Übergangsmetallen transportieren, sodass sich sehr hohe, stabile Gleichgewichtskonzentrationen von Metallionen an den Öffnungen der Hydrothermalquellen einstellen [118, 171]. Da hydrothermale Fluide viel Schwefelwasserstoff (H_2S) angereichert haben, führt die Wechselwirkung von metallreichen, heißen Fluiden mit kaltem Ozeanwasser zur Ausfällung von Metallsulfiden, die eine »Rauchfahne« über den »Schloten« hydrothermaler Tiefseequellen bilden [171, 172]. Die Partikel aggregieren schließlich, sinken ab und bilden poröse, schwammähnliche, metallreiche Strukturen rund um die Öffnungen der heißen Quellen [85, 97, 140]. Die hydrothermalen Rauchersysteme besitzen eine zonale Struktur [171]: Eisensulfide befinden sich im Zentrum, wo die Temperatur am höchsten ist (~ 350 °C; das Seewasser bleibt dabei flüssig, weil bei einem Druck von über 200 bar Wasser im flüssigen Aggregatzustand vorliegt). An der Peripherie hydrothermaler Felder ist die Temperatur der Fluide geringer, da sich die aufsteigenden heißen Flüssigkeiten noch unter dem Ozeanboden mit kaltem Ozeanwasser mischen und dabei durch die übergelagerte Wassersäule in den Meeresgrund gepresst werden. Solche peripheren Schlote, die Fluide mit Temperaturen in der Größenordnung von 200–300 °C ausstoßen, sind überdeckt mit porösen Präzipitaten aus Sphalerit (Zinkblende, ZnS) mit Beimischungen anderer Sulfide wie Galenit (PbS) und Alabandit (MnS) [97, 168, 171, 172] (Abbildung 41). Diese Veränderung in der chemischen Zusammensetzung ist eine Folge der sukzessiven Abkühlung: Sulfide des Eisens fallen bei Abkühlung wesentlich eher aus als solche von Zink oder Mangan [118, 156]; entsprechend bilden sich die Eisensulfide bereits unterhalb des Meeresbodens, innerhalb der Schlotstrukturen der Raucher, wenn die Temperatur der Hydrothermalquellen geringer ist als 300 °C, und an die Oberfläche dringen vornehmlich Zn^{2+}-Verbindungen [172].

Abb. 41 Zinkblende (Sphalerit, ZnS, dunkle Kristalle) mit Calcit/Markasit; Denton Mine; Illinois, USA. Man beachte: Diese Kristalle sind um Größenordnungen größer als die in Abbildung 42 behandelten ZnS-Nanopartikel. (Foto: D.-H. L.)

In ihrer zonalen Struktur gleichen die rezenten hydrothermalen Rauchersysteme bemerkenswert den ältesten Vulkanit-Massivsulfid-Ablagerungen (VMS) hydrothermalen Ursprungs. VMS-Ablagerungen sind die Hauptbezugsquelle für Erze auf der Erde. Sie erreichen mehrere Kilometer Mächtigkeit, datieren zurück in das Archaikum [55, 56, 173] und enthalten Pyrit (FeS_2) und Chalkopyrit ($CuFeS_2$), umgeben von hintereinandergeschalteten Höfen z. B. aus Pyrit-Chalkopyrit-Sphalerit, Sphalerit-Galenit-Alabandit und schließlich Kieselgesteinen.

Auf der Urerde dominierten also geophysikalische Gegebenheiten, die zu mächtigen Sedimentierungen von Erzen führten. Eisen-, Zink-

und Manganvorkommen bilden bis heute kilometerstarke Tiefsee-schichten, die sich beidseitig von ozeanischen Schwellenzonen wie dem mittelatlantischen Rücken ausdehnen. Zuvor argumentierten wir aber, dass LUCA am wahrscheinlichsten in der Nähe kontinen-taler Vulkane gedieh. Dies steht im Widerspruch zu der Tatsache, dass sich große Mengen von Zink nur am Meeresboden ansammeln können. Dieser Widerspruch gilt jedoch nur oberflächlich betrachtet; auf der Urerde könnte die Lagerung von Zn auch auf dem Festland stattgefunden haben. Die Atmosphäre der ursprünglichen Erde un-terschied sich dramatisch von der modernen Atmosphäre und ähnel-te eventuell jener der Venus, wo sich aufgrund zu hoher Temperatu-ren nie Ozeane bilden konnten. Der atmosphärische Druck beträgt hier ungefähr 100 bar; die Atmosphäre enthält 96 % CO_2, 3,5 % N_2 und < 1 % Wasserdampf und andere Gase. Die Ur-Erdatmosphäre war vermutlich ebenso von CO_2 dominiert. Die in der Literatur ver-fügbaren Annahmen [84, 160] schätzen den atmosphärischen CO_2-Druck vor 3,8 – 4,3 Mrd. Jahren, als das Leben entstand, auf 5 – 20 bar. Bei diesen Werten sollten heiße hydrothermale Fluide mit Tempera-turen von bis zu 200 – 250 °C an die Erdoberfläche der ersten Konti-nente ausgestoßen worden sein [120], deren vorherrschendes Über-gangsmetall Zink gewesen sein dürfte [118]. ZnS sollte sich um die kontinentalen heißen Quellen herum als poröses, honigwabenartiges Präzipitat abgesetzt haben (Abbildung 41).

Gesetzt den Fall, dass sein Lebensraum eingebettet war in ZnS-Präzipitate, wie konnte LUCA dann überhaupt noch »freie« Zn-Atome in seine Lebensprozesse einbinden – etwa als Cofaktoren in Proteine? ZnS ist kaum löslich, freie Zn-Ionen konnten nur in Spu-ren vorkommen (Tabelle 2). Dennoch mögen freie Zn-Atome für LUCA verfügbar gewesen sein aufgrund einer besonderen Eigen-schaft von ZnS-Kristallen, die am Grund der Tiefsee völlig irrelevant ist, an der Oberfläche der ersten Kontinente jedoch eine enorme Be-deutung für die Entstehung des Lebens bekommt: Kristalle von ZnS sind die wirksamsten Photokatalysatoren in der Natur. Sie besitzen eine einzigartige Fähigkeit, Strahlungsenergie zu speichern [67, 81, 88, 104], was sich als Phosphoreszenz (Nachglühen) bemerkbar macht. Darum wird ZnS, im Volksmund auch als »Phosphor« be-zeichnet, zu verschiedenen Zwecken verwendet, etwas als Leuchtstoff von Bildschirmen oder in nachtleuchtendem Spielzeug. Besonders photoaktiv sind Nanokristalle, die sich wie »Quantenpunkte« verhalten[17] (37, 38, 67, 68, 82, 189-192). ZnS-Teilchen aus Rauchfahnen von Hydrothermalquellen können 200-nm-Filter passieren [73], sind also zurecht als Nanopartikel zu bezeichnen. ZnS-Teilchen können mit einer Quantenausbeute[18] von bis zu 80 % CO_2 zu Formiat reduzieren [38, 67, 69, 83]:

$$ZnS* + CO_2 + 2H^+ \rightarrow HCOOH + Zn^{2+} + S$$

(ZnS* ist der angeregte Zustand eines ZnS-Kristalls). Daher ist die Effizienz ZnS-vermittelter Photosynthese höher als die hochentwickelte, auf Chlorophyll basierende Photosynthese grüner Pflanzen. ZnS-Kristalle können diverse Metaboliten aus CO_2 produzieren (38, 54, 61, 190-192, 198), verschiedene Transformationen kohlenstoff- und stickstoffhaltiger Substrate antreiben [86, 87, 112, 135, 191] und organische Moleküle an ihren Oberflächen polymerisieren [107]. Die Vorteile von Sonnenlicht als Energiequelle für die kontinuierliche Synthese biogener Stoffe sind und waren seine Ergiebigkeit und beständige Verfügbarkeit. Dabei wird die ZnS-vermittelte Photosynthese durch UV-Licht angetrieben. Während das Erdmagnetfeld die Erdoberfläche von Anfang an vor kosmischer Strahlung schützte, war die Intensität von solarer UV-Strahlung auf der Urerde um Größenordnungen höher als heute, u. a. weil Sauerstoff und damit Ozon fehlte [15]. Wichtig für unser Thema ist, dass ZnS-vermittelte Photosynthese von der Freisetzung von Zn^{2+}-Ionen begleitet wird [67, 86], wie die obige Reaktionsgleichung zeigt.

Wie sieht es aber mit der Zerstörungskraft von UV-Licht aus? Früher wurde vermutet, dass nicht durch Sauerstoff abgeschirmtes UV-Licht terrestrisches Leben von Beginn an unmöglich gemacht haben könnte [151]. Die Lösung dieses Problems ist, dass Nucleobasen und Nucleotide äußerst photostabil sind [10, 121, 142, 157, 161]. In den letzten Jahren wurde nachgewiesen, dass sich der Natur vorkommende Nucleotide innerhalb von Femtosekunden (10^{-15} s) von absorbierten UV-Lichtquanten lösen können, bevor sich destruktive Reaktionen ereignen [21, 22, 142, 157, 161]. Andere, sogar strukturell ähnliche Moleküle haben diese Eigenschaft nicht. Man fand z. B., dass bei

17 Quantenpunkte sind nanoskopische Materialstrukturen, deren Eigenschaften denen von Atomen ähneln.
18 Die Quantenausbeute beschreibt das Verhältnis zwischen der Anzahl absorbierter Photonen (Lichtquanten) und einem folgenden Ereignis wie z. B. Phosphoreszenz oder einer chemischen Reaktion. Sie ist meist kleiner als Eins.

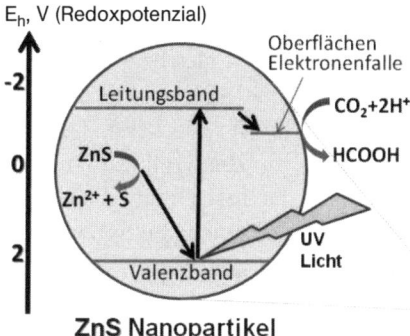

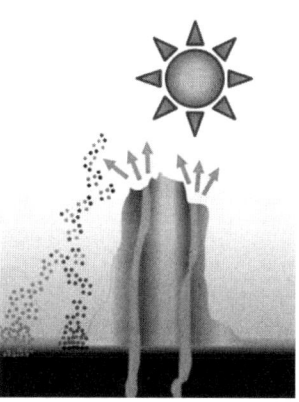

E$_h$, V (Redoxpotenzial)

-2

Leitungsband

Oberflächen
Elektronenfalle

CO$_2$+2H$^+$

0

ZnS

HCOOH

Zn^{2+}+ S

2

Valenzband

UV
Licht

ZnS Nanopartikel

Abb. 42 Ursprüngliche ZnS-vermittelte Photosynthese in oberirdischen, beleuchteten Ausfällungen. Rechts: Präzipitation von FeS- und ZnS- Nanopartikeln (schwarze und graue Punkte) zoniert um eine urtümliche, oberflächennahe, heiße Quelle. Dabei fallen FeS-Partikel (schwarz) näher an der Thermalquelle aus als ZnS-Partikel (grau). Links: Reaktionen innerhalb eines photosynthetisierenden ZnS-Nanopartikels und das zugehörige Energiediagramm. Die Absorption eines UV-Quants führt zur Ladungstrennung. Elektronen wandern durch den Kristall, bis sie an der Oberflächenfalle gefangen sind. Die gefangenen Elektronen können CO$_2$-Moleküle entweder über zwei Ein-Elektronen-Übertragungen oder in einer konzertierten Zweielektronen-Reaktion reduzieren. Zum quantitativen Ausgleich fehlender Elektronen werden externe Elektronendonatoren benötigt, z. B. H$_2$S.

der 4-tägigen UV-Bestrahlung einer Mischung aus Cytosin-Nucleotid und einigen verwandten, aber in der Natur nicht vorkommenden Nucleotiden alle nichtnativen Nucleotide verschwanden, während sich C zur Hälfte in U (Uracil) umwandelte, so dass am Ende nur zwei in RNA vorkommende, native Nucleotide in der Lösung verblieben [142]. Dank der Fähigkeit, die UV-Quanten zu deaktivieren, können die Nucleobasen sogar das Rückgrat von DNA und RNA vor einem Strangbruch schützen [10, 121]. Diese Eigenschaft hat mit der Speicherung genetischer Information nichts zu tun. Sie weist aber darauf hin, dass die ursprüngliche Selektion von Nucleotiden in beleuchteten Umwelten stattfand, denn nur dort wurden Verbindungen bevorzugt, die aus sich heraus besonders photostabil waren. Da ZnS selbst dosiert abschirmend und bei der Absorption von UV-Photonen als Puffer wirkt, sind Nucleotide und ihre RNA-ähnlichen Polymere unter den beschriebenen, ZnS-dominierten Bedingungen relativ stabil, sodass sie sich selektiv anreichern konnten. Der direkte Kontakt der ersten auf RNA basierenden Lebensformen mit den Oberflächen poröser ZnS-Kompartimente nimmt eine Schlüsselstellung ein: Diese Oberflächen konnten nicht nur abiogene Photosynthese von brauchbaren Metaboliten betreiben, sie können gleichzeitig die ersten Biopolymere vor Photodissoziation durch Absorption zu hoher Strahlungsmengen geschützt haben [120]. Es ist verlockend, die ZnS-Oberflächen als »Templates« (Schablone) für die Synthese längerer Biopolymere aus simpleren Bausteinen zu betrachten; die ersten RNA-Moleküle wären dann durch ZnS-Oberflächen geprägt worden. In der Tat stimmen die Abstände zwischen den positiv geladenen Zn^{2+}-Ionen auf der ZnS-Oberfläche [34] überein mit den Abständen (0,58–0,59 nm [150]) zwischen den negativ geladenen Phosphatgruppen, welche die RNA-Ketten im Rückgrat verbinden. Zusätzlich zeigen Zn^{2+}-Ionen die einzigartige Fähigkeit zur Katalyse der Bildung natürlich vorkommender, sogenannter 3›-5›Verbindungen nach anfänglich abiogener Polymerisation von Nucleotiden zu RNA [9, 174].

In diesem Stadium mag es dann auch zur Evolution des ersten minimalen prägenetischen Replikators gekommen sein (siehe Anhang B). Hier verknüpft sich die ZnS-Hypothese mit der Theorie der RNA-Welt, der zufolge die ersten RNA-ähnlichen Moleküle in der Lage waren, sich selbst zu reproduzieren, zu vermehren und einen einfachen Metabolismus zu betreiben, deutlich bevor es codierte Proteine und DNA gab [6, 7, 14, 24, 40, 57, 80, 106, 136, 137, 142, 154, 163, 167, 184, 187, 193]. Das Konzept »Replikation zuerst« wurde weiter gefestigt durch die Isolation und Charakterisierung von RNA-Enzymen (Ribozymen) unterschiedlicher katalytischer Aktivität [14, 25, 80, 106, 155]. Im Reagenzglas – d. h. in abiogenen Systemen – wurden aus chemisch aktivierten Monomeren Oligonucleotide mit einer Länge von 30–50 Kettengliedern gewonnen [174], wobei Polynucleotidketten [9, 108, 174] oder Mineraloberflächen [45–47, 79, 119, 197] als Schablonen für die Polymerisation verwendet wurden.

In einem interessanten Experiment benutzte Günter von Kiedrowski zwei Trinucleotid-Substrate, die sich mit einem komplementären Hexanucleotid als Template über Watson-Crick-Basenpaarung aneinander anlagern konnten. Nur wenn Autokatalyse und Informationsübertragung gleichzeitig stattfanden, kam es zur Selbstreplikation; nur bestimmte Sequenzen und bestimmte Konzentrationen ergaben eine effiziente Selbstreplikation. Dabei bildeten sich selbstkomplementäre Sequenzen schneller als komplementäre [158]. Das System erinnert in seiner einfachen Logik an den von heutigen Organismen zur Reperatur von Doppelstrangbrüchen benutzten Mechanismus, »Synthesis Dependent Strand Annealing« (SDSA) [58, 101, 130].

David Bartels Labor untersucht hingegen die nächsten Schritte: Wie evolvierten Ribozyme von der einfachen autokatalytischen Ligation bis zu multiplen, hintereinandergeschalteten Ligationen mehrerer Nucleotide? Die multiple Ligation einzelner Nucleotide ist im Prinzip nichts anderes als der Ursprung der Replikation [4, 42–44, 78].

Vor kurzem stellten Lincoln und Joyce ein experimentelles System vor, in dem zwei Ribozyme wechselseitig die Synthese des jeweils anderen katalysierten und sich dabei aus einem Pool von vier Oligonucleotid-Substraten bedienten. Diese sich wechselseitig reduplizierenden RNA-Enzyme durchlebten eine selbst-gestützte, exponentielle Amplifikation unter Abwesenheit von Proteinen oder anderen biologischen Materialien [106]. In der Natur ähneln strukturell den Ribozymen von Lincoln und Joyce tatsächlich die Retrons bei Bakterien [74, 105, 169]. Wie genau sich die ersten Replikatoren vermehrten und wie der Übergang von RNA zu Proteinen oder dem genetischen Code stattfand, haben Wissenschaftler bis heute nicht herausgefunden (siehe Abbildung 44 für eine plausible Hypothese).

Die oben erwähnte Vormachtstellung von Zn-Ionen in den bekannten Proteinen von LUCA weist darauf hin, dass die ersten Organismen mindestens bis zum Stadium von LUCA innerhalb von ZnS-Präzipitaten lebten und dass diese anorganische Photosynthese LUCA sogar mit Nährstoffen versorgt haben könnte (Abbildung 41). Die photosynthetisierende Zn-Welt konnte jedoch nur existieren, solange der Druck der CO_2-dominierten Atmosphäre hoch genug war, die sehr heißen, zinkreichen Hydrothermalfluide in sonnenbestrahlter Umgebung hervorzubringen und präzipitieren zu lassen. Als der atmosphärische Druck durch die zunehmende Absorption von CO_2 in den Ozeanen unter 10 bar fiel, kühlten sich die Fluide ab und verloren schrittweise ihre Zn-Ionen. Damit konnten sich frische ZnS-Oberflächen nicht mehr an der Erdoberfläche bilden, sondern nur noch auf dem Grund der Tiefsee. LUCA aber starb nicht aus. Er fand andere Wege, CO_2 zu reduzieren, was sich gleichzeitig als Antrieb erwies, einen modernen Stoffwechsel zu entwickeln. Vielleicht war dies der Zeitpunkt, an dem sich die drei Domänen des Lebens voneinander trennten und Darwins Stammbaum des Lebens begründet wurde.

Schlussfolgerungen

Abbildung 43 fasst die Ergebnisse unserer Analyse zusammen: Das Szenario beginnt mit einfachsten replizierenden Einheiten, die in wabenähnlichen Mineralkompartimenten »gelebt« haben[19]. Diese Kompartimente halfen, wenn man dem Zn-Welt-Konzept [33, 120, 122, 124] folgt, die ersten RNA-Organismen zu photoselektieren und ihnen Unterkunft und Nahrung zu geben. Basierend auf den verfügbaren geologischen Daten, insbesondere zum Aufbau der ältesten VMS-Ablagerungen [56, 171], kann man sich Netzwerke von photosynthetisierenden Zinksulfid-Bändern um urtümliche, heiße Quellen herum in Zonen kontinentaler Vulkanaktivität vorstellen. Diese Netzwerke miteinander verbundener Ringe an Hot Spots geothermaler Aktivität, einer Art ursprünglichem Yellowstone-Nationalpark, könnten die ersten Biotope auf der Erde gewesen sein. Die Kompartimentierung der ZnS-Präzipitate könnte Darwin'sche Selektion hervorgebracht haben, die separate genetische Einheiten benötigt. Jedes einzelne ZnS-Kompartiment könnte LUCA-Gruppierungen von kleinsten virus-ähnlichen »Wesen« eingekapselt haben, die manchmal isoliert waren und sich manchmal auch untereinander verbanden.

Solche Entitäten könnten einen Vorrat an Metaboliten und Genen geteilt haben, sodass jede interagierende Gemeinschaft als Bewohner einer anorganischen »Blase« innerhalb einer Hydrothermalquelle eine eigene evolutionäre Einheit umfassen würde[20] (siehe auch Ab-

19 Die Idee, dass hydrothermal gebildete, bienenwabenähnliche Metall-Sulfid Strukturen als Inkubatoren der allerersten präzellulären Lebensformen dienten wurde durch den englischen Geologen Michael Russel und Mitarbeitern vorgelegt (96, 122, 126, 145, 146, 148, 149, 182). Russell diskutierte den Ursprung des Lebens jedoch anhand von FeS Präzipitaten der Tiefsee. Die Entstehung von aus RNA aufgebauten Organismen in FeS Präzipitaten ist jedoch unwahrscheinlich weil die redox-aktiven Fe^{2+} Ionen und FeS Cluster effiziente Spaltungs-Agenten für RNA-Moleküle sind (16, 17, 109, 117). Zn ist redox-inaktiv und deshalb sollten

ZnS Präzipitate harmlos für RNA Moleküle sein.

20 An dieser Stelle greift für LUCA offenbar dann auch die breiteste, intellektuell brillanteste Definition des Begriffes »Gen« von Richard Dawkins: The term »gene« is understood here in its broadest definition which can be traced back to G. C. Williams: »Ein Gen ist definiert als jeglicher Abschnitt chromosomalen Materials, der potentiell genügend Generationen überdauert, um als Einheit der natürlichen Selektion zu dienen.« (»A gene is defined as any portion of chromosomal material that potentially lasts for enough generations to serve as a unit of natural selection.«, (31)).

bildung 44). Ein solcher Ansatz, der einen erheblichen (Gen-)Austausch zwar zwischen den Mitgliedern eines Konsortiums aber nicht zwischen verschiedenen, mechanisch getrennten Konsortien zulässt, löst den alten Widerspruch zwischen der umfangreichen Gen-Vermischung als eine Haupteigenschaft früher Evolution [182] und der Notwendigkeit unabhängig evolvierender (Arten) als Gegenstände der Darwin'schen Selektion [96, 122, 126, 182].

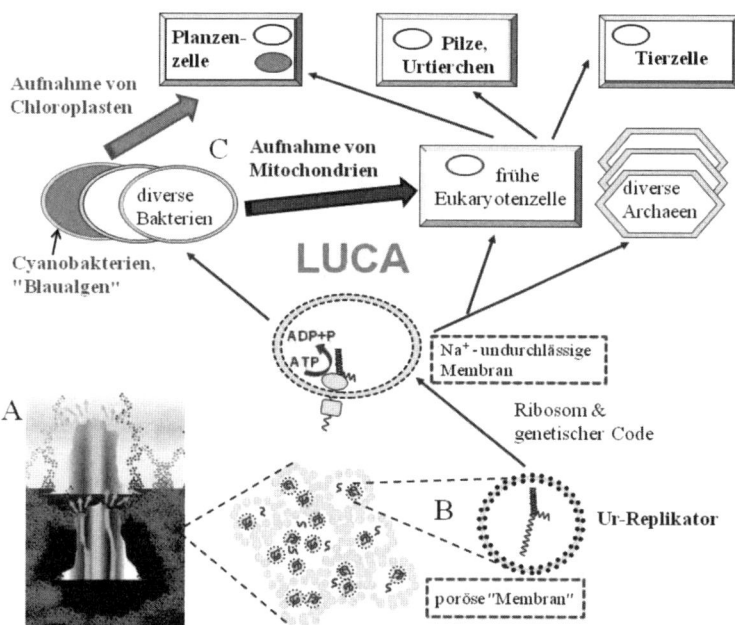

Abb. 43 Modell der Evolution von LUCA. A) Oberflächennahe Hydrothermalquelle mit präzipitierenden Zinkblende-Partikeln (graue Punkte); ringförmige ZnS-Ausfällungen abseits der heißen Quelle. B) Bienenwabenähnliche ZnS-Mikrokompartimente; Auftauchen der ersten replizierenden Ur-Entitäten innerhalb von Zinkblende-Präzipitaten. (basierend auf Daten von [85, 97, 118, 145, 156, 168]).

Evolution von Membranen, dargestellt als Übergang von primitiven, porösen Membranen (punktierte und gestrichelte Linien) zu zunehmend ionendichten Membranen (durchgängige Linien, siehe Text und (8, 122, 126-128, 166) für Details.) C) Erwerb (Endosymbiose) von Mitochondrien durch Pro-Eukaryonten (schwarzer Pfeil) und Erwerb von Chloroplasten durch Pflanzen (gauer Pfeil).

Vielleicht schufen sich die ersten Lebensformen schrittweise einfache, schützende Hüllen, die noch durchlässig für Ionen und kleine Moleküle waren, aber das Entweichen von Polymeren verhinderten. Dies wiederum war der Beginn der Entwicklung molekularer Maschinen, die den Stofftransport durch Membranen bewerkstelligen konnten. Eine solche »Erfindung« konnte sich allerdings nur durchsetzen, wenn sie die Vermehrung (Fitness) der Ausgangslebensformen förderte. Dieses Stadium der evolutionären Geschichte entspricht dem LUCA. Als nächste Stufe der Evolution entstanden durch Selektion dichtere Membranen, die die Ionen-Homöostasis der Zellen stabilisierten. Nach Macallums Prinzip der »Konservierung alter Chemismen« hätten ursprüngliche Zellen eine höhere Fitness besessen, wenn ihre innere Zusammensetzung jener Salzlösung in der sie als erste Lebensformen erschienen waren. Aus diesem Grund konnten die ersten Zellen, die ihr ZnS-reiches Habitat zu verlassen versuchten, nur dann überleben, wenn sie hohe innere Konzentrationen an Zn und anderen Übergangsmetallen aufrechterhielten. Durch diese Herausforderungen sollte die Evolution sowohl von ionendichten Membranen und von membranintegrierten Metallionenpumpen bevorzugt worden sein. Von ionendichten Membranen eingekapselte Zellen wurden unabhängiger voneinander und konnten verstärkt auf selbstproduzierte Metaboliten und Enzyme zugreifen. Eine vollständige Unabhängigkeit von einer Lebensgemeinschaft und der Umwelt wurde allerdings niemals erreicht. Mehr als 99 % der Prokaryonten können nicht in Reinkultur gehalten werden, also in Abwesenheit von anderen Bakterien, bei Flechten auch von Pilzen und Algen, die sie immer in der Natur begleiten. Offenbar benötigen Bakterien bestimmte, von ihren Nachbarn produzierte Metaboliten, die bisher noch unbekannt sind. Einen ersten Hinweis lieferte kürzlich die Identifizierung eines komplexen organischen Moleküls, das Metallchelate bildet, also Metalle in eine Zelle bringen kann [132]. Dies unterstreicht einerseits die Bedeutung von Metallen für das Wachstum moderner Organismen und erklärt andererseits, warum zwischen modernen Prokaryonten starke Wechselbeziehungen bestehen: Sie sind einfach eine evolutionäre Reflexion der engen Wechselbeziehungen von LUCAS- Konsortien, jenen ersten Einheiten, die ausschließlich als Gemeinschaft überleben konnten.

Durch die Rekonstruktion der Eigenschaften des letzten gemeinsamen Vorfahren LUCA konnten wir also Hinweise über den Ursprung des Lebens gewinnen. Unseren Ergebnissen zufolge könnte Leben in der Nähe kontinentaler Vulkansysteme entstanden sein, in der Umgebung photosynthetisierender, lumineszierender ZnS-Kristalle, die das Licht der grellen hadäischen Sonne tagsüber sammelten und nachts zur Verknüpfung neuer organischer Moleküle nutzten.

Anhang A: Geschichte der modernen Biologie

Die Geschichte der modernen Biologie beginnt im 17. Jahrhundert mit zwei Pionieren der Zellbiologie. Der Engländer Robert Hooke sah im Jahr 1667 in der Rinde spanischer Korkeichen »leere Kanäle«, die er Zellen nannte. Im Jahr 1674 gelang es dem Holländer Antoni van Leeuwenhoek, kleinste Glaslinsen zu schleifen, und er entdeckte mit dem ersten Mikroskop noch nie zuvor beobachtete Mikroorganismen, die er *Animalcula* nannte.

Robert Hooke wurde von der Royal Society in London beauftragt, ein verbessertes Mikroskop zu bauen, und er bestätigte van Leeuwenhoeks Entdeckung der Mikroorganismen. Um das Jahr 1766 demonstrierten Abraham Trembley und Lazzaro Spallanzani die Teilung von Zellen. Die Rolle Spallanzanis hierbei ist besonders interessant. Leeuwenhoek hatte gezeigt, dass in frischem Regenwasser keine Mikroorganismen vorkommen. Wartete man jedoch vier Tage, so traten sie plötzlich auf (zusammen mit Staubpartikeln). Dies führte zu dem Glauben, Leben könne aus dem Nichts neu entstehen – eine »*Generatio spontanea*« also. Spallanzani glaubte jedoch nicht daran. Sein Widersacher, der Priester J. T. Needham, meinte bewiesen zu haben, dass selbst in verkorkten Flaschen mit Hühnerbrühe, die er in Glutasche erhitzt hatte, spontan Animalculae entstanden wären. Heute wissen wir genau, warum Needhams Brühe nicht ganz steril war, aber schon Spallanzani bewies, dass Needhams Experiment fehlerhaft war. Er zeigte, dass Needham seine Flaschen nicht lange genug erhitzt und auch nicht luftdicht verschlossen hatte. Die Hypothese der *Generatio spontanea* war widerlegt.

Ein weiteres Experiment von Spallanzani war dann viel interessanter: Er brachte zwei Wassertropfen auf eine Platte, die er mit seinem Mikroskop beobachten konnte. Ein Tropfen enthielt viele Mikroben, der andere war steril. Dann verband er die zwei Tropfen für kurze Zeit mit Hilfe eines Haares. Langsam bewegten sich einige Bakterien durch den engen Kanal in den leeren Tropfen. Als die erste Zelle darin auftauchte, unterbrach Spallanzani die Verbindung. Und dann – zu seinem Erstaunen – beobachtete er die Teilung des einen Animalculus in zwei Animalculae!

Führen wir uns nun die Reihe der wichtigsten klassischen Entdeckungen vor Augen: 1831 beobachtete Robert Brown in Orchideenzellen eine lichtbrechende »*Areola*«, die er »den Kern einer Zelle« nannte. 1837 publizierte Franz Julius Ferdinand Meyen, die elementaren Organe von Pflanzen seien Zellen, die in vielfachen Modifikationen auftreten. Eine Zelle sei ein Raum, komplett umgeben von einer Membran. 1838 begründete M. J. Schleiden die später widerlegte epigenetische Theorie, dass ein Zellkern immer aus der Flüssigkeit einer Zelle *de novo* entsteht. Diese Behauptung war vermutlich eine wichtige Antithese bei der Erforschung des Zellkerns. 1839 zeigte Theodor Schwann, dass Pflanzen und Tiere aus denselben elementaren Bausteinen, nämlich Zellen, aufgebaut waren. 1849 erkannte Richard Owen, dass Keimzellen kontinuierlich von Generation zu Generation weitergegeben wurden. 1852 bewies Robert Remak, dass jede Zelle eines Gewebes von einer vorher existierenden Zelle abstammt. Die Teilung des Kerns war jedoch immer noch ungeklärt. 1855 formulierte Rudolf Virchow:»omnis cellula e cellula«, d.h. der Ursprung einer Zelle ist eine Zelle. Eigentlich war es die Wiederentdeckung von Spallanzanis Erkenntnis. 1866 stellte Gregor Mendel die genetischen Kreuzungsregeln auf. Mendel hatte erkannt, dass die Erbfaktoren in Kopplungsgruppen auftraten, d.h. ihm gelang es ohne Mikroskop, die Existenz von Chromosomen theoretisch aus experimentellen Daten abzuleiten. 1869 isolierte Friedrich Miescher aus Lachsspermien DNA als chemische Substanz. 1873 – also nach Mendels Kreuzungsexperimenten und nach Mieschers DNA-Isolation – beschrieb Anton Schneider bei den Sommereiern eines Plattwurmes die indirekte Teilung des Zellkerns mit»Kernfigur« und achromatischer Spindel (Chromosomen in der Meiose). Damit waren auch die Chromosomen zytologisch entdeckt, während Mendel sie als Kopplungsgruppen von Erbfaktoren vorhergesagt hatte. 1876 zeigte Oskar Hertwig, dass Befruchtung bzw. Fertilisation das Eindringen eines Spermiums in eine Eizelle beinhaltet. 1880 prägte Walther Flemming den Satz»omnis nucleus e nucleo«, d.h. der Ursprung eines Kernes ist ein Kern. Flemmings Zeichnungen von Chromosomen in der Äquatorialplatte zeigten erstmalig längsgespaltene Stränge, die wir heute als Chromatiden bestehend aus jeweils einem DNA-Strang kennen. 1883 erkannte Wilhelm Roux, ohne Mendels Ergebnisse zu kennen, dass die mikroskopischen Kernteilungsfiguren die Teilung des Kerns ermöglichten – nicht nur nach der»Masse«, sondern differenziert in verschiedene»Qualitäten«. 1883 zeigte van Beneden dann, dass Chromosomen individuelle Entitäten sind, und dass die Chromosomen eines Spermienkerns nicht mit den Chromosomen eines Eizellkerns verschmelzen.

1888 hatte die chemische Industrie Farbstoffe entwickelt, mit deren Hilfe Heinrich Wilhelm Waldeyer Zellen anfärbte und im Rahmen seiner Untersuchungen u.a. den Begriff »Chromosom« einführte. **1892** fasste August Weismann dann die Ergebnisse vieler Forscherkollegen in einer ersten Synthese zusammen und begründete die Keimbahntheorie des Lebens. Um **1900** wurden die Mendel'schen Gesetze durch Carl Correns, Ernst von Tschermak und Hugo de Vries unabhängig voneinander wiederentdeckt und von Theodor Boveri und Walter Sutton exakt formuliert. Dabei wurde deutlich die Hypothese aufgestellt, dass Gene auf den Chromosomen der Zellkerne lokalisiert sind. Der Begriff »Genetik« wurde durch William Bateson erstmals **1905** genannt, während der Term »Gen« selbst erst von Wilhelm Ludwig Johannsen **1909** geprägt wurde. Der Begriff »Gen« basiert jedoch auf Ideen von Charles Darwin und Hugo de Vries (für die geschichtlichen Zusammenhänge siehe [102]).

Um **1909** begann dann die Ära der Genetik. Thomas Hunt Morgan entdeckte die erste Augenmutation (genannt: *white* wegen der weißen Augen) bei Fruchtfliegen *Drosophila melanogaster*, die im Normalfall rote Augen besitzen. Im gleichen Jahr beschrieb der belgische Zytologe F.A. Janssens den Mechanismus des Crossing Over zwischen homologen Chromosomen. **1910** entdeckte Albrecht Kossel Nucleinsäuren und ihre Bausteine Purine und Pyrimidine. Diese Nucleinsäuren sind heute als die Streifen des Barcodes A, T, G, C, U in der DNA- bzw. RNA-Drachenschnur bekannt. **1911** entdeckte Peyton Rous das erste Retrovirus in Hühnchen, i.e. das Rous Sarcoma Virus (RSV). **1914** beschrieb Emerson rot-weiße Sektoren in Maiskolben, deren Ursache 1952 von Brink und Nilan auf springende Gene, d.h. Transposons zurückgeführt wurden. Bis 1927 zweifelten Physiker allerdings an den Erkenntnissen der Biologen zum Gen. Sie sahen nicht, dass Gene tatsächlich reale physikalische Entitäten sind: in ihren Augen hätte das »Gen« auch ein zyklischer Stoffwechselweg ähnlich des Krebs-Zyklus innerhalb des Cytoplasmas sein können. Dies änderte sich schlagartig, als Hermann Muller, ein Schüler von Thomas Morgan, **1927** entdeckte, dass Gene durch γ-Strahlen punktuell verändert werden können. Gene waren damit als physikalische Entitäten definiert.

1931 bewiesen Barbara McClintock und Harriet B. Creighton Janssens Hypothese, dass Chromosomen (also, unsere Drachenschnüre) physikalisch Material austauschen. **1942** definierte Conrad Hal Waddington Epigenetik als jenen Zweig der Biologie, der die kausalen Zusammenhänge zwischen Genen und ihren Produkten in der Entwicklung der körperlichen Gestalt, i.e. des Phänotyps[21] erforscht. Bis 1944 war jedoch unbekannt, ob Gene in Proteinen (d.h. Eiweißen) zu suchen seien, oder ob sie aus DNA bestehen. 1944 publizierten Avery, MacLeod und MacCarthy dann das berühmte Schlüsselexperiment, welches bewies, dass Gene aus DNA aufgebaut sind [3] [116]. Heute wissen wir, dass in aktiven Zellen Proteine zusätzlich epigenetisch auf die Ausprägung von Genen wirken. 1945 entdeckte Barbara McClintock am Mais, dass Chromosomen durch auftretende Brüche Stücke verlieren können. 1952 bewiesen Hershey und Chase, dass DNA die Vererbungssubstanz ist, und 1953 entdeckten Watson und Crick die Struktur und das Replikationsprinzip der DNA.

Die hier aufgezeigte historische Reihe wichtigster Entdeckungen und Forschungen überlappt mit den Arbeiten etlicher Nobelpreisträger und setzt sich bis heute fort. Drei dieser mit einem Preis geehrten, für LUCA so wichtigen Erkenntnissprünge seien noch erwähnt: 1959 erhielten Severo Ochoa und Arthur Kornberg den Nobelpreis für ihre Entdeckung des Mechanismus der Synthese von RNA und DNA – also der Replikation [99]. Erst 1968 erhielten Holley, Khorana und Nierenberg den Nobelpreis für die Aufklärung des genetischen Codes. Und für die für LUCA so entscheidende Erkenntnis, dass DNA in RNA und umgekehrt, RNA in DNA durch das ursprüngliche Enzym *Reverse Transkriptase* umgeschrieben werden kann, wurden Howard Temin und David Baltimore 1975 mit dem Preis geehrt [20].

Den Zusammenhang all dieser Fortschritte im Verständnis des Lebens, d.h. der gesamten Biologie, bildet Darwins Evolutionstheorie. Charles Darwin würde heute vermutlich nicht mehr versuchen, den »Ursprung der Arten« genauer zu lesen – dies wurde inzwischen exzellent u.a. durch die Neodarwinisten Rensch [144], Simpson [159], Dobzhansky [35], Mayr [114], Wright [188], Haldane [63], Fisher [52] und Hennig [70] und Eigens Quasispezies-Konzept [39, 41] vorangetrieben. Heute würde sich Darwin vermutlich mit LUCA(S) beschäftigen, oder präziser, mit dem molekularen Ursprung des Lebens und den molekluaren Grundmechanismen, die den Motor der Evolution ausmachen. Replikation, Mutation, Reparatur und Rekombination

---

21 1942 definiert Waddington Epigenetik als »*the branch of biology which studies the causal interactions between* *genes and their products which bring the phenotype into being*«.

sind die modernen Schlagworte für diesen Motor. Als Ursprung dieser Zusammenhänge hat Walter Gilbert das Informationsträger-Molekül RNA beschrieben und den Begriff RNA-Welt formuliert [57]. Damit würdigte er die Erkenntnis, dass RNA eine besondere Rolle bei der Entstehung des Lebens gespielt hatte. Diese Rolle wurde zuerst erkannt von Woese [185], Crick [24] und Orgel [136]. Manfred Eigen publizierte schließlich 1971 eine grundlegende Veröffentlichtung zur Selbstorganisation der Materie und der Evolution biologischer Moleküle [40]. Die Konzeption, die in diesen Arbeiten wurzelt, gilt bis heute als Ausgangspunkt für eine Leittrajektorie der Evolution und damit der Biologie, die alle, immer komplexer werdenden Replikatorsysteme, von Molekülen bis hin zu staatenbildenden, schwarmformierenden Superorganismen als Beispiele komplexer adaptiver Syteme (CAS) miteinander verbindet.

Anhang B: Evolution des Ribosoms – das älteste bis heute überlebende Urzeitrelikt des LUCAS

Abbildung 44 zeigt eine Erweiterung des Vergrößerungsausschnittes aus Abbildung 43A. Dargestellt sind wabenartige ZnS-Nanokompartimente in denen neben Protometaboliten u. a. kurze RNA-Ketten photosynthetisch entstehen und vergehen. Diese kurzen Ketten variierten in Länge und Nucleotidsequenz quasi beliebig (Abbildung 44A, B). Darwin'sche Selektion, die eine Darwin'sche Evolution in Gang setzte, gab es noch nicht. Bestimmte Sekundärstrukturen einiger seltener RNA-Moleküle waren jedoch zufällig photostabiler als andere und existierten daher mit einer größeren Halbwertszeit (Abbildung 44B). Unter Annahme großer Anzahlen ($>10^9$ Moleküle pro Nanokompartiment) neu entstehender und wieder zerfallender RNA-Ketten war es nur eine Frage der Zeit, dass zufällig zwei ideal stabile RNA-Ketten mit genau den richtigen Eigenschaften ribozymartig so wechselwirkten, dass in einem ligationsähnlichen Syntheseprozess neue, sequenzkomplementäre RNA-Kopien von sich selbst entstanden (Abbildung 44C). Eine große, selbstreplizierende RNA-Molekülpopulation, die eine seltene, dennoch selektiv stabilisierte Mastersequenz enthielt, evolviert als Entität und wird Quasispezies genannt [41]. Der Kopierzyklus konnte sich in Konkurrenz mit anderen unabhängig entstandenen Zyklen durch Darwin'sche Selektion optimieren. Die ersten »*Gene*« waren entstanden. Es spielt bei diesem Vorgang zunächst keine Rolle, welche anorganischen oder organischen Cofaktoren beteiligt waren (Abbildung 44A), ob Protopeptide oder einfache protometabolische Zyklen koexistierten oder noch nicht. Die Entstehung dieser ersten Replikatorsysteme, wie immer sie aussahen, erfüllten erstmalig unsere Definition von »*Gen*«[22]. Vermutlich waren diese ersten RNA-Moleküle nur eine kleine Untermenge aller vorhandenen organischen und anorganischen Verbindungen, wobei in unserem Modell ZnS als essenzieller photochemischer Reaktor diente. Daher müssen wir auch eine enge Wechselwirkung vieler protometabolischer Cofaktoren mit RNA-Molekülen annehmen, die an der Stabilisierung der RNA-Ketten und der ersten Proteine beteiligt waren. Wir können von einer ökosystemischen Organisation des Lebens sprechen, die von Beginn an fundamentaler als zelluläre und organismische Organisationsformen war [49–51]. Da RNA-Moleküle als Ribozyme katalytisch aktiv sein können [1, 12, 13], bestand die Möglichkeit, dass bereits vor der Entstehung der Translation unterschiedliche Replikatoren wechselseitig als Replikasen katalytisch interagierten, eine frühe Form parasitischer und symbiotischer Wechselwirkungen. Solche Systeme werden als Eigen'sche Hyperzyklen bezeichnet [41]. Bei der Entstehung vieler, genügend stabiler, sich zyklisch kopierender RNA-Gene entstand auch eine immer wieder auftretende, ca. 55 Nucleotide lange RNA Molekülstruktur, die sich als besonders stabil erwies (Abbildung 44C-G). Diese Struktur hatte die Form *Stamm-Ellenbogen-Stamm*, genau jene RNA-Struktur, die wir bis heute in allen Lebensformen auf der Erde wiederfinden und die wir durch Ada Yonath und Kollegen als Proto-Ribosom kennen (Abbildung 44G-H). Aus diesem Protoribosom entwickelten sich im Laufe von Milliarden Jahren unsere komplexeren, modernen Ribosomen, die heute auch viele Proteinkomponenten enthalten.

Das moderne Ribosom ging also aus einer einfacheren Einheit von LUCAS hervor [7, 30]. Das Proto-Ribosom entstand aus Genfusion

---

22 Der Begriff Gen bezieht sich hier nicht auf die landläufige »Ein Gen ein Enzym«-Definition von Beadle und Tatum. Wir definieren Gen in einer Erweiterung von G.C. Williams und R. Dawkins:»Als Gen wird definiert jeder Abschnitt chromosomalen Materials welcher potenziell für genügend Generationen stabil existiert, um als Einheit der natürlichen Selektion zu dienen – hierzu gehören also auch kurze, eigenständige Replikatoren und virale Genome« (siehe auch Fußnote 15). Max Delbrück nannte Bakteriophagen deshalb das Atom der Biologen (48).

ZnS Mineral-Honigwabe

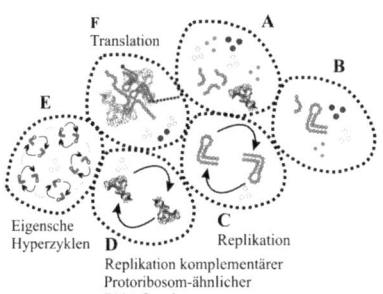

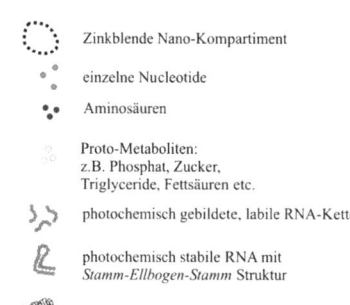

Zinkblende Nano-Kompartiment

einzelne Nucleotide

Aminosäuren

Proto-Metaboliten:
z.b. Phosphat, Zucker,
Triglyceride, Fettsäuren etc.

photochemisch gebildete, labile RNA-Ketten

photochemisch stabile RNA mit
Stamm-Ellbogen-Stamm Struktur

Raumstruktur einer Protoribosom-ähnlichen
55nt RNA

G

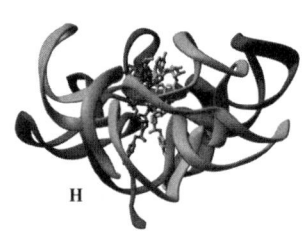

H

Abb. 44 Evolution von Replikatoren und des Ribosoms. A–F Evolutionsstufen in honigwabenähnlichen Nanokompartimenten der Zinkblende. A) Photosynthetische Prozesse erzeugen eine Vielzahl an Ur-Metaboliten. B) Auftreten photochemisch relativ stabiler RNA-Sekundärstrukturen. C) Einfacher Replikationszyklus, angetrieben durch ribozymartige Autokatalyse. D) Entstehung protoribosomen-ähnlicher RNA-Spezies. Individuelle evolutive Entitäten können nur entstehen, wenn zuerst ein sequenzsichernder, fehlerschwellenniedriger Replikationsmechanismus existiert. E) Eigen'sche Hyperzyklen. Einzelne Replikationszyklen funktionieren unterhalb kritischer Fehlerschwellen nach den Kriterien der sogenannten Quasispezies. Die Konkurrenz zwischen verschiedenen Replikatoren ist ausbalanciert, wie es bis heute bei den modernen, parasitär-symbiotischen Transposon/Wirtsgenom-Wechselwirkungen der Fall ist. Ribozymaktivität als Katalysator reicht aus, kann aber nach der Entstehung der Translation und des genetischen Codes durch Peptide ergänzt werden. F) Hypothetische Entstehung der aktiven Tasche des Proto-Ribosoms durch Dimerisation zweier RNA-Moleküle und Translation. Das Proto-Ribosom muss selbst Produkt eines Replikators sein, da es sonst als individuelle Entität nicht gegen Fehlerakkumulation geschützt wäre und damit nicht dem Selektionskriterium Eigen'scher Quasispezies genügen würde. G–H Monomer- und Bänderstruktur-Diagramm des von Ada Yonaths Labor vorgeschlagenen Proto-Ribosoms. G) Einzelbaustein des Proto-Ribosoms basierend auf typischen modernen und ursprünglichen RNA-Motiven. H) Struktur der ribosomalen, zentralen aktiven Tasche, aufgebaut aus zwei symmetrischen RNA-Ketten (dunkelgrau und hellgrau). Das Proto-Ribosom ist mit seinen beiden Substraten gezeigt. (Strukturbilder zur Verfügung gestellt von Ada Yonath, persönliche Korrespondenz; (30, 41, 93, 194-196).)

oder Genduplikation – also einem der RNA/DNA-Reparatur verwandten Prozess [194]. Unabhängig von der Sequenz ist die dreidimensionale Struktur der Hälften des Ribosoms, die die Peptidyltransferase-Reaktion durchführen, stereochemisch bis heute erhalten geblieben. Das Ur-Ribosom besaß demnach eine zentrale Tasche, die aus zwei RNA Ketten bestand, welche ein Dimer bildeten (Abbildung 44H). Allein diese beiden RNA Moleküle reichten aus, um eine Peptidbindung zu knüpfen. Nach unserem ZnS-Welt-Modell fand dies in Wabenkompartimenten nahe hydrothermaler Quellen statt. Es ist nach unserer Analyse denkbar, dass sich in den Zinkblende-Waben neben anderen Molekülen einzelne Nucleotide, kurze RNA-Fragmente und RNA-Ketten von bis zu 60 Nucleotiden anreicherten. Nur diejenigen konnten überleben, die sich in einem sicheren Habitat befanden und eine stabile Konformation annahmen. Einige überlebensfähige Ur-RNA- Stränge waren die Vorfahren jener RNA-Ketten, die die symmetrische, katalytische Region des Ribosoms, ein stabiles RNA-Dimer, das in der dreidimensionalen Struktur der symmetrischen Tasche zwei Aminosäuren einfangen konnte und – richtig positioniert die Peptidtransferase-Reaktion zwischen zwei Aminosäuren katalysierte. Weil RNA-Ketten in den Waben immer auch das Potenzial hatten, sich als Gen im Sinne der im Text zitierten Dawkin'schen Definition, d.h. als selbstständiger Replikator zu vermehren [106], wurde die katalytische Ur-Tasche der Peptidyltransferase-Reaktion die Vorlage für das Ur-Ribosom [30, 195, 196]. Die Begriffe Gen, Transposon und Ribosom verschmelzen in diesem Zusammenhang. Heute bestehen bakterielle Ribosomen aus einer kleinen und einer großen Untereinheit, in denen Protein und RNA epigenetisch oder, wenn man will, »ökosystemisch« wechselwirken; bei Eukaryonten ist es ähnlich. Alle Organismenreiche besitzen die zentrale katalytische RNA-Tasche aus der Zeit von LUCA. Inzwischen ist die Translation bis hinunter zur Atomebene recht gut aufgeklärt [143].

Danksagung

Wir danken Professorin Ada Yonath für die Abbildung der Bänderstruktur des Proto-Ribosoms und der Stamm-Ellbogen-Stamm-Struktur der katalytisch aktiven RNA-Ur-Tasche des Ribosoms.

Literatur

[1] Altman, S., M. Baer, H. Gold, C. Guerrier-Takada, L. Kirsebom, N. Lawrence, N. Lumelsky und A. Vioque (1987) Cleavage of RNA by RNAse P. in: *Molecular Biology of RNA: New Perspectives*, 3–15.

[2] Anbar, A.D. (2008) Oceans. Elements and evolution. *Science* 322, 1481–3.

[3] Avery, O.T., C.M. Macleod und M. McCarty (1944) Studies on the Chemical Nature of the Substance Inducing Transformation of Pneumococcal Types: Induction of Transformation by a Desoxyribonucleic Acid Fraction Isolated from Pneumococcus Type Iii. *J. Exp. Med.* 79, 137–58.

[4] Bartel, D.P. und J.W. Szostak (1993) Isolation of new ribozymes from a large pool of random sequences. *Science* 261, 1411–8.

[5] Bayley, S.T. und D.J. Kushner (1964) The ribosomes of the extremely halophilic bacterium, *Halobacterium cutirubrum. J. Mol. Biol.* 9, 654–69.

[6] Belozersky, A.N. (1959) On the species specificity of the nucleic acids of bacteria, S. 322–331. *In* A.I. Oparin, A.G. Pasynskii, A.E. Braunshtein, T.E. Pavlovskaya, F. Clark und R.L.M. Synge (Hrsg.), *The Origin of Life on the Earth*. Pergamon Publishers, London.

[7] Bokov, K. und S.V. Steinberg (2009) A hierarchical model for evolution of 23S ribosomal RNA. *Nature* 457,,977–80.

[8] Branciamore, S., E. Gallori, E. Szathmary und T. Czaran (2009) The origin of life: chemical evolution of a metabolic system in a mineral honeycomb? *J. Mol. Evol.* 69, 458–69.

[9] Bridson, P.K. und L.E. Orgel (1980) Catalysis of accurate poly(C)-directed synthesis of 3′-5′-linked oligogu-anylates by Zn^{2+}. *J. Mol. Biol.* 144, 567–577.

[10] Cadet, J. und P. Vigny (1990) The photochemistry of nucleic acids S. 1–273. *In* H. Morrison (Hrsg.), *Bioorganic Photochemistry: Photochemistry and the Nucleic Acids*, John Wiley & Sons, New York.

[11] Cain, A.J. und G.A. Harrison (1960) Phyletic weighting. *Proc. zool. Soc. London* 135, 1–31.

[12] Cech, T.R. (1983) RNA Splicing: Three Themes with Variations. *Cell* 34, 713–716.

[13] Cech, T.R., A.J. Zaug und P.J. Grabowski (1981) In vitro splicing of the ribosomal RNA precursor of Tetrahymena: involvement of a guanosine nucleotide in the excision of the intervening sequence. *Cell* 27, 487–96.

[14] Chen, X., N. Li und A.D. Ellington (2007) Ribozyme catalysis of metabolism in the RNA world. *Chem. Biodivers.* 4, 633–55.

[15] Cnossen, I., J. Sanz-Forcada, F. Favata, O. Witasse, T. Zegers und N.F. Arnold (2007) Habitat of early life: Solar X-ray and UV radiation at Earth's surface 4-3,5 billion years ago. *J. Geophys. Res.* 112.

[16] Cohn, C.A., M.J. Borda und M.A. Schoonen (2004) RNA decomposition by pyrite-induced radicals and possible role of lipids during the emergence of life. *Earth Planet. Sci. Lett.* 225, 271–278.

[17] Cohn, C.A., S. Mueller, E. Wimmer, N. Leifer, S. Greenbaum, D.R. Strongin und M.A. Schoonen (2006) Pyrite-induced hydroxyl radical formation and its effect on nucleic acids. *Geochem. Trans.* 7, 3.

[18] Commeyras, A., L. Boiteau, O. Vandenabeele-Trambouze und F. Selsis (2005) Peptide Emergence, Evolution and Selection on the Primitive Earth, S. 547–569, Lectures in

Astrobiology, Bd. 1. Springer Verlag, Berlin – Heidelberg.

[19] Commeyras, A., H. Collet, L. Boiteau, J. Taillades, O. Vandenabeele-Tranbouze, H. Cottet, J.-P. Biron, R. Plasson, L. Mion, O. Lagrille, H. Martin, F. Selsis und M. Dobrijevic (2002) Prebiotic synthesis of sequential peptides on the Hadean beach by a molecula engine working with nitrogen oxides as energy sources. *Polym. Int.* **51**, 661–665.

[20] Cooper, G. M., R. G. Temin und B. Sugden (Hrsg.) (1995) *The DNA provirus: Howard Temin's scientific legacy*. ASM Press, Washington, D.C.

[21] Crespo-Hernandez, C. E., B. Cohen, P. M. Hare und B. Kohler (2004) Ultrafast excited-state dynamics in nucleic acids. *Chem. Rev.* **104**, 1977–2019.

[22] Crespo-Hernandez, C. E., B. Cohen und B. Kohler (2005) Base stacking controls excited-state dynamics in A-T DNA. *Nature* **436**, 1141–1144.

[23] Crick, F. 1970. Central dogma of molecular biology. *Nature* **227**, 561–3.

[23a] Crick, F. H. (1958) On Protein Synthesis. *Symp. Soc. Exp. Biol.* **12**, 138–163.

[24] Crick, F. H. 1968. The origin of the genetic code. *J. Mol. Biol.* **38**, 367–79.

[25] Curtis, E. A. und D. P. Bartel (2005) New catalytic structures from an existing ribozyme. *Nat. Struct. Mol. Biol.* **12**, 994–1000.

[26] Darwin, C. (1859) Die Entstehung der Arten durch natürliche Zuchtwahl, 6. Auflage 1872, Philipp Reclam Jun., Stuttgart.

[27] Darwin, C. (1857) *Letters to T. H. Huxley*, Bd. 2. John Murray, London.

[28] Darwin, C. (1859) On the Origin of Species by Means of Natural Selection or Preservation of Favoured Races in the Struggle for Life, 1. Aufl. Murray, London.

[29] Darwin, C. R. (1837–1838) *Transmutation of species*, Bd. 1 Notebook B.

[30] Davidovich, C., M. Belousoff, A. Bashan und A. Yonath (2009) The evolving ribosome: from non-coded peptide bond formation to sophisticated translation machinery. *Res. Microbiol.* **160**, 487–92.

[31] Dawkins, R. (1976) *The selfish gene*. Oxford University Press, Oxford.

[32] Deamer, D. W. (2008) Origins of life: How leaky were primitive cells? *Nature* **454**, 37–8.

[33] Deamer, D. W. und J. P. Dworkin (2005) Chemistry and physics of primitive membranes. *Top. Curr. Chem.* **259**, 1–27.

[34] Dinsmore, A. D., D. S. Hsu, S. B. Qadri, J. O. Cross, T. A. Kennedy, H. F. Gray und B. R. Ratna (2000) Structure and luminescence of annealed nanoparticles of ZnS:Mn. *Journal of Applied Physics* **88**, 4985–4993.

[35] Dobzhansky, T. G. (1937) *Genetics and the origin of species*. Columbia University Press, New York.

[36] Drever, J. I. (1997) *The Geochemistry of Natural Waters: Surface and Groundwater Environments*, 3. Aufl. Prentice Hall, NJ.

[37] Eggins, B. R., P. K. J. Robertson, E. P. Murphy, E. Woods und J. T. S. Irvine (1998) Factors affecting the photoelectrochemical fixation of carbon dioxide with semiconductor colloids. *J. Photochem. Photobiol. A Chem.* **118**, 31–40.

[38] Eggins, B. R., P. K. J. Robertson, J. H. Stewart und E. Woods (1993) Photoreduction of carbon dioxide on zinc sulfide to give four-carbon and two-carbon acids. *J. Chem. Soc. Chem. Commun.* 349–350.

[39] Eigen, M. (1988) *Perspektiven der Wissenschaft*. DVA, Stuttgart.

[40] Eigen, M. (1971) Selforganization of matter and the evolution of biological macromolecules. *Naturwissenschaften* **58**, 465–523.

[41] Eigen, M. (1987) *Stufen zum Leben*. Piper Verlag.

[42] Ekland, E. H. und D. P. Bartel (1996) RNA-catalysed RNA polymerization using nucleoside triphosphates. *Nature* **382**, 373–6.

[43] Ekland, E. H. und D. P. Bartel (1995) The secondary structure and sequence optimization of an RNA ligase ribozyme. *Nucleic Acids Res* **23**, 3231–8.

[44] Ekland, E. H., J. W. Szostak und D. P. Bartel (1995) Structurally complex and highly active RNA ligases derived from random RNA sequences. *Science* **269**, 364–70.

[45] Ferris, J. P. (2006) Montmorillonite-catalysed formation of RNA oligomers: the possible role of catalysis in the origins of life. *Philos. Trans. R. Soc. Lond. B Biol. Sci.* **361**, 1777–1786.

[46] Ferris, J. P. (2002) Montmorillonite catalysis of 30-50 mer oligonucleotides: Laboratory demonstration of potential steps in the origin of the RNA world. *Orig. Life Evol. Biosph.* **32**, 311–332.

[47] Ferris, J. P., A. R. Hill, Jr., R. Liu und L. E. Orgel (1996) Synthesis of long prebiotic oligomers on mineral surfaces. *Nature* **381**, 59–61.

[48] Fischer, E. P. (1988) *Das Atom der Biologen – Max Delbrück und der Ursprung der Molekulargenetik*. R. Piper, München.

[49] Fiscus, D. A. (2001) The Ecosystemic Life Hypothesis I: Introduction and Definitions. *Bull. Ecol. Soc. Am.* **82**, 248–250.

[50] Fiscus, D. A. (2002) The Ecosystemic Life Hypothesis II: Four Connected Concepts. *Bull. Ecol. Soc. Am.* **83**, 94–96.

[51] Fiscus, D. A. (2002) The Ecosystemic Life Hypothesis III: The Hypothesis and its Implications. *Bull. Ecol. Soc. Am.* 146–149.

[52] Fisher, R. A. (1930) The Genetical Theory of Natural Selection, facsimile of the 1930 edition by Oxford University Press, University of Adelaide 1999 Oxford Univ. Press, Oxford UK.

[53] Fox, G. E., L. J. Magrum, W. E. Balch, R. S. Wolfe und C. R. Woese (1977) Classification of methanogenic bacteria by 16S ribosomal RNA characterization. *Proc. Natl. Acad. Sci. USA* **74**, 4537–41.

[54] Fox, M. A. und M. T. Dulay (1993) Heterogeneous Photocatalysis. *Chemical Reviews* **93**, 341–357.

[55] Franklin, J. M., J. W. Lydon und D. F. Sangster (1981) Volcanic-associated massive sulfide deposits, S. 485–627, *Economic Geology*, 75th Anniversary Volume.

[56] Galley, A. G., M. D. Hannington und I. R. Jonasson (2007) Volcanogenic massive sulphide deposits, S. 141-161. *In* W. D. Goodfellow (Hrsg.), *Mineral Deposits of Canada: A Synthesis of Major Deposit-Types, District Metallogeny, the Evolution of Geological Provinces, and Exploration Methods*, Geological Association of Canada, Mineral Deposits Division, Special Publication Nr. 5.

[57] Gilbert, W. (1986) The RNA world. *Nature* **319**, 618.

[58] Gloor, G. B., N. A. Nassif, D. M. Johnson-Schlitz, C. R. Preston und W. R. Engels (1991) Targeted Gene Replacement in Drosophila via P Element-Induced Gap Repair. *Science* **253**, 1110–1117.

[59] Gogarten, J. P., H. Kibak, P. Dittrich, L. Taiz, E. J. Bowman, B. J. Bowman, M. F. Manolson, R. J. Poole, T. Date, T. Oshima et al. (1989) Evolution of the vacuolar H+-ATPase: implications for the origin of eukaryotes. *Proc. Natl. Acad. Sci. USA* **86**, 6661–5.

[60] Gotoh, M., A. Miki, H. Nagano, N. Ribeiro, M. Elhabiri, E. Gumienna-Kontecka, A. M. Albrecht-Gary, M. Schmutz, G. Ourisson und Y. Nakatani (2006) Membrane properties of branched polyprenyl phosphates, postulated as primitive membrane

constituents. *Chem. Biodivers.* **3**, 434–55.

[61] Guzman, M.I. und S.T. Martin (2009) Prebiotic metabolism: production by mineral photoelectrochemistry of alpha-ketocarboxylic acids in the reductive tricarboxylic acid cycle. *Astrobiology* **9**, 833–42.

[62] Haeckel, E.H.P.A. (1866) *Generelle Morphologie der Organismen: allgemeine Grundzüge der organischen Formen-Wissenschaft, mechanisch begründet durch die von Charles Darwin reformirte Descendenztheorie.* Georg Reimer, Berlin.

[63] Haldane, J.B.S. (1932) *The Causes of Evolution.* Longmans Green, London.

[64] Halliday, A.N. (2000) Terrestrial accretion rates and the origin of the Moon. *Earth and Planetary Science Letters* **176**, 17–30.

[65] Hazen, R.M. (2010) Evolution of minerals. *Sci. Am.* **302**, 58–65.

[66] Hazen, R.M. und D.A. Sverjensky (2010) Mineral surfaces, geochemical complexities, and the origins of life. *Cold Spring Harb Perspect Biol* **2**, a002162.

[67] Henglein, A. (1984) Catalysis of photochemical reactions by colloidal semiconductors. *Pure Appl. Chem.* **56**, 1215–1224.

[68] Henglein, A. und M. Gutierrez (1983) Photochemistry of colloidal metal sulfides. 5. Fluorescence and chemical reactions of ZnS and ZnS/CdS co-colloids. *Berichte der Bunsen-Gesellschaft-Physical Chemistry Chemical Physics* **87**, 852–858.

[69] Henglein, A., M. Gutierrez und C.H. Fischer (1984) Photochemistry of colloidal metal sulfides. 6. Kinetics of interfacial reactions at ZnS particles. *Berichte der Bunsen-Gesellschaft-Physical Chemistry Chemical Physics* **88**, 170–175.

[70] Hennig, W. (1950) *Grundzüge einer Theorie der phylogenetischen Systematik.* Deutscher Zentralverlag, Berlin.

[71] Hennig, W. (1936) Über einige Gesetzmäßigkeiten der geographischen Variation in der Reptiliengattung Draco L.:»parallele« und »konvergente« Rassenbildung. *Biol. Zbl.* **56**, 549–559.

[72] Hennig, W. (1949) Zur Klärung einiger Begriffe der phylogenetischen Systematik. *Forschungen und Fortschritte* **25**, 136–138.

[73] Hsu-Kim, H., K.M. Mullaugh, J.J. Tsang, M. Yucel und G.W. Luther (2008) Formation of Zn- and Fe-sulfides near hydrothermal vents at the Eastern Lau Spreading Center: implications for sulfide bioavailability to chemoautotrophs. *Geochemical Transactions* **9**, 6.

[74] Hsu, M.-Y., M. Inouye und S. Inouye (1990) Retron for the 67-base multycopy single-stranded DNA from Escherichia coli: A potential transposable element encoding both reverse transcriptase and Dam methylase functions, S. 9454–9458, *Proc. Natl. Acad. Sci.*, Bd. 87.

[75] Iwabe, N., K.-I. Kuma, M. Hasegawa, S. Osawa und T. Miyata (1989) Evolutionary relationship of archaebacteria, eubacteria, and eukaryotes inferred from phylogenetic trees of duplicated genes, S. 9355–9359, *PNAS*, Bd. 86.

[76] Iwabe, N., K. Kuma, H. Kishino, M. Hasegawa und T. Miyata (1991) Evolution of RNA polymerases and branching patterns of the three major groups of Archaebacteria. *J. Mol. Evol.* **32**, 70–8.

[77] Jekely, G. (2006) Did the last common ancestor have a biological membrane? *Biol. Direct* **1**, 35.

[78] Johnston, W.K., P.J. Unrau, M.S. Lawrence, M.E. Glasner und D.P. Bartel (2001) RNA-catalyzed RNA polymerization: accurate and general RNA-templated primer extension. *Science* **292**, 1319–25.

[79] Joshi, P.C., S. Pitsch und J.P. Ferris (2007) Selectivity of montmorillonite catalyzed prebiotic reactions of D,

L-nucleotides. *Orig. Life Evol. Biosph.* **37**, 3–26.

[80] Joyce, G. F. (2007) Forty years of in vitro evolution. *Angew. Chem. Int. Ed. Engl.* **46**, 6420–36.

[81] Kallmann, H. und E. Sucov (1958) Energy storage in ZnS and ZnCdS phosphors. *Physical Reviews* **109**, 1473–1478.

[82] Kanemoto, M., T. Shiragami, C. J. Pac und S. Yanagida (1990) Bacteria-Like Fixation of Carbon-Dioxide under Uv-Light Irradiation with Defect-Free Zns Quantum Crystallites. *Chemistry Letters*, 931–932.

[83] Kanemoto, M., T. Shiragami, C. J. Pac und S. Yanagida (1992) Semiconductor photocatalysis – effective photoreduction of carbon-dioxide catalyzed by ZnS quantum crystallites with low-density of surface-defects. *J. Phys. Chem.* **96**, 3521–3526.

[84] Kasting, J. F. und S. Ono. 2006. Palaeoclimates: the first two billion years. *Philos. Trans. R. Soc. Lond. B Biol. Sci.* **361**, 917–929.

[85] Kelley, D. S., J. A. Baross und J. R. Delaney (2002) Volcanoes, fluids, and life at mid-ocean ridge spreading centers. *Annu. Rev. Earth Planet. Sci.* **30**, 385–491.

[86] Kisch, H. und R. Künneth (1991) Photocatalysis by semiconductor powders: Preparative and mechanistic aspects, S. 131–175. *In* J. Rabek (Hrsg.), *Photochemistry and Photophysics.* CRC Press Inc.

[87] Kisch, H. und W. Lindner (2001) Syntheses via semiconductor photocatalysis. *Chemie in Unserer Zeit* **35**, 250–257.

[88] Kisch, H. und G. Twardzik (1991) Heterogeneous photocatalysis 9. Zinc-sulfide catalyzed photoreduction of carbon dioxide. *Chemische Berichte* **124**, 1161–1162.

[89] Koga, Y. und H. Morii (2007) Biosynthesis of ether-type polar lipids in archaea and evolutionary considerations. *Microbiol. Mol. Biol. Rev.* **71**, 97–120.

[90] Kohlstaedt, L. A., J. Wang, J. M. Friedman, P. A. Rice und T. A. Steitz (1992) Crystal structure at 3.5 A resolution of HIV-1 reverse transcriptase complexed with an inhibitor. *Science* **256**, 1783–1790.

[91] Koonin, E. V. (2003) Comparative genomics, minimal gene-sets and the last universal common ancestor. *Nat. Rev. Microbiol.* **1**, 127–36.

[92] Koonin, E. V. (2006) On the origin of cells and viruses: A comparative-genomic perspective. *Isr. J. Ecol. Evol.* **52**, 299–318.

[93] Koonin, E. V. (2009) On the origin of cells and viruses: primordial virus world scenario. *Ann. N Y Acad. Sci.* **1178**, 47–64.

[94] Koonin, E. V. (2006) Temporal order of evolution of DNA replication systems inferred by comparison of cellular and viral DNA polymerases. *Biol. Direct* **1**, 39.

[95] Koonin, E. V. und W. Martin (2005) On the origin of genomes and cells within inorganic compartments. *Trends Genet.* **21**, 647–54.

[96] Koonin, E. V., T. G. Senkevich und V. V. Dolja (2006) The ancient Virus World and evolution of cells. *Biol. Direct* **1**, 29.

[97] Kormas, K. A., M. K. Tivey, K. Von Damm und A. Teske (2006) Bacterial and archaeal phylotypes associated with distinct mineralogical layers of a white smoker spire from a deep-sea hydrothermal vent site (9 degrees N, East Pacific Rise). *Environ. Microbiol.* **8**, 909–920.

[98] Kornberg, A. (1969) Active center of DNA polymerase. *Science* **163**, 1410–8.

[99] Kornberg, A. (1989) *For the Love of Enzymes.* Harvard University Press, Cambridge, MA London, England.

[100] Kornberg, R. D. (2007) The molecular basis of eukaryotic transcrip-

tion. *Proc. Natl. Acad. Sci.* USA
104, 12955–61.

[101] Lankenau, D.-H. (2007) Germline
Double-Strand Break Repair and
Gene Targeting in Drosophila: a
Trajectory System throughout Evolution, S. 153–197. *In* D.-H. Lankenau (Hrsg.), *Genome Integrity: Fa-
cets and Perspectives*, Bd. 1. Springer, Berlin – Heidelberg.

[102] Lankenau, D.-H. (2007) The Lega-
cy of the Germ Line – Maintai-
ning Sex and Life in Metazoans:
Cognitive Roots of the Concept of
Hierarchical Selection,
S. 289–339. *In* R. Egel und D.-H.
Lankenau (Hrsg.), *Recombination
and Meiosis – Models, Means and
Evolution*, Bd. 3. Springer, Berlin –
Heidelberg.

[103] Leipe, D. D., L. Aravind und E. V.
Koonin (1999) Did DNA replicati-
on evolve twice independently?
Nucleic Acids Res. **27**, 3389–401.

[104] Li, B. J., J. B. Liang, X. Y. Jiang, M.
Zhou, W. Li, Y. L. Na und T. S. Li
(2000) Solar energy storage using
a ZnS thin film. *Energy Sources* **22**,
865–868.

[105] Lim, D., T. M. O. Lima und W. K.
Maas (1995) Retrons in bacteria,
S. 179. *In* B. D. Hames und D. M.
Glover (Hrsg.), Mobile Genetic Ele-
ments, Bd. 12. Oxford University
Press, Oxford – New York –
Tokyo.

[106] Lincoln, T. A. und G. F. Joyce
(2009) Self-sustained replication
of an RNA enzyme. *Science* **323**,
1229–32.

[107] Liu, X. F., X. Y. Ni, J. Wang und
X. H. Yu (2008) A novel route to
photoluminescent, water-soluble
Mn-doped ZnS quantum dots via
photopolymerization initiated by
the quantum dots. *Nanotechnology*
19.

[108] Lohrmann, R., P. K. Bridson, P. K.
Bridson und L. E. Orgel (1980) Efficient metal-ion catalyzed

template-directed oligonucleotide
synthesis. *Science* **208**, 1464–
1465.

[109] Luther, G. W. und D. T. Rickard
(2005) Metal sulfide cluster com-
plexes and their biogeochemical
importance in the environment.
Journal of Nanoparticle Research **7**,
389–407.

[110] Macallum, A. B. (1926) The Paleo-
chemistry of the body fluids and
tissues. *Physiol. Rev.* **6**, 316–357.

[111] Macallum, A. B. (1926) The paleo-
chemistry of the body fluids and
tissues. *Physiological Reviews* **6**,
316–357.

[112] Marinkovic, S. und N. Hoffmann
(2001) Efficient radical addition of
tertiary amines to electron-defi-
cient alkenes using semiconductors as photochemical sensitisers.
Chem. Commun. (Camb.),
1576–1577.

[113] Maynard Smith, J. und E. Szathmary. (1997) *The major transitions
in evolution*. Oxford University
Press, Oxford, New York – Tokyo.

[114] Mayr, E. (1967) *Artbegriff und Evolution*. Paul Parey, Hamburg – Berlin.

[115] Mayr, E. (1975) *Grundlagen der zoo-
logischen Systematik*. Paul Parey,
Hamburg – Berlin.

[116] McCarty, M. (1985) *The Transfor-
ming Principle – Discovering that
Genes are Made of DNA*. The Com-
monwealth Fund Book Program,
Markham Ontario.

[117] Meares, C. F., S. A. Datwyler, B. D.
Schmidt, J. Owens und A. Ishiha-
ma (2003) Principles and methods
of affinity cleavage in studying
transcription. *Meth. Enzymol.* **371**,
82–106.

[118] Metz, S. und J. H. Trefry (2000)
Chemical and mineralogical influ-
ences on concentrations of trace
metals in hydrothermal fluids.
Geochimica Et Cosmochimica Acta
64, 2267–2279.

[119] Miyakawa, S., P. C. Joshi, M. J. Gaffey, E. Gonzalez-Toril, C. Hyland, T. Ross, K. Rybij und J. P. Ferris (2006) Studies in the mineral and salt-catalyzed formation of RNA oligomers. *Orig. Life Evol. Biosph.* **36**, 343–361.

[119a] Mojzsis S. J., Harrison T. M., Pidgeon R. T.: Oxygen-isotope evidence from ancient zircons for liquid water at the Earth's surface 4, 300 Myr ago. *Nature* 2001, 409: 178–181.

[120] Mulkidjanian, A. Y. (2009) On the origin of life in the zinc world: I. Photosynthesizing, porous edifices built of hydrothermally precipitated zinc sulfide as cradles of life on Earth. *Biol. Direct* **4**, 26.

[121] Mulkidjanian, A. Y., D. A. Cherepanov und M. Y. Galperin (2003) Survival of the fittest before the beginning of life: selection of the first oligonucleotide-like polymers by UV light. *BMC Evol. Biol.* **3**, 12.

[122] Mulkidjanian, A. Y. und M. Y. Galperin (2010) Evolutionary origins of membrane proteins S. 1–28. *In* D. Frishman (Hrsg.), *Structural Bioinformatics of Membrane Proteins*. Springer, Wien.

[123] Mulkidjanian, A. Y. und M. Y. Galperin (2010) On the abundance of zinc in the evolutionarily old protein domains. *Proc. Natl. Acad. Sci. USA.*

[124] Mulkidjanian, A. Y. und M. Y. Galperin (2009) On the origin of life in the zinc world. 2. Validation of the hypothesis on the photosynthesizing zinc sulfide edifices as cradles of life on Earth. *Biol. Direct* **4**, 27.

[125] Mulkidjanian, A. Y. und M. Y. Galperin (2007) Physico-chemical and evolutionary constraints for the formation and selection of first biopolymers: towards the consensus paradigm of the abiogenic origin of life. *Chem. Biodivers.* **4**, 2003–15.

[126] Mulkidjanian, A. Y., M. Y. Galperin und E. V. Koonin (2009) Co-evolution of primordial membranes and membrane proteins. *Trends Biochem. Sci.* **34**, 206–15.

[127] Mulkidjanian, A. Y., M. Y. Galperin, K. S. Makarova, Y. I. Wolf und E. V. Koonin (2008) Evolutionary primacy of sodium bioenergetics. *Biol. Direct* **3**, 13.

[127a] Trinks H., Schröder W., Biebricher C. K.: Ice and the origin of life. *Orig. Life Evol. Biosph.* 2005, 35: 429–445.

[128] Mulkidjanian, A. Y., K. S. Makarova, M. Y. Galperin und E. V. Koonin (2007) Inventing the dynamo machine: the evolution of the F-type and V-type ATPases. *Nat. Rev. Microbiol.* **5**, 892–9.

[129] Muller, H. J. (1966) The gene material as the initiator and organizing basis of life. *Am. Nat.* **100**, 493–517.

[130] Nassif, N., J. Penney, S. Pal, W. R. Engels und G. B. Gloor (1994) Efficient copying of nonhomologous sequences from ectopic sites via P-element-induced gap repair. *Mol. Cell. Biol.* **14**, 1613–25.

[131] Natochin, Y. V. (2007) The physiological evolution of animals: Sodium is the clue to resolving contradictions. *Herald of the Russian Academy of Sciences* **77**, 581–591.

[132] Nichols, D., K. Lewis, J. Orjala, S. Mo, R. Ortenberg, P. O'Connor, C. Zhao, P. Vouros, T. Kaeberlein und S. S. Epstein (2008) Short peptide induces an »uncultivable« microorganism to grow *in vitro*. *Appl. Environ. Microbiol.* **74**, 4889–97.

[133] Nies, D. H. (2007) Bacterial transition metal homeostasis, S. 117–142. *In* D. H. Nies und S. Silver (Hrsg.), *Molecular Microbiology of Heavy Metals*. Springer-Verlag, Berlin.

[134] Nirenberg, M., P. Leder, M. Bernfield, R. Brimacombe, J. Trupin, F. Rottman und C. O'Neal (1965)

RNA codewords and protein synthesis, VII. On the general nature of the RNA code. *Proc. Natl. Acad. Sci. USA* **53**, 1161–8.

[135] Ohtani, B., B. Pal und S. Ikeda. (2003) Photocatalytic organic syntheses: selective cyclization of amino acids in aqueous suspensions. *Catalysis Surveys from Asia* **7**, 165–176.

[136] Orgel, L. E. (1968) Evolution of the genetic apparatus. *J. Mol. Biol.* **38**, 381–93.

[137] Orgel, L. E. (2004) Prebiotic chemistry and the origin of the RNA world. *Critical Reviews in Biochemistry and Molecular Biology* **39**, 99–123.

[138] Ourisson, G., and Y. Nakatani (1994) The terpenoid theory of the origin of cellular life: the evolution of terpenoids to cholesterol. *Chem. Biol.* **1**, 11–23.

[139] Pereto, J., P. Lopez-Garcia und D. Moreira (2004) Ancestral lipid biosynthesis and early membrane evolution. *Trends Biochem. Sci.* **29**, 469–77.

[140] Petersen, S., P. M. Herzig, T. Kuhn, L. Franz, M. D. Hannington, T. Monecke und J. B. Gemmell (2005) Shallow drilling of seafloor hydrothermal systems using the BGS rockdrill: Conical seamount (New Ireland fore-arc) and PACMANUS (Eastern Manus Basin), Papua New Guinea. *Marine Georesources & Geotechnology* **23**, 175–193.

[141] Pinti, D. L. (2005) The origin and evolution of the oceans, S. 83–111. *In* M. Gargaud, Barbier, B., Martin, H. und Reisse, J. (Hrsg.), *Lectures in Astrobiology.* Springer-Verlag, Berlin.

[142] Powner, M. W., B. Gerland und J. D. Sutherland (2009) Synthesis of activated pyrimidine ribonucleotides in prebiotically plausible conditions. *Nature* **459**, 239–42.

[143] Ramakrishnan, V., T. A. Steitz und A. E. Yonath (2009) Structure and Function of the Ribosome. *In* M. Ehrenberg (Hrsg.), *Scientific Background on the Nobel Prize in Chemistry 2009.*

[144] Rensch, B. (1947) *Neuere Probleme der Abstammungslehre (Die transspezifische Evolution).* Ferdinand Enke Verlag, Stuttgart.

[145] Russell, M. (2006) First Life. *American Scientist* **94**, 32–39.

[146] Russell, M. J. (2007) The alkaline solution to the emergence of life: Energy, entropy and early evolution. *Acta Biotheoretica* **55**, 133–179.

[147] Russell, M. J. und N. T. Arndt. (2005) Geodynamic and metabolic cycles in the Hadean. *Biogeosciences* **2**, 97–111.

[148] Russell, M. J. und A. J. Hall. (1997) The emergence of life from iron monosulphide bubbles at a submarine hydrothermal redox and pH front. *J. Geol. Soc. London* **154**, 377–402.

[149] Russell, M. J., A. J. Hall, A. G. Cairns-Smith und P. S. Braterman (1988) Submarine hot springs and the origin of life. *Nature* **336**, 117–117.

[150] Saenger, W. (1984) *Principles of Nucleic Acid Structure.* Springer Verlag, Berlin.

[151] Sagan, C (1973) Ultraviolet selection pressure on earliest organisms. *J. Theor. Biol.* **39**, 195–200.

[152] Schmitt, M. (2001) Willi Hennig (1913–1976), S. 316–343. *In* I. Jahn und M. Schmitt (Hrsg.), *Darwin & Co. Eine Geschichte der Biologie in Portraits II,* Bd. 2., C. H. Beck, München.

[153] Schmitt, M. (2003) *Proc.18th Int. Cong. Zoology,* Sofia, Moskau.

[154] Schuster, P. und P. F. Stadler (2008) Early Replicons: Origin and Evolution, S. 1–41. *In* E. Domingo, C. R. Parrish und J. J. Holland (Hrsg.), *Origin and Evolution of Viruses* (2. Aufl.) Academic Press.

[155] Scott, W. G. (2007) Ribozymes. *Curr. Opin. Struct. Biol.* **17**, 280–6.

[156] Seewald, J. S. und W. E. Seyfried (1990) The effect of temperature on metal mobility in subseafloor hydrothermal systems: constraints from basalt alteration experiments. *Earth Planet. Sci. Lett.* **101**, 388–403.

[157] Serrano-Andres, L. und M. Merchan (2009) Are the five natural DNA/RNA base monomers a good choice from natural selection? A photochemical perspective. *Journal of Photochemistry and Photobiology C-Photochemistry Reviews* **10**, 21–32.

[158] Sievers, D. und G. von Kiedrowski (1994) Self-replication of complementary nucleotide-based oligomers. *Nature* **369**, 221–4.

[159] Simpson, G. G. (1944) *Tempo and Mode in Evolution*. Columbia Univ. Press, NY.

[160] Sleep, N. H. (2010) The Hadean-Archaean environment. *Cold Spring Harb. Perspect. Bio.l* **2**, a002527.

[161] Sobolewski, A. L. und W. Domcke (2006) The chemical physics of the photostability of life. *Europhysics News* **37**, 20–23.

[162] Soll, D., E. Ohtsuka, D. S. Jones, R. Lohrmann, H. Hayatsu, S. Nishimura und H. G. Khorana (1965) Studies on polynucleotides, XLIX. Stimulation of the binding of aminoacyl-sRNA's to ribosomes by ribotrinucleotides and a survey of codon assignments for 20 amino acids. *Proc. Natl. Acad. Sci. USA* **54**, 1378–85.

[163] Spirin, A. S. (2002) Omnipotent RNA. *FEBS Lett.* **530**, 4–8.

[164] Spirin, A. S., V. I. Baranov, L. A. Ryabova, S. Y. Ovodov und Y. B. Alakhov (1988) A continuous cell-free translation system capable of producing polypeptides in high yield. *Science* **242**, 1162–4.

[165] Streiff, S., N. Ribeiro, Z. Wu, E. Gumienna-Kontecka, M. Elhabiri, A. M. Albrecht-Gary, G. Ourisson und Y. Nakatani (2007) »Primitive« membrane from polyprenyl phosphates and polyprenyl alcohols. *Chem. Biol.* **14**, 313–9.

[166] Szathmáry, E. (2007) Coevolution of metabolic networks and membranes: the scenario of progressive sequestration. *Philos. Trans. R. Soc. Lond. B Biol. Sci.* **362**, 1781–7.

[167] Szathmáry, E. (2006) The origin of replicators and reproducers. *Philos. Trans. R. Soc. Lond. B Biol. Sci.* **361**, 1761–1776.

[168] Takai, K., T. Komatsu, F. Inagaki und K. Horikoshi (2001) Distribution of archaea in a black smoker chimney structure. *Appl. Environ. Microbiol.* **67**, 3618–3629.

[169] Temin, H. M. (1989) Retrons in bacteria. *Nature* **339**, 254–255.

[170] Temin, H. M. und S. Mizutani (1970) RNA-dependent DNA polymerase in virions of Rous sarcoma virus. *Nature* **226**, 1211–3.

[171] Tivey, M. K. (2007) Generation of seafloor hydrothermal vent fluids and associated mineral deposits. *Oceanography* **20**, 50–65.

[172] Tivey, M. K. (1998) How to build a black smoker chimney. *Oceanus* **41**, 22–26.

[173] van Kranendonk, M. J., A. H. Hickman, R. H. Smithies, D. R. Nelson und G. Pike. (2002) Geology and tectonic evolution of the archean North Pilbara terrain, Pilbara Craton, Western Australia. *Economic Geology and the Bulletin of the Society of Economic Geologists* **97**, 695–732.

[174] van Roode, J. H. G. und L. E. Orgel (1980) Template-directed synthesis of oligoguanylates in the presence of metal-ions. *J. Mol. Biol.* **144**, 579–585.

[175] Voss, J. (2007) *Darwins Bilder – Ansichten der Evolutionstheorie*

1837–1874. S. Fischer Verlag, Frankfurt.

[176] Wächtershäuser, G. (2003) From pre-cells to Eukarya–a tale of two lipids. *Mol. Microbiol.* **47**, 13–22.

[177] Wächtershäuser, G. (1997) The origin of life and its methodological challenge. *J. Theor. Biol.* **187**, 483–94.

[178] Watson, J. D. und F. H. Crick (1953) Genetical implications of the structure of deoxyribonucleic acid. *Nature* **171**, 964–7.

[179] Watson, J. D. und F. H. Crick. (1953) Molecular structure of nucleic acids; a structure for deoxyribose nucleic acid. *Nature* **171**, 737–8.

[180] Williams, R. J. P. und J. J. R. Frausto da Silva (1991) *The Biological Chemistry of the Elements.* Clarendon Press, Oxford.

[181] Williams, R. J. P. und J. J. R. Frausto da Silva (2006) *The Chemistry of Evolution: The Development of our Ecosystem.* Elsevier, Amsterdam.

[182] Woese, C. (1998) The universal ancestor. *Proc. Natl. Acad. Sci. USA* **95**, 6854–6859.

[183] Woese, C. R. (1987) Bacterial evolution. *Microbiol. Rev.* **51**, 221–71.

[184] Woese, C. R. (1967) *The Genetic Code.* Harper and Row, New York.

[185] Woese, C. R. (1967) *The Genetic Code: the molecular basis for genetic expression.* Harper & Row.

[186] Woese, C. R. und G. E. Fox (1977) Phylogenetic structure of the prokaryotic domain: the primary kingdoms. *Proc. Natl. Acad. Sci. USA* **74**, 5088–90.

[187] Wolf, Y. I. und E. V. Koonin (2007) On the origin of the translation system and the genetic code in the RNA world by means of natural selection, exaptation, and subfunctionalization. *Biol. Direct* **2**.

[188] Wright, S. (1931) Evolution in Mendelian Populations. *Genetics* **16**, 97–159.

[189] Yanagida, S., T. Azuma, Y. Midori, C. Pac Und H. Sakurai (1985) Semiconductor Photocatalysis .4. Hydrogen Evolution and Photoredox Reactions of Cyclic Ethers Catalyzed by Zinc-Sulfide. *Journal of the Chemical Society-Perkin Transactions* **2**, 1487–1493.

[190] Yanagida, S., Y. Ishimaru, Y. Miyake, T. Shiragami, C. J. Pac, K. Hashimoto und T. Sakata (1989) Semiconductor photocatalysis. 7. ZnS-catalyzed photoreduction of aldehydes and related derivatives: 2-Electron-transfer reduction and relationship with spectroscopic properties. *J. Phys. Chem.* **93**, 2576–2582.

[191] Yanagida, S., H. Kizumoto, Y. Ishimaru, C. Pac und H. Sakurai. 1985. Zinc sulfide catalyzed photochemical conversion of primary amines to secondary amines. *Chemistry Letters,* 141–144.

[192] Yanagida, S., M. Yoshiya, T. Shiragami, C. J. Pac, H. Mori und H. Fujita (1990) Semiconductor photocatalysis. 9. Quantitative photoreduction of aliphatic ketones to alcohols using defect-free ZnS quantum crystallites. *J. Phys. Chem.* **94**, 3104–3111.

[193] Yarus, M., J. G. Caporaso und R. Knight (2005) Origins of the genetic code: The escaped triplet theory. *Annu. Rev. Biochem.* **74**, 179–198.

[194] Yonath, A. (2009) Hibernating Bears, Antibiotics and the Evolving Ribosome. *Nobel Lecture,* 211–237.

[195] Yonath, A. (2009) Large facilities and the evolving ribosome, the cellular machine for genetic-code translation. *J. R. Soc. Interface 6 Suppl.* **5**, S575–85.

[196] Yonath, A. (2009) Ribosome: An Ancient Cellular Nano-Machine for Genetic Code Translation, S. 121–155. *In* J. D. Puglisi (Hrsg.),

Biophysics and the Challenges of Emerging Threats. Springer Science + Business Media B.V.

[197] Zagorevskii, D.V., M.F. Aldersley und J.P. Ferris (2006) MALDI analysis of oligonucleotides directly from montmorillonite. *J. Am. Soc. Mass Spectrom.* **17**, 1265–1270.

[198] Zhang, X.V., S.P. Ellery, C.M. Friend, H.D. Holland, F.M. Michel, M.A.A. Schoonen und S.T. Martin (2007) Photodriven reduction and oxidation reactions on colloidal semiconductor particles: Implications for prebiotic synthesis. *J. Photochem. Photobiol. A Chem.* **185**, 301–311.

Die Autoren

Dr. Dr. Sc. Dr. Armen Mulkidjanian wurde 1958 geboren. Er studierte an der Lomonossow-Universität Moskau Biologie und schloss 1980 mit einem Diplom in Biophysik ab. Es folgte eine Promotion in Biophysik 1984 an derselben Universität. In den Jahren 1991 und 1992 arbeitete Mulkidjanian als EMBO Visiting Fellow an der Universität Bologna. 1993 erhielt er eine Dozentur an der Lomonossow-Universität und ging im selben Jahr als Humboldt-Stipendiat an die Universität Osnabrück, wo er 2002 im Fach Biophysik habilitierte. 2006 verlieh ihm die Lomonossow-Universität den Titel eines Doktors der Wissenschaften in Biologie. Zurzeit arbeitet er als Privatdozent und Forschungsprojektleiter an der Universität Osnabrück, als wissenschaftlicher Oberassistent und Forschungsprojektleiter am A.N. Belozerski-Institut für Physikochemische Biologie der Lomonossow-Universität (Moskau), sowie als Adjunct Professor an der Fakultät für Bioengineering und Bioinformatik derselben Universität. Seit 1999 ist er zudem regelmäßig Gastwissenschaftler am National Center for Biotechnology Information am National Institute of Health in Bethesda, USA. Sein Forschungsinteresse gilt den molekularen Mechanismen der biologischen Energieumwandlung und der Evolution dieser Mechanismen.

Privatdozent Dr. Dirk-Henner Lankenau studierte Biologie an der Universität Münster und fertigte dort 1984 seine Diplomarbeit an. Es folgte seine Promotion als Stipendiat der Studienstiftung des Deutschen Volkes im Jahr 1990 in Molekulargenetik in Nijmegen, Niederlande. Mit einem DFG Forschungsstipendium und einem Award der Human Frotiers Science Program Organization (HFSPO) forschte er von 1990 bis 1993 an der Johns Hopkins University in Baltimore, USA, woran sich 1993–1994 ein Aufenthalt an der University of Wisconsin in Madison, USA anschloss. Im Jahr 2000 habilitierte sich Lankenau in den Fächern Molekularbiologie und Zoologie mit Arbeiten am Deutschen Krebsforschungszentrum in Heidelberg. Von 2001 bis 2004 hatte er eine Interims-Professur an der Universität Heidelberg inne. Seit 2004 ist Lankenau Herausgeber der Buchreihe *Genome Dynamics & Stability*. Seit 2008 widmet er sich der Imkerei und beteiligte sich bis 2010 mit 30 Bienenvölkern an einem Projekt über die differentielle DNA-Methylierung bei der Königinnenentwicklung zusammen mit der Abteilung Epigenetik des Deutschen Krebsforschungszentrums in Heidelberg.

8

Mutationen haben ihren Wert und ihren Preis: Metastabile DNA-Strukturen und die Konsequenzen

Horst H. Klump

Der Stoff, aus dem die Gene sind

Am Anfang war die Doppelhelix, deren Struktur von dem promovierten Zoologen Dr. James Watson und dem zu diesem Zeitpunkt noch nicht graduierten Physiker Francis Crick im Jahre 1953 aufgrund der Röntgenstruktur-Daten (von M. Wilkins und R. Franklin [1]) rekonstruiert wurde und auf einer einzigen Seite in einem kurzen Artikel in *Nature* beschrieben ist [2]. Der Artikel, der heute so außerordentlich prominent ist, wurde in den folgenden zehn Jahren nur sporadisch zitiert. Seit 1962, als J. Watson, F. Crick und M. Wilkins den Nobelpreis für Medizin bzw. Physiologie erhielten, ist die Doppelhelix zu einer Ikone des 20. Jahrhunderts aufgestiegen, die wegen ihres allgemeinen Bekanntheitsgrades an vielen passenden und unpassenden Stellen unserer Umwelt auftaucht – sogar auf einer Motoröldose. Ihre wissenschaftliche Bedeutung ist nicht weniger eindrucksvoll. Sie hat eine neue Epoche der Genetik eingeleitet, die molekulare Genetik, der die Entwicklung der Molekularbiologie und Gentechnologie folgte. Tausende von Veröffentlichungen sind in der Zwischenzeit erschienen, die sich mit immer neuen Aspekten der Struktur, der Funktion und der Herkunft dieser Naturschönheit beschäftigt haben. Es scheint nun, dass neben der Fülle der Details, die schon untersucht und diskutiert wurden, ein paar grundsätzlich neue Aspekte in den Vordergrund treten, die der tieferen Betrachtung bedürfen, wie die Frage nach der Vorgeschichte und der Bedeutung der Energetik für ihre Funktion. Es sieht so aus, als ob wir uns einem Paradigmensprung der Kuhn'schen Art nähern, obwohl Thomas Kuhn nie suggeriert hat, dass sein Konzept der wissenschaftlichen Ideenentwicklung auch auf andere wissenschaftliche Disziplinen außer der Physik angewandt werden kann. Wenn wir uns in der derzeitigen wissenschaftlichen Literatur umsehen, finden wir viele Elemente der DNA-Dop-

Moleküle aus dem All? Katharina Al-Shamery
Copyright © 2011 WILEY-VCH Verlag GmbH & Co. KGaA, Weinheim

pelhelix, die in dem ursprünglichen Entwurf nicht enthalten sind, oder Funktionen, die sich aus dem Modell von Watson und Crick nicht unmittelbar ableiten lassen. Wer hätte an die Möglichkeit gedacht, Nano-Maschinen auf der Basis der DNA-Strukturen zu entwerfen [3]? Wer hätte vermutet, dass allosterische Eigenschaften nicht alleine bei Proteinen, sondern auch bei DNA-Sequenzen eine wichtige Rolle spielen können [4]? Warum also sollte man das Kuhn'sche Konzept [5] nicht von der Physik auf die naturwissenschaftliche Ideenlandschaft allgemein, insbesondere auf die Biologie, übertragen? Es ist sicher kein Zufall, dass die Biologie praktisch zeitgleich mit der Physik um die Wende vom 19. zum 20. Jahrhundert in eine neue Phase eintrat [6]. Zu jener Zeit entdeckten drei Biologen, De Vries in Holland [7], Correns in Österreich und Tschermak in Deutschland, die Arbeiten von Gregor Mendel [8] wieder und damit die Gesetze der Vererbung, ohne zu wissen, was der Stoff und das Prinzip hinter den Gesetzen eigentlich ist. Zur gleichen Zeit formulierte Max Planck die Idee der Quantelung der Energie in elementaren physikalischen Vorgängen, z. B. der Absorption und Emission elektromagnetischer Strahlung (Licht) durch sehr kleine physikalische Objekte (Atome) im sichtbaren und ultravioletten Spektralbereich. Um diesen Vorgang quantitativ zu beschreiben, brauchte Planck einen »Helfer«. Deshalb steht (nicht nur in der deutschsprachigen Literatur, sondern auf der ganzen Welt) h für das Planck'sche Wirkungsquantum. Wie wir sehen werden, überrascht es nicht, dass zwei auf so verschiedenen Wegen entstandene Konzepte – die Änderung des genetischen Programms einer Zelle durch Änderung der chemischen Eigenschaften der Einheiten der Erbinformation (Mutationen) und der Wechsel zwischen Energieniveaus in atomaren Systemen durch Quantensprünge – auf einem Diskontinuitätsprinzip beruhen. Solche sprunghaften Änderungen waren zuvor in keinem Wissenschaftszweig erwogen worden. Wir können also sagen, dass sich die Ideen der Physik und der Genetik um 1900 in vergleichbarer Weise entwickelt haben. Was hätte wohl der Physiker Erwin Schrödinger 1944 in seinem so einflussreichen wie eindrucksvollen Buch »What is Life« [9] über den Beginn des Lebens geschrieben, wenn die Molekulare Genetik schon in der heutigen Form existiert hätte? Der Gedanke, eine enge Beziehung zwischen der Physik und der Molekularbiologie zu sehen, wurde bereits wiederholt diskutiert, unter anderem von Jacques Monod [10]. Dieser postulierte: Zufall gepaart mit Notwendigkeit war die Voraussetzung für die Entwicklung von Leben, »Leben hat sich allein aus Zufällen ergeben, es ist nicht die Offenbarung eines Plans, der in den Naturgesetzen enthalten ist.« Ganz sicher spielen dabei Gesetzmäßigkeiten eine große Rolle spielen – ob es um die belebte Welt geht oder um die klassische Physik. Wir werden im Folgenden genauer untersuchen, wie sich die Kombination von Zufall und Notwendigkeit auf der Ebene der Entstehung und Verwendung der genetischen Information auswirkt: Das Zufallselement wird hauptsächlich in den Mutationen sichtbar, die Notwendigkeit zeigt sich in der Auswahl der Veränderungen, die die Überlebenschancen in der gegebenen Umwelt verbessern.

Es wird deutlich werden, wie wir experimentelle Untersuchungen an genetischem Material und mathematische Überlegungen zur Interpretation der Beobachtungen kombinieren, um Einsicht in die frühen Stadien der Lebensentstehung zu gewinnen. Dazu werden wir uns auf einen sehr langen Weg in die Vergangenheit machen, auf dem wir (im wörtlichen Sinne) keinen Stein auf seinem Platz lassen.

Die Barberton-Funde zeigen die Bedeutung des Erdmagnetfeldes für die Entstehung des Lebens

Die Makhonjwa-Berge in Mpumalanga und in Swaziland, den Geologen auch unter dem Namen »Barberton-Grünstein-Gürtel« bekannt, sind eine Schatzkiste für die Erforscher der frühen Erde und – wie wir mit großer Überraschung feststellen – auch für die Erforscher der ersten Lebensspuren darauf [11]. Woran liegt das? Die Gesteine sind nicht die ältesten bekannten Ablagerungen, denn diese befinden sich auf der anderen Seite der Erde in Grönland und in Nord-Kanada, aber sie sind die am besten erhaltenen Stücke, von denen wir wissen, dass sie zur ersten Erdkruste gehört haben und entstanden, als die Erde eine Milliarde Jahre jung war. Diese Steine sind so außerordentlich gut erhalten, dass man besondere radiometrische Methoden braucht, um sie von vielen »modernen« Gesteinen zu unterscheiden. Deshalb sind wir sicher, dass sie auch die besterhaltenen Spuren eines sehr frühen Lebens auf der Erde bergen; gleichzeitig können sie von dem lebensfeindlichen Charakter dieser uralten Umwelt zeugen, in dem sich das frühe Leben behauptet hat. Eine der größten Gefahren und zugleich eine besondere Herausforderung jener Zeit war die übermächtige

Sonneneinstrahlung. Damit ist nicht nur das Licht, sondern auch der Teilchenschauer (Sonnenwind) gemeint, auf den das Leben besonders empfindlich reagierte. Zu jener Zeit war das Erdmagnetfeld noch sehr schwach und daher kaum in der Lage, die Erde vor dem Bombardement hochenergetischer, geladener Teilchen ausreichend zu schützen. Erst in den letzten Jahren wurden Methoden entwickelt, mit denen sich frühe Lebensformen und die Schlüsselaspekte der Paläoökologie erforschen lassen. Was dabei gefunden wurde, deutet darauf hin, dass wir unsere Vorstellungen von Ursprungszeit und -formen des Lebens gründlich revidieren müssen, nachdem wir nun in der Lage sind, die Schatztruhe des frühen Lebens zu öffnen und einen Blick hineinzuwerfen. Zeichen des ersten Lebens oder, genauer gesagt, frühe Zeichen des Lebens sind schwierig aufzuspüren – nicht zuletzt, weil sie so außerordentlich klein sind. Die hochempfindlichen Instrumente, mit denen wir zeigen können, dass die winzigen Fragmente in den Gesteinen organische Bestandteile enthalten und entsprechend sehr alt sein müssen, stehen uns erst seit zehn Jahren zur Verfügung. Schließlich besteht immer die Gefahr, dass wir selber diese Spuren auf den Proben hinterlassen haben; so manche sensationelle Entdeckung musste später revidiert werden. Noch immer ist es kompliziert nachzuweisen, dass diese mikroskopisch kleinen organischen Einschlüsse schon in das Gestein geraten sein müssen, als es sich vor langer Zeit bildete.

Nach den anfänglichen Feldstudien kamen ergänzend Untersuchungen im Labor: die Elektronenmikroskopie, die Röntgen-Aktivierungsanalyse und die Massenspektrometrie, um die wegweisenden leichten Isotope zu identifizieren. Mit diesen Methoden ist man auf drei Barberton-Einschlüsse gestoßen, die sich mit großer Sicherheit als archaische biologische Fossilien erwiesen haben. Jedes dieser Fundstücke hat ein Komplement in unserer Lebenswelt. Die uralten Lebensspuren finden sich in glasartigen Lava-Ablagerungen auf dem Boden eines Ur-Ozeans, wo sie seit 3,47 Mrd. Jahren gelegen haben. Moderne Formen solcher Archaebakterien, die sich von Mineralien ernähren, ohne je Licht zur Energiegewinnung zu brauchen, gibt es auch auf dem Boden der heutigen Ozeane, genauer gesagt an den unterseeischen Gebirgen, die sich an den Grenzen der Kontinentalplatten in der Mitte der Ozeane auftürmen. Andere Formen antiker Mikroben fanden sich in 3,45 Mrd. Jahre alten hydrothermalen Ablagerungen. Sie ähneln den Mikroorganismen, die heutzutage z. B. in den heißen Quellen des Yellowstone-Nationalparks leben. Erst kürzlich entdeckte man in den Barberton-Grünsteinen (in einem Dünnschliff) eine dritte archaische Lebensform, die vor ca. 3,2 Mrd. Jahren im Sedimentgestein eingeschlossen wurde.

Abb. 45 Barberton-Grünstein mit fossilem Einschluss.

Die wichtigste gemeinsame Eigenschaft aller Funde ist, dass die Lebensformen darin so alt sind wie ihre geologische Umgebung. Gerade der dritte Fund ist spektakulär, weil wir noch keine modernen Verwandten identifiziert haben. Wo sollen wir sie suchen – bei den Archaeen, Bakterien oder Eukaryonten? Die Entdecker wissen es nicht genau, aber es ist wahrscheinlich, dass sie Sonnenlicht zum Leben gebraucht haben. Es ist sogar denkbar, dass es sich um die frühesten bekannten Eukaryonten handelt. Mit Sicherheit können wir lediglich sagen: Frühe Lebensformen gab es seit ca. 3,5 Mrd. Jahren, und sie existierten in den Tiefen der Ozeane und an ihren Rändern.

Die junge, heiße Sonne rotierte schneller als heute und sandte viel intensivere Röntgen- und UV-Strahlung aus, als es unser »gesetzter« Stern heute tut. Wie konnte das empfindliche Leben diese Attacken überleben? Heute lenkt das Erdmagnetfeld die Partikelschauer (Sonnenwind) zu den Polargebieten hin ab. Dieses Magnetfeld entsteht, weil sich im Inneren der Erde ein Eisenkern befindet. Die Erde hat sozusagen einen Weltraumschirm, der die geladenen Teilchen zu den Polen ableitet – gewissermaßen eine Lightshow zur Unterhaltung von Pinguinen und Polarbären. Ohne diesen Schirm wäre das Leben auf der Erde gar nicht entstanden oder würde sofort aussterben, weil es unmöglich ist, unter diesen Bedingungen die Integrität der genetischen Information langfristig zu bewahren. Wann war nun dieses

Magnetfeld stark genug, die frühen Lebensformen zu beschützen? Zur Antwort auf diese wichtige Frage führen paläo-magnetische Indikatoren in den Gesteinen des Barberton-Gebirges, die das gleiche Alter aufweisen wie die frühen Lebensformen (ca. 3,48 Mrd. Jahre). Der einfachere Teil der Argumentation besteht darin, zu zeigen, dass beides –organische Materie und Elementarmagnete – in den Steinen vorkommt. Aber war das Feld im Ganzen auch stark? Frühere Untersuchungen an Gesteinen der Barberton-Gruppe lassen vermuten, dass vor etwa 3,2 Mrd. Jahren das Magnetfeld der Erde etwa halb so stark war wie heute. In diese Schätzung fließen allerdings Annahmen ein, die sich nur schwer verifizieren lassen. Gesichert ist, dass vor 3,45 bis 3,4 Mrd. Jahren der Geodynamo bereits existierte und die magnetische Feldstärke ungefähr halb so groß war wie heute. Das hat offenbar ausgereicht, um das aufkeimende Leben vor allzu vielen strahlungsbedingten Mutationen zu bewahren. Leben in der Form, wie wir es kennen, konnte sich entwickeln und weiterentwickeln. In der ergiebigen wissenschaftlichen Schatzkiste der Makhonjwa-Berge stecken vielleicht noch Hinweise darauf, was geschah, als unser Planet Erde sich von einem fast noch geschmolzenem Ball zu einem durch ein Magnetfeld geschütztes und durch Plattentektonik betriebenes Recycling-System entwickelte.

Ein Baum des Lebens? Wo sind seine Wurzeln?

Die einzige Abbildung, die Charles Darwin in sein 1859 erschienenes Hauptwerk »Über die Entstehung der Arten...« [12] aufgenommen hat, ist eine Skizze von einer baumartigen Struktur. Das Herzstück der Ausstellung, mit der das Museum of Natural History in New York den 150. Jahrestag des Erscheinens eben jenes Werkes feierte, war ein rotes Büchlein, das – gesichert wie fast nur vor 20 Jahren die Apollo-Proben des Mondgesteins – aufgeschlagen war auf der Seite, wo unter der Überschrift »I think« das ikonische Konzept der Evolution zum ersten Mal Gestalt annahm. Nun ist der Wind des wissenschaftlichen Fortschritts dabei, den Baum des Lebens mächtig zu schütteln und möglicherweise sogar umzublasen. Ist das vielleicht das Ende dieses berühmten Baumes? Vielleicht. Es ist sicher nicht zu übersehen, dass dieser Baum, der im Juli 1837 seine nackten Zweige entfaltete, etwas dünn und dürftig erscheint, obwohl er von Anfang an den Ehrentitel »Tree of Life« (Baum des Lebens) erhielt. Das lässt an Genesis 2.9 denken – einen Text, der Charles Darwin sicherlich bekannt war, da er in einer religiös geprägten Umwelt so fest verankert war, dass er die Veröffentlichung eben jenes Buches immer wieder hinausschob. Aus heutiger Sicht unternahm Darwin den ersten Versuch, eine »organische« Verbindung zwischen den verschiedenen Arten nachzuweisen. Mit ziemlicher Sicherheit war dieser Gedanke zwischen der Skizze im Notizbuch und der Präsentation im legendären Hauptwerk Darwins von einem dürren Busch zu einer mächtigen Eiche herangewachsen. Das Buch bezieht sich sehr oft auf den Baum und sein Erklärungspotenzial bezüglich der Entstehung der Arten. Dieses Konzept ist das Kernstück der Evolutionstheorie und somit gleichrangig der Idee von der natürlichen Zuchtwahl der geeignetsten Vertreter einer bestimmten Art. Es ist wohl dieser »Baum des Lebens«, der in seiner Anschaulichkeit wesentlichen mit dafür sorgte, der abstrakten Idee von der Evolution der Vielzahl der Arten zum Durchbruch zu verhelfen. Darwin argumentierte überzeugend, der Baum des Lebens sei eine unwiderlegbare Tatsache der Natur – so offensichtlich, dass ihn jeder unmittelbar wahrnehmen kann. Seit Darwins Zeit diente der Baum als Modell für die Entwicklung des irdischen Lebens. Am Fuße des Baums, wo wir die (nicht mit gezeichnete) Wurzel vermuten können, befindet sich LUCA, der letzte universelle gemeinschaftliche Vorfahre aller heute noch existierenden Arten. Daraus wächst ein Stamm, der sich zu einer großen, vielfach verzweigten Baumkrone entfaltet. Jeder Ast steht für eine Spezies. An der Verzweigung trennen sich zwei eng verwandte Arten, die einen gemeinsamen Vorläufer hatten. Die meisten Zweige hören irgendwann einfach auf, d.h. diese Spezies sind ausgestorben. Einige wenige haben sich so weit fortgesetzt, dass sie nun die Spitzen der Äste bilden. Das sind die heute vorhandenen Arten. Der Baum in seiner Gesamtheit ist ein Abbild aller Spezies, die je existiert haben, und erklärt, in welcher Beziehung sie zueinander stehen – vom Anfang bis heute.

In den letzten 150 Jahren war die Biologie damit beschäftigt, alle Details der Beziehungen zwischen den Arten aufzuklären. Aber wir haben dieses Ziel nie erreicht. Warum? Die Hinweise häuften sich, dass es den universellen Baum des Lebens in seiner naiven Form gar nicht gegeben hat. Das Schlüsselereignis in diesem Zusammenhang war die Entdeckung der DNA durch Friedrich Miescher, interessanterweise fast zeitgleich mit der Veröffentlichung von Darwins Buch. Die Funktion der DNA als Grundstoff der Vererbung wurde aufgeklärt, und schließlich wurde auch die Feinstruktur der Doppelhelix gelöst. Die nächste große Hoffnung war: Wenn wir erst die Sequenz der DNA, z. B. der des Menschen, entschlüsselt haben, verstehen wir alles. Dies war der Ausgangspunkt der Molekulargenetik, der Gentechnologie und der Molekularbiologie.

Der neuen Hypothese zufolge bewies die Ähnlichkeit von DNA-, RNA- und Protein-Sequenzen, dass die Spezies, von denen die Sequenzen stammen, sehr nahe miteinander verwandt gewesen sein müssen. Alles begann sehr aufregend und vielversprechend. Durch Sequenzvergleiche z. B. der RNA von Pflanzen, Tieren und sogar Mikroorganismen ergaben sich Daten, die immer wieder auf baumartige Beziehungen zwischen den Arten hindeuteten. Die Hoffnung wuchs, dass molekulare Techniken tatsächlich den universalen Baum des Lebens enthüllen können. Aber mit der Zeit wurde auch klar, dass es so einfach eben doch nicht gewesen sein kann. Dazu kam, dass man neben den schon bekannten Vielzellern und den beiden Gruppen von Einzellern (Prokaryonten und Eukaryonten) eine weitere Gruppe von Einzellern entdeckte, die weder die genetische Signatur der Bakterien klassischer Art noch die Signatur der Vielzeller-Gene besaßen, sondern Elemente aus beiden Bereichen aufwiesen. Sie sind heute als die Archaea bekannt und kommen z. B. in den heißen Quellen von Yellowstone und in den Schwarzen Rauchern am Ozeanboden vor. Man bedenke dabei, dass man zunächst RNA-Sequenzen entziffern lernte und erst danach auch DNA-Sequenzen lesen konnte; jeder hatte erwartet, dass sich die DNA-Sequenzen genauso zuordnen lassen wie die RNA-Sequenzen. Das traf aber nur manchmal zu. Welche der Zuordnungen war korrekt, die RNA-Sequenz oder die entsprechende DNA-Sequenz? Es zeigte sich, dass im Prinzip beide korrekt sein konnten, auch wenn sie nicht identisch waren. Daraus ergab sich, dass es mehr als nur einen Baum des Lebens gibt. Darwin hatte angenommen, es gibt nur eine Art der Abstammung, nämlich eine vertikale (entlang der Äste des Baumes). Wenn wir aber herausfinden, dass die verschiedenen Arten genetische Information austauschen oder sogar miteinander verschmelzen können, was bleibt dann von dem schönen Modell des Baumes? Es muss zumindest revidiert werden. Die neuen Beobachtungen lassen zwingend schließen, dass ein reger Austausch des genetischen Materials stattgefunden hat und wohl immer wieder stattfindet – und zwar nicht nur zwischen nahe verwandten Spezies. Dieser Prozess wird heute als horizontaler Gentransfer bezeichnet, und wir wissen auch, dass dieser Prozess sehr weit verbreitet ist und dass es immer schon so war. Die Konsequenzen für den Baum des Lebens sind unvermeidbar. Wenn die Sequenzvergleiche richtig sind, gibt es den schönen Baum gar nicht; er ist eine Fiktion der Forscher und eine Konsequenz der angewandten Methoden. Die Diskussion ist noch nicht abgeschlossen, aber die Verfechter der neuen Idee machen Fortschritte. Wie der Vergleich der verschiedenen Einzeller-Genome ergab, enthalten 80 % aller Gene der Prokaryonten Anzeichen von horizontalem Gentransfer enthalten. Auch zwischen den Eukaryonten erwies sich der horizontale Gentransfer als universeller Mechanismus zum Erwerb nützlicher genetischer Information.

Das einprägsame Bild des sich verzweigenden Baumes wurde auch durch einen anderen biologischen Prozess in Mitleidenschaft gezogen, die Endosymbiose. Ganz offensichtlich haben Vielzeller schon früh Einzeller »aufgenommen« und z. B. zu Mitochondrien und Chloroplasten entwickelt. Sogar ein paar frühe Eukaryonten fusionierten mit anderen Eukaryonten zu chimären Lebewesen. Wir können ziemlich sicher sein, dass auch heute solche Prozesse stattfinden, durch die genetische Tricks gelernt und verbreitet werden; auf diese Weise breiten sich z. B. Antibiotika-Resistenzen unter den verschiedenen Bakterienarten aus. Wir sollten nicht vergessen, dass die meisten Eukaryonten, die heute leben, einzellige Lebewesen sind und in ihrem Lebensstil den der Prokaryonten ähneln. Je mehr wir von solchen Mikroben wissen, umso schlechter lässt sich der universale »Baum des Lebens« verteidigen. Man kann einwenden, dass alles, was hier für die Einzeller gesagt wurde, für komplexe Vielzeller nicht zutrifft – aber man muss dann bedenken, dass solche Vielzeller relativ selten sind. Wie erwähnt, kennen wir Einzeller, die schon vor 3,8 Mrd. Jahren existiert haben (z. B. im Barberton-Grünstein-Gürtel), und auch die modernen Einzeller stellen die überwältigende Mehrheit sowohl der Prokaryonten als auch der Eukaryonten. Listen wir alle heute existierenden Arten auf, dann finden sich nur wenige komplexe wie der Mensch oder etwa die Maus. Es ist sicher völlig verfehlt anzunehmen, dass sich die Beziehungen zwischen den vielen einzelligen Arten in irgendeinem Baum des Lebens darstellen lassen. Trotzdem kann die genetische Beziehung komplexer Vielzeller diesem Bild genügen, aber die Regel in der Welt, in der wir leben, ist das sicher nicht. Inzwischen sollte aber eines klar geworden sein: Auch wenn der Baum des Lebens fällt, muss die Idee der Evolution nicht aufgegeben werden. Vermutlich können wir den Baum des Lebens in der Darwin'schen Form begraben, aber wir werden es in Ehren tun.

DNA kann viel mehr, als die genetische Information zu speichern

In den letzten zwei Jahrzehnten haben wir gelernt, dass die DNA Talente zeigt, die weit über ihre kanonische Rolle hinausgehen. Zahlreiche Anwendungsgebiete sind dazugekommen, jenseits der fundamentalen Rolle als genetischer Informationsspeicher, die wir erst langsam in ihrer vollen Auswirkung begreifen. Wir haben die DNA z. B. dazu gebracht, dreidimensionale Strukturen zu formen, die sich mit nichts vergleichen lassen, was wir in der belebten Natur gefunden haben. Wir können unter anderem Netzwerke bilden, die multiple Bindungsplätze für Transkriptionsfaktoren oder andere Genregulatoren enthalten und so als übermächtige Konkurrenten der von der Natur gegebenen Regulatorsequenzen wirken können.

Mithilfe von DNA-Sequenzen konnten sogar spezielle mathematische Probleme gelöst werden, z. B. der klassische »Handlungsreise« (für mehr Städte und in viel kürzerer Zeit, als irgendein Rechner das Problem lösen kann). Indem wir die lokalen nachbarlichen Wechselwirkungen und ihre Sequenzabhängigkeit immer besser verstehen, finden wir zahlreiche Anwendungsgebiete für die DNA, z. B. bei der Herstellung funktioneller flexibler Nanostrukturen [13]. Wir können die sequenzspezifischen Wechselwirkungen so einzusetzen, dass sich periodische Muster bilden – mit einer vorgegebenen Geometrie, mit Bindungskennzeichen oder 3D-Architekturen, in die Wirkstoffe eingeschlossen werden oder mit denen inhibierende RNA-Sequenzen (i-RNA) sich an vorbestimmte Stellen des menschlichen Genoms transportieren lassen (»drug-delivery systems«).

Das einfachste Strukturelement, aus dem sich ebene supramolekulare Netze mit definierten hexagonalen Öffnungen herstellen lassen, sind sogenannte Drei-Weg-Verzweigungen [21], die sich spontan aus ausgesuchten, teilkomplementären Einzelsträngen zusammensetzen (»self-assembly«).

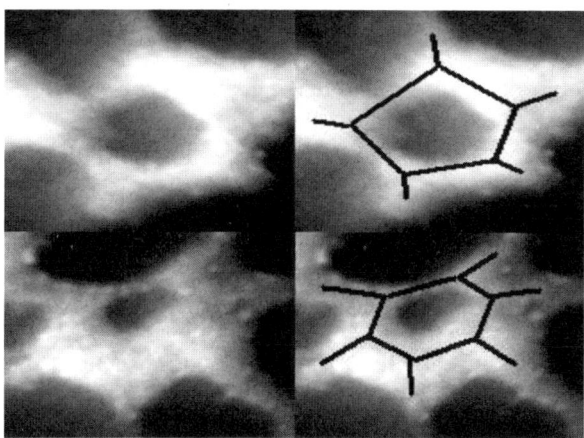

Abb. 46 Elektronenmikroskopische Bilder der Netzwerke.

Jeder der drei doppelhelikalen Arme einer solchen Grundstruktur ist mit einer »klebrigen« Einzelstrang-Verlängerung ausgestattet, die im einfachsten Fall komplementär zu allen anderen gleichartigen Verlängerungen ist. Das entstehende Netz wächst dann nach allen Richtungen weiter, bis alle Elementarbausteine aufgebraucht sind; es kann thermisch auch wieder abgebaut werden, weil sich die durch die »sticky ends« gebildeten Verknüpfungen als weniger stabil erweisen als die Kernstrukturen der Drei-Weg-Verzweigungen. Soll die thermische Destabilisierung verhindert werden, kann man eine geeignete Ligase auf das Supermolekül einwirken lassen, die alle Zucker-Phosphat-Rücken kovalent verknüpft. Das so entstandene supramolekulare Netzwerk ist in jedem Falle kleiner als z. B. ein menschliches Chromosom und kann folglich durch den Blutstrom überall hin transportiert werden, wo Blutgefäße die Gewebe durchdringen.

Zur Konstruktion der DNA-Netzwerke müssen neben den genetischen auch topologische Erwägungen in Betracht gezogen werden. Die helikale Wiederholungslänge der B-DNA-Struktur erfordert als Distanz zwischen den Verzweigungspunkten genau zehn Basenpaare oder ein ganzzahliges Vielfaches davon, wenn die Helices alle in einer Ebene angeordnet sein sollen (wenn wir ein flaches Netz herstellen wollen). Sonst rollt sich das Netzwerk in mehr oder weniger komplizierter Weise auf, und die spezifischen Bindungsproteine können die Bindungssequenzen auf der DNA nicht erreichen oder verlassen. Für den Wirkstofftransport ist ein ebenes Netzwerk sicher besser geeignet als ein Supercoil. Ein »leeres« Netzwerk mit einer sehr großen Zahl spezifischen Bindungsstellen, die für einen bestimmten Transkriptionsfaktor ausgewählt wurden, kann auch als »Erntemaschine« für diesen Faktor eingesetzt werden. Damit ist Folgendes gemeint: Tumorgewebe brauchen für das Tumorwachstum spezifische Wachstumsfaktoren, die z. B. Tumor-Suppressor-Gene ausschalten. Das Massenangebot spezifischer Bindungssequenzen auf einem DNA-Netzwerk, die maßgeschneidert für den bestimmten Faktor sind, kann diesen Faktor entsprechend dem Massenwirkungsgesetz für alle denkbare Zukunft von der Gen-Kontrollsequenz des Gewebes entfernen und damit unwirksam machen, weil das Gen nur eine Bindungssequenz enthält und das Netzwerk mehrere tausend. Zusammenfassend kann man sagen, dass solche »programmierbaren« Netzwerke positiven Kontrollfaktoren in großer Zahl zur Verfügung stellen, indem sie als Reservoir für diese Faktoren dienen können. Umgekehrt können negative »leere« Netzwerke krankheitsfördernde Faktoren sequestieren, von ihren spezifischen Bindungssequenzen nachhaltig entfernen und fernhalten. Es gibt bereits vielversprechende Experimente, die die Anwendbarkeit solcher Netzwerke im Prinzip bestätigt haben. In dem oben geschilderten Beispiel ist die Sequenzinformation der entscheidende Faktor; es gibt auch schon Beispiele, die zeigen, dass die Strukturinformation den Ausschlag geben kann. Dann spielt die Sequenz spielt nur insofern eine Rolle, als sie eine nichtklassische DNA-Struktur begünstigt.

Vererbbare menschliche Leiden entstehen durch Faltungsfehler der DNA

Als Beispiel für diese nichtklassische Rolle der DNA will ich hier kurz die sogenannten G-Quartett-Strukturen vorstellen. Es ist gezeigt worden, dass guaninreiche Sequenzen unter bestimmten Voraussetzungen G-Quartette bilden können [14], wie sie in guaninreichen Onkogen-Promotoren gefunden wurden. Promotoren sind spezifische DNA-Sequenzen, die die Aktivität benachbarter Gene vorgeben. Aus diesem Grund sind G-Quartette Kandidaten für Anti-Tumor-Medikamente. In den letzten Jahren gelang es, solche Sequenzen erfolgreich zu manipulieren. Dabei stellte sich heraus, dass die besonderen

DNA-Faltungen nicht nur an ihrer lokalen Stelle im Chromosom wirksam sind, sondern sich auch, in Analogie zu Proteinen, allosterisch verhalten können; sie sind dann auch in einer bestimmten Entfernung entlang der DNA-Kette noch wirksam, zum Beispiel dadurch, dass die Deformierung der Doppelhelix nur langsam abklingt und einem Transkriptionsfaktor nicht erlaubt, an seiner spezifischen Bindungssequenz wirksam zu werden.

An ganz anderer Stelle in der medizinischen Forschung zeige sich, dass eine permanente oder selbst vorübergehende Falschfaltung der DNA-Stränge oder der Chromatinstrukturen einen fundamentalen Einfluss auf Lebensschicksale haben kann. Die Rede ist von den »Triplett-Repeat-Krankheiten«. Der bekannteste Vertreter dieser manchmal lebensbedrohenden molekular verursachten Behinderungen ist unter dem Namen »Chorea Huntington« in medizinischen Lehrbüchern zu finden [15]. Schon im Mittelalter war die tückische Krankheit als »Veitstanz« bekannt. Die Ursache ist eine drastisch erhöhte Anzahl von Wiederholungen des Basentripletts (CAG) in einer Gensequenz, in der eine moderate Wiederholung dieser Tripletts von Natur aus vorhanden ist. Unterhalb eines Grenzwertes der Anzahl der Wiederholungen bleibt die Funktion dieser Sequenz unauffällig und ohne Krankheitswert; wir alle haben diese Sequenzen, ohne Schaden zu nehmen. Erhöht sich die Anzahl dieser Tripletts in einer solchen Sequenz sprunghaft von einer Generation zur nächsten, so tritt zuerst eine milde Form der Krankheit auf. In jeder darauffolgenden Generation verlängert sich die Wiederholungssequenz drastisch und die Krankheit manifestiert sich immer früher und immer letaler. Dass sich ein Gen, wie in diesem Falle beobachtet, spontan verlängern kann, galt bis zu der Aufklärung dieser Krankheit und weiterer neurodegenerativer Krankheiten mit ähnlicher Genese als undenkbar. Die Wiederholungssequenzen haben offensichtlich einen Einfluss auf die Arbeitsweise der DNA-Polymerase. Wenn die CAG-Tripletts zu zahlreich werden, passiert es, dass sich die Polymerase gewissermaßen verzählt. Dann verlängert sich der betroffene Genabschnitt und faltet sich in nichtkanonischer Weise in der Chromatinstruktur. Der Faltungsfehler wird aufgrund der nun erhöhten Falschfaltungswahrscheinlichkeit zunehmend vererbbar. Die molekulare Konsequenz ist, dass die Polymerase immer ungenauer arbeitet, immer mehr Faltungsanomalien erlaubt und sich dadurch solche Krankheiten immer intensiver, immer früher im Leben der Betroffenen manifestieren mit letztlich tödlichen Konsequenzen. Bisher können wir zwar schon die Kandidaten für diese vererbbare Krankheit identifizieren, aber wir können nicht verhindern, dass die Falschfaltung des Chromatins eintritt. Solche alternativen Sekundärstrukturen sind wahrscheinlich häufiger, als wir uns das bisher vorgestellt haben, und es würde kaum überraschen, wenn wir auch in anderen Fällen zu einem ähnlichen Modell kämen. Kürzlich wurde in *Science* ein molekulares Modell für die Ursache von FSHD (Facioscapulohumeral Muscular Dystrophy) beschrieben, das in Details von den oben beschriebenen Ataxien abweicht, aber in seinen grundsätzlichen Aussagen erstaunlich ähnlich klingt. Der Artikel beschreibt, dass in diesem Fall eine spontane Änderung der Genlänge durch die Verringerung der Anzahl von Wiederholungssequenzen eine Änderung des molekularen Verhaltens der Sequenz hervorruft und dadurch das Krankheitsbild bewirkt. Der molekulare Fingerabdruck solcher abnormer DNA-Strukturen entsteht durch der Änderung der Zahl der Wiederholungen auffälliger DNA-Sequenzen. Da solche potenziell pathologischen Sequenzen häufig auch in nichtcodierenden Abschnitten der Chromosomen vorkommen, können wir davon ausgehen, dass es sich nicht um den Einfluss eines abnormen Proteins handelt, das von einem defekten Gen codiert worden ist, sondern dass der Einfluss schon auf der Ebene der DNA-Sequenz wirksam wird. Im Falle der Triplett-Wiederholungen kann man sich noch fragen, ob die eigenartige Wiederholung der drei Nucleotide nicht möglicherweise eine ferne Erinnerung an die Chemische Evolution ist, als es darum ging, schnell und einfach Nucleotidsequenzen zu verlängern, die durch Selbstfaltung eine verbesserte Resistenz gegen den thermischen Abbau erwarben.

Ein Blick auf den genetischen Code der menschlichen Mitochrondrien

Sehen wir uns den heute als universell geltenden genetischen Code einmal unter einem neuen Aspekt an und führen wir gleichzeitig ein paar Umordnungen ein, die das Bild vereinfachen. Wir können davon ausgehen, dass es Gesetzmäßigkeiten gibt, die den genetischen Code geprägt haben, aber erst später in der Komplexität des Lebens ihre volle Bedeutung erlangt haben und aus der zugrunde liegenden Physik und Chemie verstanden werden können. Dazu erweist es sich als vorteilhaft, die Adenin- und Guanin-Basen in den Zeilen und Spalten der Codematrix umzuordnen, um die Rolle der einzelnen Nucleotide im Zusammenhang mit den jeweiligen Nachbarn in der Sequenz und in Relation zu den Komplementärsequenzen in dem zweiten Strang der Doppelhelix zu sehen. Ein Blick auf die Matrix erleichtert das Verständnis für solch eine Umordnung.

(a)   (b)

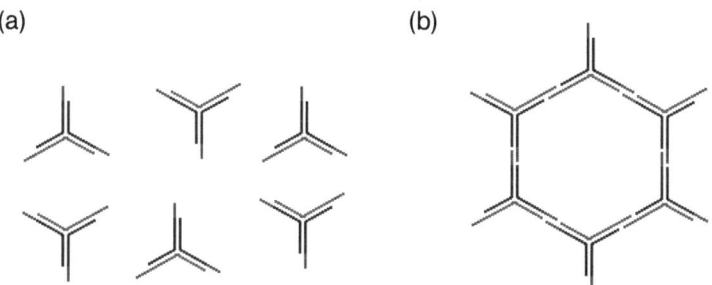

— Durch Transkriptionsfaktoren erkennbare Sequenz   Hybridisierung und Ligation der *sticky ends* („klebrige Enden")

(c)   (d)

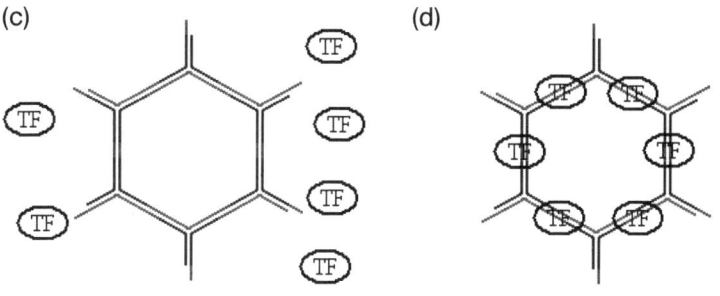

Addition der Transkriptionsfaktoren   Bindung von Transkriptionsfaktoren

Abb. 47   Die Neuanordnung der Basentripletts im genetischen Code. (Siehe auch Farbtafel F2.)

Wie sich zeigt, hat die Neuordnung zur Folge, dass im linken oberen Quadranten der Codetabelle als Erstes das Triplett TTT zu finden ist, darunter TTC, TTG, und TTA. Entsprechend befinden sich in dem rechten unteren Quadranten die Tripletts AAT, AAC, AAG und schließlich AAA. Jedes Triplett im oberen linken Bereich der Code-Matrix ist über eine Flächendiagonale mit seinem Komplement im unteren rechten Bereich verbunden.

Profile der Wechselwirkungsenthalpie können Gensequenzen charakterisieren

Im Großen und Ganzen haben wir die Idee von Darwin und Wallace akzeptiert, dass die Evolution durch einen Auswahlprozess angetrieben wird, den Darwin, der als Viehzüchter das Prinzip der künstlichen Zuchtwahl selber praktizierte, in Analogie dazu »natürliche Zuchtwahl« (natural selection) nannte. Wir haben auch akzeptiert, dass die physikalischen Eigenschaften der Gensequenzen sich ändern können und sich dadurch auch die zukünftige Rolle dieser Sequenz verändern kann. Was wir erst noch in der ganzen Tragweite erfassen müssen, ist die Überschneidung der physikalischen Welt mit der biologischen, die Ursachen der Mutationen und die Selektion der wenigen positiven Änderungen von den viel zahlreicheren neutralen oder negativen Änderungen.

Vielleicht ist es leichter, diese Fragen anzugehen, wenn wir uns zunächst einer weniger entwickelten und damit weniger komplexen Welt zuwenden, in der Physik und Chemie die dominierende Rolle spielen, während die Biologie in ihrer heutigen Komplexität noch gar nicht vorhanden war: der Epoche der chemischen Evolution. Es ist wohl anzunehmen, dass die Frage »Wer war zuerst da, Aminosäuren oder Nucleotide?« nicht beantwortet werden kann und auch gar nicht relevant ist. Die klassische Henne-Ei-Frage stellt sich gar nicht. Nur beiläufig sei bemerkt, dass eben diese Frage vor kurzem beantwortet wurde: Die Henne war zuerst da, denn erst die Henne besitzt das Gen, das die Biomineralisierung der Eierschale durch ein spezifisches Protein so beschleunigt, dass sich das Ei im Eileiter innerhalb von 24 Stunden hart verpackt. Das Gen ist in der Henne aktiv, nicht im Ei, obwohl es dort schon vorhanden ist. Ohne das Protein gäbe es nur das alte Modell des »weichen Eis«, das schon die Dinosaurier besaßen.

Einige grundsätzliche Überlegungen sollen uns helfen, etwas Licht in das fast uniforme Dunkel der Anfänge des Lebens auf der Erde und wohl auch an jeder anderen Stelle im Universum zu werfen.

Welcher der heute vorhandenen Bausteine der am Lebensprozess beteiligten Makromoleküle kommt für eine graduelle Erweiterung des Informationsgehalts eines rudimentären Genoms infrage? Räumliche und zeitliche Konstanz sind nützliche Eigenschaften, wenn es genügt, reproduzierbare, konstante Strukturen zu bilden. In der Natur gibt es viele Beispiele dafür, etwa die Kristalle der verbreiteten Mineralien oder die dreidimensionalen Netzwerke der Gashydrate. Deren Fähigkeit, Informationen zu speichern, ist jedoch minimal. Andere Makromoleküle wie z. b. die Kohlenhydrate müssen erst »erfunden« werden, da sie durch einen enzymatischen Prozess synthetisiert werden; es muss also bereits spezifische Gene geben, die die notwendige Information zur Zusammensetzung der Proteinketten von Enzymen enthalten, die ihrerseits die Bausteine der Polysaccharide aus Wasser und Kohlendioxid synthetisieren können. Solche Proteine sind aber noch gar nicht vorhanden, sie können erst in der fernen Zukunft einer frühen Erde erwartet werden.

In den ersten 100 Jahren der Geschichte der Biochemie waren die Proteine die bevorzugten Kandidaten für den Stoff, aus dem das Leben stammt. Es ist sehr interessant zu rekapitulieren, was wir seitdem über Proteine und ihre erstaunlichen Fähigkeiten gelernt haben. In einem spezielle Punkt haben sie uns aber nicht nur enttäuscht, sondern vollständig in Stich gelassen: Sie können sich nicht selbst kopieren. Damit kommen nur Nucleinsäuren als makromolekulare Träger der genetischen Information eines Individuums infrage. Die Nucleinsäuren haben ihr Geheimnis lange Zeit für sich behalten: Wie kann man immer längere Ketten aus den vier verschiedenen Nucleotiden ohne Zuhilfenahme der Proteine erhalten, und wie kann man identische Kopien ihrer selbst herstellen? Die Bildung der linearen, einzelsträngigen Nucleinsäureketten erfolgt in chemischen Prozessen (einschließlich enzymatischer Reaktionen). Um identische oder komplementäre Kopien dieser Ketten zu erhalten, benötigt man zusätzlich die lokal wirkenden Ordnungskräfte der Physik. Geht es auch ganz ohne Beteiligung von Proteinen? Heute können wir die Effizienz und Genauigkeit der komplementären Musterbildung im Labor unter Ausschluss von Enzymen studieren. Der nichtenzymatische Prozess ist zwar, wie sich zeigt, langsamer als der analoge Prozess der lebenden Zelle, aber er ist überraschend gut reproduzierbar [16].) In dieser Veröffentlichung wird ein enzym-freier primer-gesteuerter Verlängerungsprozess von Nucleotidsequenzen beschrieben, in dem an einer vorbestimmten Stelle eines Musterstranges ein aktiviertes Nucleosid-Monophosphat in eine Oligonucleotidkette eingebaut wird –genau der Vorgang, den wir als den Primärprozess bei der Codierung und Verlängerung der genetischen Informationsträger ansehen. Wir können also davon ausgehen, dass am Anfang der chemischen Evolution alle nötigen Schritte nach und nach zusammenkamen: die spontane Aneinanderreihung der Nucleotidsequenzen, die als vorgegebene Muster für die Anordnung der Nucleotide des korrespondierenden Gegenstranges dienen können, der spontane Einbau eines unpassenden Nucleotids (Mutation) und die langfristige Überlebensfähigkeit solcher Sequenzen in der Form der DNA-Doppelhelix. So verschob sich das Gleichgewicht zwischen dem Aufbau und dem Verlust genetischer Information zugunsten der Erhaltung und Weiterentwicklung nützlicher Sequenzen, was die Ausweitung des Informationsgehalts zusehends begünstigte. Die chemische Evolution der Nucleinsäureketten etablierte sich, lange bevor die Biokatalysatoren in Form von Proteinen den Prozess verbessern und beschleunigen konnten.

Im Folgenden will ich beschreiben, wie sich dies in dem klassischen genetischen Code widerspiegelt. Die Selbstreplikation eines Musterstranges war die Standardmethode, mit der die Natur Sequenzen von der Länge unserer heutigen t-RNA akkumuliert und vermehrt hat. Die Selektion bevorzugte Sequenzen, deren Replikationsgeschwindigkeit und/oder Replikationsgenauigkeit die der anderen Sequenzen übertraf. Diese ausgewählten Eigenschaften spiegeln sich in der Bevorzugung spezieller Basennachbarschaften von Nucleotiden wider, die eine lokale Sequenzstabilität ermöglichten, das heißt eine Konservierung der Information oder eine stabile Faltung der Ketten in Haarnadelstrukturen, die als partielle Doppelhelices die Sequenzen vor chemischem Abbau schützten. Die thermische Stabilität der helikalen Strukturen, charakterisiert durch die »Schmelztemperatur« (T_m), ist ein guter Indikator für die herausragenden Eigenschaften einer Doppelhelix. Es sollte weder zu einfach noch zu schwierig sein, die beiden komplementären Stränge voneinander zu trennen, denn diese Trennung ist die Voraussetzung dafür, dass die Information einer Nucleinsäure auch zugänglich ist: Replikation und Transkription verlangen die Trennung der Stränge als ersten Schritt. Metastabile Sequenzen (solche, die weder zu stabil noch zu labil sind) haben die gewünschten Eigenschaften und damit die Fitness für die sich später entwickelnde biologische Funktion der Nucleotidsequenzen als universeller Informationsträger. Man kann die Doppelhelix mit einem Reißverschluss vergleichen, den man einfädeln muss, bevor man ihn schließen kann. Die Initiation der Doppelhelix erfordert die spontane, stabile Assoziation der ersten drei Nucleotide der komplementären Einzelstränge. Wenn sich geeignete Tripletts an den Enden eines Einzelstranges befinden, kann sich durch Rückfaltung auch eine Haarnadelstruktur ausbilden, wie sie uns heute besonders in den RNA-Strukturen wie t-RNAs oder Ribozymen begegnet. Die Kettenverlängerung gepaart mit einer mustergesteuerten Komplementsynthese und 3D-Faltung sind Reaktionen, deren Kombinationen es nahelegen, dass es wohl eine RNA/DNA-Welt gegeben hat, die noch ohne die Hilfe der Proteine zurechtkam.

Wir wollen nun klären, inwiefern es hilfreich ist, die energetische Beziehung zwischen Basentripletts zu betrachten, um sequenzspezifische Eigenschaften zu bewerten. Anstatt des universellen Codes, den die meisten Lehrbücher diskutieren, wollen wir uns dazu den geringfügig vereinfachten Code der menschlichen Mitochondrien anschauen. Das hat den Vorteil, dass in der dritten Position der Basentripletts nur zwischen Purinen und Pyrimidinen unterschieden werden muss und dass man deshalb den Code als Matrix aus 32 Dubletts ansehen kann anstelle der 64 Codons, die im universellen Code als Singuletts, Dubletts, Tripletts, Quartetts oder Sextetts gruppiert sind (jeweils bezogen auf die Zahl der Codons, die einer bestimmten Aminosäure zugeordnet sind). Im Unterschied zum universellen Code gibt es im Mitochondrien-Code nur zwei Stop-Codons, aber zwei Trp-, zwei Met- und zwei Ile-Codons, dazu zwei Phe-, zwei Cys-, zwei His-, zwei Glu-, und zwei Gln- sowie zwei Asp-, zwei Asn- und zwei Lys-Codons. Es gibt drei Dubletts, die den sechs Ser-Codons zugeordnet sind, drei Dubletts, die sechs Leu-Codons und drei Dubletts, die den sechs Arg–Codons entsprechen. Alle anderen Dubletts gehören paarweise zu den Quartetts der vier anderen Aminosäuren Prolin, Alanin, Threonin und Glycin. Im Unterschied zu der gebräuchlichen Codetabelle von Francis Crick, deren Spalten und Zeilen in der Reihenfolge Thymin, Cytosin, Adenin, Guanin sortiert sind, werden wir G- und A-Spalte und -Zeile vertauschen.

Auf diese Weise ergibt sich in der Mitte der Tabelle, also zwischen den Codons CCA, CGA, GCT und GGT, ein Symmetriezentrum; bei Rotation um 180° bezüglich dieses Zentrums wird jedes Codon in sein Anticodon überführt. Zu jedem der 64 Codons gehört eine charakteristische Freie Wechselwirkungsenthalpie. Die aufgelisteten Zahlen beziehen sich auf die (berechnete) Codon/Anticodon-Wechselwirkungsenthalpie ΔG bei 25 °C. Die direkt messbaren, also experimentell ohne besondere Voraussetzungen zugänglichen Größen

	T	C	G	A	
T	1.92 Phe	3.46 Ser	3.46 Cys	0.04 Tyr	T
	2.42 Phe	3.94 Ser	4.30 Cys	1.13 Tyr	C
	2.42 Leu	4.30 Ser	3.94 Trp	1.13 Stop	G
	1.25 Leu	3.46 Ser	3.46 Trp	0.61 Stop	A
C	2.95 Leu	4.43 Pro	5.14 Arg	2.30 His	T
	3.46 Leu	4.91 Pro	5.98 Arg	3.46 His	C
	3.46 Leu	5.27 Pro	5.63 Arg	3.46 Gln	G
	2.30 Leu	4.43 Pro	5.14 Arg	2.95 Gln	A
G	2.95 Val	5.14 Ala	4.43 Gly	2.30 Asp	T
	3.46 Val	5.63 Ala	5.27 Gly	3.46 Asp	C
	3.46 Val	5.98 Ala	4.91 Gly	3.46 Glu	G
	2.30 Val	5.14 Ala	4.43 Gly	2.95 Glu	A
A	0.61 Ile	3.46 Thr	3.46 Ser	1.25 Asn	T
	1.13 Ile	3.94 Thr	4.30 Ser	2.42 Asn	C
	1.13 Met	4.30 Thr	3.94 Arg	2.42 Lys	G
	0.04 Met	3.46 Thr	3.46 Arg	1.92 Lys	A

Abb. 48 Tabelle des menschlichen Mitochondrien-Codes. (Siehe auch die Farbtafel F2.)

sind die Schmelzenthalpie ΔH_{Tm}, die aus kalorimetrischen Messungen an geeigneten Nucleotidsequenzen erhalten werden kann, und die zugehörige Schmelzentropie ΔS. Wie früher bereits gezeigt wurde, kann die Schmelzentropie im Wesentlichen der Konformationsänderung der Einheiten des Zucker-Phosphat-Rückens bei der Separierung der Komplementärstränge zugeordnet werden. Pro Untereinheit ändert sich die Entropie bei der Kettenentfaltung um maximal 12 cal/(mol · K). Jede Punktmutation in einem bestimmten Codon bewirkt eine Änderung der Freien Paarungsenthalpie des Codons mit dem dazugehörigen Anticodon, und entsprechend ändert sich die Schmelzenthalpie. Die Änderungen sind zahlenmäßig am geringsten, wenn die dritte Base ausgetauscht wurde, etwas größer, wenn die erste Base ersetzt wurde, und am größten, wenn die mittlere Base ausgetauscht wurde. Jede Enthalphieänderung enthält Beiträge der Änderung der Wasserstoffbrücken-Enthalpien und der Stapelenthalpien.

Ersetzt man z. B. Adenin durch Guanin (Transition«), bleibt die Stapelenthalpie praktisch unverändert, aber die Zahl der Wasserstoffbrückenbindungen wächst und damit der enthalpische Beitrag der Wasserstoffbrücken. Ersetzt man Adenin durch Thymin (»Transversion), bleibt die Zahl der Wasserstoffbrücken konstant, aber die Intensität der Stapelwechselwirkungen nimmt ab. Analog ist dies für alle anderen möglichen Mutationen zu erwarten.

Damit Codons verschiedene, diskrete Wechselwirkungsenthalpien aufweisen können, müssen nicht nur die Anteile der GC- und AT-Basenpaare, sondern evtl. auch die nächsten Nachbarn der veränderten Basen verschieden sein. Die erste Änderung (Wasserstoffbrücken) wirkt sich zwischen gegenüberliegenden Nucleotiden auf den komplementären Strängen aus, die zweite zwischen aufeinanderfolgenden Nucleotiden im gleichen Strang. Die Einführung diskreter Codon/Anticodon-Wechselwirkungsenthalpien erlaubt es, auch andere Beobachtungen quantitativ zu beschreiben und damit besser zu verstehen. Ein Codon, dessen Normalzustand durch die Wechselwirkungsenthalpie $(\Delta G)_n$ bestimmt ist, kann durch selektive Mutationen verschiedene Wechselwirkungsniveaus annehmen. Wir wollen hier nur die Transitions-Mutationen diskutieren, weil sie in der Natur häufiger vorkommen. In allen Fällen führt die Mutation in der dritten Position des Basen-Tripletts zur geringsten Änderung der Freien Enthalpie, verglichen mit Mutationen in den beiden anderen Positionen. Diese Änderung ist in der Regel nicht größer als die Enthalpie des thermischen Rauschens des Systems (ca. 0,5 kcal/mol Triplett). Mutationen in der ersten Codon-Position sind moderat und übersteigen in jedem Fall das thermische Rauschen. Bei Mutation der ersten und der dritten Base eines Codons ergibt sich die Enthalpieänderung als algebraische Summe der Enthalpieänderungen der separaten Mutationen. Eine Mutation der mittleren Base eines beliebigen Tripletts ist energetisch gesehen die aufwendigste.

Man kann den genetischen Code als Energiespektrum betrachten, wobei die Änderungen der Energieniveaus durch diskreten oder kombinierten Austausch der Basen in den ursprünglichen Codons erreicht werden. Dabei betrachten wir die Freie Codon/Anticodon-Wechselwirkungsenthalpie $(\Delta G = 3{,}46$ kcal/mol Triplett) als »Grundzustand« des Systems, einen 16-fach entarteten Zustand der Energien des genetischen Codes: Von den 64 diskreten Codons besetzen 16 dieses Niveau. Jeweils zwei Codons davon gehören zu der Kategorie RRR bzw.YYY, RRY bzw.YRR, RYY bzw.YRR und RYR bzw.YRY. Y steht für eines der beiden Pyrimidine (T und C), R steht für eines der Purine (A und G). Das bedeutet, die beiden Vertreter der Untergruppe RRR haben entweder ein A in der zweiten Position und je ein G in der ersten und dritten, oder ein G in der Mitte ist flankiert von zwei-

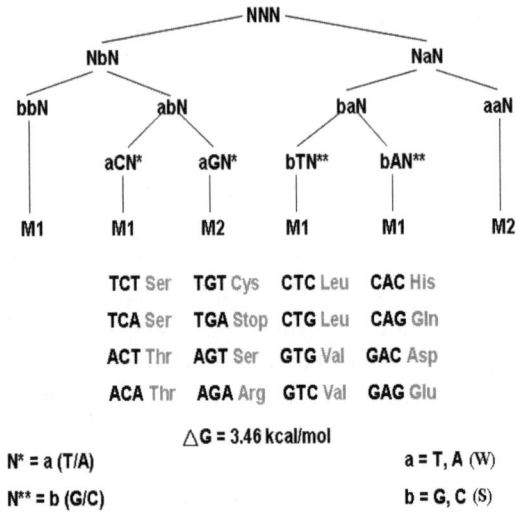

$$\text{NNN}$$

NbN   NaN

bbN   abN   baN   aaN

aCN*   aGN*   bTN**   bAN**

M1   M1   M2   M1   M1   M2

TCT Ser	TGT Cys	CTC Leu	CAC His
TCA Ser	TGA Stop	CTG Leu	CAG Gln
ACT Thr	AGT Ser	GTG Val	GAC Asp
ACA Thr	AGA Arg	GTC Val	GAG Glu

$\triangle G = 3.46\,kcal/mol$

N* = a (T/A)   a = T, A (W)

N** = b (G/C)   b = G, C (S)

Abb. 49 Entscheidungsbaum.

mal A. Allgemein gehören alle diejenigen Codons zu dieser Kategorie, bei denen ein Basenpaar, das über drei Wasserstoffbrücken verbunden ist, flankiert wird von zwei Basenpaaren, die je durch zwei Wasserstoffbrücken verbunden sind. Analog gilt das umgekehrt (wenn das mittlere Basenpaar durch zwei Wasserstoffbrücken verknüpft ist).

Beim Nachzählen fällt auf, dass diese Codons entweder sieben Wasserstoffbrücken besitzen (A/T in der ersten und dritten Position) oder acht (G/C in der ersten und dritten Position). Die Häufigkeit, Adenin in der ersten Position zu finden, beträgt 25%, dies gilt ebenfalls für die anderen drei Nucleotide und analog für die zweite und die dritte Position in jedem der 16 Codons. Ein Blick in Genetiklehrbücher zeigt, dass von diesem 16-fach energetisch entarteten Codonsatz zehn verschiedene Aminosäuren und ein Stop-Codon codiert werden, nämlich die zwei unpolaren Aminosäuren Valin und Leucin (Val, Leu), die zwei positiv geladenen Aminosäuren Arginin und Histidin (Arg, His), die zwei negativ geladenen Aminosäuren Glutamat und Aspartat (Glu, Asp) und die vier polaren, aber ungeladenen Aminosäuren Serin, Threonin, Glutamin und Cystin (Ser, Thr, Gln, Cys). Aus dieser Kollektion von Aminosäuren lassen sich eine ganze Menge funktionsfähiger Proteine zusammensetzen.

Oberhalb des 16-fach entarteten Energieniveaus gibt es 24 Codons, deren Codon/Anticodon-Wechselwirkungsenthalpie höher ist als ΔG=3,46 kcal/(mol Triplett) aufweisen. Sie verteilen sich über zehn diskrete Niveaus.

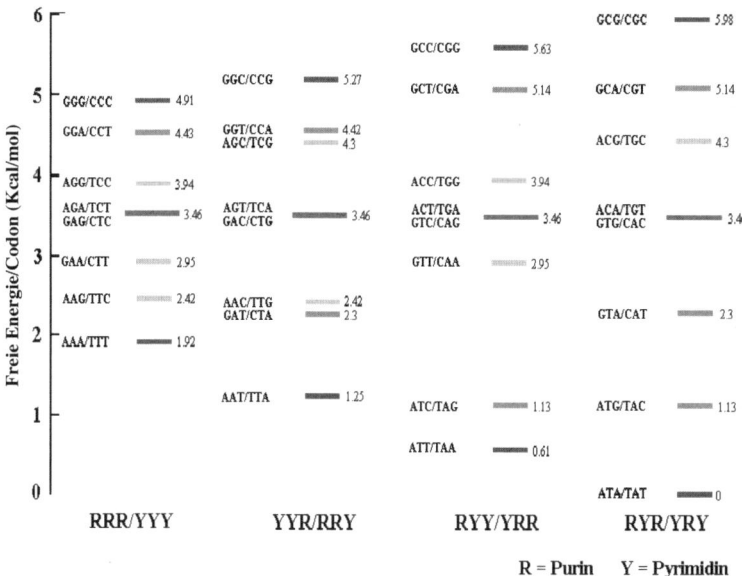

Abb. 50   Der genetische Code als Energiespektrum.
(Siehe auch Farbtafel F3.)

Die höchste berechnete Codon/Anticodon-Wechselwirkungsenthalpie beträgt 6,0 kcal/(mol Triplett) für ein Arginin-Codon (CGC) und für das komplementäre Alanin- Codon (GCG). Die anderen Niveaus sind den Aminosäuren Arginin, Serin, Glycin, Alanin, Prolin, Threonin, Cystin und Tryptophan zugeordnet. Diese Aminosäuren sind mit der Ausnahme von Arginin alle entweder ungeladen oder polar und ungeladen. Die eine Hälfte die Codons hat ein G, die andere ein C in der zweiten Position. Wir finden je vier A/T in der ersten/ dritten Position. Wenn die erste Position von A/T eingenommen wird, ist in der dritten Position immer G/C zu finden und umgekehrt.

Unterhalb des Niveaus der 16-fach entarteten Codons gibt es ebenfalls 24 Codons. Sie sind entsprechend A/T-reich: Die mittlere Position von zwölf dieser Codons wird von Adenin besetzt, die anderen zwölf Mittelpositionen werden von Thymin eingenommen, niemals von Guanin oder Cytosin. Ansonsten ergibt sich die Verteilung der Besetzung der ersten und dritten Position in Analogie zu dem, was oben über die energiereichen Codons gesagt wurde (es ist nur G durch A und C durch T zu ersetzen. Zwölf der 20 natürlich vorkommenden Aminosäuren werden von diesen Codons codiert, außerdem gehören die beiden Stop-Codons des menschlichen Mitochondrien-Codes dazu. Mit zunehmendem A/T-Gehalt der Tripletts fällte das Niveau der freien Codon/Anticodon-Wechselwirkungsenthalpie so weit ab, bis es in den Kombinationen ATA und TAT den Wert 0,0 kcal/(mol Triplett) erreicht hat: Alternierende AT-Sequenzen bilden bei 25 °C keine Doppelhelix mehr.

Fassen wir zusammen: Es ist gut vorstellbar, dass sich alle 16 energetisch entarteten Codons, die das Mittelniveau der Energiestufenleiter besetzen, in der chemischen Evolutionsphase spontan gebildet haben; ursprünglich war die Wahrscheinlichkeit für jedes der vier Nucleotide gleich groß, in jeder der drei Positionen vorzukommen. Ausgehend von dieser 16-fach (isoenergetisch) entarteten Gruppe kann man alle »verwandten« Codons durch eine Transitionsmutation in der ersten und/oder dritten Position immer mehr stabilisieren bzw. destabilisieren; z.b erhöht sich die Freie Wechselwirkungsenergie des Codons AGA durch die Ersetzung des Adenins in der ersten Position durch ein Guanin mehr als durch die analoge Ersetzung des A durch ein G in der dritten Position. Die ernergetisch größte Änderung ergibt sich aus einer gleichzeitigen Doppelmutation in der ersten und dritten Position, d. h. wenn aus dem AGA-Codon ein GGG-Codon wird. Analog ändert sich jedes einzelne 16fach degenerierte Codon durch sukzessive Transitions-Mutationen. Wird G durch A oder C durch T ersetzt, erniedrigt sich die Codon/Anticodon, Wechselwirkungsenergie, wird analog A bzw. T durch G bzw. C ersetzt, so erhöht sich die Wechselwirkungsenergie verglichen mit dem 16-fach entarteten Ausgangsniveau.

DNA-Sequenzen lassen sich als Energieprofile darstellen

Wir wollen nun das Energieprofil ausgewählter DNA-Sequenzen untersuchen, und zwar sowohl von codierenden als auch von regulatorischen Sequenzen. Dabei werden wir sehen, welchen Vorteil bietet, den energetischen Aspekt bei der Analyse und dem Vergleich von DNA-Sequenzen heranzuziehen.

Im ersten Beispiel diskutieren wir das Energieprofil von zwölf aus der Literatur ausgewählten *E. coli*-Promotorsequenzen (Figur 29.9 in dem Lehrbuch für Biochemie von Gerret & Grisham auf der Seite 947).

	upstream	−35-Region	downstream	−10-Region
ara BAD	GAT CCT	ACC TGA CGC TTT	TTA TCG	TAC TGT
ara C	CGT GAT	TAT AGA CAC TTT	TGT TAC	TGT CAA
bio A	AAA ACG	TGT TTT TTG TTG	AAT ATT	TAG ACT
bio B	TAA TCG	ACT TGT AAA CCA	AAT TGA	TAG GTT
gal P2	TAT TCG	ATG TCA CAC TTT	TCG CAT	TAT GCT
lac	CCC CAG	GCT TTA CAC TTT	ATG CTT	GAT GAA
lac I	ATC GAA	TGG CGC AAA ACC	TTT CGC	TAT GTT
rrn A1	ATA AAT	GCT TGA CTC TGT	AGC GGG	TAT TAT
rrn D1	AAA AAT	ACT TGT GCA AAA	AAT TGG	TAT AAT
rrn E1	TTT TTC	TAT TGC GGC CTG	CGG AGA	TAT AAT
t RNA^{Tyr}	CGT AAC	ACT TTA CAG CGG	CGC GTC	TAT GAT
trp	ATG ACG	TGT TGA CAA TTA ˙	ATC ATC	TTA ACT
	9/12 7/12	5/12 7/12 5/12 7/12	7/12 5/12	11/12 8/12
	3/12 4/12	4/12 2/12 3/12 3/12	4/12 4/12	1/12 3/12

Abb. 51 E. coli-Promotoren (nach Garret/Grisham, S. 947, Abbildung 29.3). (Siehe auch Farbtafel F3.)

Alle *E. coli*-Promotorsequenzen werden von der gleichen RNA-Polymerase erkannt, auch wenn sie nur andeutungsweise eine Konsensussequenz aufweisen. Die diskutierten Sequenzen befinden sich unmittelbar vor der Startposition, an der die Transkription für die m-RNA für ein bestimmtes Protein beginnt, und bestehen aus ca. 40 Nucleotiden. Offensichtlich haben diese zwölf Sequenzen Merkmale, die sie von Nicht-Promotorsequenzen unterscheiden. Um diese Merkmale zu erkennen, tragen wir die Energieniveauschemata (die den Basentripletts zugeordneten Codon/Anticodon-Bindungsenthalpien) entlang der Promotorsequenzen auf. Zur Vereinfachung beschränken wir uns auf eine grobe Unterteilung in drei Energieniveaus beschränken. Die 13 Basentripletts in der Sequenz der 39 Nucleotide gehören energetisch entweder zu der Gruppe der 16 energiegleichen Triplets ($\Delta G = 3{,}46$ kcal/mol Triplett), oder sie sind entweder stabiler oder in-

stabiler als diese. Wie sich zeigt, trifft meist Letzteres zu. In der sogenannten -35 Region der Promotorsequenzen gibt es fast immer drei
aufeinanderfolgende Tripletts, die statistisch signifikant bevorzugt
aus der 16-fach entarteten Codon-Familie stammen und außerdem
stabiler sind als die benachbarten Tripletts; sie sind auf diese Weise
energetisch herausgehoben. Unmittelbar vor dem Transkriptionsstart
gibt es noch eine auffällige Anhäufung von besonders schwach bin-
denden, energiearmen Tripletts, die besonders AT-reich sind (TATA-
Box). Es ist offensichtlich, dass es nicht die Kette aus Einzelbuchsta-
ben ist, die eine Sequenz als Promotor charakterisiert, sondern dass
eine charakteristische Sequenz von Tripletts von der RNA-Polymerase als Signal dafür verstanden wird, dass bald die codierende Gensequenz beginnt, die die Information für die Aneinanderreihung einer
Aminosäurekette (z. B. eines Enzyms) enthält. Die codierenden Sequenzen sind per Definition immer als eine Kette von Tripletts zu
verstehen. In der hier vorgestellten Betrachtungsweise ist ein Promotor ein Energie-Profil, das als Signal für den Transkriptionsstart besonders konserviert wurde.

Energieprofile sind aber nicht nur auf Signalsequenzen beschränkt. Ein Vergleich der DNA-Sequenzen des ersten Exons des Δ-
Globin-Gens, das die Information für die Aneinanderreihung der ersten 30 Aminosäuren der Δ-Kette des Hämoglobin-Moleküls enthält,
zeigt in überzeugender Weise, dass nicht die Nucleotidsequenz im
Detail konserviert wurde, sondern dass es ein Profil der Codon/Anti-
codon-Wechselwirkungsenthalpie ist, das man diesen 30 Codons entlang der Nucleotidkette zuordnen kann. D. h., das der Gattung *Homo*
zugeordnete Profil kann mit dem entsprechenden Profil unserer
nächsten Verwandten, den *Gorillas* und den *Schimpansen*, verglichen
werden. Der Vergleich ist sogar mit dem Profil anderer Säugetiere,
deren Vorfahren sich vor mehr als 50 Millionen Jahren von unserer
Linie getrennt haben. Die Tatsache, dass diese Kette zu 40 – 50 % aus
Codons besteht, die als 16-fach entartet bezeichnet werden können
(also in jeder Position der Tripletts mit gleicher Wahrscheinlichkeit
jedes der vier Nucleotide aufweisen), kann als Indiz dafür gelten, dass
diese Ketten vor sehr langer Zeit entstanden sind.

Ein Vergleich der Proteinsequenzen einer großen Zahl von Δ-Ket-
ten-Varianten hat gezeigt, dass ein Protein dieser Zusammensetzung
schon vor etwa 800 Mio. Jahren existierte, aber möglicherweise eine
ganz andere Funktion hatte. Ein Maß für das Alter einer Nucleotidse-

quenz ist die Anhäufung von Codons aus der Gruppe der 16-fach entarteten Tripletts. Sieht man sich die sieben aufgeführten Sequenzen des ersten Exons der Δ-Kette der Primaten im Vergleich mit der Sequenz anderer Säugetiere (unter anderem des Opossums, eines Beuteltiers) an, so fällt auf, dass die 16-fach entarteten Codons weit häufiger vorkommen, als es einer statistischen Verteilung entspricht – denn statistisch dürften nur 25 % der Tripletts zu den entarteten Codons gehörten. Dass es in der Tat fast 50 % sind, legt nahe, dass die ursprüngliche Sequenz schon so alt ist, dass sie noch keine codierende Funktion hatte, sondern als reine Nucleotidsequenz gebildet wurde, in der jedes der vier Nucleotide mit der gleichen Häufigkeit an jeder Stelle der Sequenz vorkommen sollte. Durch Punktmutationen über eine lange Zeitspanne sind dann die Sequenzen entstanden, die in Exon-1 des ΔΔ-Globins vertreten sind. Ein strikter Sequenzvergleich zwischen den Einzelpositionen entlang der Sequenz ist viel weniger aufschlussreich als der Vergleich der individuellen Energieprofile dieser Sequenzen. Ähnlich wie im Falle der Promotorsequenzen genügt es auch hier, drei energetisch differenzierte Klassen von Tripletts zu berücksichtigen, nämlich die Klasse der 16-fach entarteten Codons sowie die Klassen der schwächer bzw. stärker wechselwirkenden Tripletts. Leicht zu erkennen ist, dass das Selektionsprinzip für diese Sequenz die Energieverteilung entlang der Sequenz ist, d. h. das zugrundeliegende Energieprofil, und nicht so sehr die strikte Konservierung einer besonderen Sequenz einzelner Nucleotide.

Andere sehr alte Sequenzen, z. B. die Minisatelliten der VNTRs (*variable number tandem repeats*), haben offenbar eine ähnliche Entwicklung hinter sich wie das erste Exon der Δ-Hämoglobin-Kette. Durch reverse Genetik (die hypothetische Rückmutation einzelner Nucleotide, etwa von G nach A oder C nach T, was einer Revision der oxidativen Desaminierung von Adenin bzw. von Cytosin entspricht) kann man zu den ursprünglichen kurzen Wiederholungssequenzen kommen, die nahezu zu 100 % aus der Gruppe der 16-fach entarteten Codons zusammengesetzt sind.

Die Zukunft wird zeigen, ob sich dieser Fokus auf die Wechselwirkungsenthalpien – wenn man also statt der Nucleotidsequenzen im engen Sinne die Energieniveaus der DNA-Tripletts entlang der Kette aufzeichnet und die so erhaltenen Energieprofile für Sequenzvergleiche und funktionelle Zuordnungen verwendet – in der Praxis bewährt.

Literatur

[1] Franklin, R. E., and Gosling , R. G., *Molecular Configuration of Sodium Thymonucleate*, Nature 171, 740–41 (1953).

[2] Watson J., and Crick, F., *A Structure for Desoxyribose Nucleic Acids*, Nature 171, 737–738 (1953).

[3] Seeman, N. C. , *Nucleic Acid Junctions*, Biomolecular Stereodynamics, Adenine Press, NY 269–277 (1981).

[4] Wu, L., and Curran, J. F., *An Allosteric Synthetic DNA*, Nucleic Acid Research 27, 1512–1516 (1999).

[5] Kuhn, T., *The Structure of Scientific Revolutions* , University of Chicago (1962).

[6] Planck, M. *Entropy und Temperature strahlender Waerme*, Annalen der Physik Vol. 4, 719–737 (1900).

[7] de Vries, H. *Die Mutationstheorie*, Bd. 1–2. (1901–1903) Correns, G. *Mendels Regeln über das Verhalten der Nachkommenschaft der Rassenbastarde*, Ber. Dtsch. Bot. Ges. 18 (1900), pp. 158–168.

[8] Mendel, G., *Verhandlungen des Naturforschenden Vereins*, Brunn, (1866).

[9] Schrodinger, E, *What is Life?*, Cambridge University Press (1944).

[10] Monod, J., *Le Hassard et la Necessite'*, Eliteand et Seuil, Paris (1970).

[11] De Wit, M, *The deep-iime treasure chest of the Makhonjawa Mountains*, South African Journal of Science 105, 5–6 (2010).

[12] Darwin, Ch, *On the Origin of the Species by Means of Natural Selection, or, the Preservation of Favoured Races in the Struggle for Life*, John Murray, London (1859) , J Murray, London (1859).

[13] Miescher, F , *Ueber die chemische Zusammensetzung der Eiterzellen*, Med.-Chem. Unters. 4, 441–460 (1871).

[14] Mergny, J-L and Maurizot, J-C, *Fluorescence resonance Energy transfer as a probe for G-quartet formation by a telomeric repeat*. Chen Biochem 2, 124–132 (2001).

[15] Caskey CT, A, Fu, YH, Fenwick, RG, and nelson, DL., *Triplet repeat mutations in human disease*, Science 256, 784–789 (1992).

[16] Kervic, E., Hochgesand, H., Steiner, U., and Richter, C. *Templating efficiency of naked DNA*, Proc. Natl. Acad. Sci. 107, 12074–79 (2010).

[17] Klump, H. *Exploring the energy landscape of the genetic code*, Archives of Biochemistry and Biophysics, 453, 87–92 (2006).

[18] Gilbert, W., and De Souca, *Introns and the RNA world*, in The RNA World, W Gilbert ed. 2nd ed., 221–131 (1999).

[19] Poerschke, D. and Eigen M., *Co-operative non-enzymatic base recognition*, J.Mol Biol., 62, 361–364 (1971).

[20] Garrett R. and Grisham Ch. Biochemistry p 997, Fig 29.9 (2005).

[21] Lin Ed, Thesis , Univ. Cape Town (2007).

Der Autor

Prof. Dr. Horst Klump hat an den Universitäten Münster und Freiburg studiert und im Bereich Zell- und Molekularbiologie gearbeitet. Als Gast forschte er an der Universität Princeton, USA. Unter anderem war er Herausgeber der Zeitschrift *Biophysical Chemistry*. Heute ist Klump emeritierter Professor für Biochemie an der Universität Kapstadt. Seine Forschungsgebiete umfassen die Struktur von Chromatin und Nucleinsäuren, metastabile Zustände, die Thermodynamik des genetischen Codes und die Stabilität von Proteinen von Hyperthermophilen.

9

»Survival of the Fittest«: Das wichtigste Wort

Erich Runge

Für die meisten unter uns fassen die Worte *Survival of the Fittest*, mit denen Darwin selbst sein Kapitel über natürliche Selektion überschrieb, den Kern der Evolutionstheorie zusammen. Da *Survival-Camps* und *Fitnesstraining* Bestandteile der deutschen Umgangssprache geworden sind, bedarf es auch kaum einer Übersetzung. Das übliche »Überleben der Passendsten« klingt auch wirklich nicht so gut wie das Original. So bleibt es dann oft bei der zusammenfassenden Einsicht »Darwin lehrte uns *Survival of the Fittest*« – und die Diskussion wendet sich beispielsweise dem Kreationismus oder der sogenannten darwinistischer Weltanschauung zu.

Als Wissenschaftler muss man aber jedes Wort, das man bei der Formulierung einer Theorie in den Mund nimmt, analysieren und verstehen. Dazu fängt man sinnvollerweise beim wichtigsten an, wahrscheinlich wohl *survival*, »das Überleben« – denn darum geht es ja. In den 1960er Jahren fieberten Millionen Kinder weltweit mit dem Delfin Flipper, dem Star der gleichnamigen Fernsehserie: Ob er die brutalen Anschläge der miesen Ganoven überleben würde? Dank seiner ungeheuren Intelligenz und nicht zuletzt auch dank seiner rauen Haut, die es, wie man erst vor kurzem wirklich verstanden hat, ermöglicht, sehr energiesparend zu schwimmen, kam er immer wieder davon. Ist Flipper deshalb ein evolutionäres Erfolgsmodell der Natur?

Auf keinen Fall! Wenn es Flipper je gegeben hätte, wäre er längst gestorben, so wie die Tümmler-Weibchen, die sich seine Filmrolle teilten. Anders wäre es, wenn Flipper Kinder hätte. Die wären vielleicht auch schlau, und sie hätten sicher die tolle Schwimmhaut geerbt. Ob deren Ur-ur-urenkel auch noch überdurchschnittlich intelligent sind, mag bezweifelt werden. Aber Dank der rauen Haut werden sie noch immer hervorragende Langstreckenschwimmer sein. Wenn man weiterdenkt, wird man zu dem Schluss kommen: *Survival*, Überleben, heißt viele Nachkommen zu haben.

Wenden wir uns also dem Begriff *Fittest*,»am besten passend«, zu. Ihn auszulegen ist noch schwerer. Wer will von sich behaupten, das Zebra einfach so aus dem Nichts erfunden zu haben? Manche sagen, die Streifen schützen vor Löwen, andere sagen, sie verwirrten die Tsetsefliegen. Man weiß es nicht. Aber ganz offensichtlich sind sie nützlich und Teil einer Anpassung an die Umwelt. Irgendwie tragen die Streifen dazu bei, dass sich Zebras vermehren können, bevor sie Opfer von Löwe oder Tsetsefliege werden. Wenn man auch dies zu Ende denkt, wird man (mit Absicht etwas überspitzend) zu dem Schluss kommen: *Fittest*, am passendsten, ist der mit der Fähigkeit, lange genug zu überleben, um viele Nachkommen haben.

Wir haben also:»Diejenigen haben viele Nachkommen, die die Fähigkeit haben, lange genug zu überleben, um viele Nachkommen zu haben.« Oops – das ist enttäuschend wenig, fast schon ein wertloser Zirkelschluss.

Wieso sind wir bei einer derartigen Trivialität gelandet? Weil wir das wichtigste Wort in *Survival of the Fittest* einfach ignoriert haben! Das wichtigste Wort heißt: *the*.»Wer« überlebt,»wer« ist fit, wer oder was konkurriert miteinander? Das ist hier die Frage, die uns weiterbringt. Leser, denen nicht aufgefallen war, dass»*the*« die zentrale Herausforderung der modernen Evolutionstheorie ist, befinden sich in guter Gesellschaft. Über 100 Jahre vergingen, seit Darwin für die fünfte englische Auflage der»Entstehung der Arten« von Herbert Spencer den Begriff des *Survival of the Fittest* übernahm, bevor Richard Dawkins 1976 in seinem bei Oxford University Press erschienenen Bestseller *The Selfish Gene* (Das egoistische Gen) diese Frage so stellte, dass sie ein für alle Mal in den Köpfen der Wissenschaftler verankert wurde. Schon im Titel beantwortet er sie.

In diesem immerwährenden Wettbewerb ums Überleben – wir sollten besser sagen: um die Fortpflanzung – steht weder der einzelne Delfin noch etwa die Spezies der Großen Tümmler. Die Spezies kann es rein logisch nicht sein, da sie in ihrer Gesamtheit keine handelnde Einheit, kein Akteur ist. Im Gegenteil, die Futterkonkurrenz innerhalb einer Art ist oft eine größere Gefahr als alle Fressfeinde zusammen. Die Antwort auf die Frage, wer die Akteure, d. h. die Sieger und Verlierer des Überlebenswettbewerbs sind, kann auch nicht heißen»die Familie« oder»das Rudel.« Beide Entitäten haben sich spätestens nach wenigen Generationen im allgemeinen, über viele Individuen verstreuten Genpool aufgelöst.

Wenn man eine naturwissenschaftliche Frage erst einmal klar formuliert hat, ist sie oft schon halb beantwortet. So auch hier. Die einzelnen Gene codieren Fähigkeiten, die dem Individuum helfen, lange genug zu überleben, um sich fortzupflanzen. Jedes Kind trägt mit mindestens 50 % Wahrscheinlichkeit dieses Gen. Je mehr Nachkommen das Individuum hat, umso mehr Kopien des Gens werden also bei der Fortpflanzung erzeugt. Wenn wir das Dawkin'sche Bild akzeptieren, dass sich die Gene die Körper als »Instrumente« und »Waffen« ihres Überlebens- und Vermehrungswettbewerbs geschaffen haben, passt auf einmal alles: Ja, die Gene sind Akteure. Sie bestimmen, ob Meeressäuger raue oder glatte Haut haben. Und Gene stehen in dem gnadenlosen Wettbewerb, der nun mal die Entstehung der Arten kennzeichnet und »Darwinist« zu einem Schimpfwort macht. Gene, die den Phänotyp (das tatsächliche Individuum) nicht positiv oder gar negativ beeinflussen, werden langsam oder sogar sehr schnell innerhalb des Genpools marginalisiert oder verschwinden gar.

Der Satz »Das xyz-Gen ist ein evolutionäres Erfolgsmodell« ist zumindest sinnvoll und im Prinzip überprüfbar. Wenn heute ein Bakterium durch eine Mutation eine neue Arzneimittelresistenz erwirbt, dann kann nach Jahrzehnten, d. h. unzählige Bakteriengenerationen später, einwandfrei festgestellt werden, ob sich das entsprechende Gen in der Population etabliert hat oder nicht.

Jeder wissenschaftliche Durchbruch wirft mindestens so viele Fragen auf, wie er beantwortet. So muss im Licht der Dawkin'schen Erkenntnis beispielsweise untersucht werden, warum Mensch und Tier oft altruistisch handeln und wie Gen-Koalitionen, sogenannte Genkomplexe, entstehen. Gene für Federn und Gene für große, leichte Vorderextremitäten sollten als Genkomplex »Flügel« beisammen bleiben. Neben wissenschaftlichen Fragen stehen aber auch mehr philosophische: Ist jener Wurm eine »Krankheit«, der bei von ihm befallenen Schnecken die Geschlechtsorgane zugunsten eines besseren Wachstums und eines festeren Schneckenhauses verkümmern lässt und damit den Schnecken ein längeres Leben verschafft – und sich selber mehr Gelegenheit zur Weiterverbreitung?

Wir werden nicht weiter die biologischen Aspekte der Einsicht verfolgen, dass das Verständnis des *the* die eigentliche Herausforderung ist. Stattdessen sei die *Blaupause jeglicher Evolution* noch einmal abstrakt, aber umgangssprachlich zusammengefasst:

Wenn da irgendein »Mechanismus« ist, der irgendwelche leicht unterschiedliche »Dinge« mit nur geringer Fehlerrate vervielfältigt und wenn diese »Dinge« irgendeinen auch noch so kleinen Einfluss darauf haben, ob sie selbst oder ein anderes »Ding« vervielfältigt werden, dann lässt sich vorhersagen:

1. *Es wird bald immer mehr Kopien von den Varianten geben, die aus irgendwelchen Gründen besonders oft kopiert werden.*

2. *Es wird Varianten dieser Varianten geben, die noch besser die Regel der Vervielfältigungsmaschinerie ausnutzen.*

3. *Besonders erfolgreich sind die Varianten der Dinge, die irgendwie den Mechanismus selber beeinflussen ...*

Diese Liste lässt sich leicht fortsetzen, unter anderem mit der Vorhersage, dass »später« in der Evolution die »Dinge« so wirken, dass der Replikationsmechanismus immer fehlerfreier dupliziert.

Gelesen aus Sicht der biologischen, durch Gene getragenen Evolution erscheint der vorstehende Paragraph fast als Ansammlung von Trivialitäten. Außerhalb der Biologie verspricht er aber Einsicht und intellektuellen Sprengstoff.

Nehmen wir an, es gäbe eine sozial lebende Affenart, deren etwas zu groß geratenes Gehirn durch eine Laune der Natur einen kleinen Teil seiner Fähigkeiten darauf »verschwendet«, andere Affen nachzuäffen. Die »Dinge« wären Grunzlaute und Gesten, das gelangweilte, selbsttätige Gehirn wäre der Vervielfältigungsmechanismus. Nach obiger *Blaupause jeglicher Evolution* müsste man erwarten, dass es bald nur wenige, aber weit verbreitete Laute und Gesten gibt, die sich leicht merken und voneinander unterscheiden lassen. Wenn dann noch diejenige Affen, die besonders gut z. B. »Liebeslieder« nachmachen können, als besonders sexy gelten, wird der Evolutionsdruck das Gehirn und den Kehlkopf für das gegenseitige Nachmachen von Grunzlauten, also letztendlich für das Sprechen optimieren. Die Überlegung, dass ein nachäffendes Gehirn fast zwangsläufig zu sprachlicher Kommunikation führt, hat Susan Blackmore 1999 eindrucksvoll in ihrem bei Oxford University Press erschienenen Buch *The Meme Machine* beschrieben.

Sie geht noch weiter und wendet die *Blaupause jeglicher Evolution* noch einmal auf der nächst höheren Stufe an: Nehmen wir an, aus unseren Affen sind nun frühe Menschen geworden; die primitive

Sprache und der soziale Zusammenhalt garantieren einen gewissen Lebensstandard. In der Mittagssonne dösend oder auf Beute lauernd, wabern Bilder und Assoziationen durch das frühe Gehirn. Gehirne knüpfen und lösen neuronale Verbindungen je nachdem, wie oft sie genutzt werden. Da zumindest menschliche Gehirne sich auch an innere Bilder und Gefühle erinnern, stellen sie einen Vervielfältigungsmechanismus dar. Wir sinnieren oft über Dinge, die wir schon einmal in unserem Kopf bewegt haben. Nach Susan Blackmore sollte nun die obige *Blaupause* automatisch zu einer begrenzten Zahl markanter, oft wiederholter neuronaler Zustände führen, die wir mit Fug und Recht beispielsweise als »Begriff« oder »Konzept« bezeichnen könnten. Sie leben in Gehirnen, die (aufgrund einer sekundären biologischen Evolution) immer besser darin werden, Begriff und Konzepte zu denken und zwischen Individuen zu kommunizieren. Letzteres ist wichtig, denn nur dadurch erreichen die Akteure dieser Evolution die Langlebigkeit, die im obigen *Blaupausen*-Konzept immer mitzudenken ist.

Für die Akteure der Denk-Evolution hat Dawkins bereits im *Selfish Gene* das Kunstwort *Mem* mit der Pluralbildung *Memes* vorgeschlagen, das klanglich an *gene/genes* erinnern soll und inhaltlich an beispielsweise die Erinnerung (*memory*). Als Beispiele nennt Dawkins Melodien, Gedanken, Schlagworte, Kleidermode und die Art, Töpfe zu machen oder Brückenbögen zu bauen.

So faszinierend diese Ansätze sind, so unfertig sind die entsprechenden Theorien. Vor allem fehlt ein Kriterium, was nun wirklich das »*the*« in diesem Fall ist. Wenn schon die Theorie der Gen-Evolution auf Genkomplexe und ähnliche Hilfskonstruktionen zurückgreifen muss, um wie viel unpräziser sind dann die von Dawkins eingeführten »koadaptiven Mem-Komplexe« oder kurz Memplexe. Die zitierten Bogenbrücken sind sicher eher Memplexe als Memes. Dawkins selber war diesbezüglich immer weit vorsichtiger als viele seiner – nennen wir sie ruhig so, denn wenige Naturwissenschaftler polarisieren ihr Umfeld so wie Clinton Richard Dawkins – Jünger.

Die unpräzise Definition des Mem gibt uns Anlass, einen kritischen Blick auf die Dawkin'sche Erkenntnis, dass das Darwin'sche »*the*« die »Gene« sind, zu werfen. Die genaue Definition eines Gens ist nämlich erstaunlich schwierig. Für diesen Aufsatz verkürzt sind Gene »eine räumlich begrenzte Ansammlung von DNA-Basenpaaren, die gemeinsam ein oder mehrere Funktionen bewirken«. Die Größe liegt also irgendwo zwischen einem für sich völlig funktionslosen, aber ewig unveränderlichen Basenpaar und der mit dem Tod des Individuums verschwindenden gesamten unverwechselbaren Erbinformation desselben. Ein Gen ist definiert als etwas, was über viele Zellteilungsprozesse und viele Generationen hinweg unverändert überlebt. Fast möchte man daher sagen: Das Gen ist geradezu *definiert* als die kleinste langzeitstabile Einheit des biologischen Vermehrungswettbewerbs, also als das Darwin'sche »*the*«. Diese von Dawkins selbst geteilte Erkenntnis schmälert keineswegs seinen Verdienst als der Evolutionsbiologe, der uns 100 Jahre nach Darwin eine neue Sicht auf die Evolution gelehrt hat.

Es ist unsere Überzeugung, dass die Frage nach dem »*the*« der chemischen Evolution den nächsten, oder vielleicht erst den über- oder über-über-nächsten Durchbruch im Verständnis der chemischen Evolution bringen wird. Nichtsdestoweniger sollte sie schon heute gestellt werden.

Dieses Buch belegt eindrucksvoll die Fortschritte auf der Suche nach dem Material der Evolution, also nach dem was (grob gesagt) der DNA der chemischen Evolution entspricht. Typische Fragen sind: Welche Moleküle sind beteiligt? Findet die chemische Evolution in heißen Quellen der Tiefsee, in den Randpfützen des Urozeans, auf dem Glimmerkristall oder im Weltall statt? In fast allen Theorien sollen »autokatalytische Reaktionen« die Rolle des Vervielfältigungsmechanismus übernehmen.

Bei vielen Ansätzen scheint die Antwort zu der Frage nach dem »*the*«, also nach den Trägern des Vermehrungswettbewerbs, unbeantwortet zu sein. Die autokatalytische Vermehrung eines bestimmten Moleküls reicht eben nicht. Die obige *Blaupause jeglicher Evolution* erfordert einen »Mechanismus«, der bereitwillig viele verschiedene »Dinge« kopiert, die über ihre Existenzzeit gemittelt dann allerdings leicht unterschiedliche Reproduktionsraten haben. Zudem muss der Vermehrungsmechanismus auch noch unter dem Strich »komplizierte Strukturen« bevorzugen, wenn sie nur zur Umwelt »passend genug« sind.

Keine der in diesem Buch angesprochenen Vermutungen über die chemische Evolution im Vorfeld der biologischen Evolution besticht durch einen besonders überzeugenden Vorschlag, was das »*the*« ist. Wenn aber erst dieses wichtigste Wort identifiziert ist, werden wir wahrscheinlich sofort sehen, was »*Survival*« und »*Fittest*« für die chemische Evolution konkret bedeutet.

Der Autor

Erich Runge (links) mit Herausgeberin Katharina
Al-Shamery (rechts)

Prof. Dr. Erich Runge promovierte in Theoretischer Physik an der
Technischen Hochschule Darmstadt über Quasiteilchen und Fermi-
Oberflächen von schweren Fermionen-Systemen. Im Anschluss
forschte er an der Harvard University in Cambridge, USA im Bereich
der angewandten Naturwissenschaften bei Professor Dr. Henry Eh-
renreich, den er seitdem regelmäßig für längere Forschungsaufent-
halte besuchte. Seine Habilitation über optische Eigenschaften lokali-
sierter Exzitonen in Halbleiternanostrukturen erfolgte an der Hum-
boldt-Universität in Berlin. Heute ist Runge Professor für Theoretische Physik an der Universität Illmenau.

10
Natürliche Auslese – eine physikalische Gesetzmäßigkeit in der Evolution des Lebens

Manfred Eigen

Im Zentrum von Lebensvorgängen steht die physikalische Verarbeitung von Information. Die moderne Physik befasst sich seit Einführung der »Theorie der Kommunikation« von Claude Shannon mit einer quantitativen Charakterisierung von Information, berücksichtigt jedoch semantische Aspekte nicht. In Shannons Theorie zählt, wie viel Information in der kürzestmöglichen Zeit und mit der größtmöglichen Zuverlässigkeit übermittelt werden kann. Ein Kommunikationskanal muss für jede Art von Information funktionieren. In der Biologie stellen sich jedoch ganz andere Fragen: Wir möchten herausfinden, *wie* die Information von Leben entstanden ist und *wie* diese Information in unseren Genen fixiert wurde. Leben ist ein Phänomen, mit dem wir sehr »vertraut« sind, aber die Vertrautheit ist »komplexer« und der Weg zu den verblüffend »einfachen« Wurzeln ist lang. Dieser Weg ist in Abbildung 52 skizziert.

Von der Chemie zum Biologie

Ursprung und evolutionäre Optimierung des Lebens: schematische Darstellung

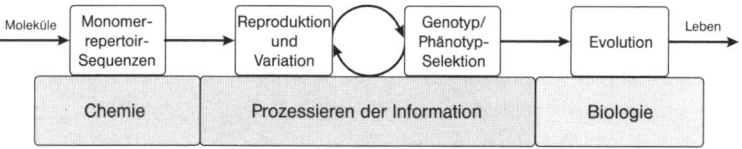

Abb. 52 Ursprung und Evolution des Lebens. Das Schema beginnt (am Rande links) in der präbiotischen, chemischen Phase und reicht bis zu den Netzwerken von eukaryotischen Zellen (am Rande rechts). Der entscheidende Übergang von der präbiotischen Phase zu »belebten« Systemen ist durch den Rückkopplungs-Zyklus im Zentrum des Schemas angedeutet.

Alles begann in einer chemisch reichhaltigen Umgebung. Die Tür zur unbeschränkten Evolution öffnete sich mit dem Übergang von molekularer Vielfalt zu Informationskomplexität, anders gesagt: von chemischen Reaktionszyklen zu biologischen Zellen und Netzwerken. Dieser Weg führte schließlich zur komplexen Struktur des menschlichen Gehirns. Die physikalische Natur dieser Entwicklung ist in der Regelmäßigkeit zwischen den Prozessen zu erkennen, die die evolutionäre Fixierung der biologischen Komplexität begleiteten. In der unbelebten Welt findet sich nichts Vergleichbares.

Der bedeutende Genetiker Theodosius Dobzhansky schrieb: »Nichts in der Biologie ergibt einen Sinn außer im Licht der Evolution«. Natürliche Selektion wurde von Charles Darwin als der ultimative Auslöser der Evolution erkannt.

Darwin selber war außerordentlich vorsichtig bei der Beurteilung seiner Erkenntnisse. Als er gegen Ende seines Lebens gefragt wurde, ob seine Theorie etwas über den Ursprung des Lebens aussagen könne, erklärte er mit Nachdruck, dass augenblicklich jedwede Antwort auf diese Frage über das Wissen der Zeit hinausgehe [1]. Jedoch, so fügte er hinzu, sei er überzeugt, dass sowohl der Ursprung als auch die evolutionäre Optimierung von Leben Konsequenz einer gemeinsamen »allgemeingültigen« (ich würde sagen »physikalischen«) Gesetzmäßigkeit sind. Mit »physikalisch« meine ich, dass die Voraussetzungen einer materiellen Existenz von Leben physikalischer Natur sind (gemäß einer Definition des renommierten Physikers Eugene Wigner), während das Ergebnis einzigartig und in dieser Form nicht in einem unbelebten System der Materie zu beobachten ist. Damit ist die Biologie als eigenständige Naturwissenschaft gerechtfertigt.

In seinem Buch »Das ist Biologie. Die Wissenschaft des Lebens« (1997) schrieb der 93-jährige Doyen der Biologie des 20. Jahrhunderts, Ernst Mayr [2], sinngemäß: »Darwinistische natürliche Selektion wird von den Biologen heute fast durchweg als der Mechanismus evolutionärer Veränderung akzeptiert.« Ich zitiere diese Tatsache, die nun seit mehr als 150 Jahren anerkannt ist, ohne in Details zu gehen, die erst die Molekularbiologie offenlegte und die von Darwin nicht vorhergesagt werden konnten.

Die Terminologie hat sich jedoch seit Darwins Zeiten weiterentwickelt; auch das Bild von Wallace spiegelt nicht unser modernes Verständnis wider. Das bringt mich zu der wichtigsten Frage, die es in diesem Essay zu beantworten gilt: Was ist neu in unserer Theorie? Formal gesehen ist die Aussage von Darwin korrekt. Die Interpretation, die man in den heutigen Büchern findet, bedarf jedoch einer grundlegenden Überarbeitung. Die »Synthesetheorie« von Haldane,

Fischer und Wright hat an dieser Situation nicht viel geändert [3]. Einen Fortschritt bedeutete das Einfügen von Mendels Ideen, aber die Definition des Begriffes »fitness« wird weiterhin auf Individuen bezogen.

»Survival of the fittest« (Überleben des am besten Angepassten): das ist der Kernpunkt von Darwins Erkenntnissen und formal richtig, aber der Begriff »fittest« oder »Wildtyp« bezieht sich nicht auf einzelne Individuen. Theoretisch ist das Überleben des am besten Angepassten nur in extremen Situationen möglich, die kaum unter realistischen Bedingungen auftreten. In der Evolution müssen nicht nur Information konserviert werden, sondern gleichzeitig sind Veränderungen nötig, die über die *Population* gesteuert werden. Eine gleichzeitige Berücksichtigung beider Bedingungen wird mathematisch durch die Kopplung aller kinetischen Gleichungen beschrieben. Die Lösungen ergeben sich aus Eigenwerten einer Matrix, die Geschwindigkeitsparameter für den gesamten Mechanismus des Prozesses enthält. Zusätzlich nimmt sich ein nichtlinearer Term der selbstregulierenden Selektion an. Im Folgenden werde ich dazu einige wichtige Punkte ausführen.

1. Die Population eines bestimmten Genotyps setzt sich aus einer Verteilung von Mutanten zusammen, in der (prinzipiell) Kopplung zwischen allen individuellen Mitgliedern besteht. Die ursprüngliche theoretische Behandlung von Populationsgenetik konzentrierte sich nur auf einzelne Individuen als »Gewinner« in diesem »Wettbewerb um Existenz«. Zwischen diesen hätte es eine ziemlich große Zahl von (nahezu) neutralen Mutanten gegeben, die einen möglichen Einfluss auf die zugehörigen »Wildtypen« gehabt haben sollten. Es hat sich als schwierig erwiesen, den Term »neutral« zu definieren – denn die Frage »Wie neutral ist ‹neutral›?« ist gleichbedeutend mit »Wie gleich ist ‹gleich›?«. Das adäquate mathematische Herangehen besteht darin, die kinetische (Differenzial)gleichung für Bildung oder Verschwinden jedes einzelnen Mutantentyps aufzuschreiben. Berücksichtigt man alle Mutanten, erhält man eine riesige Zahl gekoppelter Gleichungen; »riesig« heißt hier für ein (kleines) Gen, das (nur) 300 Nucleotide besitzt, bereits $4^{300} \approx 10^{180}$ verschiedene Mutantentypen! Die Zahl der möglichen Lösungen für einen solchen Gleichungssatz ist vergleichbar groß. Die Dimension zu begrei-

fen ist fast unmöglich; vergleiche das Alter des Universums in Sekunden (nicht einmal 10^{18}) oder seinen Durchmesser in Zentimetern (gerade einmal 10^{29}). Aufgrund der durch Mutation bedingten Kopplungen zwischen den Genotypen beziehen sich die Lösungen für einen solchen Satz nicht mehr auf individuelle Typen, sondern auf eine Kombination von Termen für viele (möglicherweise alle) Mutanten. Diese Lösungen sind die Eigenwerte der Matrix $((W_{ik}))$, die die Kinetik des gekoppelten Reaktionssystems festlegt. Der Satz dieser Gleichungen ist erstmals in meiner Veröffentlichung in *Naturwissenschaften* von 1971 erschienen [4]. Im folgenden Abschnitt möchte ich kurz die mathematische Beschreibung skizzieren. Anschließend folgt eine anschaulichere Erklärung. Die Lösungen repräsentieren normalerweise ein großes Spektrum von Eigenwerten, die die Invarianzen repräsentieren.

Das Überraschende sind die speziellen Eigenschaften dieses Gleichungssystems: Die Normalmoden, die zu allen Eigenwerten gehören, sterben bis auf den größten aus, wie es ein mathematisches Theorem von Perron und Frobenius [5] beschreibt – der größte Eigenwert einer solchen Matrix, die nur nichtnegative Eingabewerte enthält, ist »singulär, positiv und reell«.

Damit wird die Lösung des Problems erheblich erleichtert, denn eine Behandlung von vielen Milliarden Mutanten hätte jeden Versuch, zu einer praktikablen Lösung zu kommen, völlig aussichtslos gemacht. Der Term »fittest survivor«, wie ihn Darwin gewählt hatte, ist formal begründet, obwohl zu Darwins Zeiten niemand erklären konnte, was er wirklich bedeutet, außer »etwas, das fähig zum Überleben ist«. Es muss beachtet werden, dass der Eigenwert einer Matrix eine Invariante ist. Der Term »fittest« bezieht sich hier nicht auf ein einzelnes Individuum, sondern ist die Eigenschaft der gesamten Verteilung von Mutanten, die wir als eine »Quasispezies« bezeichnen. Der maximale Eigenwert enthält Beiträge von allen Mitgliedern dieser Quasispezies. In anderen Worten: Den Wildtyp, im Sinne des fittesten Individuums, gibt es im Allgemeinen nicht. »Fitness« ist eine Eigenschaft der Quasispezies.

Die Tatsache, dass Selektion nicht Sache eines isolierten Individuums, sondern eher die Frage einer Population der kompletten Quasispezies ist, erinnert an den Übergang von einer Diktatur in eine Demokratie – nur ist dem Wähler in einer Demokratie nicht gesetzlich ein Fähigkeitstest vorgeschrieben.

2. Einer der interessantesten Aspekte der Quasispezies ist die Beschreibung in Form eines Phasenübergangs. Dies ist zulässig nach allen Kriterien, die in der Physik für Phasenübergänge gelten. Unser Prozess findet jedoch nicht im physikalischen Raum statt und kann daher nicht im üblichen Sinne des Wortes »beobachtet« werden. Er erfolgt im Informationsraum, den wir mit unseren Sinnen nicht erfassen können. Den direktesten Zugang bietet eine Sequenzanalyse, mit deren Hilfe wir den Sequenzraum abtasten können.

In der Physik werden Phasenübergänge nach ihrer Ordnung klassifiziert. Ein Phasenübergang erster Ordnung (z. B. fest/flüssig oder flüssig/gasförmig) ist charakterisiert durch eine plötzliche (sprunghafte) Änderung eines Zustandsparameters, nämlich der latenten Wärme. Phasenübergänge zweiter (oder höherer) Ordnung zeigen Singularitäten in Ableitungen höherer Ordnung, z. B. in der Wärmekapazität. Typische Übergänge zweiter Ordnung werden beim Ferro- und Antiferromagnetismus und in der Tieftemperaturphysik (Supraleitung, Suprafluidität) gefunden, vor allem aber in der Nachbarschaft von kritischen Punkten (z. B. beim Übergang flüssig/gasförmig, wenn die Dichten von Flüssigkeit und Gas den gleichen Wert annehmen). Dem gemeinsamen Verhalten Rechnung tragend, nennen wir Phasenübergänge zweiter Ordnung »kritische« Phänomene (siehe N. Goldenfeld) [6]. Viele Analoga können in der Kinetik der natürlichen Selektion gefunden werden. Die Anwesenheit isolierter Regionen im Sequenzraum mit klaren Vorteilen in der Fitness führen zu Übergängen erster Ordnung, wie es in zwei Beispielen von Peter Schuster und Jörg Swetina [9] gezeigt wird (Abbildung 53).

3. Betrachten wir zum Beispiel den Übergang zwischen Flüssigkeit und Gas am kritischen Punkt, an dem die Dichten beider Phasen gleich werden. Wir haben es dann mit drei Regionen zu tun: flüssig, gasförmig und Mischungen beider. Man beobachtet dort eine »kritische Opaleszenz«, die anzeigt, dass die Fluktutationen makroskopische Dimensionen annehmen. In einer Mutantenverteilung nahe der kritischen Fehlerschwelle sollte man ebenfalls makroskopische Fluktuationen finden, wie aus den stochastischen Untersuchungen von Motoo Kimura [7] hervorgeht.

(a)

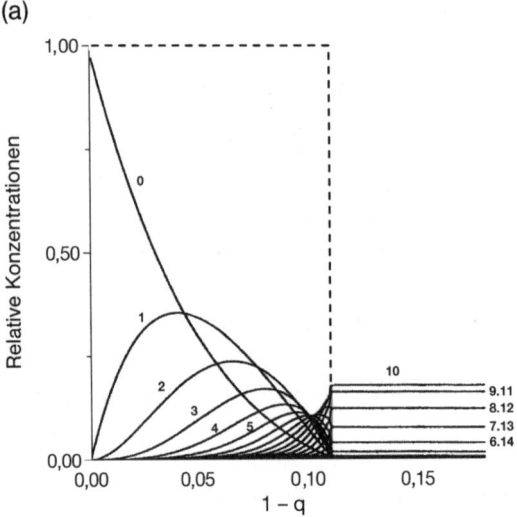

(b)

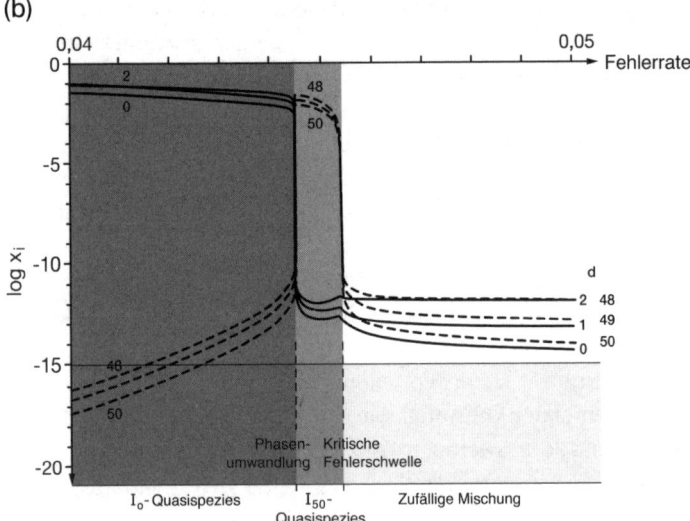

Abb. 53 Selektion als Phasenumwandlung. (a) Dieses Diagramm zeigt die Umwandlung für einen Wildtyp mit zehnfacher Fitness im Vergleich zu den Mutanten, die alle den gleichen Fitnessgrad besitzen. Die Ziffern an den verschiedenen Kurven zeigen die Zahl der Fehlstellen an. Null bedeutet null Fehler = Wildtyp.

Die gestrichelte Kurve stellt die Summe von Wildtyp und allen Mutanten dar. Die Ordinate bezeichnet die relativen Populationszahlen (von 0 bis 1) für die verschiedenen Individuen, während der Abszissenwert den relativen Fehler (=Mutationsgrad von 0 bis 1) angibt. Die graue Kurve zeigt, dass es sich in guter Näherung um eine »Phasenumwandlung« erster Ordnung handelt. Für eine gewählte Sequenzlänge von 50 Positionen überstreicht die Phasenänderung bereits 15 Größenordnungen. (b) Dieses Diagramm bezieht sich auf eine nahezu gleiche Verteilung wie (a). Wildtyp (o) und Mutanten (1 bis 48) haben den gleichen Fitnessgrad wie in (a); jedoch beträgt der Fitnessgrad von Mutante 50 (Antipode von o) 90 % von dem des Wildtyps (o), während der Fitnessgrad von Mutante (49) 50 % von dem des Wildtyps beträgt. Man sieht, dass bei einer Fehlerwahrscheinlichkeit $(1-q) \sim 0{,}1$ eine Phasenumwandlung eintritt, in der sich die Population vom Zentrum o zum Zentrum 50 verschiebt, eine klarer Hinweis auf die Eigenwert-Darstellung des Problems. – Das zweite Bespiele ist besonders instruktiv, da es klar die Quasispeziesnatur eines Phänomens zeigt, das früher als »individueller Wildtyp« bezeichnet wurde. Selektionsprozesse, die in Analogie zu »kritischen Phasenübergängen« mit makroskopischen Fluktuationen zwischen neutralen Regionen nahe der kritischen Fehlerschwelle erfolgen, sind separat zu diskutieren, da ihnen eine besondere Bedeutung hinsichtlich der Geschwindigkeit der evolutionären Anpassung zukommt.

Derartige Überlegungen (auf der Basis der Fokker-Planck-Gleichung oder von Kolmogorovs Ansatz) zeigen nach Kimura, dass einzelne neutrale Mutanten von RNA oder DNA, die unter kritischen Bedingungen selektiert wurden, mit großen Fluktuationen auftreten. Dies ist natürlich eine sehr wichtige Erkenntnis, die meiner Meinung nach von den Biologen nicht genügend beachtet wurde. Sie beschreibt die Tatsache, dass Gensequenzen nicht aufhören sich zu ändern, auch wenn sie optimal angepasst sind. Insbesondere in höheren Organismen bereiten sie das System auf eine flexible Anpassung an eine Veränderung von Umweltbedingungen vor. Nigel Calder, der allgemein für seine außergewöhnliche Klarheit und seinen Schreibstil gelobt wird, verteidigte heftig die – wie er sie nannte – »japanischen Ketzer« in seinem Aufsatz mit dem Titel »Magic Universe« im *Oxford Guide to Modern Science* [8]. Er erwähnt dabei nicht nur Kimura, sondern auch dessen frühere Mitarbeiterin Tomoko Otha, die »nahezu neutrale« Gene in Kimuras Theorie einführte, sowie den Zeitgenossen Susumu Ohnu, der die Hypothese der Genverdoppelung vertrat – eine Idee, die durch Studien von Hans-Werner Mewes mit Hefegenen am Max-Planck-Institut für Biochemie in München stark gestützt wurde. All diese Arbeiten haben gezeigt, dass neutrale Mutanten bei weitem nicht als »Anhalter« in der molekularen Evolution mitreisen. Sehen wir neutrale Selektion als »Phasenübergang« einer gesamten Population, so interpretieren wir »neutrale Selektion« als »kritisches Phänomen«, das dicht populierte und weit ausgebreitete, große Mutationsdistanzen einschließende Regionen umfasst. Leider ist der Prozess wesentlich komplexer als ein kritischer Phasenübergang in der Physik zwischen zwei Zuständen von Medien homogener Zusammensetzung, etwa einer Flüssigkeit und einer Gasphase nahe dem kritischen Punkt oder zweier Domänen in magnetischen Materialien in der Umgebung der Curie- oder der Néel-Temperatur. Mit Hilfe der Renormierungsgruppe fand Kennth G. Wilson eine generelle Lösung für diese Art von Systemen. Die größere Komplexität geht auf die vielen Dimensionen im Informationsraum zurück. Keimbildung und Wachstum kooperativer Kopplungen hängen von der Struktur der Fitnesslandschaft ab, insbesondere von der Anwesenheit von »Brücken« zwischen (nahezu) neutralen Fitnessregionen.

Nachdem eine Theorie aufgestellt ist, die eine direkte und artikulierte Lösung liefert, stellt sich die Frage, was man über die generelle Natur der biologischen Evolution lernen kann. Hier verweise ich auf die Quantenmechanik, die in der Chemie nötig ist, um ein vollständiges Verständnis der kovalenten Bindung zu erlangen, die aber nicht ohne zusätzliche Informationen über die experimentelle Prozedur auskommt, wenn es um die Bildung einer (möglicherweise ziemlich komplexen) organischen Verbindung geht. Dasselbe gilt für jegliche spezifische Anwendung der Evolutionstheorie.

Die molekulare Evolutionstheorie zeigt uns, dass *de-novo*-Prozesse (ausgedrückt als konstante Terme) für die Speicherung von Information in makromolekularen Strukturen aufgrund ihrer extrem geringen Wahrscheinlichkeit vernachlässigt werden können. Das gilt ebenfalls bei optimaler Anpassung für Terme höherer Ordnung im Vergleich zu linearen Termen. Alle Nichtdiagonalelemente in der Matrix der Geschwindigkeitsparameter werden dann durch positive Werte repräsentiert, die dazu führen, dass die Matrix nur einen stabilen Eigenwert aufweist.

Man mag sich noch fragen, wie es kommt, dass so viele verschiedene Reaktionen, die für die molekulare Speicherung von Information von Bedeutung sind, unbedingt linear sein müssen. Alle lebenden Spezies entstehen durch Reproduktion. In *Der Zauberberg* drückt Thomas Mann dies so aus: »...während kein

Lebewesen aufzuweisen war, das nicht einer Elternzeugung sein Dasein verdankt hätte.« In der Tat ist Reproduktion eine notwendige Voraussetzung für natürliche Selektion im Sinne Darwins. [9]

Das Wachstumsgesetzt einer Population von Lebewesen kommt im Allgemeinen einer Exponentialfunktion nahe, der Lösung einer linearen Differenzialgleichung, wie sie für Selektion nach dem Darwin'schen Prinzip erforderlich ist. Experimentelle und theoretische Studien zur Infektion einer Kolonie von *E. coli*-Zellen durch das Bakterienvirus Q_β haben gezeigt, dass der Mechanismus aus vielen Schritten besteht, darunter, mathematisch ausgedrückt, ein nichtlinearer Initialterm, der einem idealen Hyperzyklus entspricht. Der Gesamtmechanismus kann aber in weiten Bereichen durch eine lineare Differenzialgleichung beschrieben werden mit einer allgemeinen Zeitkonstante von 40 min, nach denen die infizierten Zellen lysieren und neue Viren proliferieren. Vergleichbar wächst eine (wesentlich komplexere) menschliche Population nach einer (nahezu) exponentiellen Gesetzmäßigkeit, wie wiederholt beobachtet wurde. Die Begrenzung auf lineare Systeme berücksichtigt vor allem die Bedingungen für einen Darwin'schen Prozess, in dem eine einzelne Mutante in der Lage sein muss, nach ihrem Erscheinen mit einer etablierten Quasispezies zu konkurrieren. In der Biologie beobachten wir andererseits viele nichtlineare Prozesse, in unserem Falle zum Beispiel direkt im Verlaufe der Selektion.

Ich erwähne dieses Problem, weil die Lösung in Hinblick auf die Komplexität des Informationsraums von großer Wichtigkeit für das Verständnis der Geschwindigkeit der Evolution ist. Einzelne Punkte hoher Fitness, selbst wenn sie umgeben sind von einer Poisson-Verteilung von Mutanten, gestatten wegen der extremen Enge der Poisson-Verteilung keine effiziente Durchmusterung eines hinreichend großen Anteils des Gesamtinformationsgehalts in genügend kurzer Zeit. Wenn die Evolution nicht die oben beschriebenen Tricks eingesetzt hätte, würden Sie hier nicht sitzen und diese Zeilen lesen. Andererseits sind diese Tricks hauptsächlich für die sogenannte »Homöostase« verantwortlich: Diese sorgt für konstante innere Bedingungen, die Voraussetzung für die beobachtete Quasilinearität vieler evolutionärer Mechanismen sind.

4. Haben diese neuen Erkenntnisse irgendeine praktische Bedeutung oder Anwendung? Alle lebenden Organismen sind trotz – oder letztendlich wegen – ihrer unglaublichen Komplexität Gegenstand der »physikalischen« Gesetzmäßigkeiten der natürlichen Selektion. Darwin lebte vor 150 Jahren. Wie kann uns also ein physikalisches Verständnis seiner Theorien neue Ideen bringen? In meinem Buch [9] habe ich eine Darstellung der Physik der unbelebten Materie gewählt, um die spezielle Charakteristik der belebten Natur hervorzustreichen, die ultimativ auf semantische Information und ihre materiellen Ursprünge zurückgeführt werden kann. Im Hinblick auf die unglaubliche Komplexität, der wir in der entwicklungsfähigen Natur begegnen, habe ich mich immer darum bemüht, meine eigene Warnung im Kopf zu behalten: »Reine Theorie ist (zumindest in der Biologie) eine armselige Theorie.« Deshalb haben wir viele Experimente ausgeführt, bei denen es um mögliche Systeme einer frühen (molekularen) Evolution geht. Einige Arbeiten zeigen exemplarisch, dass in Darwins Theorie nichtlineare Terme eingeschlossen werden müssen. Wir nennen diese Systeme, die die ersten Schritte im Ursprung des Lebens bilden, »Hyperzyklen«. Hyperzyklen sind Rückkopplungszyklen, die die Dichotomie des Genotyps und Phenotyps etablieren. [9]

Es erübrigt sich zu erwähnen, dass die überwiegende Knochenarbeit – inklusive der Entwicklung einer neuen Technologie – experimenteller Natur war; sie machte 80 % unserer Arbeitszeit aus. Bis heute haben sich keine ernsthaften Widersprüche zur Theorie ergeben. Inzwischen fand die evolutionäre Biotechnologie Eingang in die Industrie. Wieder einmal diente die Natur als Mentor für die Verfeinerung von Produkten in der Chemie und insbesondere der Pharmakologie.

5. Abschließend möchte ich auf die Methoden der Natur eingehen, die die Ursprünge und die Evolution von Information in einem allgemeineren Sinne beschreiben. Dies ist eindeutig für den Lebensprozess gezeigt worden. Proteine, die die molekulare Exekutive in heutigen Organismen dominieren, übernahmen diese Rolle, weil ihre Eigenschaften unerreicht von jeder anderen Molekülklasse sind; nichtsdestotrotz mussten sie, um diese Rolle reproduzierbar zu spielen, das »Lesen und Schreiben« lernen.

Das können nur die Nucleinsäuren, wie wir aus Theorie und Experiment gelernt haben und bei den heutigen Organismen sehen, deren genetischer Apparat sich bis zur Ebene der Übersetzung der RNA bedient – sowohl in ihrer legislativen (informationsverarbeitenden) als auch ihrer exekutiven (ribosomischen) Funktion. Unsere Untersuchungen zum Alter des genetischen Codes legen nahe, dass sich dies in den vergangenen vier Milliarden Jahren nicht geändert hat. Warum? Weil nur die RNA als Klasse alle notwendigen Voraussetzungen für den molekularen Ursprung und die adaptive Evolution semantischer Information erfüllt. Als Physiker frage ich sofort, ob ein analoger Prozess für andere Phänomene der unbelebten Natur verantwortlich sein könnte, in der Information erzeugt und an eine optimierte Leistung angepasst werden muss. Ein einsichtiges Beispiel dafür ist Hermann Hakens Theorie der Erzeugung von kohärentem Laserlicht [10]. Zu dieser Frage regte mich insbesondere die Lektüre eines Aufsatzes von John Archibald Wheeler an mit dem Titel »It from Bit« [11], der sich mit nichts Geringerem als dem Ursprung unseres Universums befasst. »Bit« steht für »Information« (hier in Form der Gesetze der Physik), »It« dagegen – in Wheelers Worten – für »jedes Teilchen, jede Feldkraft, selbst das Raum-Zeitkontinuum selber...«, die eine nichtmaterielle Quelle und Erklärung haben. Ja, das verstehe ich unter » semantischer Interpretation«; aber soll man fragen, was zuerst da war? Ist dies nicht eine Art Henne-Ei-Problem? Mussten nicht beide gleichzeitig in einer Rückkopplungsschleife, d. h. in einem (nichtlinearen) Hyperzyklus entstehen, wie es Abbildung 54 zeigt?

Dies würde uns dazu führen über die Ursprünge des Universums in einer viel fundamentaleren Weise nachzudenken, die unsere abstrakte phänomenologische Theorie zu den Ursprüngen suggeriert.

In der Kosmologie gibt es Theorien, die eine riesige Zahl von Paralleluniversen postulieren, welche in verschiedenen Koordinaten des multidimensionalen Raums auftreten und nichts voneinander wissen. Ihre große Zahl ergibt sich aus der Präzision, mit der die Werte der Naturkonstanten festliegen müssen, damit ein Universum wie das unsere entstehen kann, in dem sich vernunftbegabtes Leben entwickeln konnte. Unser Universum wäre dann nur eines von einer

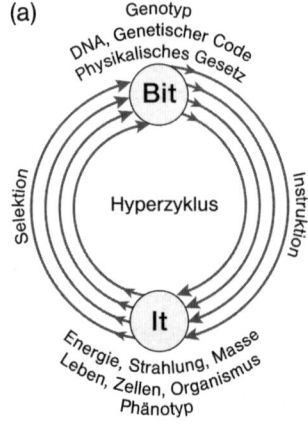

(a)

Genotyp
DNA, Genetischer Code
Physikalisches Gesetz

Bit

Selektion

Hyperzyklus

Instruktion

It

Energie, Strahlung, Masse
Leben, Zellen, Organismus
Phänotyp

(b)

Reproduktionshyperzyklus

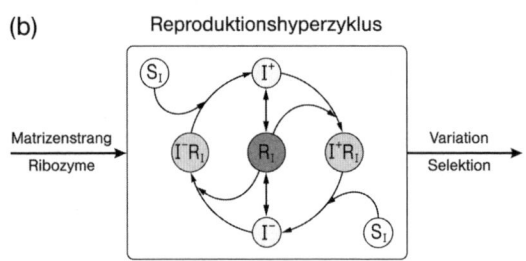

Matrizenstrang
Ribozyme

S_I · I^+ · I^+R_I · R_I · I^+R_I · I^- · S_I

Variation
Selektion

Abb. 54 Rückkopplungsdarstellung für »It from Bit«. (a) Rückkopplungsmechanismus, der ähnlich wie bei der Phänotyp/Genotyp-Dichotomie (b) hyperzyklischer Natur ist.

großen Zahl alternativer Universen, in denen etwas Vergleichbares hätte passieren können. Ähnliche Theorien wurden auch in früheren Phasen der Molekularbiologie diskutiert (und ad adsurdum geführt).

Aus meiner Sicht sind Modelle dieser Art – die eine genügend große Anzahl von Lösungen erzeugen, um eine zu finden, die zufällig die Randbedingungen geringer Wahrscheinlichkeit erfüllt – sehr primitiv im Vergleich zu jedem evolutionären Prozess. Unsere Theorie ist phänomenologisch und basiert auf generellen physikalischen Voraussetzungen. Der Prozess der optimalen Anpassung erfordert (positive) lineare Terme. Konstante Terme werden aufgrund der außerordentlich geringen Wahrscheinlichkeit der *de-novo*-Bildung ausgeschlossen, während Terme höherer Ordnung Probleme bei der Entwicklung neuer Lösungen bringen. Solche Systeme können nur in einer Wachstumsphase auftreten. Die moderne Teilchenphysik erwägt die Existenz solcher Phasen während des »Ausfrierens« von Wechselwirkungen aus einer universellen Naturkraft kurz nach dem Urknall – es begann mit dem »Ausfrieren« der Gravitation, dann trennte sich die starke und schließlich die schwache Kernkraft von der elektromagnetischen Wechselwirkung ab. Ein Beispiel für einen solchen Prozess ist Alan Guths »kosmische Inflation«.

Ein Verfahren, in dem man systematisch die physikalischen Details testen würde, die den Gesamtprozess bestimmen, hat einen großen Vorteil gegenüber einfachen *ad hoc* Annahmen. Ich bin kein Teilchenphysiker, aber die Theoretiker unter ihnen könnten an solch einem Verfahren interessiert sein. Im Hinblick auf den Hintergrund meines eigenen Werkes könnten Evolutionsmodelle, wie das von Lee Smolin beschriebene, interessant sein wegen ihrer »evolutionären« Natur, aber sie sollten unplausible *ad hoc* Annahmen vermeiden.

Fast jedes Jahr konfrontiert uns die Teilchenphysik und Kosmologie mit neuen Entdeckungen. In manchen Fällen scheint mir aber, es werden nur neue Begriffe eingeführt. Als Bespiel sehe ich eine der allerneuesten Ideen, die »Dunkle Energie«.

Was ist Dunkle Energie? Vorläufig nur ein Terminus. Ende des 18./Anfang des 19. Jahrhunderts kommentierte Johann Wolfgang von Goethe in seinem Meisterwerk *Faust* die Art, in der die Wissenschaft gelegentlich anstelle »neuer« Ideen nur »neue« Worte benutzt, wenig schmeichelhaft: Der Teufel, in die Robe des Gelehrten Faust gekleidet, eröffnet dem wissbegierigen jungen Studenten, der verstehen möchte, wie Wissenschaft funktioniert:

»Denn eben wo Begriffe fehlen,
Da stellt ein Wort zur rechten Zeit sich ein.«

Was also bedeutet der neue Ausdruck »Dunkle Energie« tatsächlich? Da wir nicht einmal wissen, was »Energie« ist, sind wir umso hilfloser, wenn es um »Dunkle Energie« geht. Gibt es vielleicht einen Bezug zur »nicht leuchtenden Materie«, etwa zur Materie innerhalb eines Schwarzen Lochs? Nein; auch wenn wir das genaue Schicksal von Materie innerhalb des Ereignishorizonts eines Schwarzen Lochs nicht kennen, ist zumindest das Phänomen selbst – große Mengen definierter Masse, die unter der eigenen Gravitationskraft kollabiert ist – gut verstanden.

Das ist nicht der Fall für die »Dunkle Energie«. Niemand weiß, was das ist. Ihre Existenz wurde aus Rotverschiebungen der Spektren von Supernovae in entfernten Galaxien im Verhältnis zu ihrer Helligkeit gefolgert, einer Beobachtung, die uns sagt: Das Universum dehnte sich einst langsamer aus als heute, also beschleunigt sich seine Expansion. Eine Erklärung könnte zusätzliche Energie sein, »Dunkle

Energie«, die wir nicht sehen können (manchmal frage ich mich, ob der Begriff nicht eher darauf hinweist, dass wir bezüglich ihrer Natur und ihres Ursprungs völlig im Dunklen tappen). Tatsächlich könnte es auch ganz andere Erklärungen für die Beschleunigung der Ausdehnung des Universums geben, z. B. dass wir in einer besonders »leeren« Region des Raums leben.

Über die Natur der »Dunklen Energie« ist vorläufig ebenso wenig entschieden wie über den Ursprung des Lebens, der Information und über die physikalischen Gesetze, die unser Universum »starteten«. Vielleicht werden diese Fragen eines Tages anhand exakter Messungen beantwortet. Wieder sehen wir: Reine Theorie ist eine armselige Theorie. Unser Denken muss von empirischer Erfahrung geleitet werden, die aus Beobachtungen und Experimenten hervorgeht.

Ich habe versucht, einen konsistenten Weg von der »befremdlichen Einfachheit« zur »komplexen Vertrautheit« unserer Welt zu bahnen – aber ich habe mich nicht wirklich systematisch zu Leben und Denken geäußert. Die gelegentlichen Beispiele dienten eher dazu, ihren physikalischen Hintergrund aufzuzeigen, als ihre biologische Rolle auszuführen.

In den letzten 40 Jahren habe ich in der Molekularbiologie sowohl theoretisch als auch (noch viel mehr) experimentell gearbeitet. In diesem Beitrag habe ich einige Prinzipien aufgeführt, die aus diesen Arbeiten hervorgegangen sind. Wir sollten uns darüber im Klaren sein, dass es sich hierbei nur um einen winzigen Bruchteil der noch ausstehenden Lösungen handeln kann[23].

23 Dieser Artikel wurde von Prof. Dr. Katharina Al-Shamery aus dem Englischen ins Deutsche übertragen. Er entspricht inhaltlich dem auf einer Tagung 2010 (den zweiten Manfred-Eigen-Nachwuchswissenschaftlergesprächen der Deutschen Bunsen-Gesellschaft) von Manfred Eigen gehaltenen Vortrag. Anregung und Ursprung entstammen der Zusammenfassung des Inhaltes eines Buches, das unter dem Titel *From Strange Simplicity to Complex Familiarity. A Treatise on Matter, Information, Life, and Thought* 2011 bei Oxford University Press erscheinen soll und im Wesentlichen einen Abriss von Eigens Lebenswerk im Bereich des Ursprungs und der Evolution des Lebens wiedergibt, wobei mit der Entstehung unbelebter Materie im Universum verglichen wird. Oxford University Press danken wir für die Genehmigung der Veröffentlichung dieser Zusammenfassung in deutscher Sprache.

Literatur

[1] Darwin, Ch. (1882) in einem Brief an George Wallich, London, geschrieben am 28. März 1882. (Darwin verstarb am 19. April desselben Jahres.)

[2] Mayr, E. (2000) *Das ist Biologie: Die Wissenschaft des Lebens*, Spektrum, Heidelberg.

[3] Synthetische Theorie: siehe Kimura, M.(1994) Selected Papers in *Population Genetics, Molecular Evolution, and the Neutral Theory* (Hrsg: N.Takahata), The University of Chicago Press, Chicago – London.

[4] Eigen, M. (1971) »Selforganization of Matter and the Evolution of Biological Macromolecules«, *Naturwissenschaften* **58**, 465–523.

[5] Frobenius, F.G. (1912) »Über Matrizen aus nicht-negativen Elementen«, *Sitzungsber. Königl. Preuss. Akade. Wiss.* 456–477; Perron, O. (1907) »Zur Theorie der Matrices«, *Math. Ann.* **64**, 248–263.

[6] Goldenfeld, N. (1992), *Lectures on Phase Transitions and the Renormalization Group*«, Addison Wesley Publishing Company, Reading, Mass., USA (No. 85 in »Frontiers of Physics«).

[7] Kimura, M. »Stochastische Theorie« (siehe Ref. 3).

[8] Calder, N. (2003), *Magic Universe: The Oxford Guide to Modern Science*, Oxford University Press, New York.

[9] Eigen, M. (2011), *From Strange Simplicity to Complex Familiarity. A Treatise of Matter, Information, Life and Thought*, im Druck, Oxford University Press.

[10] Haken, H.(1964), »Nonlinear theory of laser noise and coherence. I«, *Z. Phys.* **181**, 96–124; Graham, R. und Haken, H. (1970), »Laser Light – First Example of Second-Order Phase Transition far away from Thermal Equilibrium«, *Z. Phys.* **237**, 31–46.

[11] Wheeler, J.A. (1990), »Complexity, Entropy, and the Physics of Information« in *Information, physics, quantum: The search for links* (Ed W. Zurek). Redwood City, CA: Addison-Wesley.

Der Autor

Prof. Dr. Manfred Eigen studierte Physik und Chemie an der Universität Göttingen. Nach seiner Promotion im Fach Physik bei Arnold Eucken und einer zweijährigen Forschungstätigkeit am Institut für Physikalische Chemie der Universität Göttingen wechselte er 1953 an das Göttinger Max-Planck-Institut für Physikalische Chemie, wo er 1958 zum Direktor und Leiter der Abteilung Chemische Kinetik berufen wurde. Auf seine Initiative ging aus diesem Institut 1971 das heutige Max-Planck-Institut für Biophysikalische Chemie hervor. Auch nach seiner Emeritierung im Jahr 1995 ist Manfred Eigen am Institut und am Scripps Research Institute in La Jolla (Kalifornien, USA) weiterhin wissenschaftlich aktiv. Für seine Arbeiten über die Kinetik schneller chemischer Reaktionen erhielt er 1967 mit R. Norrish und G. Porter den Nobelpreis für Chemie. Neben einer großen Anzahl weiterer renommierter Preise wie dem Otto-Hahn-Preis für Chemie und Physik (1962), dem Paul-Ehrlich-und-Ludwig-Darmstaedter-Preis (1992) und dem Lifetime Achievement Award des Institute of Human Virology in Baltimore (2005) wurden Manfred Eigen 14 Ehrendoktortitel verliehen. Er ist Mitglied zahlreicher nationaler und internationaler Akademien.

11
Die Evolutionsmaschine als Quelle für selektive Biokatalysatoren

Manfred T. Reetz

Einführung

Die Frage nach dem Ursprung des Lebens ist eng verbunden mit dem alten Wunsch der Wissenschaftler, im Labor Systeme zu entwickeln, die die natürliche Evolution simulieren. Ein solches System trägt die Bezeichnung »Evolutionsmaschine« [1] oder auch gerichtete Evolution [2]. Es handelt sich um Evolution im Reagenzglas, eine Idee, die erstmals von Spiegelman 1965–1967 mit RNA-Nucleinsäuren außerhalb einer lebenden Zelle experimentell getestet wurde [3]. Der Terminus »directed evolution« (gerichtete oder gelenkte Evolution) wurde insbesondere von Hansche 1972 geprägt, der natürlich vorkommende Mutanten eines Enzyms (Phosphatase) in einer Population von 10^9 Zellen über 1000 Generationen mit einem Screening-Verfahren überwachte und dabei den Anstieg der Enzym-Aktivität beobachtete [4]. Weitere Beiträge folgten [2], es war jedoch Manfred Eigen, der 1984 voraussagte, dass es so etwas wie eine Evolutionsmaschine zur Erzeugung von funktionalen Proteinen (so auch von Enzymen als Biokatalysatoren) mit definierten Eigenschaften geben müsste [1]. Um diese Idee experimentell zu verwirklichen, war die Entwicklung zuverlässiger Gen-Mutagenesemethoden erforderlich. Tatsächlich begannen Molekularbiologen Mitte der 1980er Jahre solche Verfahren zu entwickeln [2], so z. B. die fehlerhafte Polymerase-Ketten-Reaktion (epPCR) [5], verschiedene Formen der Sättigungsmutagenese [2] sowie DNA-Shuffling [6]. Mit der epPCR ist es möglich, Mutationen mehr oder weniger randomisiert in ganzen Proteinen einzuführen (»shot-gun method«). Aufgrund der Entartung des genetischen Codes und aus anderen Gründen ist die gewünschte streng statistische Verteilung der Punktmutationen nicht möglich. Dennoch besteht der Vorteil der Methode darin, dass keine strukturellen oder mechanistischen Vorkenntnisse hinsichtlich des Proteins erforderlich sind. Bei der Sättigungsmutagenese (Kassettenmutagenese) werden ausgewählte Positionen im Protein randomisiert, d.h. es werden dort alle 20 proteinogenen Aminosäuren eingeführt. DNA-Shuffling ist dagegen eine rekombinante Methode, mit der z. B. zwei homologe Gene enzymatisch in Bruchstücke zerlegt und dann mithilfe einer Polymerase wieder zusammengesetzt zu werden. Dies simuliert sexuelle Evolution in der Natur. In allen Fällen werden die mutierten Gene in einen bakteriellen Wirt (z. B. *E. coli*) eingeschleust. Nach dem Ausstreichen auf Agarplatten und einer Wachstumsperiode werden die bakteriellen Kolonien geerntet und individuell in den Vertiefungen von Mikrotiterplatten kultiviert unter Bildung von räumlich adressierbaren Mutantenbibliotheken [2].

Die Anwendung dieser oder anderer Gen-Mutagenesemethoden [2] beinhaltet noch keine Evolution, bis die Mutanten in einem Screeningverfahren durchmustert und die mutierten Gene der verbesserten Mutanten (»hits«) als Template für erneute Zyklen (Mutagenese/Expression/Screening) eingesetzt werden. Dadurch entsteht evolutionärer Druck. Welche Proteineigenschaften beeinflusst bzw. optimiert werden sollen, bestimmt der Experimentator. Es könnte die Bindungsfähigkeit von Proteinen für vorgegebene Substrate sein oder die Katalysatoreigenschaften von Enzymen. Anstelle von Screening kommt alternativ Selektion in Frage, doch werden bei einem solchen Verfahren Grenzen sichtbar. Dieses Kapitel beschränkt sich auf Enzyme, d.h. auf Biokatalyse in der organischen Synthesechemie und Biotechnologie (Abbildung 55).

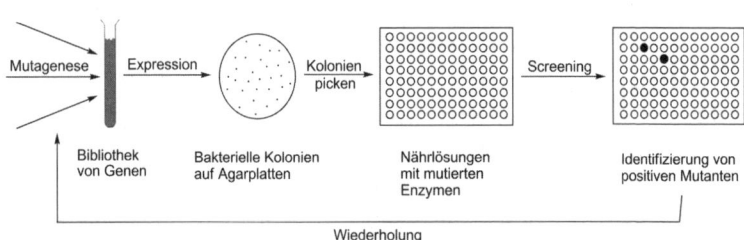

Abb. 55 Die einzelnen Schritte der gerichteten Evolution von Enzymen mit verbesserten Katalyseeigenschaften.

Verlassen wir vorübergehend diese faszinierende Vision und wenden uns der Chemie zu. Künstliche Katalysatoren bilden das Herz der Chemie. Sie sind Substanzen (Moleküle), die chemische Reaktionen und damit Stoffumwandlungen ermöglichen bzw. beschleunigen, ohne selbst verbraucht zu werden. Der Automobil-Katalysator ist ein bekanntes Beispiel. Darüber hinaus werden Katalysatoren bei der industriellen Herstellung von Kunststoffen, Medikamenten, Pflanzenschutzmitteln, Düngemitteln und Farbstoffen routinemäßig eingesetzt, um nur einige Beispiele zu nennen. Die Chemiker haben für ihre jeweiligen Zwecke Tausende von synthetischen Katalysatoren entwickelt – aber nicht alle sind wirklich effizient und umweltfreundlich. Leider liefern viele nicht nur das gewünschte Produkt der Stoffumwandlung, sondern auch Nebenprodukte, die als Abfall in aufwendigen Verfahren entsorgt werden müssen. Andere künstliche Katalysatoren entfalten ihre Wirkung erst bei hohen Temperaturen oder müssen in toxischen Lösungsmitteln eingesetzt werden. Dies alles bedeutet einen Mehraufwand an Energie und Rohstoffen sowie eine Belastung für die Umwelt. Die Entwicklung besserer Katalysatoren gehört deshalb weltweit zu den Schlüssel-Forschungsgebieten des 21. Jahrhunderts [7].

Chemiker verwenden Enzyme schon lange »zweckentfremdet«, indem sie sie als Katalysatoren für Stoffumwandlungen unter milden und energieschonenden Bedingungen einsetzen, die nicht in der Natur vorkommen [8]. Erfreulicherweise funktioniert dies für eine beachtliche Zahl von synthetischen Substraten. Jedoch existieren enge Grenzen der Biokatalyse, so auch in industriellen Anwendungen im Rahmen der sogenannten Weißen Biotechnologie:

- Die Mehrzahl der denkbaren organischen Verbindungen werden von Enzymen erst gar nicht umgesetzt (enge Substrat-Akzeptanz).

- Die Stereoselektivität lässt zu wünschen übrig (s.u.).

- Das Enzym ist zu labil für eine praktische Anwendung.

Dem Leser dürfte nun klar sein, dass die Stunde der gerichteten Evolution geschlagen hat, denn eine richtig geartete Evolutionsmaschine könnte alle Probleme lösen! Aber zunächst sei der Begriff »Enantioselektivität« als wichtigste Art der Selektivität in der synthetischen organischen Chemie erläutert.

In der Natur und in der synthetischen organischen Chemie existiert eine Vielfalt an Stoffen bzw. Verbindungen, die als Enantiomere bezeichnet werden [9]. Es handelt sich um spiegelbildliche Verbindungen, die nicht zur räumlichen Deckung gebracht werden können (wie die rechte oder linke Hand), sie sind also chiral (von griechisch χειρ = Hand). So sind z. B. die Bausteine des Lebens, die in der Natur vorkommenden 20 proteinogenen Aminosäuren, in fast allen Fällen chiral (nur das Glycin ist achiral). Dabei handelt es sich in der Regel um die L-Form (in der Prelog-Ingold-Cahn-(R/S)-Nomenklatur: (S)-Konfiguration) (Abbildung 56). Diese Proteine sind u. a. die Bestandteile der schon erwähnten Enzyme (Polyaminosäuren), die als chirale Biokatalysatoren eine Unzahl von biochemischen Reaktionen im Stoffwechsel von Lebewesen ermöglichen. Es sei darin erinnert, dass sich die Polyaminosäureketten nicht wie gekochte Spaghetti völlig flexibel verhalten, sondern je nach Aminosäuresequenz bestimmte dreidimensionale Strukturen mit definierten Bindungstaschen annehmen, in denen die Stoffumwandlungen stattfinden. Entsteht bei einer in der Natur ablaufenden Reaktion eine chirale Verbindung, so erweist sich die Enantioselektivität in der Regel als vollständig, d. h. es wird nur eine enantiomere Form als Produkt gebildet.

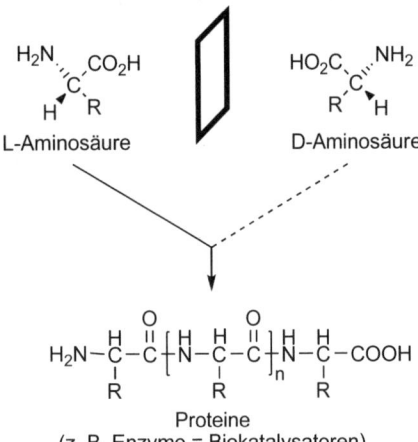

Abb. 56 L-Aminosäuren als Bausteine des Lebens.

Viele synthetische Wirkstoffe wie z. B. etliche Medikamente kommen als Enantiomere vor, wobei meist nur die eine enantiomere Form die gewünschte biologische Wirkung entfaltet, während das spiegelbildliche Gegenstück unnötigen »Ballast« darstellt oder sogar eine biologisch extrem unerwünschte Eigenschaft aufweist. Ein tragisches Beispiel ist das Schlaf- bzw. Beruhigungsmittel Contergan®, das aus den beiden enantiomeren (R)- und (S)-Thalidomid besteht, also aus einem sogenannten Racemat. Schwangere Frauen, die das Racemat eingenommen hatten, gebaren Kinder mit schweren Missbildungen. Spätere Tierversuche ergaben, dass nur die (*R*)-Form des Medikaments die gewünschte biologische Wirkung auslöst, während sich das spiegelbildliche (*S*)-Enantiomer als teratogen erwies (Abbildung 57).

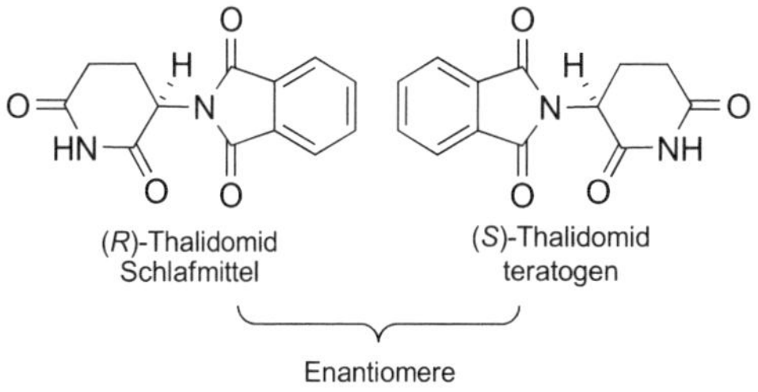

(*R*)-Thalidomid
Schlafmittel

(*S*)-Thalidomid
teratogen

Enantiomere

Abb. 57 (R)- und (S)-Enantiomer des Thalidomids (Contergan®).

Heute schreibt der Gesetzgeber konsequenterweise vor, dass beide Formen eines neuen chiralen Medikaments getrennt auf ihre Wirksamkeit und Toxizität untersucht werden müssen. Bei einer normalen Synthese fallen beide Enantiomere in gleichen Mengen (Racemat) an, wobei eine nachträgliche Trennung aufwendig ist. Deshalb sind Katalysatoren, die wahlweise eine enantiomere Form eines chiralen Produktes stereoselektiv zugänglich machen, begehrte Werkstoffe des Synthesechemikers. Der Markt für chirale Pharmazeutika hat längst weltweit die 100 Mrd. Dollar Marke überschritten [10]. Viele dieser Verbindungen können mithilfe künstlicher chiralen Katalysatoren hergestellt werden. Trotz weltweiter Forschung auf diesem Gebiet der sogenannten chiralen Übergangsmetall-Katalyse und Organokatalyse [11] ist die Zahl der wirklich effizienten enantioselektiven Katalysatoren immer noch begrenzt. Wie schon angedeutet, sind die natürlichen Enzyme als Biokatalysatoren für synthetische Zwecke ebenfalls nicht allgemein anwendbar. Dies hat mit dem Schloss/Schlüssel-Prinzip des ersten deutschen Chemie-Nobelpreisträgers, Emil Fischer, zu tun (Abbildung 58). Das in einer Stoffumwandlung beteiligte Molekül als Substrat (Schlüssel) muss zur Enzym-Bindungstasche (Schloss) geometrisch perfekt passen. Verfeinerte Varianten dieses Modells wurden von Koshland entwickelt, in groben Zügen gilt aber bis heute die Fischer-These [12].

Man ermittelt Enantioselektivität als »enantiomeric excess« (% *ee*) [9, 11], wobei der Enantiomerenüberschuss wie folgt ermittelt wird:

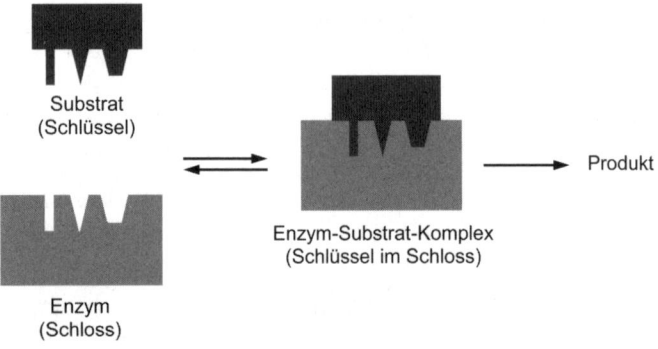

Substrat
(Schlüssel)

Produkt

Enzym-Substrat-Komplex
(Schlüssel im Schloss)

Enzym
(Schloss)

Abb. 58 Enantioselektivität von biochemischen Stoffumwandlungen: Das Schloss/Schlüssel-Prinzip von Emil Fischer (1894).

$\% ee = |R - S| \cdot 100\%$. Im Falle einer kinetischen Racematspaltung spricht man vorwiegend von dem Selektivitätsfaktor E, der die relative Reaktionsgeschwindigkeit der beiden Enantiomeren (R/S) widerspiegelt, wobei ein E-Wert von mindestens 50 für eine praktische Anwendung erforderlich ist.

Es wäre außerordentlich nützlich, wenn die ökonomischen und ökologischen Vorteile der Enzymkatalyse in der synthetischen Chemie verallgemeinert werden könnten, insbesondere im Hinblick auf enantioselektive Prozesse. Aus diesem Grund hat mein Arbeitskreis das Konzept der gelenkten Evolution enantioselektiver Enzyme als Katalysatoren in der Chemie entwickelt, das auf »Evolution im Reagenzglas« beruht [13]. In Anlehnung an das in Abbildung 55 gezeigte Schema bildet die Kombination geeigneter molekularbiologischer Methoden zur Zufallsmutagenese und Gen-Expression mit einem effizienten Screening-System zur raschen Evaluierung tausender potenziell enantioselektiver Mutanten die Basis dieser Strategie (Abbildung 59). Im Gegensatz zur Entwicklung synthetischer chiraler Katalysatoren [11], bei der die schwierige Abschätzung von sterischen und elektronischen Faktoren problematisch ist, tauchen solche Probleme bei der gelenkten Evolution enantioselektiver Enzyme nicht auf, vielmehr verlässt man sich auf den im Reagenzglas erzeugten evolutionären Druck! Jedoch mussten wir uns mit Herausforderungen anderer Art auseinander setzen. Es war z. B. notwendig, Hochdurchsatz-Screening-Assays zur Messung der Enantioselektivität tausender Proben zu entwickeln [14]. So entstand u. a. das Mülheimer Screeningsystem, bei dem die Enantiomerenreinheit von isotopenmarkierten Verbindungen massenspektrometrisch gemessen werden (bis zu 10 000 Proben bzw. *ee*-Werte/Tag) [15]. Ferner galt es, Strategien für die optimale Anwendung der Gen-Mutagenesemethoden zu erarbeiten, d. h. Methoden zum effizienten Durchmustern des Protein-Sequenzraumes zu entwickeln [16].

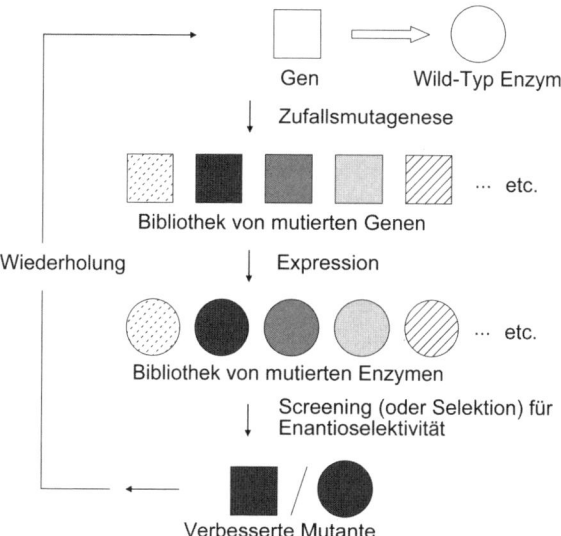

Abb. 59 Konzept der gerichteten Evolution enantioselektiver Enzyme [13].

Der Protein-Sequenzraum ist unendlich groß. Die Zahl von Mutanten eines gegebenen Enzyms, bei dem in jedem Enzymmolekül nur eine Aminosäure gegen eine der 19 verbliebenen randomisiert ausgetauscht wird, ergibt sich aus dem Algorithmus

$$N = 19^M X!/[(X - M)!M!]$$

wobei N = Zahl der Mutanten, M = Zahl der ausgetauschten Aminosäuren pro Enzymmolekül (in diesem Fall 1) und X = Zahl der Aminosäuren im Enzym entspricht. Zur Illustration sei hier der Fall eines Enzyms bestehend aus 300 Aminosäuren behandelt. Im Falle von $M = 1$ enthält eine entsprechende Mutantenbibliothek theoretisch 5700 Mutanten bzw. Varianten. Wählt man eine höhere Mutagenese-Rate mit durchschnittlich $M = 2$, so beträgt N annähernd 16 Mio. Im Falle von $M = 3$ steigt die Zahl der theoretisch denkbaren Mutanten auf etwa 30 Mrd., was völlig unrealistisch ist, nicht nur aufgrund fehlender Screening-Systeme [2, 14].

Beispiele für gerichtete Evolution als Methode zur Erhöhung der Enzymstabilität

In einer wenig beachteten Arbeit wurden schon 1986 [17, 18] vereinzelte Beispiele für die Anwendung der hier beschriebenen Gen-Mutagenesemethoden zur Erhöhung der Enzymstabilität beschrieben. Es war Frances Arnold, die 1993 eine erste umfassende Studie zum Thema veröffentlichte [19]. Darin wird die Robustheit einer Protease (Subtilisin E) in Gegenwart eines denaturierenden Lösungsmittels (Dimethylformamid) erhöht, indem mehrere Zyklen von epPCR/ Expression/Screening durchlaufen wurden. Später wurde diese Vorgehensweise auf die Erhöhung der Thermostabilität einer Esterase erfolgreich angewandt [20]. Viele weitere Arbeiten über die Thermostabilisierung von Enzymen wurden von anderen Arbeitskreisen publiziert, ein für die Biotechnologie außerordentlich wichtiges Forschungsgebiet [21]. In der Regel wird mit Hilfe der gerichteten Evolution die Thermostabilität von Enzymen um 5 – 15 °C erhöht. Ein neueres Beispiel bezieht sich auf die Thermostabilisierung der Esterase aus *Burkholderia gladioli* (EstB) [22], die als chemoselektiver Katalysator bei der industriell wichtigen Spaltung von Cephalosporin C (1) zu Deacetylcephalosphorin C fungiert. Das Produkt 2 wird als Zwischenstufe für die Synthese weiterer Antibiotika verwendet, daher sind besonders robuste Varianten der EstB erwünscht.

1 (Cephalosporin C)

2 (Deacetylcephalosporin C)

Die Autoren verwendeten epPCR bei hoher Mutagenese-Rate (bis zu fünf Aminosäure-Austauschprozesse pro Enzym) und evaluierten eine Million bakterielle Kolonien (Transformanten), gefolgt von einer zweiten epPCR-Runde (500 000 Transformanten) [22]. So gelang die Steigerung der Thermostabilität um 13 °C, während DNA-Shuffling versagte. Insgesamt wurden 17 Punktmutationen identifiziert, wobei sich die meisten auf der Enzym-Oberfläche befinden. Ob wirklich alle 17 Punktmutationen absolut erforderlich sind, wurde nicht untersucht, ferner steht eine detaillierte Deutung auf molekularer Ebene aus.

Erste Beispiele für gerichtete Evolution enantioselektiver Enzymen

Um das Konzept der gerichteten Evolution enantioselektiver Enzyme in einer »proof-of-principle«-Studie umzusetzen [13a], wählten wir die Lipase-katalysierte enantioselektive Hydrolyse des chiralen Esters 3, wobei es sich um eine sogenannte kinetische Racematspaltung handelt. Man lässt die Reaktion zu 50 % ablaufen und hofft, dass nur die eine enantiomere Säure entsteht, die dann von dem spiegelbildlichen Ausgangsester leicht getrennt werden kann. Lipasen sind Enzyme, die in der Natur die Hydrolyse von Triglyceriden katalysieren [8]. Schon häufig hat man sie als Katalysatoren für synthetische Stoffumwandlungen erfolgreich eingesetzt, jedoch bestehen auch hier enge Grenzen. Die für die Modellstudie gewählte bakterielle Lipase aus *Pseudomonas aeruginosa* aus dem Arbeitskreis von K.-E. Jaeger zeigt in der natürlichen Form (Wildtyp) eine Enantioselektivität von nur $E = 1,1$ zugunsten der S-konfigurierten Säure 4. Unser Ziel war es, diese Lipase mit Hilfe der gerichteten Evolution in eine hoch enantioselektive Mutante strukturell umzuwandeln.

3 (R = n-C$_8$H$_{17}$)

(*S*)-**4**　　　　(*R*)-**3**　　　　**5**

Wir verwendeten epPCR bei niedriger Mutagenese-Rate entsprechend einer Punktmutation pro Enzym und durchliefen vier Zyklen. Abbildung 60 zeigt, dass es auf diesem evolutionären Weg gelang, die Enantioselektivität des Wildtyp-Enzyms in nur vier Zyklen von $E = 1{,}1$ auf $E = 11{,}3$ zu steigern.

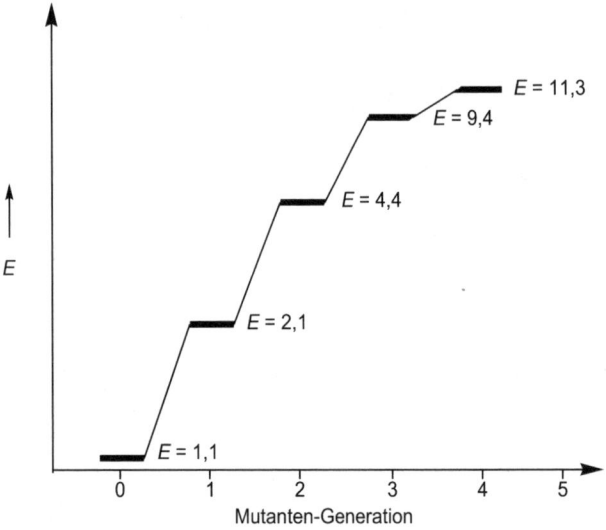

Abb. 60   Sequenzieller Anstieg der Enantioselektivität bei der Testreaktion mit rac-3 im Verlauf der epPCR-basierten Mutagenese-Experimente.

Die fünfte Generation wurde ebenfalls untersucht, allerdings erwies sich die Steigerung der Enantioselektivität als gering. Deshalb galt es, bessere Methoden zum Durchmustern des Proteinsequenzraumes bezüglich der Enantioselektivität zu entwickeln. Dazu probierten wir, die verschiedenen Mutagenesemethoden zu kombinieren. Zunächst wurden Studien zur Sequenzierung der bislang besten Mutante mit folgendem Ergebnis durchgeführt: Ser149→Gly149, Ser155→Leu155, Val47→Gly47 und Phe259→Leu259 [13a].

Wir nahmen an, dass aufgrund der Nachteile der epPCR-Methode und der beschränkten Screening-Kapazität die neu eingeführten Aminosäuren nicht unbedingt optimal sind. Konsequenterweise wurde Sättigungsmutagenese an den »hot spots« durchgeführt. Nur ein Teil der Daten sei hier wiedergegeben. Führt man z.B. Sättigungsmutagenese an der Position 155 der besten Mutante in der dritten Generation durch, so wird tatsächlich eine Verbesserung der Enantioselektivität von $E = 9$ auf 21 beobachtet, wobei die Aminosäure Leucin gegen Phenylalanin ausgetauscht wird [23]. Wir haben auch eine sogenannte fokussierte Mutanten-Bibliothek erzeugt, und zwar durch gleichzeitige Randomisierung der Aminosäure-Positionen 160–163 in der Nähe der Bindungstasche [24]. Dabei identifizierten wir eine Mutante mit $E = 30$. In diesem Fall geht es um die Kombination von »rationalem Design« und Randomisierung. Später sollte sich herausstellen, dass ein solches Vorgehen die Basis für weitaus effizientere Methoden darstellt (s. u.). Weitere Methodenentwicklung bezieht sich auf die erhöhte Mutagenese-Rate bei der epPCR gekoppelt mit DNA-Shuffling, was zur besten Mutante mit einem E-Wert von 51 führte [24]. Sie ist durch sechs Mutationen charakterisiert, d. h. sechs von den insgesamt 285 Aminosäuren im Enzym wurden ausgetauscht. Ebenfalls interessant ist unser Befund, dass sich die Richtung der Enantioselektivität umkehren ließ unter Erzeugung von R-selektiven Enzymen [25]. Abbildung 61 fasst die Ergebnisse zusammen, wobei insgesamt etwa 80 000 bakterielle Kolonien (Transformanten) geerntet und im Screeningverfahren auf Enantioselektivität geprüft wurden [13b–c].

Lektionen aus der gerichteten Evolution

Das Konzept der gelenkten Evolution enantioselektiver Enzyme beinhaltet einen völlig neuen Ansatz auf dem Gebiet der asymmetrischen Katalyse. Unsere Methode zur Erzeugung enantioselektiver Enzyme für die Anwendung in der synthetischen organischen Chemie ist unabhängig von Kenntnissen bezüglich der Struktur oder des Mechanismus des jeweiligen Enzyms [13]. Dennoch ist der Ansatz logisch, denn wir verlassen uns auf den Darwinistischen Charakter. Es stellte sich jedoch die Frage, ob Struktur/Selektivitäts-Beziehungen abgeleitet werden können, d. h. ob man etwas aus den Ergebnissen der gerichteten Evolution lernen kann. Dies ist der Fall!

Erst im Jahre 2000 wurde die Kristallstruktur der Lipase aus *Pseudomonas aeruginosa* veröffentlicht [26]. Das Enzym ist eine typische Lipase, bestehend aus Helices, β-Turns und Loops sowie der üblichen katalytischen Triade (Aspartat, Histidin und Serin). Serin stellt das aktive Zentrum dar, denn im geschwindigkeitsbestimmenden Schritt

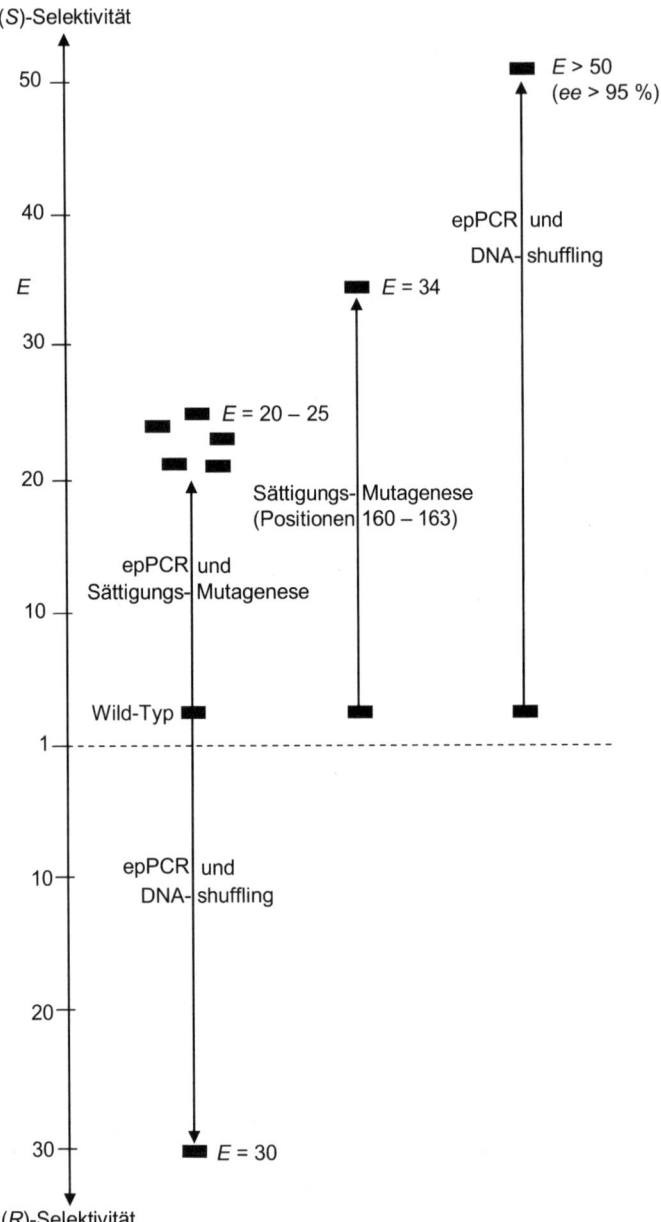

Abb. 61 Zusammenfassung der Mutageneseversuche zur Steuerung der Enantioselektivität der Lipase-katalysierten hydrolytischen Reaktion von rac-3 [13b–c].

greift die aktivierte Hydroxyfunktion den Ester an unter Bildung einer kurzlebigen tetraedrischen Zwischenstufe (Oxy-Anion), die spontan zu einem kovalenten Acyl-Enzym-Komplex und zum Alkohol zerfällt. Die rasche weitere Reaktion mit Wasser setzt schließlich auch die Säure frei. Wir hatten aufgrund des Schloss/Schlüssel-Prinzips von Emil Fischer (Abbildung 58) erwartet, dass die Mutationsstellen alle in der Nähe des aktiven Zentrums erscheinen würden. Zu unserer Überraschung war dies nicht der Fall. Mit einer Ausnahme (Position 162) sind alle Mutationen räumlich weit entfernt vom aktiven Zentrum (Abbildung 62). Ein Dogma der Enzymologie schien nicht mehr zu gelten! Zwar hatte man schon früher fern gelegene Mutationen bei der Erhöhung der Thermostabilität von Enzymen beobachtet [2, 17, 19, 20], jedoch noch nie bei Enantioselektivität, die ja traditionell mit der Bindungstasche assoziiert wird.

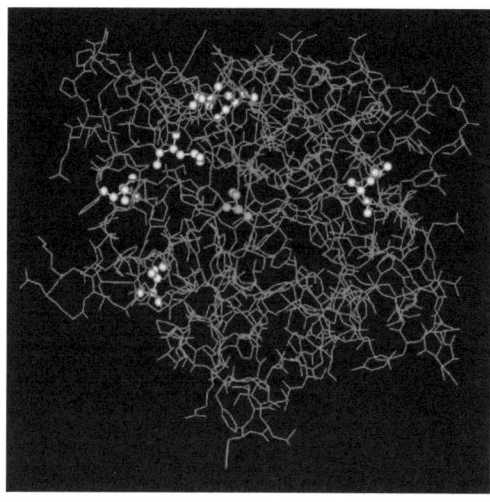

Abb. 62 Kristallstruktur des Wildtyps der Lipase aus Pseudomonas aeruginosa mit aktivem Zentrum (Serin, blau) und den sechs Mutationen der enantioselektivsten Mutante (gelb)[13b–c]. (Siehe auch die Farbtafel Positionierung Tafel.)

In einer detaillierten theoretischen Studie zusammen mit dem Theoretiker unseres Institutes, Walter Thiel, gelang es, diesen Widerspruch zu klären [27]. Ferngelegene Mutationen (sogenannte »remote effects«) können sehr wohl die chirale Gestalt der Bindungstasche am katalytisch aktiven Zentrum beeinflussen. In unserem Fall handelt es sich um einen »relay-Effekt«. Der Aminosäure-Austausch an einer ferngelegenen Position beeinflusst die räumliche Lage der Seitenketten einer benachbarten Aminosäure, ein Effekt, der wiederum auf die nächste Aminosäure in der Nähe des aktiven Zentrums übertragen wird. Die Reaktionen des S-Substrats werden dadurch stark bevorzugt [27]. Wir können heute sagen, dass gelenkte Evolution nicht nur praktische Ergebnisse liefert, sondern besonders gut geeignet ist, das Wissen über strukturelle und mechanistische Aspekte eines Enzyms zu vertiefen. Die faszinierende Frage, ob die Natur im Zuge der Evolution ebenfalls solche Phänomene bei natürlichen enantioselektiven Reaktionen hervorgebracht hat, lässt sich heute nicht beantworten.

Ein Ergebnis der theoretischen Studie stimmte uns besonders nachdenklich, nämlich die Voraussage, dass nur zwei der sechs Punktmutationen für hohe Enantioselektivität erforderlich sind. Die Doppelmutante wurde gezielt hergestellt und als Katalysator getestet [27b]. Sie erwies als sogar noch besser ($E = 63$)! Dies werteten wir als klares Signal dafür, dass unsere experimentelle Vorgehensweise zwar erfolgreich war, jedoch nicht besonders effizient. Vermutlich kommen überflüssige Punktmutationen in der gerichteten Evolution häufig vor, werden jedoch von den Autoren nicht beachtet [2]. Leider verursachen sie unnötige Laborarbeit, sowohl bei den molekularbiologischen Arbeiten als auch beim Screening. Diese Befunde führten zur Schlussfolgerung, dass bessere Methoden entwickelt werden müssen [16]. Aber zuvor seien einige weitere Beispiele für die Anwendung der gelenkten Evolution enantioselektiver Enzyme mit den bislang verwendeten Strategien beschrieben.

Weitere Beispiele für die gelenkte Evolution enantioselektiver Biokatalysatoren

In den Jahren 2001–2004 haben wir unser Konzept der gerichteten Evolution enantioselektiver Enzyme auf andere Enzym- und Reaktionstypen ausgedehnt [13b–c]. Auch die Industrie hatte begonnen, das Prinzip auf andere hydrolytische Prozesse anzuwenden, so z. B. unter Verwendung von Hydantoinasen [28], Nitrilasen [29] und Aminooxidasen [30], um nur einige wenige zu nennen [2, 13b–c]. So hat z. B. die US-Firma Diversa (heute Verenium) mithilfe einer Nitrilase einen chiralen Baustein für die Synthese des Cholesterinsenkers Lipitor® hergestellt [29], wobei das Mülheimer MS-basierte Screeningsystem [14a, 31] verwendet wurde. Der Wirkstoff ist ein »Blockbuster« mit einem Jahresumsatz von mehr als 12 Mrd. Dollar, jedoch laufen die Patente 2011 aus – eine Chance für Generika.

In meinem Arbeitskreis interessierte die Frage, ob sich synthetisch wichtige Partialoxidationen mit Hilfe der gerichteten Evolution stereoselektiv steuern lassen [32]. Es geht um die gerichtete Evolution enantioselektiver Cyclohexanon-Monooxygenasen (CHMO) als Baeyer-Villigerasen, die Luftsauerstoff als Oxidationsmittel verwenden. Der stereoselektive Verlauf von gleich zwei völlig unterschiedlichen Reaktionen konnte mithilfe unseres Darwinistischen Ansatzes gesteuert werden. So gelang es z. B., die Enantioselektivität der CHMO-katalysierten Baeyer-Villiger-Reaktion von 4-Hydroxycyclohexanon von ee = 9 % auf etwa 90 % zu steigern [32a]. Die gleiche CHMO, sofern sie im Rahmen der gerichteten Evolution jeweils verändert wurde, katalysiert auch die enantioselektive Partialoxidation von Thioethern unter Bildung der entsprechenden chiralen Sulfoxide (ee > 96 %) [32b]. In allen Fällen wurde die ursprüngliche Strategie unter Verwendung von epPCR angewandt. Diese Ergebnisse zeigen, dass mit unserer Methode wichtige Fortschritte auf dem synthetisch schwierigen Gebiet der selektiven Partialoxidation von organischen Verbindungen möglich sind. Die Details unserer Bemühungen können in der Originalliteratur nachgelesen werden, so auch Arbeiten über die Enantioselektivität besonders robuster Baeyer-Villiger Monooxygenasen [32c]. Hier sei auf einen besonders wichtigen Aspekt hingewiesen. Der praktizierende Chemiker möchte nicht den experimentellen Aufwand betreiben, um einen stereoselektiven Katalysator für ein einziges Substrat zu gewinnen, vielmehr ist eine gewisse Substratbreite erwünscht. Genau dies konnten wir mit einer Mutante demonstrieren, die für die Umsetzung des 4-Hydroxycyclohexanons evolviert worden war. Abbildung 63 zeigt, dass die von uns erzeugte CHMO-Mutante Phe432Ser recht viele strukturell unterschiedliche Substrate hoch stereoselektiv umsetzen kann [33]. Bislang gibt es keine synthetischen Katalysatoren, die diese Stoffumwandlungen enantioselektiv ermöglichen.

Die Suche nach Methoden zur Effizienzsteigerung der gerichteten Evolution

Wie wir mit unseren Arbeiten zeigen konnten, sind die oben beschriebenen Konzepte zur Evolution enantioselektiver Enzyme erfolgreich. Inzwischen haben andere akademische und industrielle

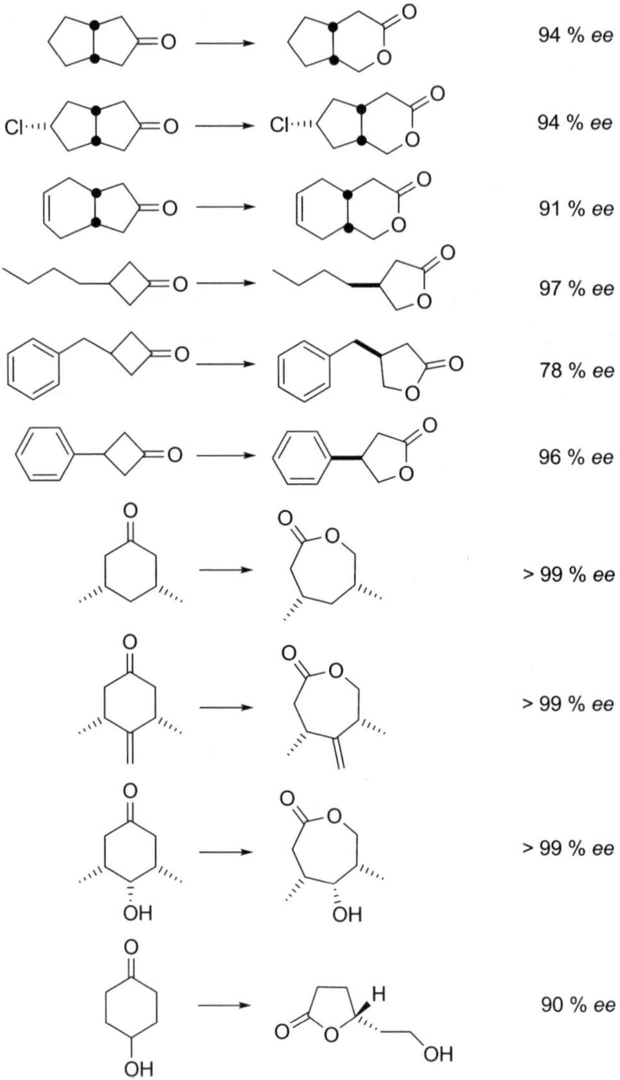

Abb. 63 Enantioselektive Baeyer-Villiger-Partialoxidation von Ketonen, katalysiert durch ein und dieselbe Mutante der Cyclohexan-Monooxygenase (Phe442Ser) [33].

Gruppen weitere Bespiele beschrieben [2, 13b–c]. Gleiches gilt für die Anwendung der gerichteten Evolution zur Erhöhung der Stabilität und/oder der Aktivität von Enzymen, über die andere Arbeitsgruppen berichtet haben [2, 21]. Dennoch stellte sich die Frage, ob die inzwischen zum Standardwerkzeug der gerichteten Evolution gewordenen Methoden wie eppCR, DNA-Shuffling usw. wirklich optimal sind. Es geht um die Effizienz beim Durchmustern des Proteinsequenzraums. Steigert man die Effizienz, so fällt in der Bewältigung der molekularbiologischen Schritte und insbesondere des Screenings weniger Laborarbeit an. Effizienz wird durch die Häufigkeit der Treffer in einer gegebenen Mutantenbibliothek sowie durch das Ausmaß der Katalysatorverbesserung definiert [34]. Selbstverständlich ist auch die Industrie an »rascher« gerichteter Evolution interessiert. Deshalb haben wir Überlegungen angestellt, nicht einfach die Größe der Mutantenbibliotheken zu erhöhen (und somit den analytischen Aufwand), sondern deren Qualität. Das ehrgeizige Ziel verlangt hohe Diversität des genetischen Materials bei geringem Arbeitsaufwand.

Unser Vorschlag zu dieser Herausforderung ist das Konzept der »Iterativen Sättigungsmutagenese« [16, 34 – 36]. Die experimentelle Verwirklichung erfordert das richtige Zusammenspiel von rationalem Design und systematischer Zufallsmutagenese. Zunächst muss aufgrund struktureller Daten entschieden werden, an welchen Stellen (»sites«) im Enzym dies durchgeführt werden soll. Das Kriterium für die richtige Wahl hängt davon ab, welche Eigenschaft des Enzyms verbessert werden soll. Bei der Erhöhung der Enantioselektivität oder der Substratakzeptanz [35] gilt ein anderes Kriterium als bei der Verbesserung der Thermostabilität [36]. Dazu haben wir Richtlinien entwickelt (s. u.). Hat man einmal die Entscheidung hinsichtlich dieser Mutationsstellen getroffen, so werden mit Hilfe der Sättigungsmutagenese die entsprechenden Mutanten-Bibliotheken erzeugt und im Screening evaluiert. Abbildung 64 zeigt ein Schema für den hypothetischen Fall mit vier Stellen A, B, C und D im Enzym [16, 35]. Jede Stelle kann durch eine oder mehrere Aminosäurepositionen charakterisiert sein. Entscheidend für die Idee der Iterativen Sättigungsmutagenese sind die nächsten Schritte. Das mutierte Gen eines Treffers (»hit«) wird als Templat verwendet, um erneut Sättigungsmutagenese an den anderen Stellen durchzuführen, usw. (Abbildung 64). Dadurch wird ein fokussierter evolutionärer Druck erzeugt, der zu einer hohen Dichte an Treffern in einem klar definierten Teil des sonst unendlich großen Proteinsequenzraums führt. In der praktischen Anwendung müssen nicht alle Zweige untersucht werden.

Das Konzept wurde erstmals bei der Erhöhung der Enantioselektivität eines Enzyms angewandt. Gewählt wurde die Epoxidhydrolase-

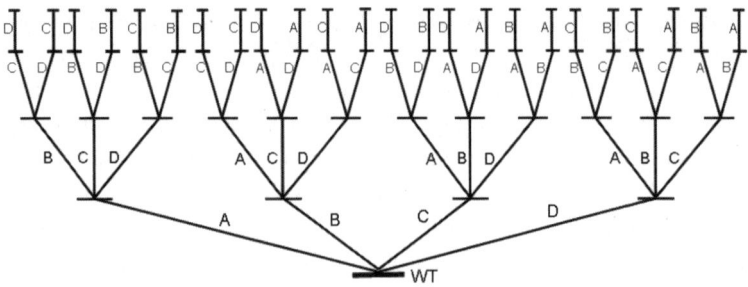

Abb. 64 Schematische Darstellung der Iterativen Sättigungsmutagenese als neue Strategie in der gerichteten Evolution. A, B, C und D symbolisieren Stellen im Enzym, an denen die Aminosäuren randomisiert werden [16, 35, 36].

katalysierte hydrolytische kinetische Racematspaltung des Epoxids *rac*-6 (Abbildung 65) [35]. Die gewählte Epoxidhydrolase aus *Aspergillus niger* (ANEH) bewirkt einen Selektivitätsfaktor von nur $E = 4{,}6$ zugunsten von (S)-7. In einer früheren Studie hatten wir unter Verwendung der »klassischen« Methoden (epPCR usw.) lediglich eine kleine Verbesserung erzwingen können ($E = 11$) [37], ferner mussten dabei 20 000 bakterielle Kolonien geerntet bzw. einem Screening-Verfahren zugeführt werden.

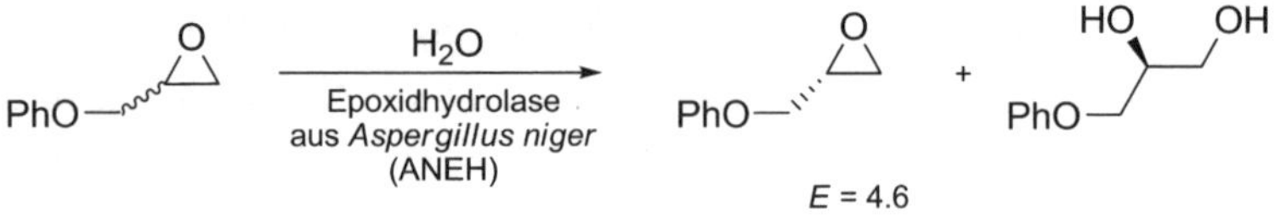

PhO $\longrightarrow$ O $\xrightarrow[\substack{\text{Epoxidhydrolase} \\ \text{aus } \textit{Aspergillus niger} \\ \text{(ANEH)}}]{H_2O}$ PhO $\longrightarrow$ O $+$ PhO $\longrightarrow$ HO OH

$E = 4.6$

rac-6   (R)-**6**   (S)-**7**

Abb. 65 Kinetische hydrolytische Racematspaltung von rac-6 katalysiert durch die Epoxidhydrolase aus Aspergillus niger (ANEH) [35].

Wir wussten aus der vorangegangenen Studie [37], dass dieses Enzym eine besondere Herausforderung darstellt, möglicherweise weil die Bindungstasche aus einem sehr engen molekularen »Tunnel« besteht. Nun hofften wir, dass die neue Strategie mit weniger Aufwand zu hoch enantioselektiven Biokatalysatoren führen würde. Als Kriterium für die Wahl der Randomisierungs-Stellen wählten wir eine von uns kurz zuvor entwickelte Methode zur Erhöhung der Substratbreite eines Enzyms, nämlich den »Combinatorial Active-Site Saturation Test« (CAST) [38]. Danach wird auf der Basis der Enzym-Röntgenstruktur oder eines Homologiemodells die gesamte Umgebung rund um die Bindungstasche analysiert und so die zu randomisierenden Stellen identifiziert. Im Falle der Epoxidhydrolase wurden sechs Stellen (A, B, C, D, E, F) mit jeweils zwei oder drei Aminosäurepositionen gewählt (Abbildung 66).

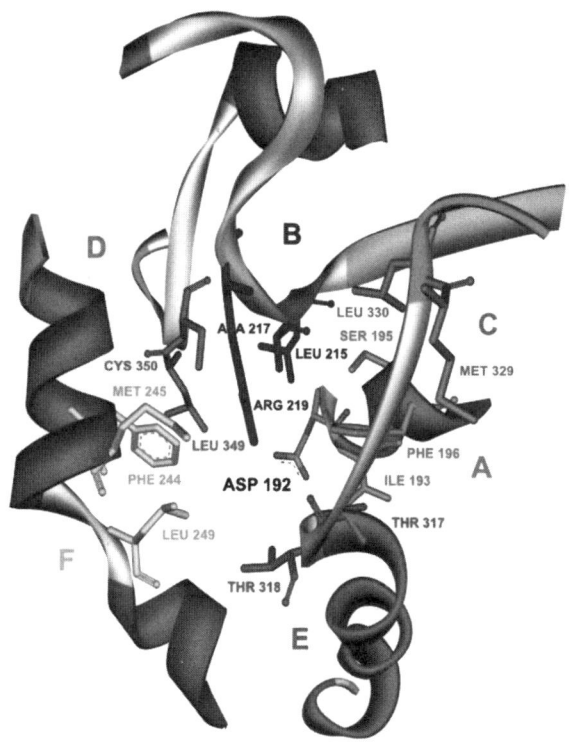

Abb. 66 CAST-Bibliotheken A, B, C, D, E und F gewählt auf Basis der Kristallstruktur der Epoxidhydrolase aus Aspergillus niger (ANEH) [35]. (Siehe auch Farbtafel F4.)

Wir waren erfreut zu erfahren, wie effizient iteratives CASTing ist. Schon der erste Zweig in dem eingegrenzten Proteinsequenzraum, nämlich B→C→D→F→E führte zum durchschlagenden Erfolg: In fünf iterativen Stufen wurde eine Mutante (LW202) mit einem Selektivitätsfaktor von $E = 115$ in der Modellreaktion rac-6 → (R)-7 evolviert (Abbildung 67). Dabei wurden fünf Sätze von Mutationen kumulativ zusammengesetzt, wobei insgesamt nur 20 000 Transformanten untersucht werden mussten [35]. In unserer früheren Studie hatten wir es mit dem gleichen experimentellen Aufwand zu tun, jedoch blieb es damals bei $E = 11$ [37]! Die Sättigungsstelle A wurde erst gar nicht berücksichtigt, da das Ergebnis schon so gut war. In einer mechanistischen Studie, die Enzymkinetik, Röntgenstrukturanalyse der besten Mutante LW202 und theoretische Rechnungen einschließt, konnte der Ursprung der erhöhten Enantioselektivität auf molekularer Ebene beleuchtet werden [39].

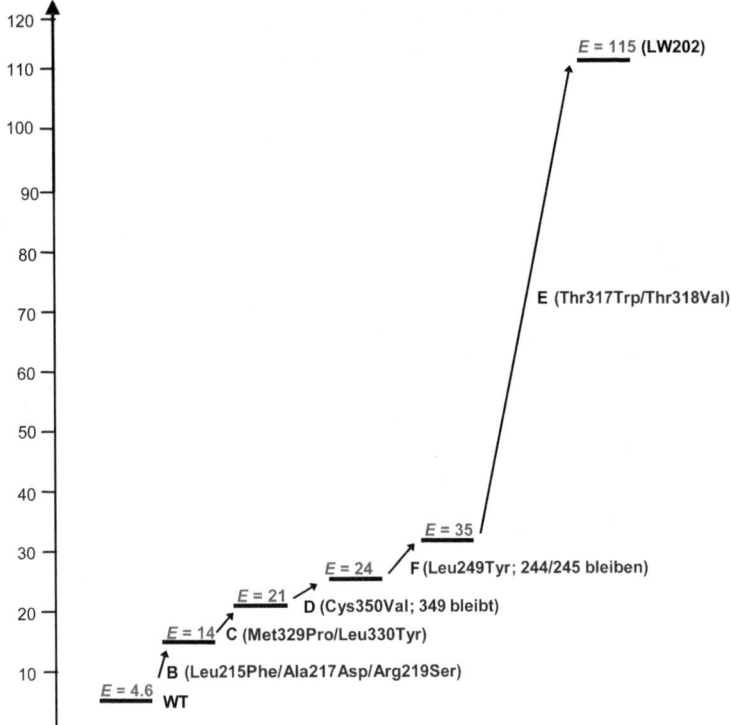

Abb. 67 Iteratives CASTing als Methode zur Erhöhung der Enantioselektivität der Epoxidhydrolase-katalysierten kinetischen Racematspaltung des Epoxids rac-6 [35].

Die spannende Frage, ob auch andere Wege bzw. alternative Reihenfolgen hinsichtlich der Sättigungsstellen zu hoch enantioselektiven Mutanten führen, also nicht nur zu LW202, können wir heute aufgrund einiger Vorversuche teilweise beantworten: B → C → D → F → E ist bei weitem nicht der einzige Pfad zum Erfolg. Eine andere Frage stand ebenfalls im Zentrum unserer Forschung: Warum ist iterative Sättigungsmutagenese so effizient? In einer umfassenden Studie entdeckten wir, dass ausgeprägte kooperative Wechselwirkungen zwischen den Mutationen stattfinden [16, 40]. Additivität wird normalerweise in der gerichteten Evolution als sehr gutes Ergebnis bewertet [2], Kooperativität ist jedoch viel besser! Die von uns entwickelte »Qualitätskontrolle« nimmt folgende Gestalt an. Betrachten wir die fünf Sätze von Punktmutationen, die im eingeschlagenen Pfad B→C→D→F→E kumulieren, und stellen folgende Frage: Ist dies der einzige Weg vom Wildtyp-Enzym zur besten Mutante LW202, oder existieren andere Möglichkeiten ohne dass dabei neue Mutagenese-Experimente durchgeführt werden müssen? Tatsächlich gibt es 5! = 120 Wege. Alle theoretisch möglichen Kombinationen der fünf Sätze ergeben 30 verschiedene Permutationen (Abbildung 68), die experimentell zugänglich sind und die verwendet werden können, um experimentell eine Art »Fitness-Landschaft« mit den entsprechenden $\Delta\Delta G^*$-Werten zu konstruieren [40]. Es handelt sich also um eine umfassende Dekonvulations-Übung.

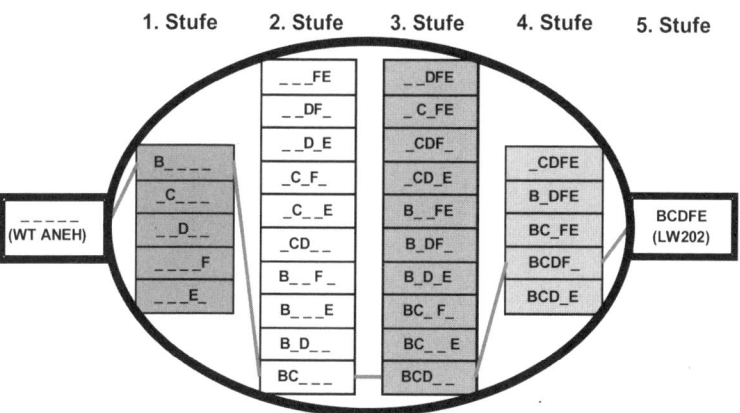

Abb. 68 Die 30 möglichen Zwischenstufen auf dem Weg vom Wildtyp-ANEH zur besten Mutante. Die grauen Striche deuten den ursprünglich beschrittenen Weg B→C→D→F→E an [40].

Die experimentellen Ergebnisse für die 120 Wege sind in Abbildung 69 zu sehen. Die Fitness-Landschaft zeigt zwei Sorten von Wegen (»trajectories«), energetisch günstige ohne lokale Minima (z. B. die gekennzeichneten Pfade 1 oder 60) sowie energetisch ungünstige mit mindestens einem lokalen Minimum (z. B. der gekennzeichnete Pfad 84). Von den 120 Möglichkeiten erwiesen sich 55 als energetisch günstig, was eine erstaunlich hohe Quote ist [40]. Ferner konnten wir zeigen, wie man aus einem lokalen Minimum herauskommt, nämlich durch »backtracking«, indem man eine Stufe zurückgeht.

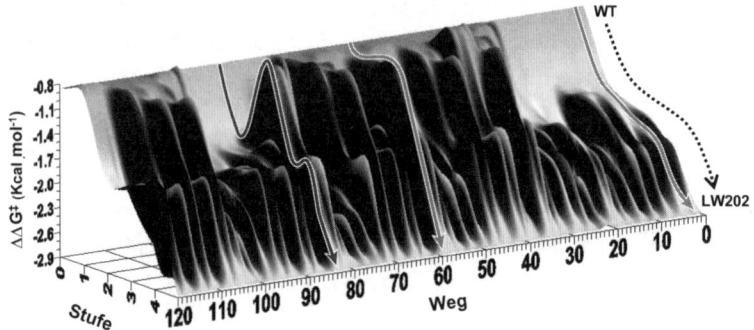

Abb. 69 Energieprofil für alle 120 Wege vom Wildtyp ANEH zur besten Mutante LW202 [40].

Entscheidend für die Verwendung von Fitness-Landschaften des obigen Typs als Qualitätskontrolle ist die Möglichkeit, in allen 120 Pfaden die epistatischen Wechselwirkungen zwischen den jeweiligen Sätzen von Mutationen auf jeder evolutionären Stufe quantitativ erfassen zu können. Dies sei am Beispiel des ursprünglichen Wegs illustriert (Abbildung 70). Man erkennt ganz klar, dass die Wechselwirkungen zwischen den Mutations-Sätzen mehr als additiv sind. Auch in den anderen 119 Wegen entdeckten wir ähnlich starke kooperative Effekte [40]. Inzwischen wissen wir, dass dieses Phänomen charakteristisch ist für Iterative Sättigungsmutagenese, vorausgesetzt, die Randomisierungsstellen werden korrekt gewählt.

Wir sowie andere Arbeitsgruppen [41] haben weitere Beispiele für die erfolgreiche Anwendung der Iterativen Sättigungsmutagenese beschrieben. So wurde in jüngster Zeit auch die eingangs geschilderte gerichtete Evolution enantioselektiver Lipasevarianten als Katalysatoren für die hydrolytische kinetische Racematspaltung des Esters

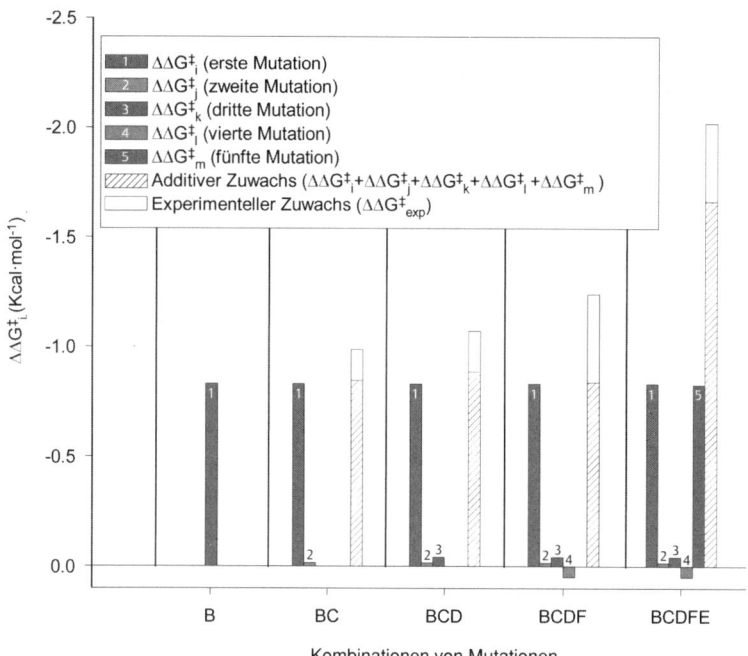

Abb. 70 Epistatische Wechselwirkungen zwischen den fünf Mutationssätzen entlang des Pfades B→C→D→F→E [40].

rac-3 (Abbildung 61) erneut untersucht [42]. In nur zwei iterativen Schritten wurde eine Mutante mit drei Punktmutationen evolviert, die einen Selektivitätsfaktor von $E = 585$ aufweist! Dabei mussten lediglich 12000 bakterielle Kolonien geerntet und evaluiert werden, ein klares Zeichen für die Überlegenheit der Iterativen Sättigungsmutagenese gegenüber unseren ursprünglichen Strategien unter Verwendung von epPCR und DNA-Shuffling.

Die Entscheidung, auf jeder evolutionären Stufe eines Verfahrens jeweils die allerbeste Mutante als Ausgangspunkt für die nächste Mutageneserunde zu wählen, ist nicht die einzige und nicht unbedingt die beste Option. Dies gilt insbesondere, wenn zwei Katalyseparameter gleichzeitig optimiert werden müssen, z. B. Aktivität und Enantioselektivität. Dies konnten wir kürzlich in einer Studie über enantioselektive Enoat-Reduktasen zeigen [43]. Sollen zwei Parameter A und B simultan verbessert werden, ist es vorteilhaft, für das iterative Verfahren ein Templat aus einem Genpool zu wählen, das die zweit- oder sogar drittbeste Enzymvariante kodiert (Abbildung 71). Dies erinnert an die von Eigen und Schuster propagierte These der »Quasispezies« in der Natur [44a], die von Mannervik in einer Studie über Laborevolution heran gezogen wurde [44b]. Wir glauben [43], dass Quasispezies und die gegenwärtig diskutierte Theorie des »neutral drifts« verwandt sind [45]. Allerdings ist unklar, wie gut Laborversuche die natürliche Evolution in der bewegten Welt wirklich simulieren.

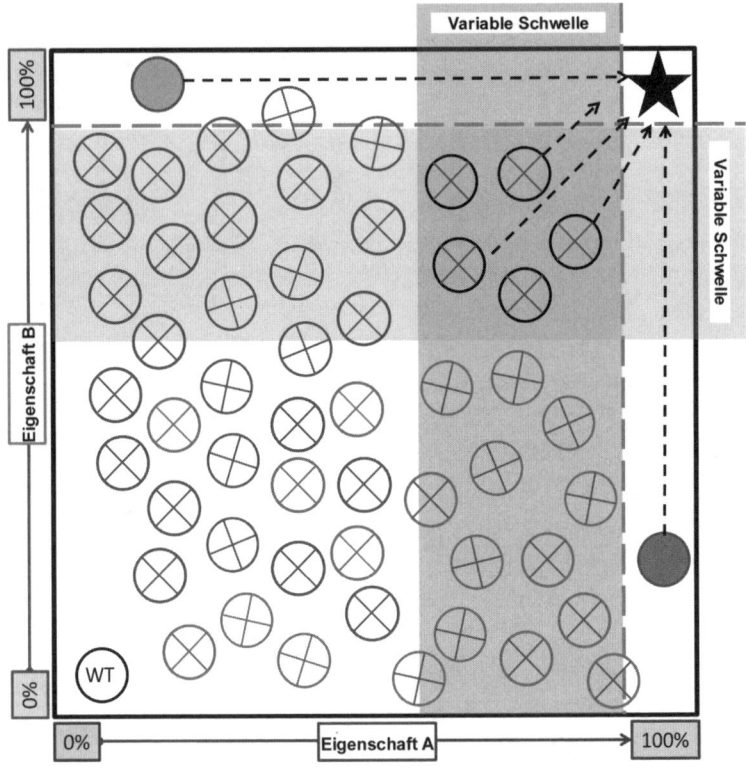

Abb. 71 Simultane Optimierung von zwei verschiedenen Katalyse-Parametern A und B. (Siehe auch Farbtafel F4.)

Schließlich haben wir überlegt, ob die Iterative Sättigungsmutagenese auch zur Erhöhung der Thermostabilität eines Enzyms herangezogen werden kann, da evtl. auch in solchen Fällen mit starken kooperativen Effekten zu rechnen ist. Selbstverständlich ist die Basis für die Entscheidung, wo im Protein Sättigungsmutagenese durchzuführen ist, eine ganz andere. Es war bekannt, dass hyperthermophile Enzyme (Wirkungsbereich: 80–110 °C) strukturell rigider sind als die mesophilen Verwandten (Wirkungsbereich: 20–50 °C) [21]. Deshalb schlugen wir vor, die sogenannten B-Faktoren aus Röntgenstrukturdaten heranzuziehen, um zunächst die besonders flexiblen Stellen im Enzym zu identifizieren [36]. Hohe B-Faktoren deuten auf solche Stellen im Protein hin, deshalb lag es nahe, dort Sättigungsmutagenese durchzuführen. Auf diesem Weg dürfte Rigidität und Thermostabilität erhöht werden. Unsere Strategie erwies sich als ausgesprochen erfolgreich, wie eine Studie über die Lipase aus *Bacillus subtilis* zeigte [36].

Schlussfolgerung und Perspektiven

Das Konzept der gelenkten Evolution enantioselektiver Enzyme bedeutet einen grundsätzlich neuen Ansatz zur Erzeugung chiraler Katalysatoren für die Anwendung in der synthetischen organischen Chemie [13]. Die sonst üblichen Voraussetzungen des »de novo designs« auf dem Gebiet der Enzyme, nämlich die schwierige Abschätzung elektronischer und sterischer Faktoren sowie der Rolle von Wasserstoffbrücken und Solvenseffekten, entfällt [47]. Mit den heutigen unvollständigen Theorien kann die Enantioselektivität einer enzymkatalysierten Reaktion in der Regel nicht vorausgesagt bzw. quantifiziert werden. Demgegenüber kann unser Darwinistischer Ansatz als rational bezeichnet werden. In der Anfangsphase unserer Bemühungen verwendeten wir die herkömmlichen Methoden der gerichteten Evolution, insbesondere fehlerhafte PCR und DNA-Shuffling, wobei verschiedene Strategien zum Durchmustern des Proteinsequenzraums entwickelt wurden. Zu den von uns evolvierten Enzymen gehörten damals Lipasen, Epoxidhydrolasen und Monooxygenasen. Industrielle und akademische Arbeitskreise haben das Konzept aufgegriffen und weitere Enzyme optimiert [2, 13b–c, 28–30]. Später wurde jedoch klar, dass noch bessere Methoden und Strategien entwickelt werden müssen, um die Effizienz zu steigern [16]. Dazu gehört insbesondere Iterative Sättigungsmutagenese, mit der sowohl Enantioselektivität [35, 41–43] als auch Thermostabilität [36] von Enzymen mit relativ geringem Aufwand deutlich verbessert werden kann.

Zu den reizvollen Herausforderungen der Zukunft gehört die Erforschung weiterer Screening- und vielleicht auch von Selektions-Methoden für Enantioselektivität [48] und die Verwendung anderer Substrate und Enzyme. Es wäre sinnvoll, Iterative Sättigungsmutagenese weiterzuentwickeln, z. B. unter Verwendung eines reduzierten Aminosäure-Alphabets [16, 34]. Die sogenannte Weiße Biotechnologie [49] hat längst begonnen, die hier beschriebenen sowie andere Methoden der gerichteten Evolution als Werkzeug für die Entstehung selektiver und robuster Katalysatoren industriell zu nutzen. Das Konzept der gerichteten Evolution von Hybrid-Katalysatoren stellt eine Erweiterung anderer Art dar [50]. Dabei werden Bibliotheken von robusten Proteinmutanten chemisch so modifiziert bzw. biokonjugiert, dass Übergangsmetallzentren implantiert werden. Die genetischen Methoden der gerichteten Evolution erlauben dann die Optimierung von übergangsmetallkatalysierten Reaktionen, die bislang die Domäne der synthetischen homogenen Katalyse waren [11]. Kürzlich erschien die erste »proof-of-principle«-Studie, in der eine asymmetrische Rh-katalysierte Olefin-Hydrierung beschrieben wurde [50]. Es ist zu hoffen, dass auf diesem faszinierenden Gebiet weitere Beispiele folgen werden.

Danksagung

Ich danke meinen Mitarbeitern und Kollegen, mit denen wir die hier beschriebenen Projekte durchgeführt haben. Ihre Namen sind im Literaturverzeichnis zu finden. Mein Dank gilt ebenso der Max-Planck-Gesellschaft, der DFG und dem Fonds der Chemischen Industrie für die großzügige Unterstützung.

Literatur

[1] Eigen, M., Gardiner, W. (1984) Evolutionary molecular engineering based on RNA replication. *Pure and Applied Chemistry* 56, 967–978.

[2] Lutz, S. und Bornscheuer, U. T. (Hrsg.) (2009) *Protein Engineering Handbook*, Wiley-VCH, Weinheim, Bd. 1–2.

[3] Mills, D. R., Peterson, R. L., Spiegelman, S. (1967) An extracellular Darwinian experiment with a self-duplicating nucleic acid molecule. *Proceedings of the National Academy of Sciences of the United States of America* 58, 217–224.

[4] Francis, J.C., Hansche, P.E. (1972) Directed evolution of metabolic pathways in microbial populations. I. Modification of the acid phosphatase pH optimum in *S. Cerevisiae*. *Genetics* **70**, 59–73.

[5] Leung, D.W., Chen, E., Goeddel, D.V. (1989) A method for random mutagenesis of a defined DNA segment using a modified polymerase chain reaction. *Technique* **1**, 11–15.

[6] Stemmer, W.P.C. (1994) Rapid evolution of a protein in vitro by DNA shuffling. *Nature (London, United Kingdom)* **370**, 389–391.

[7] Rothenberg, G. (Hrsg.) (2008) *Catalysis: Concepts and Green Applications*, Wiley-VCH, Weinheim.

[8] Drauz, K. und Waldmann, H. (Hrsg.) (2002) *Enzyme Catalysis in Organic Synthesis: A Comprehensive Handbook*, 2. Aufl., Wiley-VCH, Weinheim, Bd. I–III.

[9] Eliel, E.L. und Wilen, S.H. (Hrsg.) (1994) *Stereochemistry of Organic Compounds*, Wiley, New York.

[10] Challener, C.A. (Hrsg.) (2004) *Chiral Drugs*, Wiley, New York.

[11] Walsh, P.J. und Kozlowski, M.C. (Hrsg.) (2009) *Fundamentals of Asymmetric Catalysis*, University Science Books, Sausalito, CA.

[12] Fersht, A. (Hrsg.) (2000) *Structure and Mechanism in Protein Science*, W.H. Freeman and Co., New York.

[13] (a) Reetz, M.T., Zonta, A., Schimossek, K., Liebeton, K., Jaeger, K.-E. (1997) Creation of enantioselective biocatalysts for organic chemistry by In vitro evolution. *Angewandte Chemie* **109**, 2961–2963; *Angewandte Chemie International Edition* **36**, 2830–2832. (b) Reetz, M.T. (2004) Controlling the enantioselectivity of enzymes by directed evolution: practical and theoretical ramifications. *Proceedings of the National Academy of Sciences of the United States of America* **101**, 5716–5722. (c) Reetz, M.T. (2006) Directed Evolution of Enantioselective Enzymes as Catalysts for Organic Synthesis (Hrsg. B.C. Gates und H. Knözinger), Elsevier, San Diego, Bd. 49, S. 1–69.

[14] (a) Reetz, M.T. (2004) *Evolutionary Methods in Biotechnology* (Hrsg. S. Brakmann and A. Schwienhorst), Wiley-VCH, Weinheim, S. 113–141. (b) Reymond, J.-L. (Hrsg.) (2006) *Enzyme Assays – High-throughput Screening, Genetic Selection and Fingerprinting*, Wiley-VCH, Weinheim.

[15] Reetz, M.T., Becker, M.H., Klein, H.-W., Stöckigt, D. (1999) A method for high-throughput screening of enantioselective catalysts. *Angewandte Chemie* **111**, 1872–1875; *Angewandte Chemie International Edition* **38**, 1758–1761.

[16] Reetz, M.T., Kahakeaw, D., Sanchis, J. (2009) Shedding light on the efficacy of laboratory evolution based on iterative saturation mutagenesis. *Molecular BioSystems* **5**, 115–22.

[17] Liao, H., McKenzie, T., Hageman, R. (1986) Isolation of a thermostable enzyme variant by cloning and selection in a thermophile. *Proceedings of the National Academy of Sciences of the United States of America* **83**, 576–580.

[18] Kurze Geschichte der gerichteten Evolution: Koltermann, A., Kettling, U. (1997) Principles and methods of evolutionary biotechnology. *Biophysical Chemistry* **66**, 159–177.

[19] Chen, K., Arnold, F.H. (1993) Tuning the activity of an enzyme for unusual environments: Sequential random mutagenesis of subtilisin E for catalysis in dimethylformamide. *Proceedings of the National Academy of Sciences of the United States of America* **90**, 5618–5622.

[20] Arnold, F.H. (1998) Design by directed evolution. *Accounts of Chemical Research* **31**, 125–131.

[21] Eijsink, V.G.H., Gåseidnes, S., Borchert, T.V., van den Burg, B. (2005)

Directed evolution of enzyme stability. *Biomolecular Engineering* **22**, 21–30.

[22] Valinger, G., Hermann, M., Wagner, U.G., Schwab, H. (2007) Stability and activity improvement of cephalosporin esterase EstB from *Burkholderia gladioli* by directed evolution and structural interpretation of muteins. *Journal of Biotechnology* **129**, 98–108.

[23] Liebeton, K., Zonta, A., Schimossek, K., Nardini, M., Lang, D., Dijkstra, B.W., Reetz, M.T., Jaeger, K.-E. (2000) Directed evolution of an enantioselective lipase. *Chemistry & Biology* **7**, 709–718.

[24] Reetz, M.T., Wilensek, S., Zha, D., Jaeger, K.-E. (2001) Directed evolution of an enantioselective enzyme through combinatorial multiple cassette mutagenesis. *Angewandte Chemie* **113**, 3701–3703; *Angewandte Chemie International Edition* **40**, 3589–3591.

[25] Zha, D., Wilensek, S., Hermes, M., Jaeger, K.-E., Reetz, M.T. (2001) Complete reversal of enantioselectivity of an enzyme-catalyzed reaction by directed evolution. *Chemical Communications (Cambridge, United Kingdom)*, 2664–2665.

[26] Nardini, M., Lang, D.A., Liebeton, K., Jaeger, K.-E., Dijkstra, B.W. (2000) Crystal structure of *Pseudomonas aeruginosa* lipase in the open conformation. *Journal of Biological Chemistry* **275**, 31219–31225.

[27] (a) Bocola, M., Otte, N., Jaeger, K.-E., Reetz, M.T., Thiel, W. (2004) Learning from directed evolution: Theoretical investigations into cooperative mutations in lipase enantioselectivity. *ChemBioChem* **5**, 214–223. (b) Reetz, M.T., Puls, M., Carballeira, J.D., Vogel, A., Jaeger, K.-E., Eggert, T., Thiel, W., Bocola, M., Otte, N. (2007) Learning from directed evolution: Further lessons from theoretical investigations into

cooperative mutations in lipase enantioselectivity. *ChemBioChem* **8**, 106–112.

[28] May, O., Nguyen, P.T., Arnold, F.H. (2000) Inverting enantioselectivity by directed evolution of hydantoinase for improved production of L-methionine. *Nature Biotechnology* **18**, 317–320.

[29] DeSantis, G., Wong, K., Farwell, B., Chatman, K., Zhu, Z., Tomlinson, G., Huang, H., Tan, X., Bibbs, L., Chen, P., Kretz, K., Burk, M.J. (2003) Creation of a productive, highly enantioselective nitrilase through Gene Site Saturation Mutagenesis (GSSM). *Journal of the American Chemical Society* **125**, 11476–11477.

[30] Alexeeva, M., Enright, A., Dawson, M.J., Mahmoudian, M., Turner, N.J. (2002) deracemization of α-methylbenzylamine using an enzyme obtained by In Vitro evolution. *Angewandte Chemie* **114**, 3309–3312; *Angewandte Chemie International Edition* **41**, 3177–3180.

[30] Reetz, M.T., Wu, S. (2008) Greatly reduced amino acid alphabets in directed evolution: Making the right choice for saturation at homologous enzyme positions. *Chemical Communications (Cambridge, United Kingdom)*, 5499–5501.

[31] Schrader, W., Eipper, A., Pugh, D.J., Reetz, M.T. (2002) second-generation MS-based high-throughput screening system for enantioselective catalysts and biocatalysts. *Canadian Journal of Chemistry* **80**, 626–632.

[32] (a) Reetz, M.T., Brunner, B., Schneider, T., Schulz, F., Clouthier, C.M., Kayser, M.M. (2004) Directed evolution as a method to create enantioselective cyclohexanone monooxygenases for catalysis in Baeyer-Villiger reactions. *Angewandte Chemie* **116**, 4167–4170; *Angewandte Chemie International Edition* **43**,

4075–4078. (b) Reetz, M.T., Daligault, F., Brunner, B., Hinrichs, H., Deege, A. (2004) Directed evolution of cyclohexanone monooxygenases: Enantioselective biocatalysts for the oxidation of prochiral thioethers. *Angewandte Chemie* 116, 4170–4173; *Angewandte Chemie International Edition*, 43 4078–4081. (c) Reetz, M.T., Wu, S. (2009) Laboratory evolution of robust and enantioselective Baeyer-Villiger monooxygenases for asymmetric catalysis. *Journal of the American Chemical Society* 131, 15424–15432.

[33] Mihovilovic, M.D., Rudroff, F., Winninger, A., Schneider, T., Schulz, F., Reetz, M.T. (2006) Microbial Baeyer-Villiger oxidation: Stereopreference and substrate acceptance of cyclohexanone monooxygenase mutants prepared by directed evolution. *Organic Letters*, 8 1221–1224.

[34] Reetz, M.T., Kahakeaw, D., Lohmer, R. (2008) Addressing the numbers problem in directed evolution. *ChemBioChem* 9, 1797–1804.

[35] Reetz, M.T., Wang, L.-W., in part M. Bocola. (2006) Directed evolution of enantioselective enzymes: Iterative cycles of CASTing for probing protein-sequence space. *Angewandte Chemie* 118, 1258–1263; Erratum 2556; *Angewandte Chemie International Edition* 45, 1236–1241; Erratum 2494.

[36] (a) Reetz, M.T., Carballeira, J.D., Vogel, A. (2006) Iterative saturation mutagenesis on the basis of b factors as a strategy for increasing protein thermostability. *Angewandte Chemie* 118, 7909–7915; *Angewandte Chemie International Edition* 45, 7745–7751. (b) Reetz, M.T., Carballeira, J.D. (2007) Iterative Saturation Mutagenesis (ISM) for rapid directed evolution of functional enzymes. *Nature Protocols* 2, 891–903.

[37] Reetz, M.T., Torre, C., Eipper, A., Lohmer, R., Hermes, M., Brunner, B., Maichele, A., Bocola, M., Arand, M., Cronin, A., Genzel, Y., Archelas, A., Furstoss, R. (2004) Enhancing the enantioselectivity of an epoxide hydrolase by directed evolution. *Organic Letters* 6, 177–180.

[38] Reetz, M.T., Bocola, M., Carballeira, J.D., Zha, D., Vogel, A. (2005) Expanding the range of substrate acceptance of enzymes: Combinatorial Active-Site Saturation Test. *Angewandte Chemie* 117, 4264–4268; *Angewandte Chemie International Edition* 44, 4192–4196.

[39] Reetz, M.T., Bocola, M., Wang, L.-W., Sanchis, J., Cronin, A., Arand, M., Zou, J., Archelas, A., Bottalla, A.-L., Naworyta, A., Mowbray, S.L. (2009) Directed evolution of an enantioselective epoxide hydrolase: Uncovering the source of enantioselectivity at each evolutionary stage. *Journal of the American Chemical Society* 131, 7334–7343.

[40] Reetz, M.T., Sanchis, J. (2008) Constructing and analyzing the fitness landscape of an experimental evolutionary process. *ChemBioChem* 9, 2260–2267.

[41] (a) Bartsch, S., Kourist, R., Bornscheuer, U.T. (2008) Complete inversion of enantioselectivity towards acetylated tertiary alcohols by a double mutant of a *Bacillus subtilis* esterase. *Angewandte Chemie* 120, 1531–1534; *Angewandte Chemie International Edition*, 47 1508–1511. (b) Liang, L., Zhang, J., Lin, Z. (2007) Altering coenzyme specificity of *Pichia stipitis* xylose reductase by the semi-rational approach CASTing. *Microbial Cell Factories* 6, 36.

[42] Prasad, S., Gumulya, Y., Carballeira, J.D., Reetz, M.T. (2009) Evaluating iterative saturation mutagenesis in the directed evolution of an enantioselective lipase. Unveröffentlichte Ergebnisse.

[43] Bougioukou, D. J., Kille, S., Reetz, M. T. (2009) Directed evolution of an enantioselective enoate-reductase: Testing the utility of Iterative Saturation Mutagenesis. *Advanced Synthesis & Catalysis.* Im Druck.

[44] (a) Eigen, M., McCaskill, J., Schuster, P. (1988) Molecular quasi-species. *Journal of Physical Chemistry* **92**, 6881–6891. (b) Kurtovic, S., Mannervik, B. (2009) Identification of emerging quasi-species in directed enzyme evolution. *Biochemistry* **48**, 9330–9339.

[45] Peisajovich, S. G., Tawfik, D. S. (2007) Protein engineers turned evolutionists. *Nature Methods* **4**, 991–994.

[46] Reetz, M. T., Soni, P., Acevedo, J. P., Sanchis, J. (2009) Creation of an amino acid network of structurally coupled residues in the directed evolution of a thermostable enzyme. *Angewandte Chemie* **121**, 8418–8422; *Angewandte Chemie International Edition* **148**, 8268–8272.

[47] Cedrone, F., Ménez, A., Quéméneur, E. (2000) Tailoring new enzyme functions by rational redesign. *Current Opinion in Structural Biology* **10**, 405–410.

[48] Reetz, M. T., Höbenreich, H., Soni, P., Fernández, L. (2008) A genetic selection system for evolving enantioselectivity of enzymes. *Chemical Communications (Cambridge, United Kingdom)*, 5502–5504.

[49] DECHEMA (2008) Positionspapier »Weiße Biotechnologie«.

[50] Reetz, M. T. (2009) Directed Evolution of Stereoselective Hybrid Catalysts (Hrsg. T. R. Ward), Springer, Heidelberg, Bd. 25, S. 63–92.

Der Autor

Prof. Dr. Manfred T. Reetz wurde 1943 in Hirschberg geboren. Im Jahr 1952 wanderte er mit seiner Familie in die USA aus. Reetz studierte Chemie an der Washington University, St. Louis, USA und machte seinen Bachelor-Abschluss im Jahr 1965. Es folgte der Master an der University of Michigan in Ann Arbor, USA, 1967. Zur Promotion kehrte er nach Deutschland zurück und schloss diese an der Universität Göttingen 1969 ab. 1971 bis 1972 folgte ein Forschungsaufenthalt als Postdoktorand an der Universität Marburg, dann eine Habilitation schon 1974 an derselben Universität. Vier Jahre später erhielt Reetz eine Gastprofessur an der University of Wisconsin, USA. Es folgte im selben Jahr ein Ruf auf eine Professur an die Universität Bonn und 1980 ein Ruf auf einen Lehrstuhl an der Universität Marburg. 1989–1990 ging Reetz als Gastprofessor an die Florida State University, USA. Seit 1991 ist er Direktor am Max-Planck-Institut für Kohlenforschung und seit 1992 Honorar-Professor der Ruhr-Universität Bochum.

V
Bild und Spiegelbild

12

Die Asymmetrie des Lebens und die Symmetrieverletzungen der Physik:
Molekulare Paritätsverletzung und Chiralität*

Martin Quack

* Nach einem Vortrag »Paritätsverletzung und Chiralität« auf der Tagung »Chemische Evolution«, Manfred Eigen Nachwuchswissenschaftlergespräche, Delmenhorst, 4.–6. Februar 2009

Einleitung: Merkwürdige Asymmetrien von Raum, Zeit und Materie in einer fast symmetrischen Natur

»Natürlich gibt es – und zwar nicht nur in bezug auf die historischen Rahmenbedingungen – noch viele offene Fragen, zum Beispiel: Auf welcher Ebene wurde die Händigkeit oder Chiralität der biologischen Makromoleküle entschieden? Wir wissen, daß alle Proteine – soweit sie durch den informations-gesteuerten Syntheseapparat der Zelle produziert werden – ausschließlich von »links-händigen« Aminosäuren Gebrauch machen und daher links-gewendete Strukturen aufbauen. Bei den Nucleinsäuren sind es die »rechts-händigen« Monomere, die ausgewählt wurden, die allerdings sowohl rechts- als auch links-gewendete Doppelspiralen ausbilden.
...
Hier gibt es eher ein Zuviel als ein Zuwenig an Antworten. Wir stehen nicht etwa vor irgendeinem Paradoxon, für das es keine Erklärungsmöglichkeiten gäbe. Das Problem ist, daß Physik und Chemie ein Überangebot an alternativen Erklärungen bereit halten. Obwohl Forschergruppen in aller Welt an Fragestellungen dieser Art arbeiten, sind bisher nur wenige der möglichen Mechanismen im Detail experimentell untersucht worden.«
                                                                        Manfred Eigen [1]

»The time at my disposition also does not permit me to deal with the manifold biochemical and biological aspects of molecular chirality. Two of these must be mentioned, however, briefly. The first is the fact that although most compounds involved in fundamental life processes, such as sugars and amino acids, are chiral and although the energy of both enantiomers and the probability of their formation in an achiral environment are equal, only one enantiomer occurs in Nature; the enantiomers involved in life processes are the same in men, animals, plants and microorganisms, independent on their place and time on Earth. Many hypotheses have been conceived about this subject, which can be regarded as one of the first problems of molecular theology.

One possible explanation is that the creation of living matter was an extremely improbable event, which occured only once. »

Vladimir Prelog, Nobel Lecture, 12. Dez. 1975 [2]

Die beiden Zitate, die wir diesem Kapitel voranstellen, beschäftigen sich mit einer bemerkenswerten Asymmetrie in der belebten Natur, der »Homochiralität« der Biopolymere. Damit bezeichnen wir die Tatsache, dass in allen irdischen Lebewesen nur eine der beiden spiegelbildsymmetrischen enantiomeren Formen von chiralen Aminosäuren (die L-Aminosäuren) und von chiralen Zuckern (die D-Zucker) maßgeblich am Aufbau der Biopolymere (der Proteine und der Nucleinsäuren) beteiligt ist. Die spiegelbildsymmetrischen Formen (die D-Aminosäuren und L-Zucker) kommen zwar für einige spezielle Anwendungen in der Biochemie der Natur auch gelegentlich vor, spielen aber beim sehr wichtigen Aufbau der Biopolymere keine Rolle. Konsequenzen dieser Tatsache wurden im Ansatz schon vom Entdecker der molekularen Chiralität, Louis Pasteur, im 19. Jahrhundert bemerkt und als ein wesentliches Charakteristikum der Chemie des Lebens vorgeschlagen.

In der »gewöhnlichen« organischen Chemie der unbelebten Natur kommen die beiden Spiegelbildformen dagegen gleich häufig vor. Das lässt sich aus einer Symmetrie der Physik ableiten [3], die man bis Mitte des 20. Jahrhunderts als exakt vermutete, der exakten Spiegelbildsymmetrie oder Paritätssymmetrie des Raumes (siehe weiter unten). Diese Symmetrie wird im Zitat von V. Prelog angesprochen. Sie würde dazu führen, dass die Spiegelbildisomere (Enantiomere) chiraler Moleküle energetisch exakt äquivalent wären, also die exakt gleichen Grundzustandsenergien, Energieniveauspektren und Verbrennungsenthalpien hätten. Heute müssen wir allerdings sagen, dass diese Äquivalenz nur näherungsweise gilt. Abbildung 72 gibt ein Beispiel für solche nahezu äquivalenten Enantiomere aus der Sicht heutiger Berechnungen [4, 5].

Im Beispiel ist ein chirales Prototypmolekül gezeigt, CHFClBr. Ersetzt man die drei Halogenatome F, Cl, Br durch eine Aminogruppe $-NH_2$, einen organischen Säurerest $-COOH$ und einen weiteren organischen Substituenten R, so erhält man die natürlichen chiralen α-Aminosäuren, die Bestandteile der Proteine. Mit $R = CH_3$ hat man z. B. die Aminosäure Alanin, durch Variation von R erhält man viele weitere natürliche Aminosäuren.

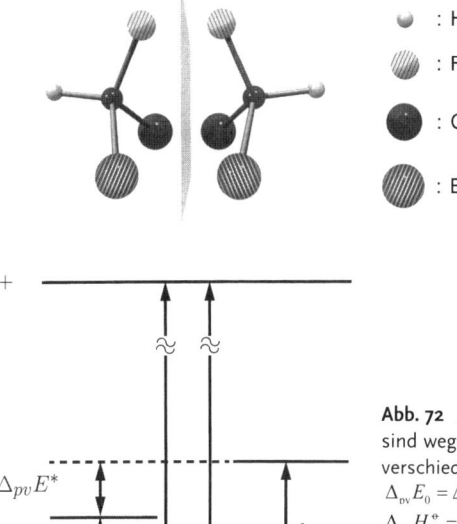

: H
: F
: Cl
: Br

$\Delta_{pv}E^*$

$h\nu_R$

$h\nu_S$

$\Delta_{pv}E$

(S) (R)

Abb. 72 Die Energien von Enantiomeren sind wegen einer Symmetrieverletzung verschieden. Die Energiedifferenz $\Delta_{pv}E_0 = \Delta_{pv}E$ und die Reaktionsenthalpie $\Delta_{pv}H_0^\ominus = |N_A\Delta_{pv}E_0|$ für die Reaktion S = R könnte mit dem gezeigten spektroskopischen Schema bestimmt werden. Sie wird zu 10^{-11} J mol^{-1} für CHFClBr vorhergesagt. Wie wichtig ist diese Energiedifferenz für die Chemie? Was sind die Konsequenzen für die Biologie? (Siehe dazu [5].)

In Abbildung 72 wird nun gezeigt, dass es in Wirklichkeit eben doch eine sehr kleine Asymmetrie gibt. Die beiden Isomere sind nicht genau spiegelbildsymmetrisch und es gibt eine Reaktionsenthalpie für die Enantiomerisierung oder Stereomutationsreaktion:

$$R = S \qquad |\Delta_r H_0^\ominus| \approx 10^{-11}\,\text{Jmol}^{-1} \tag{1}$$

Man spricht von einer »Verletzung« der Symmetrie (hier »Paritätsverletzung«). In der Abbildung wird im Übrigen die moderne R, S Nomenklatur verwendet [2], wobei die R-Aminosäuren in der Regel den D-Aminosäuren in der alten Nomenklatur entsprechen, die S-Aminosäuren den L-Aminosäuren. Wir werden hier beide Nomenklaturen gelegentlich verwenden, da in der Biochemie die D,L-Schreibweise weit verbreitet ist. In der Physik ist außerdem die R,L-Nomenklatur sehr gebräuchlich die einfach für »rechts/links« oder »right/left« steht. Betrachtet man das chemische Gleichgewicht (1) bei Zimmertemperatur, so entspricht die kleine Reaktionsenthalpie in etwa einer Gleichgewichtskonstante

$$K = \frac{Q_S}{Q_R}\exp(-\Delta_r H_0^\ominus / RT) \simeq 1 - \frac{\Delta_r H^\ominus}{RT} \simeq \frac{[S]}{[R]} = 1 + \frac{X}{[R]} \simeq 1 \pm 4 \times 10^{-15} \quad (2)$$

(mit den Zustandssummen Q_R; Q_S und $\left|\Delta_r H^\ominus\right| \ll \left|RT\right|$), also einem relativen Unterschied $|X| / [R]$ in den Gleichgewichtskonzentrationen von 4×10^{-15} oder für ein Mol R ($6{,}02 \times 10^{23}$ Moleküle) einem Unterschied von etwa $2{,}4 \times 10^9$ Molekülen. Dieser minimale Unterschied verschwindet im statistischen Rauschen ($\sim \sqrt{N} \simeq 8 \times 10^{11}$ Moleküle bei Poisson-Rauschen für ein Mol) und man kann sich fragen, ob die kleinen Werte von $|X| / [R]$ oder von $\Delta_{pv}E$ in der Biochemie bei gewöhnlichen Temperaturen eine Rolle spielen könnten. Hierauf kommen wir noch zurück, wir werden sehen, dass dies eine offene Frage bleibt [5].

Zunächst wollen wir jedoch auf eine weitere bemerkenswerte Asymmetrie hinweisen, die eine qualitativ ähnliche Konsequenz hat (Tabelle 3):

Tabelle 3 Asymmetrien in der von uns beobachteten Welt.

Beobachtungen: Wir leben in einer Welt ...

		Symmetrie
1.	...aus Materie (hauptsächlich), nicht Antimaterie	C, CP ,CPT
2.	...mit Biopolymeren (Proteine, DNA, RNA) aus L-Aminosäuren und D-Zuckern (nicht D-Aminosäuren und L-Zuckern) in gewöhnlichen Lebewesen	P
3.	... in der die Zeit »vorwärts« läuft, nicht »rückwärts«	T

Wenn wir das heutige Universum betrachten, so finden wir in der sichtbaren Materie (Sterne, Planeten, interstellares Gas usw.), die im Wesentlichen aus den Elementen des Periodensystems besteht (in der Tat mengenmäßig hauptsächlich Wasserstoff und Helium), fast nur die gewöhnliche Materie, keine Antimaterie, obwohl zu jedem Teilchen der gewöhnlichen Materie ein symmetrisch äquivalentes Antiteilchen aus Antimaterie mit der entgegengesetzten Ladung existiert, zum Beispiel zum Elektron (e^-) das Positron (e^+), das in geringen Mengen beim natürlichen radioaktiven β^+-Zerfall entsteht, aber durch Reaktion mit den in der Überzahl vorhandenen Elektronen unter Emission von γ-Strahlung annihiliert wird. Auch in der Höhenstrahlung kommt Antimaterie vor. Man kann auch das Antiproton (mit gleicher Masse wie das Proton, aber negativer Ladung) in Beschleunigern erzeugen, wonach es ebenfalls schnell durch Annihilation mit den in der Überzahl vorhandenen Protonen der gewöhnlichen Materie zerstört wird. Wir kennen keine Galaxien aus Antimaterie. Kosmologisch ist dieser Überschuss der gewöhnlichen Materie bemerkenswert, da in der heutigen Urknalltheorie des Ursprungs des Universums zu Beginn fast gleich viel Materie wie Antimaterie gebildet wurde. Beide verschwanden fast vollständig durch Annihilation unter Strahlungsemission. Ein ganz kleiner Überschuss von Materie blieb übrig. Aus der heute vorhandenen Photonendichte der sehr genau vermessenen kosmischen Hindergrundstrahlung kann man den geringen Überschuss abschätzen. Das Verhältnis der Baryonenzahl n_B zur Photonenzahl n_γ ist etwa [6]

$$\frac{n_B}{n_\gamma} \simeq 6 \times 10^{-10} \tag{3}$$

Mit der Annahme, dass die Photonenzahl ungefähr der anfänglichen Teilchenzahl entspricht, findet man also eine sehr grobe Abschätzung der Größenordnung des anfänglichen Überschusses,

$$\frac{[\text{Materie}]}{[\text{Antimaterie}]} \simeq \frac{10^9 + 1}{10^9} = 1 + 10^{-9} \tag{4}$$

Auch hier führt also anscheinend eine ganz geringe Asymmetrie zu einer kompletten Dominanz der heutigen gewöhnlichen Materie. Der genaue Ursprung der kosmischen Asymmetrie ist nicht bekannt [6], man kennt aber eine fundamentale Asymmetrie in der sogenannten Ladungskonjugation (C) und der Kombination CP aus Ladungskonjugation und Parität (P). Es gibt Hypothesen, die diese fundamentalen Asymmetrien verantwortlich für die heutige fast komplette Asymmetrie im Kosmos machen. Auch diese Frage bleibt vorläufig offen. Wir gehen auf die Symmetrien weiter unten im Detail ein.

Schließlich findet man in der Natur eine noch rätselhaftere Asymmetrie, die Asymmetrie der Zeitrichtung (T): Die Zeit läuft »vorwärts« und nicht »rückwärts«. Die Natur dieser Asymmetrie ist sehr subtil; wir werden dies unten noch besprechen [7].

Von den genannten beobachteten Asymmetrien liegt die »Homochiralität« der Biochemie vielleicht dem täglichen Leben des Chemikers am nächsten, und sie könnte auch das Rätsel sein, das von den dreien als erstes eine Lösung findet. Ein erster Schritt hierzu soll hier im Rahmen der Theorie der molekularen Paritätsverletzung und möglichen Experimenten hierzu besprochen werden.

Wir werden hier im Wesentlichen die grundlegenden Konzepte diskutieren. Unser kurzer Artikel stützt sich auf unsere umfangreicheren früheren Darstellungen [5, 7–15], die wir für weitergehende Lektüre empfehlen.

Es mag vielleicht erstaunlich erscheinen, dass einige grundlegende, lange bekannte Phänomene der Asymmetrie in den Naturwissenschaften bis heute nicht restlos verstanden sind. Sie betreffen vier offene Fragen im Sinne von „Was ist…?":

1. Die Natur der molekularen Chiralität.

2. Der Ursprung der biomolekularen Homochiralität.

3. Der Ursprung des Überschusses von Materie gegenüber Antimaterie und damit der Ursprung des heute beobachtbaren sichtbaren Universums.

4. Die Natur der Irreversibilität physikalisch-chemischer Prozesse, die unserer Beobachtung einer gerichteten Zeit entspricht.

In einem gewissen Sinne kann man diese Asymmetrien als „Quast-Fossilien" in der Evolution des gesamten Universums auffassen. Wenn dies berechtigt ist, dann enthalten sie eine verschlüsselte Information über die Geschichte des Universums von den Anfängen von Zeit und Materie bis zur Evolution des Lebens. Wir werden hier sehen, dass wir die erste Frage zur Natur der molekularen Chiralität heute zumindest theoretisch beantworten können, wenn auch wichtige experimentelle Bestätigungen noch ausstehen. Anhand dieser Frage werden wir deshalb auch wichtige gemeinsame Grundkonzepte der Symmetriebrechung in den folgenden Abschnitten erläutern.

Die drei anderen Fragen bleiben heute sehr weitgehend offen. Die Natur unserer Unkenntnis etwa im Beispiel der Homochiralität ist bemerkenswert. Die Unkenntnis beruht nicht auf einem Mangel an Erklärungen. Es gibt in der Tat mehrere, durchaus plausible und mit den heute vorhandenen Informationen konsistente Erklärungen, die sich jedoch untereinander widersprechen. In einer solchen Situation kennen wir die Wahrheit nicht. Das Zitat, das wir dem Buch von Manfred Eigen entnommen [1] und an den Anfang unseres Kapitels gestellt haben, weist darauf hin.

Eine ähnliche Situation finden wir auch bei der Frage der Natur der Irreversibilität, die von vielen als längst beantwortet gilt, was aber ein Irrtum ist. Für eine weitergehende Diskussion hierzu verweisen wir auf [7-9, 12, 15].

Fundamentale Symmetrien der Physik und Konzepte der Symmetriebrechung spontan, de facto, de lege

Eine sorgfältige Erläuterung der Grundbegriffe ist für das spätere Verständnis wichtig. Wir folgen hier weitgehend, teils wörtlich, unseren früheren Darstellungen [7-16].

Fundamentale Symmetrien der Molekülphysik

Die folgenden Symmetrieoperationen lassen einen molekularen Hamiltonoperator allgemein invariant ([15, 17-20], für Einschränkungen siehe später):

1. eine Translation im Raum;

2. eine Translation in der Zeit;

3. eine Rotation im Raum;

4. eine Spiegelung der Teilchenkoordinaten im Ursprung (Paritätsoperation P oder E*)

5. eine Zeitumkehr oder die Umkehrung aller Impulse und Spins der Teilchen (T für Tempus oder time);

6. jede Permutation der Indices identischer Teilchen (der Atomkerne, der Nukleonen, der Elektronen);

7. der Ersatz aller Teilchen durch ihre Antiteilchen (Ladungskonjugation C).

Diese Symmetrieoperationen bilden die Symmetriegruppe des Hamiltonoperators. Im Einklang mit Emmy Noethers Theorem gehört zu einer Symmetrie eine Erhaltungsgröße. Interessanter noch ist die Interpretation, dass zu jeder exakten Symmetrie eine nicht beobachtbare Größe gehört [7, 15, 21]. Die ersten drei Symmetrien entsprechen kontinuierlichen Operationen mit Symmetriegruppen unendlicher

Ordnung, die vier letzten diskreten Operationen mit Gruppen endlicher Ordnung. Wir werden uns hier näher nur mit diesen diskreten Symmetrien beschäftigen. Nach neuester Kenntnis sind die Symmetrien P, C, T und die Kombination CP nicht exakt (sie werden in einigen Experimenten als »verletzt« gefunden), während CPT als eine wesentliche Grundlage der gesamten modernen, im sogenannten »Standardmodell« zusammengefassten Theorie der Materie als exakt gilt und bisher nicht experimentell widerlegt wurde. Dasselbe gilt für die Permutationssymmetrie (6) mit $N!$ Symmetrieoperationen für N identische Teilchen, die zum verallgemeinerten Pauli-Prinzip führt [15, 17]. Wir haben jedoch schon früher spekuliert, dass möglicherweise alle diskreten Symmetrien verletzt werden könnten [9–12, 15, 16, 22]. Es ist nun zunächst von Bedeutung, die Begriffe der Symmetrieverletzung und Symmetriebrechung sorgfältiger zu definieren, was wir anhand des geometrisch leicht verständlichen Beispiels der molekularen Chiralität erläutern wollen, welche mit der Paritätsoperation oder Rechts-Links-Symmetrie verknüpft ist.

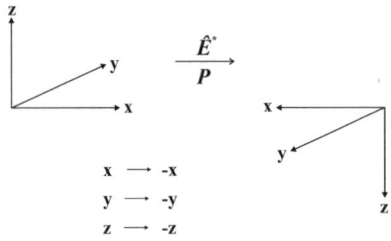

$x \longrightarrow -x$
$y \longrightarrow -y$
$z \longrightarrow -z$

Abb. 73 Spiegelungsoperation $\hat{E}^*$ oder Paritätsoperation P (nach [5]).

Abbildung 73 illustriert die Paritätsoperation P. Es ist eine Spiegelung der Koordinaten am Ursprung eines kartesischen Koordinatensystems. Diese verwandelt ein »rechtshändiges« Koordinatensystem in ein »linkshändiges« System. Rotiert man das linkshändige Koordinatensystem in Abbildung 73 um einen Winkel von 180° um die x-Achse, so verhalten sich die beiden gezeigten Koordinatensysteme wie das Bild und das Spiegelbild in einem gewöhnlichen ebenen Spiegel. Da die Rotation um 180° eine der unendlich vielen Symmetrieoperationen der Rotation im Raum (siehe Punkt 3 in der obigen Aufzählung) ist, ist auch die Spiegelung in einem Spiegel in diesem Sinne eine Symmetrie des molekularen Hamilton-Operators. Diese Art der Spiegelung wird meist in Diskussionen der Enantiomere chiraler Moleküle verwendet, die sich wie Bild und Spiegelbild eines »händigen« Systems verhalten (siehe Abbildung 72, die Bezeichnung

»chiral« kommt vom griechischen χειρ = Hand; das griechische Wort εναντιος heißt »gegenüberstehend«, το μερος ist der Teil eines Ganzen, das Stück, also mit der Bedeutung für »Enantiomer« = »aus Bestandteilen bestehend, die so angeordnet sind, dass sie sich wie Bild und Spiegelbild gegenüberstehen«). Die wesentliche Gemeinsamkeit der beiden Symmetrien der Spiegelung an einem ebenen Spiegel und der Spiegelung am Koordinatenursprung ist die Verwandlung eines »linkshändigen« in ein äquivalentes »rechtshändiges« System (Molekül). Die zusätzliche Rotation, um die sich die beiden Symmetrieoperationen unterscheiden, spielt für frei im Raum bewegliche, isolierte Moleküle keine Rolle.

Grundkonzepte der Symmetriebrechungen spontan, de facto und de lege am geometrischen Beispiel der molekularen Chiralität

Wir geben hier eine sehr knappe Analyse der drei Begriffe der Symmetriebrechung, da sie häufig nicht sorgfältig unterschieden werden, und verweisen auf [7–16] für eine ausführliche Diskussion. Betrachten wir das Beispiel des chiralen Wasserstoffperoxidmoleküls, H_2O_2 (Abbildung 74), so kann man vereinfacht die Stereomutation als eindimensionale Torsion um den Winkel α: darstellen, mit einer Potenzialfunktion mit zwei Minima entsprechend den beiden Enantiomeren und einer niedrigen Potenzialbarriere in der planaren trans-Konformation [23].

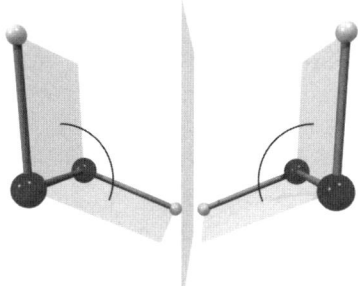

Abb. 74 Bild- und Spiegelbildform von H_2O_2 (HOOH) in der chiralen Gleichgewichtsgeometrie der PCPSDE-Potentialhyperfläche [23]. Bild und Spiegelbild sind Enantiomere, die nicht durch eine Rotation im Raum ineinander überführt werden können, wohl aber durch eine innere Rotation um die OO-Achse, bevorzugt über die trans-Geometrie [23]. Helle Kugeln: H, dunkle Kugeln: O.

Das Wasserstoffperoxid-Molekül ist in der Gleichgewichtsgeometrie (Abbildung 74) ein sehr einfaches Molekül mit axialer Chiralität, was die Diskussion der Stereomutation vereinfacht. Die Übergangszustände sind planar, achiral.

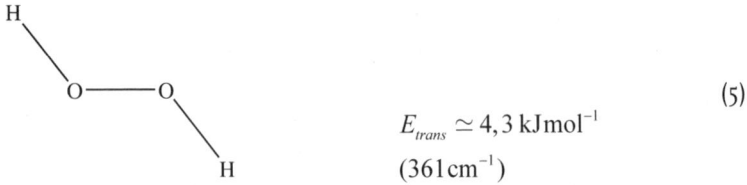

$$E_{trans} \simeq 4,3 \text{ kJmol}^{-1} \qquad (5)$$
$$(361 \text{cm}^{-1})$$

und einer wesentlich höheren Barriere in der planaren *cis*-Konformation

$$E_{cis} \simeq 31,6 \text{ kJmol}^{-1} \qquad (6)$$
$$(2645 \text{cm}^{-1})$$

Wir können deshalb schematisch vereinfacht das Problem der Stereomutation als Bewegung eines Massenpunktes in einem eindimensionalen Doppelminimumpotenzial mit einer niedrigen Barriere darstellen (Abbildung 75; die wirkliche Stereomutationsdynamik findet in einem sechsdimensionalen Raum statt). Klassisch erreicht der Massenpunkt bei hohen Energien die beiden symmetrisch äquivalenten Raumbereiche. Der mechanische Zustand zeigt dann im Mittel die Symmetrie des zugrunde liegenden Potenzials. Reduziert man die Energie, so könnte prinzipiell ein symmetrischer Zustand auf dem Maximum in der Mitte der Potenzialfunktion in Abbildung 75 eingenommen werden. Dies entspricht einem instabilen mechanischen Gleichgewicht. In der Praxis wird jedoch bei Reduktion der Energie ein Zustand im Minimum *entweder links* (λ) *oder rechts* (ρ) eingenommen. Diese Zustände zeigen nicht die Symmetrie des Potenzials, man spricht von spontaner Symmetriebrechung. Spontane Symmetriebrechung ist im Wesentlichen ein klassisches Konzept, auch wenn es auf quantenmechanische Systeme mit unendlich vielen Freiheitsgraden erweitert werden kann [24, 25]. In der molekularen Quantenmechanik fordert das Superpositionsprinzip, dass auch Superpositionszustände positiver Parität (symmetrisch bezüglich Spiegelung an q_c)

$$\chi_+ = \frac{1}{\sqrt{2}}(\lambda + \rho) \qquad (7)$$

und negativer Parität (antisymmetrisch)

$$-\chi_- = \frac{1}{\sqrt{2}}(\lambda - \rho) \qquad (8)$$

mögliche Zustände sind, die dann sowohl links als auch rechts, delo-kalisiert zu finden sind. In der Tat sind solche Zustände die Eigenzu-stände des Hamilton-Operators, die sich durch den kleinen Energie-unterschied $\Delta E_\pm$ unterscheiden (Abbildung 75).

Nach Hund [26, 27] kann man jedoch links oder rechts lokalisierte Zustände λ und ρ erzeugen, wo die Symmetrie de facto gebrochen ist

$$\lambda = \frac{1}{\sqrt{2}}(\chi_+ - \chi_-) \tag{9}$$

$$\rho = \frac{1}{\sqrt{2}}(\chi_+ + \chi_-) \tag{10}$$

Diese Zustände sind zeitabhängig. Die Quantendynamik der Stereo-mutation wird wie die Quantendynamik von Atomen und Molekülen generell durch die zeitabhängige Schrödinger-Gleichung beschrieben,

spontan: "klassisch" → quantenmechanisch

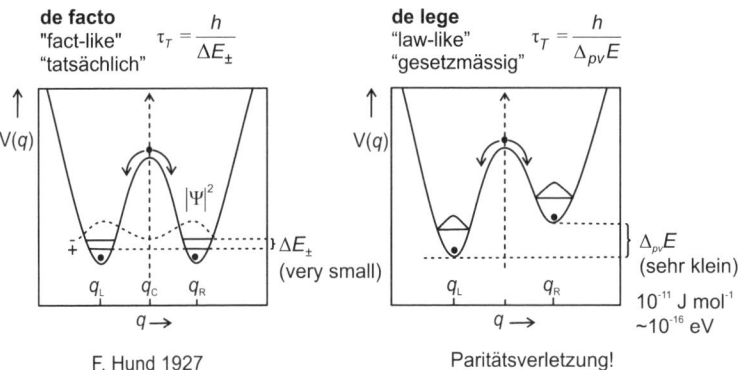

Abb. 75 Symmetriebrechung und Symmetrieverletzung (nach [14]).

$$i\frac{h}{2\pi}\frac{\partial \Psi(q,t)}{\partial t} = \hat{H}\,\Psi(q,t) \tag{11}$$

mit der Lösung

$$\Psi(q,t) = \sum_k c_k \varphi_k(q)\exp(-2\pi i E_k t / h) \tag{12}$$

Die c_k sind komplexe Koeffizienten. Die Funktionen φ_k *(q)* und die Energien E_k erhält man als Eigenfunktionen und Eigenwerte der Lö-sung der zeitunabhängigen Schrödinger-Gleichung,

$$\hat{H}\varphi_k(q) = E_k\varphi_k(q) \tag{13}$$

Berücksichtigt man nun zur Vereinfachung nur zwei Quantenzustände, zum Beispiel die beiden tiefsten Zustände $\varphi_1 \equiv \chi_+$ und $\varphi_2 \equiv \chi_-$ mit den Energien $E_1 = E_+$ und $E_2 = E_-$ und der Energiedifferenz $\Delta E_\pm = E_- - E_+$, so kann man die Zeitentwicklung von H_2O_2 nach Gl. (12) als Zweizustandsdynamik vereinfacht gemäß Gl. (14) darstellen:

$$\Psi(q,t) = \frac{1}{\sqrt{2}}\exp(-2\pi i E_+ t)\left[\chi_+ + \chi_- \exp(-2\pi i \Delta E_\pm t / h)\right] \tag{14}$$

Die beobachtbare Wahrscheinlichkeitsdichte $P(q,t)$, das quantenmechanische Äquivalent der zeitabhängigen Molekülstruktur, ergibt sich zu

$$P(q,t) = \Psi(q,t)\Psi^*(q,t) = |\Psi|^2 = \frac{1}{2}\left\|\chi_+ + \chi_- \exp(-2\pi i \Delta E_\pm t / h)\right\|^2 \tag{15}$$

Diese führt eine periodische Bewegung aus mit der Periode

$$\tau = \frac{h}{\Delta E_\pm} \tag{16}$$

Man erkennt aus Gl. (15) leicht, dass die Wahrscheinlichkeitsdichte sich von einem links lokalisierten Zustand λ (Gl. (9)) in einen rechts lokalisierten Zustand ρ verwandelt in einer halben Periode, die wir also mit der Stereomutationszeit $\tau_{\lambda\to\rho}$ verknüpfen können:

$$\tau_{\lambda\to\rho} = \frac{h}{2\Delta E_\pm} = \frac{1}{2c\Delta\tilde{\nu}} \tag{17}$$

Da diese Umwandlung bei einer Energie unterhalb der Potenzialschwelle stattfindet (Abbildung 75), was in der klassischen Mechanik verboten wäre, spricht man vom quantenmechanischen Tunneleffekt (bildlich, als ob es einen »Tunnel« durch die Potenzialschwelle gäbe).

Wenn nun $\Delta E_\pm$ sehr klein ist, sind die chiralen Zustände praktisch stabil, da $\tau_{\lambda\to\rho}$ in Gl. (17) sehr groß wird. Im Gegensatz zur spontanen Symmetriebrechung der klassischen Mechanik, die bei kleinen Energien notwendig ist, ist die *de-facto*-Symmetriebrechung der Quantenmechanik durch Wahl der Anfangsbedingungen stets möglich. aber nicht notwendig.

In der *de-lege*-Symmetriebrechung schließlich hat das Potenzial keine symmetrische Form mehr, das Gesetz (*lex*) für die Dynamik zeigt gar keine Symmetrie. Wenn die Abweichung von der Symmetrie klein ist, kann man jedoch sinnvoll von einer nahezu vorhandenen Symmetrie sprechen, die durch kleine asymmetrische Zusatzglieder im Hamilton-Operator »gebrochen« oder »verletzt« wird, in diesem Fall aber »de lege«. Bei der Einführung dieser Nomenklatur wurde darauf geachtet, das natürliche (göttliche) Gesetz (*lex*) vom willkürlichen menschlichen Recht (*ius*) zu unterscheiden (also hier nicht »de iure«).

Es ist anhand dieses Beispiels offensichtlich, dass die Symmetriebrechungen *de facto* und *de lege* fundamental verschiedene Deutungen einer eventuell beobachteten Asymmetrie eines Phänomens bedeuten. Die am Beispiel der Chiralität geometrisch leicht verständliche Unterscheidung gilt aber auch analog für andere asymmetrische Phänomene, wie zum Beispiel die Asymmetrie der Zeit, die sich in der beobachteten Irreversibilität zeigt. Es ist weiterhin klar, dass die Unterscheidung zwischen *de-facto-* und *de-lege-*Symmetriebrechung keine sprachlich-philosophische, sondern durchaus eine experimentell-naturwissenschaftliche ist: Durch sorgfältige Untersuchung des Potenzials würde sich ja eine eventuelle Asymmetrie (*de lege*) nachweisen lassen, auch wenn vielleicht bei ersten Experimenten das Potenzial symmetrisch erscheint. Nun könnte man meinen, daß unter diesen Voraussetzungen eine Beschreibung eines asymmetrischen Phänomens durch eine Symmetriebrechung *de lege* niemals experimentell ausgeschlossen werden könnte, denn es könnte ja immer eine kleine Asymmetrie des Potenzials unterhalb der jeweiligen experimentellen Nachweisgrenze geben. Es zeigt sich jedoch, daß die Frage nach *de-lege-* oder *de-facto-*Symmetriebrechung auch einen quantitativen Aspekt hat. Dieser hängt mit der relativen Größe der »symmetrisierenden, delokalisierenden« Tunnelaufspaltung $\Delta E_{\pm}$ und der symmetrieverletzenden Potenzialasymmetrie zusammen ($\Delta E_{\lambda\rho} \cong \Delta_{pv} E$ sei der Unterschied in den Potenzialminima, *pv* für paritätsverletzend gebräuchlich). Immer wenn

$$\Delta E_{\pm} \gg \Delta_{pv} E \qquad (18)$$

ist, kann man im Wesentlichen von einer Symmetriebrechung *de facto* sprechen, auch wenn $\Delta_{pv} E$ nicht null ist. Immer wenn

$$\Delta E_{\pm} \gg \Delta_{pv} E \qquad (19)$$

ist, dominiert die Symmetriebrechung *de lege* das Phänomen.

Im Fall der Stereomutation des H_2O_2 wissen wir heute zum Beispiel, dass $\Delta E_{\pm} \gg \Delta_{pv}E$ gilt, die Symmetriebrechung ist also hier im Wesentlichen *de facto*. Demgegenüber wissen wir ebenfalls, dass bei den üblicherweise als chiral isolierten Methanderivaten (CHFClBr, Abbildung 72, Aminosäuren etc.) die Chiralität von einer Symmetriebrechung *de lege* dominiert ist. Allerdings bedarf diese theoretisch begründete Aussage noch der experimentellen Prüfung [14].

Als im Jahre 1989 eine systematische Analyse der Hypothesen zu den Grundlagen der Chiralität erstellt wurde [8], ergab sich überraschenderweise, dass es mindestens fünf grundsätzlich verschiedene Hypothesen zu dieser scheinbar einfachen, grundlegenden Strukturfrage der Chemie gab, deren »Anhängerschaften« kaum miteinander kommunizierten. Eine experimentelle Entscheidung lag damals (und teils auch heute) noch nicht vor. Die gleiche Situation zeigt sich bei der Deutung der biochemischen Dissymmetrie oder Homochiralität sowie der Frage der Zeitasymmetrie oder Irreversibilität.

Tabelle 4 gibt einen Überblick über die verschiedenen »Glaubensgemeinden« zu den Strukturhypothesen, geordnet nach den Typen der Symmetriebrechung. Es sei hier bemerkt, dass »de-facto-Symmetriebrechung« und »spontane Symmetriebrechung« in vielen Darstellungen in einen Topf geworfen werden, was aber nicht ganz korrekt ist, da sie begrifflich und im Prinzip auch experimentell unterschieden werden können. Das ursprünglich klassisch-mechanische Konzept der spontanen Symmetriebrechung kann auf die Quanten-

Tabelle 4 »Glaubensgemeinden« zu den Strukturhypothesen chiraler Moleküle (nach [8]).

de facto	spontan	de lege
Hypothese von Hund 1927	»klassische« Hypothese – van't Hoff und Le Bel 1874 – Cahn, Ingold, Prelog 1956/66	Elektroschwache Wechselwirkung mit Paritätsverletzung – Lee und Yang 1956, Wu et al. 1957
	»Störungs-« oder »Umwelt«-Hypothese – Simonius 1978 Harris und Stodolsky 1981 Davies 1978/79	– Yamagata 1966 – Rein, Hegström und Sandars 1979, 1980 – Mason, Tranter, McDermott et al. 1983 ff. (frühe Rechnungen)
	Hypothese der Superauswahlregel – Pfeifer, Primas 1980 – A. Amann 1989 f.	– Quack 1980/86 (vorgeschlagene Experimente zu $\Delta_{pv}E$), siehe auch [14] zu neuen Rechnungen

mechanik von Systemen mit (unendlich) vielen Freiheitsgraden erweitert werden [24, 25, 28]. Für eine weitergehende Diskussion mit zahlreichen Literaturzitaten verweisen wir besonders auf [7, 8, 16].

Es sei hier auch bemerkt, dass H_2O_2 das erste Beispiel war, an welchem die volle, 6-dimensionale quantenmechanische Wellenpaketdynamik der Stereomutation untersucht wurde, die weit über das einfache eindimensionale Bild hinausgeht, das wir hier für die Diskussion der Konzepte benutzt haben (siehe [29, 30]). Solche Untersuchungen sind für das heutige Verständnis der quantenchemischen Kinetik vielatomiger Moleküle von großer Bedeutung und haben zu neuen Erkenntnissen der Kinetik durch Tunnelprozesse auf »quasiadiabatischen Kanälen« weit oberhalb der Energiebarriere für die Reaktion geführt. Sie sind aber weniger bedeutsam für die hier diskutierten grundlegenden Konzepte.

Die hier am Beispiel der molekularen Chiralität diskutierten Konzepte der Symmetriebrechung finden ein Analogon bei der Untersuchung der Zeitumkehrsymmetrie und der Irreversibilität in chemischen Prozessen [7–12, 31].

Die Theorie der molekularen Paritätsverletzung in chiralen Molekülen

Wir haben im vorhergehenden Abschnitt gesehen, dass offenbar die relative Größe der Energien $\Delta E_\pm$ für die Aufspaltung des Grundzustandes durch den Tunnelprozess und der Asymmetrie $\Delta_{pv}E$ des Potenzials wichtig für das Verständnis der Natur der molekularen Chiralität ist. Die Tunnelaufspaltungen können mit Hilfe der gewöhnlichen, paritätserhaltenden molekularen Quantenmechanik verstanden oder auch experimentell (spektroskopisch) untersucht werden. Es gibt eine Vielzahl solcher Untersuchungen seit vielen Jahrzehnten (siehe z. B. die entsprechenden Kapitel in [32]). Für die paritätsverletzenden Potenziale und Asymmetrieenergien $\Delta_{pv}E_{el}$ muss man theoretisch eine neue Art von quantenchemischen Rechnungen im Rahmen der sogenannten »elektroschwachen Quantenchemie« [33, 34] durchführen.

Bei der Diskussion dieser Rechnungen muss zunächst das Konzept dieser Potenziale näher erläutert werden. Die gewöhnliche elektronische (»adiabatische« oder »Born-Oppenheimer-«) Potenzialfunktion ist effektiv eine Hyperfläche potenzieller Energien ($V(q_1, q_2, q_3 \ldots q_S)$)

als Funktion von $S = 3N - 6$ inneren Koordinaten eines N-atomigen Moleküls (also z. B. für H_2O_2 ist $S = 6$). Sie ist paritätserhaltend und kann mit den Methoden der gewöhnlichen Quantenchemie berechnet werden. Das bedeutet, dass sie strikt spiegelungssymmetrisch ist und die Differenz $V_R(q_1, q_2, q_3 ... q_S) - V_S(\overline{q}_1, \overline{q}_2, \overline{q}_3 ... \overline{q}_S)$ der potenziellen Energien von enantiomeren Strukturen exakt gleich null ist.

Im Übrigen liegen Potenzialdifferenzen für verschiedene chemisch relevante Strukturen im Bereich von $1 - 100$ kJ mol^{-1} (als molare Energien). Die mit den Methoden der »elektroschwachen Quantenchemie« berechneten paritätsverletzenden Beiträge zu den Potenzialen sind antisymmetrisch bezüglich der Spiegelung und ergeben daher eine »paritätsverletzende« Energiedifferenz

$$\Delta_{pv} E_{el}(q_1, q_2, q_3 ... q_S) = V_{pvR}(q_1, q_2, q_3 ... q_S) - V_{pvS}(\overline{q}_1, \overline{q}_2, \overline{q}_3 ... \overline{q}_S) \quad (20)$$

für enantiomere Strukturen. Diese Energiedifferenzen liegen in der Größenordnung von 10^{-11} J mol^{-1}. Streng genommen sind die Grundzustands-Energiedifferenzen quantenmechanische Mittelwerte über Grundzustände von Enantiomeren, was aber oft nahe bei den Werten $\Delta_{pv} E_{el}$ für die Gleichgewichtsgeometrien liegt. Wir unterscheiden deshalb diese Größen nur dort in unserer Nomenklatur explizit, wo das wichtig ist.

Frühe Rechnungen der Paritätsverletzung in chiralen Molekülen wurden auf der Grundlage analoger theoretischer Ansätze wie bei Atomen [35] schon ab etwa 1980 von Hegström, Rein und Sandars [36] durchgeführt, später fortgesetzt von Mason, Tranter und Mac-Dermott [37–39]. Unsere Untersuchungen nach 1990 haben jedoch gezeigt, dass die frühen Rechnungen für Prototypmoleküle wie H_2O_2 und H_2S_2 und andere um etwa ein bis zwei Größenordnungen falsch waren. Unsere neuen theoretischen Arbeiten ergeben viel größere Werte für $\Delta_{pv} E$ als früher vermutet (wenn auch immer noch sehr klein) [33, 34, 40–42]. Das ist von Bedeutung auch für die Planung von Experimenten [43]. Auch die Ergebnisse zu biochemisch wichtigen Molekülen wie Alanin wurden vollständig durch unsere neueren theoretischen Arbeiten revidiert [44]. Diese Ergebnisse wurden in der Zwischenzeit durch unabhängige Arbeiten in mehreren Arbeitsgruppen bestätigt und können als gut gesichert gelten, wenn auch die experimentelle Überprüfung noch aussteht.

Wir können hier keine umfassende Übersicht der neueren theoretischen Ergebnisse geben und verweisen auf mehrere Artikel, die einen Überblick aus verschiedenen Perspektiven geben [5, 7, 13–15, 34, 45, 46].

Tabelle 5 gibt eine für unsere Diskussion wichtige Zusammenstellung der paritätsverletzenden Energiedifferenzen $\Delta_{pv}E_{el}$ und der Tunnelaufspaltungen $\Delta E_\pm$ für eine Serie von einfachen axial-chiralen Molekülen vom Typ X-Y-Z-X', Analoga zu H_2O_2. Man erkennt, dass beim H_2O_2 und vielen ähnlichen Hydriden die Ungleichung (18) gültig ist, weshalb hier die Paritätsverletzung *de lege* kaum eine Rolle spielt. Allerdings ist die Chiralität dieser Moleküle sehr kurzlebig, oft

Tabelle 5 Überblick über Tunnelaufspaltungen $\left|\Delta E_\pm\right|$ und paritätsverletzende Energiedifferenzen $\left(\Delta E_{pv}^{el}\right)$ in einer Reihe von Molekülen (nach [47] und [14])

Moleküle	$\left\lvert\Delta E_{pv}^{el}\right\rvert\left(hc\,\mathrm{cm}^{-1}\right)$	$\left\lvert\Delta E_\pm\right\rvert\left(hc\,\mathrm{cm}^{-1}\right)$	Literatur
H_2O_2	$4\cdot10^{-14}$	11	[29, 30, 33, 34, 41]
D_2O_2	$4\cdot10^{-14}$	2	[29, 30, 33, 34, 41]
T_2O_2	$4\cdot10^{-14}$	0.5	[29, 30, 33, 34, 41]
Cl_2O_2	$6\cdot10^{-13}$	$7\cdot10^{-25}$	[48]
HSOH	$4\cdot10^{-13}$	$2\cdot10^{-3}$	[49]
DSOD	$4\cdot10^{-13}$	$1\cdot10^{-5}$	[49]
TSOT	$4\cdot10^{-13}$	$3\cdot10^{-7}$	[49]
$HClOH^+$	$8\cdot10^{-13}$	$2\cdot10^{-2}$	[47]
$DClOD^+$	$-^c$	$2\cdot10^{-4}$	[47]
$TClOT^+$	$-^c$	$7\cdot10^{-6}$	[47]
H_2S_2	$1\cdot10^{-12}$	$2\cdot10^{-6}$	[50]
D_2S_2	$1\cdot10^{-12}$	$5\cdot10^{-10}$	[50]
T_2S_2	$1\cdot10^{-12}$	$1\cdot10^{-12}$	[50]
Cl_2S_2	$1\cdot10^{-12}$	$\approx10^{-76\,a}$	[51]
H_2Se_2	$2\cdot10^{-10\,d}$	$1\cdot10^{-6}$	[52]
D_2Se_2	$-^c$	$3\cdot10^{-10}$	[52]
T_2Se_2	$-^c$	$4\cdot10^{-13}$	[52]
H_2Te_2	$3\cdot10^{-9\,b}$	$3\cdot10^{-8}$	[47]
D_2Te_2	$-^c$	$1\cdot10^{-12}$	[47]
T_2Te_2	$-^c$	$3\cdot10^{-16}$	[47]

[a] Extrapolierter Wert
[b] Berechnet von Laerdahl and Schwerdtfeger [53] für die *P*-Struktur ($r_{TeTe} = 284$ pm, $r_{HTe} = 164$ pm, $\alpha_{HTe} = 92°$ und $\tau_{HTeTeH} = 90°$) und die entsprechende *M*- Struktur. Eine frühere Rechnung von Wiesenfeld [54] ergab $\Delta_{pv}E = hc\,8\cdot10^{-10}$ cm^{-1} für die Struktur ($r_{TeTe} = 271{,}2$ pm, $r_{HTe} = 165{,}8$ pm, $\alpha_{HTe} = 90°$ und $\tau_{HTeTeH} = 90°$).
[c] Näherungsweise der gleiche Wert wie für das H-Isotopomere.
[d] Berechneter Wert aus [53].

im ps-Bereich. Für Moleküle wie ClOOCl und Cl-S-S-Cl ist jedoch die Ungleichung (19) gültig und $\Delta_{pv}E$ ist eine messbare Grundzustands-Energiedifferenz zwischen den Enantiomeren. Dieser Fall trifft bei all denjenigen Molekülen zu, wo man Enantiomere als stabile chirale Moleküle erzeugen und für lange Zeiten aufbewahren kann. Der Übergang zwischen den Grenzfällen hängt natürlich vom betrachteten Einzelfall ab, aber man kann sich einprägen, dass er auftritt, wenn die Tunnelperiode im hypothetischen, symmetrischen Potenzial Zeiten im Sekundenbereich wesentlich übertrifft. Damit hat man eine bemerkenswerte halbquantitative Aussage zur Frage 1 aus der Einleitung gewonnen, nämlich zur Natur und dem quantendynamischen Ursprung der molekularen Chiralität: Für alle langlebigen ($\tau \gg 1$ s) chiralen Moleküle ist die Paritätsverletzung *de lege* der dominante Effekt zur Charakterisierung der Quantendynamik der molekularen Chiralität, wesentlich wichtiger als die Symmetriebrechung *de facto* nach F. Hund. Diese große Bedeutung der Paritätsverletzung für den Regelfall chiraler Moleküle ist vielleicht überraschend und gibt zunächst wenigstens eine heute gültige theoretische Beantwortung der Frage 1 nach der Natur der molekularen Chiralität. Die experimentelle Bestätigung der theoretischen Werte für $\Delta_{pv}E$ liegt zwar noch nicht vor, kann aber wohl für die nahe Zukunft erwartet werden.

Als Beispiel für die Berechnung von paritätserhaltenden und paritätsverletzenden Potenzialen in einem Molekül, wo prinzipiell eine Messung der paritätsverletzenden Grundzustandsenergiedifferenz $\Delta_{pv}E$ möglich ist, zeigen wir das Torsionspotenzial $V(\tau)$ für Cl-S-S-Cl in Abbildung 76. Man erkennt sehr schön, dass das gewöhnliche paritätserhaltende Potenzial für die Torsionsbewegung symmetrisch bezüglich der planaren Geometrie bei 180° ist, während das paritätsverletzende Potenzial antisymmetrisch (und daher paritätsverletzend) ist. Die Tunnelaufspaltungen bei kleinen Energien sind in diesem Beispiel verschwindend gering (Tabelle 5).

Experimente zur Paritätsverletzung in chiralen Molekülen

Wegen der geringen Größe der Effekte sind Experimente zur Bestimmung der Paritätsverletzung in chiralen Molekülen sehr schwierig. Nach unserer Ansicht ist das 1986 von uns vorgeschlagene Experiment zur Messung der Paritätsverletzung durch Zeitentwicklung nach Präparation eines Paritätsisomers das vielversprechendste experimen-

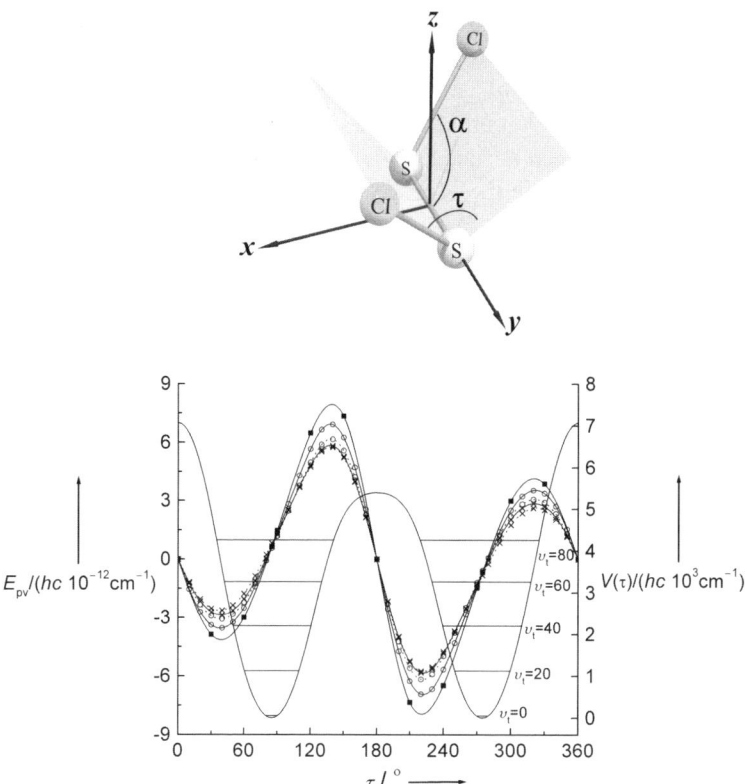

Abb. 76 Die chirale Gleichgewichtsgeometrie von Dichlordisulfan Cl–S–S–Cl. Im unteren Teil ist das gewöhnliche, paritätserhaltende Torsionspotenzial gezeigt (als Funktion des Torsionswinkels τ, durchgezogene Linie, Skala auf der rechten Ordinate). Einige ausgewählte Quantenzustände der Torsionsschwingung sind eingetragen (mit Quantenzahlen v_t = 0, 20, 40, 60, 80). Weiterhin sind die antisymmetrischen, paritätsverletzenden Potenzialbeiträge aus verschiedenen Näherungsrechnungen der elektroschwachen Quantenchemie gezeigt (durch Linien verbundene Punkte, Skala auf der linken Ordinate). (Nach [16].)

telle Konzept [43], bisher liegen allerdings noch keine erfolgreichen Experimente vor. Diese Experimente galten lange (und gelten für viele auch heute noch) als »unmöglich« [15]. Neben den im vorausgehenden Abschnitt erwähnten entscheidenden Forschritten in der Theorie haben wir in den letzten Jahrzehnten allerdings auch bei den Experimenten erhebliche Fortschritte in der Vorbereitung solcher Experimente erzielt. Ein entscheidender Schritt bestand in den ersten rotationsaufgelösten Analyse von Rotations-Schwingungsspektren chiraler Moleküle, was eine wichtige Vorstufe für alle gegenwärtigen Ansätze zur Beobachtung der Paritätsverletzung in chiralen Molekülen ist [55–57]. Bis heute sind insgesamt etwa zehn solche Analysen an chiralen Molekülen erfolgreich durchgeführt worden [14, 15]. Wir wollen jedoch noch auf einen konzeptuell interessanten Aspekt dieser Experimente hinweisen. Nach dem Schema in Abbildung 72 kann man im Prinzip in speziellen chiralen Molekülen aus der »Kombinationsdifferenz« der beiden Spektrallinien, die den durch die unterbrochenen Pfeile ($\leftrightarrow$) dargestellten Übergängen entsprechen, die paritätsverletzende Energiedifferenz erhalten [8, 43]. Hierzu würde man jedoch ein Frequenzauflösungsvermögen $\nu / \Delta\nu \geq 10^{16}$ benötigen [13–15] oder eine Auflösung $\Delta\nu$ von ca. 1 mHz im IR-Bereich, was heute nahe bei, aber momentan noch jenseits der Grenze des Möglichen liegt.

Alternativ kann man auch ein kinetisches Experiment durchführen, wobei man zeitaufgelöst über einen Zwischenzustand definierter Parität (+), der durch eine geeignete Analyse identifiziert ist, mittels stimulierter Emission einen Superpositionszustand wohldefinierter Parität (−) im Grundzustand erzeugt. Für eine solche Selektion ist nur die »gewöhnliche«, voll rotationsaufgelöste spektrale Struktur nötig, was wir aktuell mit Lasern mit Auflösungen im Bereich $\Delta\nu \simeq 1\,\mathrm{MHz}$ (oder besser) problemlos erreichen. Die Anforderungen an die Auflösung sind also um ca. neun Größenordnungen geringer als bei dem oben erwähnten frequenzaufgelösten Kombinationsdifferenzexperiment.

Die Erzeugung eines solchen »Paritätsisomers« eines stabilen chiralen Moleküls im Bereich einer durch Paritätsverletzung dominierten Quantendynamik ($\Delta_{pv}E \gg \Delta E_\pm$), Gl. (19), bleibt jedoch schwierig und ist bisher noch nie gelungen. Bei den Molekülen mit einer durch Tunneln dominierten Quantendynamik wie H_2O_2 ($\Delta E_\pm \gg \Delta_{pv}E$), Gl. (18) sind die Paritätsisomere allerdings die natürlichen Isomere und leicht zu erzeugen.

Die kinetischen Schritte des zeitaufgelösten Experimentes lassen sich dann zusammenfassen als

$$R \text{ (oder S)} \xrightarrow{h\nu} X^*(+) \text{ (oder } X^*(-)) \qquad (21)$$

wobei $X^*(+)$ gerade dem obersten Niveau im Schema von Abbildung 72 entspricht. Nun selektiert man durch die elektrische Dipol-Auswahlregel ($+ \leftrightarrow -$) durch einen Strahlungsübergang einen Zustand negativer Parität (−),

$$X^*(+) \xrightarrow{h\nu'} X'(-) \qquad (22)$$

Dieser Zustand ist eine Superposition von R- und S-Zuständen und kein Energieeigenzustand. Er zeigt eine Zeitentwicklung

$$X^*(-) \longrightarrow X'(+) \qquad (23)$$

Diese Umwandlung von einem Paritätsisomer negativer Parität $(X'(-))$ in ein Paritätsisomer positiver Parität $(X'(+))$ folgt einem Zeitgesetz für die Konzentration (oder Teilchenzahl) des anfänglich nicht vorhandenen $X'(+)$-Isomers, als Molenbruch $y_\pi = c_\pi / (c_\mu + c_\pi)$ ausgedrückt

$$y_\pi = \sin^2(\pi t \Delta_{pv} E / h) \qquad (24)$$

woraus man also die paritätsverletzende Energiedifferenz $\Delta_{pv} E$ ermitteln kann. Da die hochaufgelösten Spektren der beiden Paritätsisomere $X'(+)$ und $X'(-)$ wegen der elektrischen Dipolauswahlregeln verschieden sind, kann man die Konzentration c_π von $X'(+)$ durch Bestimmung der Zunahme der zu $X'(+)$ gehörenden anfänglich »verbotenen« Spektrallinien ($c_\pi(t=0) = 0$) ermitteln. Da für kurze Zeiten mit $\sin^2 x \simeq x^2$ gilt

$$y_\pi(\text{t klein}) \simeq \pi^2 t^2 \Delta_{pv} E^2 / h^2 \qquad (25)$$

hat man eine anfangs quadratische Zeitentwicklung, was man zur Unterscheidung von linearen Rauscheffekten benutzen kann. Für weitere Aspekte solcher Experimente verweisen wir auf [7, 8, 14, 15, 43, 46]. Wenn sie gelingen, ermöglichen sie einerseits eine Messung von $\Delta_{pv} E$ und damit eine Überprüfung der weiter oben vorgestellten Theorien, die man wiederum für Untersuchungen der Mechanismen der biochemischen Evolution der Homochiralität einsetzen könnte. Andererseits kann die Kombination genauer Messungen und Rechnungen zu $\Delta_{pv} E$ auch zur Ermittlung fundamentaler Parameter des Standardmodells der Physik benutzt werden, die sonst nur durch Experimente der Hochenergiephysik zugänglich sind, manchmal nicht einmal durch diese [15]. Die hier sehr kurz und vereinfacht dargestellten Experimente zur molekularen Paritätsverletzung gehören zu den faszinierendsten Grenzgebieten der heutigen Spektroskopie [78].

Hypothesen zur Evolution der biochemischen Homochiralität

Bei der Evolution der Homochiralität kann man prinzipiell zwei Schritte unterscheiden,

1. die anfängliche Erzeugung eines (möglicherweise kleinen) Überschusses eines Enantiomers,

2. die Verstärkung dieses Überschusses durch verschiedene physikalisch-chemische Mechanismen, die sowohl abiotisch als auch biotisch sein können.

Natürlich können die beiden Schritte auch miteinander verwoben werden. Es sind eine Reihe von Mechanismen bekannt, die in Stufe 2 eine Verstärkung eines Enantiomerenüberschusses ermöglichen, unabhängig davon, wie dieser Überschuss entstanden ist, und es wurde im Laufe der Jahrzehnte eine Vielzahl von Prozessen untersucht und mehr oder weniger gut charakterisiert. Dem Einfallsreichtum der Chemiker scheint hier kaum eine Grenze gesetzt und wir können die sehr umfangreiche Literatur hierzu nicht referieren. Wir weisen nur kurz auf die vom Konzept her wichtigsten hin, die wir bestimmten »Glaubensgemeinden« zuordnen können (siehe [7] für Details):

1. Eine stochastische »Alles oder Nichts«-Selektion eines Enantiomers (D oder L) kann mittels eines biochemischen Selektionsmechanismus [1, 58 – 64] erfolgen oder auch abiotisch, etwa durch Kristallisation [65, 66]. Nach dieser Hypothese wird mit Sicherheit bei jeder Einzelevolution nur ein Enantiomer selektiert, wobei aber in vielen, separaten Evolutionsexperimenten D und L im Mittel mit gleicher Häufigkeit selektiert werden.

2. Eine zufällige äußere chirale Beeinflussung eines einmaligen Evolutionsvorganges selektiert bevorzugt ein Enantiomer. Schon Pasteur und später van't Hoff haben eine solche Möglichkeit in Betracht gezogen, und seither gibt es unzählige unterschiedliche Vorschläge dieser Art. Als Beispiel nennen wir den Start einer Evolution auf einer zufälligen chiralen Matrix, z. B. einem Linksquarzkristall ([66]). Wenn dann einmal ein bevorzugtes Enantiomer gebildet wurde, könnte es sich dauerhaft fortpflanzen und erhalten bleiben ([67]). Eine gegenwärtig populäre Möglichkeit ist die Erzeugung eines Enantiomerenüberschusses in einer interstellaren Gaswolke durch polarisiertes Licht. Dieser Über-

schuss wird dann durch Meteoriten auf die frühe Erde eingetragen und dient als bevorzugte Anfangsbedingung. Die Beobachtung von Enantiomerenüberschüssen chiraler biologischer Vorläufermoleküle in Meteoriten hat dieser Hypothese viel Zulauf gegeben [68].

3. Ein Tieftemperaturphasenübergang erzeugt präbiotisch (oder allgemeiner: abiotisch) ein reines Enantiomer aufgrund der paritätsverletzenden schwachen Wechselwirkung. Enantiomerenreines oder angereichertes organisches Ausgangsmaterial liefert die Grundlage für eine spätere biotische Selektion [69–71].

4. Ein durch die paritätsverletzende schwache Wechselwirkung thermodynamisch oder kinetisch geringfügig begünstigtes Enantiomer wird durch nichtlineare kinetische Mechanismen bevorzugt und am Ende ausschließlich selektiert [39, 72–75].

Diese vier Grundhypothesen lassen sich wiederum ähnlich wie die Strukturhypothesen der Chiralität gruppieren in die beiden *de-facto*-Selektionshypothesen (1) und (2), man könnte hier auch den Begriff »spontan« verwenden, und die beiden *de-lege*-Selektionshypothesen (3) und (4).

Die Hypothesen lassen sich auch in die zwei großen Kategorien »Zufall« (hasard) und »Notwendigkeit« (nécessité) einordnen. Diese Kategorien der Evolution der Homochiralität sind im Prinzip experimentell unterscheidbar. Bei vielfach wiederholter Evolution nach einem Mechanismus der Kategorie »Zufall« würde in ca. 50 % der Fälle »L-Aminosäure-Leben« und in ca. 50 % der Fälle »D-Aminosäure-Leben« entstehen. Wenn ein Mechanismus vom Typ »Notwendigkeit« dominiert, so würde man immer (oder dominant) unsere L-Aminosäure-Lebensform erhalten.

Um diese prinzipielle Möglichkeit der experimentellen Unterscheidung der Kategorien zu realisieren, müsste man die Mechanismen der Lebensentstehung und Evolution im Laboratorium nachvollziehen. Hiervon scheinen wir noch weit entfernt zu sein, jedenfalls weiter entfernt als etwa von einer Messung der Paritätsverletzung in chiralen Molekülen. Wir haben darauf hingewiesen, dass wir heute noch nicht einmal wissen, ob ein einfaches »enantiomeres Lebewesen« spiegelsymmetrisch gleich funktionieren würde wie das normale Lebewesen [76]. So könnte man an die Totalsynthese eines Spiegelbild-Bakteriums aus D-Aminosäureproteinen und L-Zucker-DNA/ RNA denken [76]. Auch hiervon scheint man noch weit entfernt [5, 77], obwohl in neuerer Zeit große Fortschritte bei den Experimenten zu »Evolutionsmaschinen« gemacht wurden (siehe Kapitel 11, [79]).

Zusammenfassende Bemerkungen und Spekulationen zur Rolle der Symmetrie in Kosmologie und Evolution: Das Weltspiel

Wenn wir zu unseren vier Fragen aus der Einleitung zurückkehren, so können wir nur die erste vorläufig auf der Grundlage theoretischer Rechnungen beantworten: Für normale, stabile, isolierte chirale Moleküle, also auch die isolierten Aminosäuren und Zucker als Bausteine der Biopolymere, wird die Natur der molekularen Chiralität durch die Quantendynamik der Paritätsverletzung (*de lege*) dominiert, im Vergleich zu den Tunnelprozessen im symmetrischen Potenzial, die zu einer Symmetriebrechung *de facto* führen würden. Weitere Effekte sind in dichten Medien von Bedeutung, was diese Schlussfolgerung aber nicht einschränkt. Experimentell muss diese theoretische Schlussfolgerung noch überprüft und bestätigt (oder widerlegt) werden. Die großen Fortschritte, die unsere Gruppe auf dem Weg zu solchen Experimenten gemacht hat, lassen erste Ergebnisse für die nahe Zukunft erwarten. Damit werden dann auch die theoretischen Resultate auf eine sichere Grundlage gestellt und können als Ausgangspunkt für die Untersuchungen zur Frage der Evolution der biochemischen Homochiralität dienen. Noch weitergehend wird die Kombination von Experiment und Theorie der molekularen Paritätsverletzung im Hinblick auf eine Auswertung fundamentaler Parameter des Standardmodells der Hochenergiephysik sein, wie etwa der Energieabhängigkeit des Weinberg-Parameters [15]. Es sei hier bemerkt, dass nur spektroskopische Experimente an isolierten Molekülen in der Gasphase diese Möglichkeiten eröffnen. Experimente zur Paritätsverletzung an Molekülen in kondensierter Phase erlauben wegen der großen (potenziell chiralen) Einflüsse des Mediums keine sicheren Schlüsse, wir haben deshalb auf ihre Diskussion völlig verzichtet (siehe [5]).

Was die Antworten auf die restlichen Fragen aus der Einleitung betrifft, kann man heute nur spekulieren. Für den Ursprung der biochemischen Homochiralität gibt es viele einander widersprechende Hypothesen, mehrere davon durchaus glaubwürdig, keine bewiesen. Auch die Frage nach dem Ursprung des kosmischen Überschusses von Materie über Antimaterie ist heute noch völlig offen. Zur Natur der Irreversibilität haben wir uns hier nicht im Detail geäußert und verweisen auf [7, 9, 12, 15, 16, 31]. Trotz gegenteiliger Behauptungen in manchen Lehrbüchern und Publikationen bleibt die Frage nach unserer dort begründeten Ansicht offen in dem Sinne, dass sowohl eine *de-facto*- Symmetrieverletzung Kern der beobachteten Irreversibilität sein kann (das wäre eine Standard-Lehrbucherklärung) als auch eine tiefere *de-lege*-Symmetrieverletzung. Ähnlich wie bei der molekularen Chiralität geht es hier auch um eine quantitative Frage bezüglich des Einflusses der relevanten Parameter, zu deren Beantwortung bei der Frage der Irreversibilität schon allein die theoretischen Grundlagen fehlen [15].

Wir wollen hier schließen mit einer kosmologischen Spekulation, die auf allgemeineren Überlegungen zu Symmetrieverletzungen beruht [7, 11, 15, 16, 22].

Abbildung 77 gibt einen Überblick über chirale Moleküle in ihren vier verschiedenen enantiomeren Formen aus Materie und Antimaterie. Wie wir in [22] diskutiert haben, eignen sich spektroskopische Untersuchungen an solchen Molekülen prinzipiell für einen sehr genauen Test der grundlegenden CPT-Symmetrie der Kombination aus C, P und T. Solche Experimente sind durchaus denkbar [16], mit

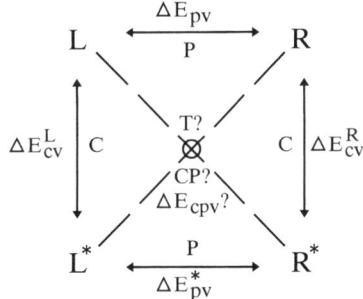

Abb. 77 Schema von enantiomeren Molekülen (L und R) aus Materie und Antimaterie (L* und R*) mit der Notation »Links«, »Rechts« der Physiker für die Enantiomere, anstelle von D/L oder R/S). Mit CPT-Symmetrie haben L und R* (sowie L* und R) die jeweils gleiche Energie. Damit wäre also

$$\left|\Delta E_{pv}\right| = \left|\Delta E_{pv}^{*}\right| = \left|\Delta E_{cv}^{L}\right| = \left|\Delta E_{cv}^{R}\right|$$

Das in [22] vorgeschlagene Experiment könnte eine Abweichung von diesen Beziehungen und damit eine CPT-Symmetrieverletzung mit einer relativen Genauigkeit bis zu $\Delta m/m = 10^{-30}$ bestimmen. Interpretiert man L und R* als Neutrino und Antineutrino, dann wäre R ein mögliches »schweres Neutrino« (siehe Text).

heute im Prinzip vorhandenen Quellen von Antimaterie, sie sind aber nicht für die nahe Zukunft zu erwarten.

Man kann das Schema in Abbildung 77 aber auch ganz anders, hochspekulativ und ohne »solide« theoretische Grundlage interpretieren [15]. Nimmt man »L« als das gewöhnliche, »linkshändige« (genau genommen »linkshelikale«) Neutrino, dann entspricht R^* dem rechtshändigen Antineutrino aus Antimaterie. Das rechtshändige Neutrino aus gewöhnlicher Materie ist nicht bekannt, die einfachste Annahme ist, dass es nicht existiert. Man könnte aber auch vermuten, dass es als Teilchen sehr großer Masse existiert, $\Delta_{pv} E = mc^2$ wäre dann die »paritätsverletzende Energiedifferenz«, für die man in völliger Abwesenheit weiterer Informationen Werte bis in den GeV- oder TeV-Bereich annehmen könnte. Interessant an solchen Spekulationen ist die Möglichkeit solcher primordialer schwerer Neutrinos als Ursache der sogenannten »dunklen Materie«, die astrophysikalisch durch ihre Gravitationseffekte als nachgewiesen gilt, und welche die »sichtbare« Materie (hauptsächlich H und He) weit überwiegt. Die Natur der dunklen Materie ist unbekannt. Sogenannte »WIMPS« (weakly interacting massive particles) sind eine Möglichkeit. Schwere Neutrinos könnten solche WIMPS sein und zur dunklen Materie beitragen[1].

---

1 Die „dunkle Materie" ist zu unterscheiden von der sogenannten „dunklen Energie", die von M. Eigen in Kap. 10 im vorliegenden Buch kurz diskutiert wird. Der Begriff der „dunklen Energie" wurde aus kosmologischen Überlegungen eingeführt, bei deren Interpretation noch erhebliche Unsicherheiten bestehen. Demgegenüber ist die Existenz der „dunklen Materie" durch Gravitationseffekte in der Dynamik der Galaxien aus gewöhnlichen astronomischen Beobachtungen praktisch sichergestellt (erstmals von Fritz Zwicky schon vor Jahrzehnten erschlossen, seither vielfach bestätigt). Die Schlussfolgerungen sind ebenso sicher wie etwa die frühen Schlüsse auf die Existenz der äusseren Planeten in unserem Sonnensystem aus Gravitationseffekten auf die Bahnen der damals beobachteten Planeten. Die Existenz der äusseren Planeten wurde dann später durch direkte Beobachtung bestätigt. Bei der dunklen Materie ist auch die Existenz über die Gravitationseffekte auf die beobachtete Bahndynamik in Galaxien sichergestellt (alternative Interpretationen würden eine Modifizierung der Gesetze der klassischen Mechanik und der Gravitation erfordern, die als sehr unwahrscheinlich gilt). Allerdings ist die Natur der dunklen Materie nicht bekannt. Spekulationen reichen von „schwer sichtbarer" gewöhnlicher Materie (ionisiertes interstellares Wasserstoffgas oder auch eine Vielzahl von Kleinplaneten werden hier diskutiert) bis zu neuen Elementarteilchen, die geringe Wechselwirkung mit gewöhnlicher Materie zeigen, aber der Gravitation normal unterworfen sind (sogenannte WIMP's).

Das Weltspiel

M. Q. J. Mol. Struct. <u>347</u>, 245 (1995) section 5, p. 262

Mehrere Spieler, ein **Spielleiter** und
zwei Kästen mit tetraedrischen Würfeln

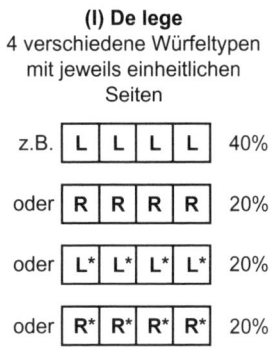

| **(I) De lege** 4 verschiedene Würfeltypen mit jeweils einheitlichen Seiten | **(II) De facto** Einheitlicher Würfeltyp mit vier unterschiedlichen Seiten |

Der Spielleiter zieht aus einem der Kästen,
die Spieler sehen nur eine Seite des Würfels

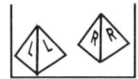 

Abb. 78 Das Weltspiel zur Simulation der Evolution von Materie und Leben bis zum heute beobachtbaren Zustand (nach [16, 19]). Siehe Diskussion im Text.

Eine andere kosmologische Spekulation weist auf die Bedeutung der Symmetrieverletzungen hin. Angeregt durch das Buch von Eigen und Winkler [59] haben wir in [19] ein »Weltspiel« vorgeschlagen, das in Abbildung 78 dargestellt ist. Es gibt einen Spielleiter, der tetraedrische Würfel vom gezeigten Typ aus zwei Kästen zieht (am Fuß der Abbildung). Die Seiten L, L*, R, R* entsprechen den chiralen Molekülen aus dem Schema in Abbildung 77. Im »de-lege«-Kasten befinden sich vier verschiedene Würfeltypen, wobei jeder einzelne Würfel nur ein Symbol auf allen vier Seiten zeigt (z. B. nur L oder nur irgendein anderes). In dem »de-facto«-Kasten befinden sich lauter gleiche Würfel mit vier verschiedenen Seiten (L, L*, R, R*). Die Spieler (die Wissenschaftler) dürfen jeweils einen Wurf mit dem vom Spielleiter gezogenen Würfel machen und nur *eine* Seite des Würfels betrachten, die auf sie gerichtet ist. Sie müssen dann raten, aus welchem Kasten der Würfel gezogen wurde (*de facto* oder *de lege*). Richtiges Raten bedeutet »Gewinn«.

Wenn der *de-lege*-Kasten gleich viele Würfel von jeder Sorte enthält und der Spielleiter ehrlich (»statistisch«) zieht, gibt es nur den Zufall als Gesamtstrategie(also keine). Wenn jedoch ein Spieler weiß, dass die Verteilung im *de-lege*- Kasten nicht gleichmäßig ist (Symmetrieverletzung, z. B. 40 % L und je 20 % von den anderen), dann wird er gewinnen, wenn er immer »*de lege*-Kasten« rät, wenn er eine L-Seite des Würfels sieht, und sonst *de facto*. Die Analogie zur heutigen Situation der Wissenschaftlerinnen und Wissenschaftler, die eine »L«-Aminosäurewelt sehen, ist offensichtlich [16, 19]. Wenn man die Natur und die Mechanismen der Symmetrieverletzungen und ihrer Konsequenzen auf die Evolution der Materie und Lebewesen im Detail kennte, dann wäre gegebenenfalls »*de lege*« die richtige, momentan beste Antwort.

Danksagung

Mein Dank gilt meinen Mitarbeitern, die in [16] ausführlich aufgezählt sind, sowie Ruth Schüpbach für ihre große Hilfe bei der Fertigstellung des Manuskripts. Dank gebührt auch Katharina Al Shamery (geb. von Puttkamer) für ihre Geduld und Manfred Eigen für manche Anregung in früher Zeit. Ihm ist dieser Vortrag gewidmet.

Literatur

[1] Eigen, M. (1987) *Stufen zum Leben*, Piper, München.

[2] Prelog, V. (1975) Chirality in Chemistry, in *Les prix Nobel 1975, Nobel Lectures*.

[3] van't Hoff, J. H. (1887) *La chimie dans l'espace*, Rotterdam.

[4] Quack, M. and Stohner, J. (2000) Influence of parity violating weak nuclear potentials on vibrational and rotational frequencies in chiral molecules *Physical Review Letters*. **84**, 3807–3810.

[5] Quack, M. (2002) How important is parity violation for molecular and biomolecular chirality? *Angewandte Chemie, International Edition in English*. **114**, 4618–4630.

[6] Dine, M. and Kusenko, A. (2004) Origin of the matter-antimatter asymmetry *Reviews of Modern Physics*. **76**, 1–30.

[7] Quack, M. (1999) Intramolekulare Dynamik: Irreversibilität, Zeitumkehrsymmetrie und eine absolute Moleküluhr *Nova Acta Leopoldina*. **81**, 137–173.

[8] Quack, M. (1989) Structure and dynamics of chiral molecules *Angewandte Chemie, International Edition in English*. **28**, 571–586.

[9] Quack, M. (1993) Die Symmetrie von Zeit und Raum und ihre Verletzung in molekularen Prozessen, in *Jahrbuch 1990-1992 der Akademie der Wissenschaften zu Berlin*, W. de Gruyter Verlag, Berlin, pp. 467–507.

[10] Quack, M. (1993) Molecular Quantum Dynamics from High-Resolution Spectroscopy and Laser Chemistry *Journal of Molecular Structure*. **292**, 171–195.

[11] Quack, M. (1995) Molecular femtosecond quantum dynamics between less than yoctoseconds and more than days: Experiment and theory, Kap. 27, in *Femtosecond Chemistry*,

Proc. Berlin Conf. Femtosecond Chemistry, Berlin (March 1993) (Hrsg. J. Manz and L. Woeste) Verlag Chemie, Weinheim, S. 781–818.

[12] Quack, M. (1995) The symmetries of time and space and their violation in chiral molecules and molecular processes, in *Conceptual Tools for Understanding Nature. Proc. 2nd Int. Symp. of Science and Epistemology Seminar, Trieste April 1993* (Hrsg. G. Costa, G. Calucci und M. Giorgi) World Scientific Publ., Singapore, S. 172–208.

[13] Quack, M. und Stohner, J. (2005) Parity violation in chiral molecules *Chimia*. **59**, 530–538.

[14] Quack, M., Stohner, J. und Willeke, M. (2008) High-resolution spectroscopic studies and theory of parity violation in chiral molecules *Annual Review of Physical Chemistry*. **59**, 741–769.

[15] Quack, M. (2011) Fundamental Symmetries and Symmetry Violations from High Resolution Spectroscopy, in *Handbook of High Resolution Spectroscopy*, Bd. 1, Kap. 18 (Hrsg. M. Quack und F. Merkt) Wiley, Chichester, New York.

[16] Quack, M. (2003) Molecular spectra, reaction dynamics, symmetries and life *Chimia* **57**, 147–160.

[17] Quack, M. (1977) Detailed symmetry selection-rules for reactive collisions *Molecular Physics* **34**, 477–504.

[18] Quack, M. (1983) Detailed symmetry selection rules for chemical reactions, in *Symmetries and properties of non-rigid molecules: A comprehensive survey.*, Proc. Int. Symp. Paris, Frama, 1-7 July 1982, Bd. 23, in Studies in Physical and Theoretical Chemistry (Hrsg. J. Maruani und J. Serre) Elsevier Publishing Co., Amsterdam, S. 355–378.

[19] Quack, M. (1995) Molecular infrared-spectra and molecular-motion

Journal of Molecular Structure **347**, 245–266.

[20] Mainzer, K. (1988) *Symmetrien der Natur. Ein Handbuch zur Natur- und Wissenschaftsphilosophie.*, de Gruyter, Berlin.

[21] Lee, T. D. (1988) *Symmetries, Asymmetries and the World of Particles*, University of Washington Press, Seattle.

[22] Quack, M. (1994) On the measurement of CP-violating energy differences in matter-antimatter enantiomers *Chemical Physics Letters* **231**, 421–428.

[23] Kuhn, B., Rizzo, T. R., Luckhaus, D., Quack, M. und Suhm, M. A. (1999) A new six-dimensional analytical potential up to chemically significant energies for the electronic ground state of hydrogen peroxide *Journal of Chemical Physics* **111**, 2565–2587.

[24] Primas, H. (1981) *Chemistry, Quantum Mechanics and Reductionism*, Springer, Berlin.

[25] Pfeifer, P. (1983) Molecular Structure Derived from First-Principles Quantum Mechanics: Two Examples, in *Energy Storage and Redistribution in Molecules, Proc. of Two Workshops, Bielefeld, June 1980* (Hrsg. J. Hinze) Plenum Press, New York, NY, S. 315–326.

[26] Hund, F. (1927) Symmetriecharaktere von Termen bei Systemen mit gleichen Partikeln in der Quantenmechanik *Zeitschrift für Physik* **43**, 788–804.

[27] Hund, F. (1927) Zur Deutung der Molekelspektren III. Bemerkungen über das Schwingungs- und Rotationsspektrum bei Molekeln mit mehr als zwei Kernen. *Zeitschrift für Physik* **43**, 805–826.

[28] Amann, A. (1991) Chirality – a Superselection Rule Generated by the Molecular Environment *Journal of Mathematical Chemistry* **6**, 1–15.

[29] Fehrensen, B., Luckhaus, D. und Quack, M. (1999) Mode selective stereomutation tunnelling in hydrogen peroxide isotopomers *Chemical Physics Letters* **300**, 312–320.

[30] Fehrensen, B., Luckhaus, D. und Quack, M. (2007) Stereomutation dynamics in hydrogen peroxide *Chemical Physics* **338**, 90–105.

[31] Quack, M. (2004) Time and Time Reversal Symmetry in Quantum Chemical Kinetics, in *Fundamental World of Quantum Chemistry. A Tribute to the Memory of Per-Olov Löwdin*, Bd. 3 (Hrsg. E. J. Brändas und E. S. Kryachko) Kluwer Adacemic Publishers, Dordrecht, S. 423–474.

[32] Quack, M. und Frédéric, M. (Hrsg.) (2011) *Handbook of High Resolution Spectroscopy*, Wiley, Chichester, New York (3 Bde).

[33] Bakasov, A., Ha, T. K. und Quack, M. (1996) Ab initio calculation of molecular energies including parity violating interactions, in *Chemical Evolution, Physics of the Origin and Evolution of Life, Proc. of the 4th Trieste Conference (1995)* (Hrsg. J. Chela-Flores and F. Raulin) Kluwer Academic Publishers, Dordrecht, S. 287–296.

[34] Bakasov, A., Ha, T. K. und Quack, M. (1998) Ab initio calculation of molecular energies including parity violating interactions *Journal of Chemical Physics* **109**, 7263–7285.

[35] Bouchiat, M. A. und Bouchiat, C. (1975) Parity Violation Induced by Weak Neutral Currents in Atomic Physics *Journal De Physique* **36**, 493–509.

[36] Hegström, R. A., Rein, D. W. und Sandars, P. G. H. (1980) Calculation of the parity non-conserving energy difference between mirror-image molecules *Journal of Chemical Physics* **73**, 2329–2341.

[37] Mason, S. F. und Tranter, G. E. (1984) The parity-violating energy difference between enantiomeric molecules *Molecular Physics* **53**, 1091–1111.

[38] MacDermott, A. J., Tranter, G. E. und Indoe, S. B. (1987) Exceptionally large enantio-selective energy differences from parity violation in sugar precursors *Chemical Physics Letters* **135**, 159–162.

[39] Mason, S. F. (1991) *Chemical Evolution: Origins of the Elements, Molecules and Living Systems*, Clarendon Press, Oxford.

[40] Bakasov, A. und Quack, M. (1999) Representation of parity violating potentials in molecular main chiral axes *Chemical Physics Letters* **303**, 547–557.

[41] Berger, R. und Quack, M. (2000) Multiconfiguration linear response approach to the calculation of parity violating potentials in polyatomic molecules *Journal of Chemical Physics* **112**, 3148–3158.

[42] Bakasov, A., Berger, R., Ha, T. K. und Quack, M. (2004) Ab initio calculation of parity-violating potential energy hypersurfaces of chiral molecules *International Journal of Quantum Chemistry* **99**, 393–407.

[43] Quack, M. (1986) On the measurement of the parity violating energy difference between enantiomers *Chemical Physics Letters* **132**, 147–153.

[44] Berger, R. and Quack, M. (2000) Electroweak quantum chemistry of alanine: Parity violation in gas and condensed phases *ChemPhysChem* **1**, 57–60.

[45] Berger, R. (2004) Parity-violation effects in molecules, in *Relativistic Electronic Structure Theory*, Bd. 2 (Hrsg. P. Schwerdtfeger) Elsevier, Amsterdam, S. 188–288.

[46] Quack, M. (2006) Electroweak quantum chemistry and the dynamics of parity violation in chiral molecules, in *Modelling Molecular Structure and Reactivity in Biological Systems*, Proc. 7th WATOC Congress, Cape Town January 2005 (Hrsg. K. J. Naidoo, J. Brady, M. J. Field, J. Gao und M. Hann) Royal Society of Chemistry, Cambridge, S. 3–38.

[47] Gottselig, M., Quack, M., Stohner, J. und Willeke, M. (2004) Mode-selective stereomutation tunneling and parity violation in HOClH⁺ and H₂Te₂ isotopomers *International Journal of Mass Spectrometry* **233**, 373–384.

[48] Quack, M. und Willeke, M. (2006) Stereomutation tunneling switching dynamics and parity violation in chlorineperoxide Cl-O-O-Cl *Journal of Physical Chemistry A* **110**, 3338–3348.

[49] Quack, M. und Willeke, M. (2003) Theory of stereomutation dynamics and parity violation in hydrogen thioperoxide isotopomers ^{1,2,3}HSO^{1,2,3}H *Helvetica Chimica Acta* **86**, 1641–1652.

[50] Gottselig, M., Luckhaus, D., Quack, M., Stohner, J. und Willeke, M. (2001) Mode selective stereomutation and parity violation in disulfane isotopomers H₂S₂, D₂S₂, T₂S₂ *Helvetica Chimica Acta* **84**, 1846–1861.

[51] Berger, R., Gottselig, M., Quack, M. und Willeke, M. (2001) Parity violation dominates the dynamics of chirality in dichlorodisulfane *Angewandte Chemie-International Edition* **40**, 4195–4198.

[52] Gottselig, M., Quack, M. und Willeke, M. (2003) Mode-selective stereomutation tunneling as compared to parity violation in hydrogen diselenide isotopomers ^{1,2,3}H₂ ^{80}Se₂ *Israel Journal of Chemistry* **43**, 353–362.

[53] Laerdahl, J. K. und Schwerdtfeger, P. (1999) Fully relativistic ab initio calculations of the energies of chiral molecules including parity-violating weak interactions *Physical Review A* **60**, 4439–4453.

[54] Wiesenfeld, L. (1988) Effect of atomic-number on parity-violating energy differences between enantiomers *Molecular Physics* **64**, 739–745.

[55] Beil, A., Luckhaus, D., Marquardt, R. und Quack, M. (1994) Intramolecular energy-transfer and vibrational redistribution in chiral molecules – experiment and theory *Faraday Discussions* **99**, 49–76.

[56] Hollenstein, H., Luckhaus, D., Pochert, J., Quack, M. und Seyfang, G. (1997) Synthesis, structure, high-resolution spectroscopy, and laser chemistry of fluorooxirane and $^2H_2$-fluorooxirane *Angewandte Chemie-International Edition in English* **36**, 140–143.

[57] Bauder, A., Beil, A., Luckhaus, D., Müller, F. und Quack, M. (1997) Combined high resolution infrared and microwave study of bromochlorofluoromethane *Journal of Chemical Physics* **106**, 7558–7570.

[58] Frank, F.C. (1953) On spontaneous asymmetric synthesis *Biochim. Biophys. Acta* **11**, 459–463.

[59] Eigen, M. and Winkler, R. (1975) *Das Spiel*, Piper, München.

[60] Eigen, M. (1971) Self-organization of matter and the evolution of biological macromolecules *Naturwissenschaften* **58**, 465–523.

[61] Bolli, M., Micura, R. und Eschenmoser, A. (1997) Pyranosyl-RNA: Chiroselective self-assembly of base sequences by ligative oligomerization of tetranucleotide-2',3'- cyclophosphates (with a commentary concerning the origin of biomolecular homochirality) *Chemistry and Biology* **4**, 309–320.

[62] Siegel, J.S. (1998) Homochiral imperative of molecular evolution *Chirality* **10**, 24–27.

[63] Fuss, W. (2009) Does Life Originate from a Single Molecule? *Chirality* **21**, 299–304.

[64] Luisi, P.L. (2006) *The emergence of life*, Cambridge University Press.

[65] Bonner, W.A. (1995) Chirality and Life, *Origins of Life and Evolution of the Biosphere* **25**, 175–190.

[66] Kavasmaneck, P.R. und Bonner, W.A. (1977) Adsorption of Amino-Acid Derivatives by D-Quartz and L-Quartz *Journal of the American Chemical Society*. **99**, 44-50.

[67] Kuhn, H. und Waser, J. (1983) Self organization of matter and the early evolution of life, in *Biophysics* (Hrsg. W. Hoppe, W. Lohmann, H. Markl und H. Ziegler) Springer, Berlin.

[68] Meierhenrich, U. (2008) *Aminoacids and the Asymmetry of Life*, Springer, Berlin.

[69] Salam, A. (1991) Chirality, phase transitions and their induction in amino acids, *Phys. Lett. B 288*, 153-160.

[70] Salam, A. (1995) On biological macromolecules and the phase transitions they bring about, in *Conceptual Tools for Understanding Nature. Proc. 2nd Intl. Symp. of Science and Epistemology Seminar, Trieste 1993* (Hrsg. G. Costa, G. Calucci und M. Giorgi) World Scientific Publ., Singapore, S. 209–220.

[71] Chela-Flores, J. (1991) Comments on a Novel-Approach to the Role of Chirality in the Origin of Life, *Chirality* **3**, 389–392.

[72] Yamagata, Y. (1966) A hypothesis for the asymmetric appearance of biomolecules on earth *Journal of Theoretical Biology* **11**, 495–498.

[73] Rein, D.W. (1974) Some Remarks on Parity Violating Effects of Intramolecular Interactions *Journal of Molecular Evolution* **4**, 15–22.

[74] Kondepudi, D.K. und Nelson, G.W. (1985) Weak Neutral Currents and the Origin of Biomolecular Chirality *Nature* **314**, 438–441.

[75] Janoschek, R. (1991) Theories of the origin of biomolecular homochirality, in *Chirality* (Hrsg. R. Janoschek) Springer-Verlag, Berlin, S. 18.

[76] Quack, M. (1990) The Role of Quantum Intramolecular Dynamics in Unimolecular Reactions *Philosophical Transactions of the Royal Society of London* A **332**, 203–220.

[77] Jäckel, C., Kast, P. und Hilvert, D. (2008) Protein design by directed evolution *Annual Review of Biophysics* **37**, 153–173.

[78] Quack, M. (2011), Frontiers in Spectroscopy, *Faraday Discussion* **150**, 533-565.

[79] Reetz, M.T. (2011), Die Evolutionsmaschine als Quelle für selektive Biokatalysatoren, dieses Buch Kap. 11.

Der Autor

   Prof. Dr. Martin Quack ist seit 1983 ordentlicher Professor für Physikalische Chemie an der ETH Zürich. Er studierte ab 1966 Chemie (in Darmstadt, Grenoble und Göttingen; 1971 Diplom als Chemiker). Seine Dissertation auf dem Gebiet der Reaktionskinetik führte M. Quack von 1972 bis 1975 an der EPF Lausanne bei J. Troe aus. Nach einer Postdoktoranden-Zeit 1976/77 als Max-Kade-Fellow bei W.H. Miller an der University of California, Berkeley, folgte 1978 die Habilitation in physikalischer Chemie an der Universität Göttingen mit Arbeiten über Infrarotlaserchemie. 1982 folgte er einem Ruf als ordentlicher Professor (C4) an die Universität Bonn und 1983 an die ETH Zürich. Im Hilary Term 1988 war er Hinshelwood Lecturer (Oxford University) und Christensen Fellow am St Catherine's College. M. Quack forscht über die Grundlagen der molekularen Kinetik und Spektroskopie, die Primärprozesse der intramolekularen Kinetik und Quantendynamik auf der Femto- bis Nanosekundenzeitskala, Infrarotlaserchemie, die Theorie chemischer Reaktionen und fundamentale Symmetrieprinzipien in molekularen Prozessen.

Für seine Arbeiten auf diesen Gebieten wurde er unter anderem mit dem Dozentenstipendium (1980), dem Nernst-Haber-Bodenstein-Preis (1982), dem Klung-Preis (1984), dem Otto-Bayer-Preis (1991) und dem Paracelsus-Preis (2002) der Schweizerischen Chemischen Gesellschaft ausgezeichnet. Er wurde 1990 zum »Fellow« der American Physical Society gewählt, sowie 1998 zum Mitglied der Leopoldina und 1999 zum Mitglied der Berlin-Brandenburgischen (vormals Preußischen) Akademie der Wissenschaften. Er ist seit 2002 Mitglied des Nationalen Forschungsrates des Schweizerischen Nationalfonds und erhielt 2009 den Dr. rer. nat. h. c. der Universität Göttingen. Er ist seit 2011 erster Vorsitzender der Deutschen Bunsengesellschaft für Physikalische Chemie.

Index

a

Aldehyde 31
Alkohole 31
Amine 31
Aminosäure
- D- 46, 61, 110, 276 f., 297
- Di- 59 f.
- Codon 142, 207, 209, 211 f.
- essenzielle 25
- homochiral 44 f., 110
- künstlicher Komet 57
- L- 46, 48, 61, 110, 244, 276 f., 297
- Synthese 24
Anti-
- materie 279, 298
- teilchen 279
Archaeen 149 ff.
Asteroiden 9 f., 69, 94
- gürtel 9, 79
Astrobiologie 29, 67, 69
asymmetrisch 44, 275
Atmosphäre 18 f., 24 f., 36
- fehlende 45
- Kohlendioxidgehalt 122
- reduzierte 18, 25, 154
- Stern- 68
autokatalytisch 40, 111
- Reproduktion 40, 164, 222
- wechselseitig 111 f.

b

Bakterien 151 f., 197
- archaische 19, 192
- Cyano- 158
- Eisen–Schwefel 19
Barberton-Grünstein Gürtel 191 ff.
Baryonenzahl 279
Basalt 153, 155
Biomarker 43 ff.

Biosphäre 20, 46
black smoker, s. Schwarze Raucher
Blaupause jeglicher Evolution 219 ff.
Bottom-up Ansatz 96, 150, 156
Brown'sche Molekularbewegung 35

c

Carbonsäuren 31
Cairns–Smith, s. Evolution
Cenancestor, s. LUCA
Chemosynthese 74
Chiralität 61, 275, 282 f., 286, 291 ff.
- Homo- 276 f., 295
Chondrite 21
CHON's 22 f.
chemo–autotrophes System 42
chiral, s. Chiralität
Chromosomen 170 ff.
Codon, s. Aminosäuren
Combinatorial Active Site Saturation Test
  (CAST) 258 f.
Cyanobakterien, s. Bakterien
Cytoplasma 156 f., 171

d

Darwin
- ‹sche Selektion 173
- ‹scher Evolutionstheorie 105, 172, 195
- Stammbaum 138 f., 194 ff.
- Transmutation der Arten 138 f.
de-novo Prozess 332
Deutsches Zentrum für Luft- und Raumfahrt (DLR) 90
Diamant 10, 53
DNA (Desoxyribonucleinsäure) 35, 38, 59, 104, 141 f., 170 ff.
- Energieprofile der Sequenzen 212 f., 262

- Faltungsfehler 200 ff.
- metastabile 189
- Netzwerke 198 ff.
- /RNA Baustein 37, 41, 176, 207
- -Shuffling 241 f., 249, 251, 263, 265
Drake-Gleichung 72
drug-delivery systems 198
Dunkle
- Energie 237 f.
- Materie 299

e
Einstein'schen Formel 4
Eisen–Schwefel System 30, 42 f., 48, 97, 160
Elektronen 123
- -hülle 8
- -struktur 21, 23
Elementarteilchen 17
enantioselektiv 44, 61, 243 ff.
- Baeyer–Villiger Reaktion 255 f.
- Biokatalysatoren 241 f., 245, 254, 258
- Cyclohexanon–Monooxygenasen (CHMO) 255
Endosymbiose 197
Enthalpie
- Reaktions- 276 ff.
- Schmelz- 208
- Wechselwirkungs- 207, 209, 211, 215
Entropie
- -gewinn 47
- Schmelz- 208
Enzym
- Aktivität 241
- katalytische Funktion 34 f.
- makromolekulare Struktur 35
- reverse Transkriptase 172
- -stabilität 248 f., 253, 264 f.
- Ur-Replications- 151
Erd-
- entwicklungsphasen 29, 154, 160
- kruste 97, 155
- magnetfeld 191, 193 f.
Eruption 6 f., 92
- solare 7, 78
Ethan 97
Eukaryonten 142, 144, 150, 176, 193, 196

- Netzwerk 225
Evolution
- Biosphäre 38
- Cairns–Smith 28, 30
- chemische 36, 42 f., 93 f., 117 f.
- gelenkte 241, 248 f., 254, 262
- mineralische 28
- präbiotisch-chemische 91
- polymer first 36
Exobiologen 70, 72 f.
EXOMARS-Mission, s. Mars
Exoplaneten 13, 53, 70, 89
extraterrestrisch
- Intelligenz (SETI) 71, 76
- Lebensform 17, 29
- Material 21

f
Faint young Sun 93
Fermentation 74
flares, s. Eruption
fly-by Manöver 55
Fossilien
- archaische biologische 192 f.
- molekulare 95
- präbiotische 154
Fusion, s. Kernverschmelzungen
Fusionsreaktoren 4

g
Galaxie 3 f., 7
generatio spontanea 169
Genetik 170 f., 189
- Epi- 172
- Keimbahntheorie 171
- Mendel'schen Gesetze 170 f.
- molekulare 190
- Populations- 227
genetischer Code 202 f., 206, 208
- Entartung 241
Genmutagenesemethoden 241 f., 247
Genotyp 228, 234, 236
Gen-
- pool 218 f., 264
- regulatoren 198
- sequenzen 204
- transfer 197
Geochromatographie 155
Gesyir 159
Granitoide 153

Graphit   11, 53
Gravitation   3, 5, 45, 73, 237
Greenberg‹sche Vorstellung   37

h

Habilitätszone   22
Henne–Ei-Frage   204, 235
homochiral, s. Chiralität
Humanfaktoren   66
Hydrolyse   32, 37
Hydrosphäre   18, 24, 36, 155
hydrothermale Meeresquellen   93,
   159 ff.
– Ablagerungen   192
– zinkreich   165 ff.
Hyperzyklen   234 ff.

i

Intergovernmental Panel on Climate
   Change (IPCC)   122
Internationale Raumstation (ISS)   65 f.,
   69, 81
Isotop   8
– β-instabiles   6
– Häufigkeit   9
– leichtes   9, 192
– schweres   6
– stabiles   8 f.
– -zusammensetzung   9 f., 12
ISS, s. Internationale Raumstation
It from Bit   235 f.

j

Jupiter   9, 69, 79
Jupitermonde
– Europa   53, 69
– Titan   69

k

Kasettenmutagenese, s. Mutagenese
Katalysator
– chirale   245
– Enzyme   242, 246
– künstliche   242 f.
– metallischer   127
– Ribozyme   174
– ZnS   162 ff.
Keimbahntheorie, s. Genetik
Kern
– instabiler   6
– Saat-   6

– spaltung   4
– -syntheseprozess   7 f.
– -verschmelzungen   3 ff.
Kinetik der natürlichen Selektion
   229 ff.
Kohlen-
– dioxidgehalt, s. Atmosphäre   122
– stoffchemie   48
– stoffbrennen   5
– stoffkreislauf   122, 125 f.
– verbindungen des Meeres   122
Kometen
– -einschläge   21
– -eis   61
– Halley   13, 33, 38
– -kern   33
– künstlicher   57 f., 60
– ROSETTA/PHILAE-Mission   33, 37,
   50, 54 ff.
– -schweif   32 f.
– Tschurjumow–Gerasimenko   33, 45,
   54 f., 61
Kompartimente   12, 108, 164
komplexer adaptiver Systeme (CAS)
   173
Kondensation
– Sonne   72
– stellare   12
Konservierung alter Chemismen   156,
   168
Krater
– Barringer   21
– Nördlinger Ries   21

l

Ladungskonjugation   279, 281
Lithosphäre   18, 21
Lithopanspermie-Hypothese   89 f.
LUCA (Last Universal Common Ances-
   tor)   140, 148, 150 ff.

m

Makhonjwa-Berge   194
makromolekulare polymere
   Strukturen   33 f.
Mars   9, 25, 32, 45, 53, 66 f.
– EXOMARS-Mission   45, 49 f.
– Exploration Rovers   77
– Future Mars Sample Return
   Mission   47

- Global Surveyor 77
- -meteoriten ALH84001 68
- Odyssey 77
- Reconnaissance Orbiter 77
- VIKING-Mission 43, 45, 47, 68
Massendefekt 4 f., 123
Massenspektrometer
- Flugzeit-Sekundärionen- 11
- FT-ICR-MS 123 f., 127 ff.
Meerwasser
- funktionalisierte polycyclische Aromaten 123
- gelartiges Netzwerk 120
- gelöstes organisches Material 120 ff.
- Kohlenverbindungen 122
- pH-Wert 94
Metabolism-first Hypothese 105
Meteoriten 9 ff.
- -einschläge 9 f., 94
- -einschlüsse 21
- heiliger Stein der Kaaba 21
- Murchison 21, 46, 60, 100, 109
- Murrison 21
- Orgueil 21
- primitiv 10
- Tunguska 21
Methan 18, 77, 97
Mikroorganismen 89
- einzellige 145
- marine 121 f.
- mikrobenähnliche 68
Milchstraße 69 f., 72
Mitochrondrien 202 ff.
Moleküle
- abiotischer Aufbau organischer 72
- anorganische 26 f.
- biochemische Makro- 30
- komplexe 17
- Nahrungs- 111 f.
- oligoatomare 32
- organische 31, 72
- präbiotische 21, 23, 32
- urzeitliche 17 f.
Mond
- Apollo 8 78, 81, 194
- Apollo 10 78, 81, 194
Mutagenese
- Sättigungs- 241 f., 257 f., 261 ff.
- Zufalls- 246, 257
Mutanten 38, 227, 231, 233

- -bibliothek 242, 247, 251
- Screening-Systeme 246 f., 250, 254
Mutationen 190, 194, 206, 228, 232
- Punkt- 241, 250, 254, 263
- Stereo- 277, 287

n
Nanokristalle, s. Quantenpunkte
Nebel
- planetaren 18
- präsolarer 56, 153
Negentropie 27, 48
Neonbrennen 5
Neutronen- 5 f., 8, 123
- anlagerung 5 f.
- dichte 6
- stern 8
Nitrile 31
Nucleinsäuren 22 f., 75, 205 f.
- Desoxyribonucleinsäure, s. DNA
- Peptid- (PNA) 40, 59, 105 ff.
- Proto- 28
- Ribonucleinsäure, s. RNA
Nucleosidtriphosphate 104 f.
Nucleotide 162, 164

o
Ordnungszahl 8
Oxidation 74
Ozon 78, 93

p
PAKs (polycyclische aromatische Kohlenwasserstoffe) 68
Paläoökologie 192
Panspermia Welt 19, 26
Paritäts-
- operation 281 f.
- verletzung 275 f., 289 ff.
Pauli-Prinzip 281
Periodensystem 18, 24, 32
Photosynthese 31, 74, 102
- abiogene 164
- anorganische 31
Plasma 6 f.
Planetenumwandlung 78
Plattentektonik 9, 194
Pluto 89
Phänotyp 219, 234, 236
Phospholipide 151 f.
Phosphoreszenz 161

Photosynthese 42, 162
– ZnS-vermittelnder 162 ff.
Poisson-Rauschen 278
polycyclische aromatische Kohlenwasser-
stoffe, s. PAKs
präbiotische
– Chemie 95 f.
– Moleküle 27
– Peptidsynthese 107
– Zuckersynthese 106
Primary pump 155
Probenrückholmissionen 79
Progenot, s. LUCA
Prokaryonten 142, 144, 196
Proteine 22 f., 104
– makromolekular 23, 35
– Prä- 39 f.
– Proto- 28, 32
Protonen 5, 8, 123
Proto-
– kontinente 92
– ribosom 174 f.
– zellen 32
Pulsar B1257+12 69
Pyrolyse 36 f.
Pyrrole 101 ff.
– Oligo- 103 f., 110

q
Quanten-
– ausbeute 162
– chemie 289, 292
– dynamik 284, 291, 297
– mechanik 284
– punkte 161 f.
Quasi-
– fossilen 280
– spezies 228 f., 264

r
Racemat 44, 48, 245 f.
– -spaltung 245 f., 249, 258, 262
radioaktiver Zerfall 9 f.
– ^{26}Al 12
– β 5 f., 279
– Halbwertszeit 6, 9
Radio-
– astronomen 70
– carbonalter 121
– isotop-Datierungssmethoden 154,
191

– signale 69, 73
– teleskope 81
raining star, s. Sternschnuppe
Raucher, s. Schwarze Raucher
Redoxreaktionen 110
Reibungshitze 22
Replication-first Hypothese 105 f., 164
Replikations-
– prinzip 172, 220 f.
– zyklen 175
Reproduktion
– autokatalytische 40, 164, 222
– Proteinen 39 f.
RNA (Ribonucleinsäure) 35, 59, 104 ff.
– -Biosynthese 105
Rockpools 98, 102, 107 f.
ROSETTA/PHILAE-Mission, s.
   Kometen 33, 37, 50

s
Sauerstoffbrennen 5
Schloss/Schlüsselprinzip 246
Schrödinger-Gleichung 284 f.
Schwarze Raucher 97, 108
– marine 31, 42, 93, 97
– pH 97
– Schlotstrukturen 160
– Temperaturen 97
Schwarzes Loch 3 f., 8
Schwerelosigkeit 66
Selbst-
– organisation 112, 198
– replikation 206
Selektion
– natürliche 229, 233
– neutrale 231
– Phasenumwandlung 230
SETI, s. extraterrestrische Intelligenz
Silicium-Metabolismus 75
Silicatmineralien 26, 48
– Schichtsilicate 99, 107
Siliciumcarbidstaubkörnchen 11
Simulationsexperimente
– für Weltraumbedingungen 56 f.
– Peptide 107 f.
– präbiotische Chemie der Erde 95 ff.
– RNA 106
– Urey/Miller'schen 25 f., 30, 99
Sonnen
– -system Entstehung 10, 56
– -wind 192 f.

Space Shuttle 81
Stardust Mission 13
Staubteilchen 7
– interplanetaren 13
– interstellarer 32
– präsolare 10 f. 13
Stereoselektivität 243
Stern
– Neutronen- 4
– -schnuppe 22
– -warten 81
Strahlung
– elektromagnetische 71 f., 154
– γ- 171, 279
– Infrarot- 4
– kosmische 89, 154
– Röntgen- 193
– ultraviolette, s. UV-Strahlung 89
Strahlungs-
– schutz 66
– spektrum 117, 237
Strecker-Synthese 50
Stromatolithen 91
Supernova 6 f., 11, 79
– Schalenstruktur 12
– -Überrest (SNR) 7, 12 f.
Survival of the Fittest 217 f., 227 f.
Symmetrie
– -brechungen 282 ff.
– Kosmologie 297
– -operationen 280 f.
Synthesis Dependent Strand Annealing
    (SDSA) 165

t

Taxonomie 145
Teilchenschauer, s. Sonnenwind
Terraforming 78, 80
Thermogenese 124
Thermolyse 100 f., 107
Tide 155
Tiefsee 124 f., 159
Top-down Ansatz 150, 156
Transversion 208
Treibhauseffekt 78, 93

u

Uran 21
Ur-
– erde 90, 137

– knall 90, 279
– ozean 155, 158
– stoffwechsel 105, 108 ff.
– suppe 27, 96 ff.
UV-Strahlung 45, 162 f., 193
– energiereiche Photonen 56
– harter 37

v

Venus 25, 161
VIKING-Mission, s. Mars
virale Genome 174
Viren 151
Vororganismen 111
Vulkan 9, 25
– aktiv 30
– Eyjafjallajökull 98
– Gaswolken 98 ff.
– Hawaii 98
– -insel 92, 96 ff.
– präbiotische Chemie 96
– Super- 15
Vulkanit-Massivsulfid-Ablagerungen
    (VMS) 160

w

warm little pond 99
weakly interacting massive particles
    (WIMPS) 300
Weiße Biotechnologie 266
Weißer Zwerg 8
Weltraumteleskop
– Hubble Space Telescope 12, 69,
    81
– James Webb 69
Wetting-Drying Zyklen 99
Wildtyp 228, 230 f., 249 f., 253,
    261 f.

y

Yellowstone Nationalpark 193

z

Zivilisationen 71 ff.
– galaktische Ultra- 71
– planetare 71 f.
– solare 71, 79
– -super 70, 75 f.
ZnS-Hypothese 162 ff.
Zwergplaneten 89